国家出版基金项目
NATIONAL PUBLICATION FOUNDATION

"十三五"国家重点图书出版规划项目
国家出版基金资助项目

CHINESE INDUSTRIAL HERITAGE HISTORIC RECORDS

中国工业遗产史录

陕西卷

主　编　陈　洋　张钰曌　刘　怡
副主编　李　琪　常海清　雷耀丽　武　联
　　　　程芳欣　张　磊　刘　冬　兰　昆

华南理工大学出版社
SOUTH CHINA UNIVERSITY OF TECHNOLOGY PRESS

·广州·

图书在版编目（CIP）数据

中国工业遗产史录. 陕西卷 / 陈洋，张钰曌，刘怡主编. — 广州：华南理工大学出版社，2021.12

（中国工业遗产丛书 / 刘伯英，徐苏斌，彭长歆主编）

ISBN 978-7-5623-6948-6

Ⅰ.①中⋯ Ⅱ.①陈⋯②张⋯③刘⋯ Ⅲ.①工业建筑–文化遗产–研究–陕西 Ⅳ.①TU27

中国版本图书馆CIP数据核字（2021）第255344号

Chinese Industrial Heritage Historic Records·Shaanxi Volume

中国工业遗产史录·陕西卷

陈　洋　张钰曌　刘　怡　主编

出 版 人：	卢家明
出版发行：	华南理工大学出版社
	（广州五山华南理工大学17号楼，邮编510640）
	http://hg.cb.scut.edu.cn　E-mail：scutc13@scut.edu.cn
	营销部电话：020-87113487　87111048（传真）
策划编辑：	赖淑华
责任编辑：	刘　锋
责任校对：	詹伟文　盛美珍
印 刷 者：	中华商务联合印刷（广东）有限公司
开　　本：	889mm×1194mm　1/16　印张：29.75　插页：1　字数：712千
版　　次：	2021年12月第1版　2021年12月第1次印刷
定　　价：	360.00元

版权所有　盗版必究　印装差错　负责调换

中国工业遗产丛书

学术委员会
(以姓氏笔画为序)

王建国	中国工程院院士,东南大学建筑学院教授、博士生导师
何镜堂	中国工程院院士,原华南理工大学建筑设计研究院院长
宋新潮	国际古迹遗址理事会(ICOMOS)中国国家委员会主席,中国古迹遗址保护协会(ICOMOS China)理事长,国家文物局党组成员、副局长
宋春华	原建设部副部长,原中国建筑学会理事长
岳清瑞	中国工程院院士,原中冶建筑研究总院有限公司党委书记、董事长
单霁翔	中央文史馆特约研究员,中国文物学会会长,故宫博物院故宫学院院长
郭　旃	中国文物学会副会长兼世界遗产研究会会长,原国家文物局文物保护司巡视员,原国际古迹遗址理事会(ICOMOS)副主席
常　青	中国科学院院士,同济大学建筑与城市规划学院教授、博士生导师

编辑委员会

主　编:刘伯英　徐苏斌　彭长歆

编　委:(以姓氏笔画为序)

万　谦	韦　飚	卢家明	刘大平	刘奔腾	刘宗刚	刘　晖
闫　觅	李和平	吴　迪	何俊萍	宋　盈	陈　洋	季　宏
周　卫	周　坚	周莉华	郑东军	郑红彬	孟璠磊	哈　静
钟冠球	段亚鹏	姜　波	莫　畏	高祥冠	唐　琦	曹永康
常　江	蒋　楠	赖世贤	赖淑华			

学术支持单位

中国建筑学会工业建筑遗产学术委员会
中国文物学会工业遗产委员会
中国历史文化名城委员会工业遗产学部

主编单位

清华大学建筑学院
天津大学建筑学院
华南理工大学建筑学院

《中国工业遗产史录·陕西卷》编委会

主　　编：陈　洋　　张钰曌　　刘　怡
副 主 编：李　琪　　常海清　　雷耀丽　　武　联　　程芳欣　　张　磊　　刘　冬
　　　　　兰　昆
参编人员：李　孜　　孙飞鹏　　周　晶　　赵兴杨　　董　琪　　赵彬彬　　李　天
　　　　　姜　岩　　刘宗刚　　吴　新　　杨宇峤　　朱瑜葱　　罗　萌　　王　欣

支持单位：西安交通大学
　　　　　西安市城市规划设计研究院
　　　　　西安建筑科技大学
　　　　　长安大学
　　　　　陕西省自然资源厅历史文化遗产保护传承
　　　　　与空间规划重点实验室
　　　　　陕西文化遗产研究院
　　　　　西安科技大学
　　　　　西安石油大学
　　　　　陕西省文物保护研究院
　　　　　陕西师范大学
　　　　　西安工程大学

策　　划：赖淑华　　卢家明
项目负责：赖淑华　　骆　婷
项目执行：赖淑华　　骆　婷
编辑统筹：骆　婷

砥砺奋进、铸就辉煌

——谱写中国工业遗产的史诗

（代序）

2018年中国改革开放40周年，2019年中华人民共和国成立70周年，2020年我们又迎来全面建成小康社会的关键时期。历史呈现给我们一幅壮美的画卷，也赋予了我们崇高的责任。在城市建设从扩张开发到更新挖潜实现转型发展，大量工业用地更新和工业遗产保护利用呈现高潮的关键时刻，我们共同投身到了为中国工业遗产的保护利用树碑立传的伟大事业当中。"中国工业遗产丛书"的出版，记录了中国工业遗产保护利用研究与实践的发展历程，谱写了中国工业遗产的史诗。

随着城市产业结构和社会生活方式的变化，传统工业或迁离城市，或面临"关、停、并、转"的局面，留下了很多工厂旧址、设施、机器设备等具有遗产价值的工业遗存。工业遗产是文化遗产的重要组成部分，加强工业遗产的保护利用，构建中国工业遗产价值体系，对于传承人类先进文化，保持和彰显城市的文化底蕴和特色，推动地区经济社会可持续发展，具有十分重要的意义。借鉴国内外工业遗产保护的经验，探索适合我国的工业遗产保护方法和利用途径，形成相对完整和独立的当代工业遗产保护理论体系，指导工业遗产保护与利用的良性发展是一项艰巨和长期的任务。

1. 齐抓共管：聚焦工业遗产

2005年10月ICOMOS在中国西安举行的第15届大会上做出决定，将2006年4月18日"国际古迹遗址日"的主题定为"保护工业遗产"。2006年4月国家文物局在无锡举办中国工业遗产保护论坛，通过《无锡建议》；2006年6月国家文物局下发《加强工业遗产保护的通知》；2007年国家文物局开展第三次全国文物普查，首次将工业遗产纳入调查范围；2009年6月在上海召开全国工业遗产保护利用现场会。在第一批至第八批全国重点文物保护单位中，近代工业遗产共计143处，占比2.83%。2019年12月国家文物局印发《国家文物保护利用示范区创建管理办法（试行）》，为工业遗产保护利用奠定了坚实的基础。

2013年3月，国家发改委编制了《全国老工业基地调整改造规划（2013—2022年）》并得到国务院批准，该规划涉及全国120个老工业城市。2014年3月，国务院办公厅发布《关于推进城区老工业区搬迁改造的指导意见》，把加强工业遗产保护再利用作为一项主要任务。2020年6月国家发改委、工信部、国资委、国家文物局、国家开发银行联合印发《推动老工业城市工业遗产保护利用实施方案》，实现了政府部门之间的紧密合作，标志着工业遗产保护利用工作进入真抓实干的新阶段。

2017—2019年，工信部工业文化发展中心发布了三批"国家工业遗产名单"，共102项；印发了《国家工业遗产管理暂行办法》，对开展国家工业遗产保护利用及相关管理工作进行了明确规定。工业遗产是工业文化的重要载体，蕴含着丰富的历史信息和文化基因，见证了工业以及国家发展的历史进程。保护和利用工业遗产，是对尘封记忆的唤醒，更是对光辉历史的弘扬，有助于提升和坚定民族文化自信。

2018—2019年，国资委分行业、分批次发布中央企业工业文化遗产名单，包括核工业11项、钢铁工业20项、信息通信行业20项，指导中央企业发掘利用历史文化遗产价值，丰富企业文化内涵，彰显企业品牌价值，提升企业文化软实力和企业竞争力，逐步形成中央企业工业文化遗产集群。国资委还对中央企业文化遗产基本情况进行了摸底，编印了《央企老照片——中央企业历史文化遗产图册》，展示了国防科工、石油化工、电力、冶金、建筑等行业的发展轨迹、历史遗存与工业遗产。

2018年，住建部发布《关于进一步做好城市既有建筑保留利用和更新改造工作的通知》，提出要充分认识既有建筑的历史、文化、技术和艺术价值，坚持充分利用、功能更新原则，加强城市既有建筑保留利用和更新改造，避免片面强调土地开发价值，防止"一拆了之"。坚持城市修补和有机更新理念，延续城市历史文脉，保护中华文化基因，留住居民乡愁记忆。

2016—2019年，中国文物学会和中国建筑学会分四批公布"中国20世纪建筑遗产"名录，共396项，其中有64项工业遗产，占总数的16.2%。

2018—2019年，中国科协与中国规划学会联合公布两批"中国工业遗产保护名录"，共200项。同时，中国科协联合南京出版社出版了"中国工业遗产故事"科普系列丛书，更是广泛唤起了公众对工业遗产保护的关注。

2005—2017年，自然资源部分四批公布了88座国家矿山公园。2017年，国家旅游局发布《全国工业旅游发展纲要》，指出要充分挖掘和利用好工业文化，传承工业文明，实施工业旅游"十百千"工程，即10个工业旅游城市、100个工业旅游基地、1000个国家工业旅游示范点，并推出10个国家工业遗产旅游基地。

2010年以来，我国成立了多个工业遗产领域的学术组织，包括中国建筑学会工业建筑遗产学术委员会（2010年）、中国历史文化名城委员会工业遗产学部（2013年）、中国国史学会三线建设研究会（2014年）、中国文物学会工业遗产委员会（2014年）、中国科技史学会工业遗产研究会（2015年）等，工业遗产受到专家和学者的共同关注，成为学术研究的热点；工业遗产还吸引了大量规划师、建筑师参与到城市更新和既有工业建筑改造利用的实践当中，创造了丰富多彩的实践案例。他们成为我国工业遗产保护利用领域最强大的学术共同体，初步建构了我国工业遗产保护利用的学术体系。本套丛书的出版也将是作者们学术生涯的重要成果。

2. 回眸历史：树立国家丰碑

工业创造了曾经的辉煌，今天依然壮观美丽，工业遗产的价值得到越来越广泛的认识，工业美学得到越来越多的欣赏。英国、法国、德国、美国、日本等工业强国，把工业遗产保护作为国策，彰显了各国政府对人类工业文明的重视，展示了各国工业化进程的经验和成果，这是特别值得我们深刻思考的。工业遗产在广袤的大地上留下了独特的工业景观，见证了空想社会主义的社会实验，探索了现代城市规划方法和新建筑思想，其影响持续至今。

以造纸、酿酒、陶瓷、盐业、矿冶、桥梁、水利、运河为代表的中国古代传统工艺和手工业是中华民族智慧的结晶。洋务运动"自强""求富"，引进西方先进的科学技术，兴办近代军事工业和民用企业，迈出了中国近代工业发展的第一步。民族资本家的"实业救国"使中华民族摆脱贫穷，实现自救。殖民工业见证了侵略者的掠夺和中国遭受的耻辱。抗战工业展现了中国人民不屈不挠的决心。革命工业遗产谱写了中国人民英勇奋斗的壮丽篇章。

中华人民共和国成立后，国民经济恢复时期的建设项目、"一五""二五"时期苏联援建的"156项目"，奠定了新中国工业化的坚实基础。"三线"建设开启了西部大开发的序幕，中国的工业布局得到进一步完善，国防工业得到进一步发展。改革开放前以四大化纤基地和八大化肥厂为代表的"四三方案"，以及以宝钢和深圳"三来一补"工业企业为代表的改革开放工业建设的伟大成就，书写了中国工业化的历史，树立了一座座中国工业化进程的丰碑。

中华人民共和国成立70年，我们逐步建立了独立、完整的工业体系和国民经济体系，实现了从工业化初期到工业化后期的历史性飞跃，实现了从落后的农业国向世界工业大国的历史性转变。这两大历史性成就表明：我们在实现强国之梦的征程上迈出了决定性的步伐。这为我国工业遗产的未来发展树立了坐标。

3. 牢记使命：传承文化精神

中国今天的工业辉煌是用历史书写的，是前辈们用勤劳和汗水、聪明和智慧以及文化和精神铸就的。前辈学者们在工业发展历史的茫茫大海中去发现那些有价值的工业遗产，为我们的研究奠定了坚实的基础，让我们获益匪浅。

2015年11月21—23日，"中国第六届工业遗产学术研讨会"在华南理工大学召开。其间，华南理工大学出版社提出了组织出版"中国工业遗产丛书"的思路和想法，得到了专家们的认同和响应。之后历经上海、南京、鞍山、郑州四届年会的专题研讨会，不断丰富思路，细化计划，组织撰写。

本套丛书以省、直辖市为单位，将本地区工业发展的历程，工业遗产的保存、保护与活化利用工作进行梳理和总结，并通过大量的田野调查、研究成果、实践案例、政策法规的汇总，展现了本地区工业遗产的全貌，从而使本套丛书成为中国工业遗产集大成之作。

对于本套丛书的出版，华南理工大学出版社卢家明社长、周莉华副总编给予了大力支持，赖淑华编审、骆婷编辑全程负责项目推进和实施，在此特别感谢。也特别感谢撰写书稿的各位作者，他们来自多所大学，多年来做了大量现状调查，取得了丰硕的研究成果；他们还培养了大量研究生，参与了多项规划设计项目；结合书稿的需要，他们又补充进行了大量的资料搜集和现场调查、测绘，付出了艰辛和努力；特别是工业遗产分散，"三线"、军工遗产丰富的省份作者，他们付出的努力更加令人钦佩。

很多丛书分卷的作者开展了口述历史的搜集和整理工作，采访了工业企业的开创者、建设者、亲历者，包括各级领导、劳模、工人，收集了大量珍贵的文献档案、影像资料和工业文物；采访了文创园区的经营者和游客，开展问卷调查，大大丰富了本套丛书的内容，甘之如饴。

4. 结语

工业遗产书写了中国工业化的进程，承载着国家记忆和民族精神，是不朽的历史丰碑，是中国优秀文化的重要标识，是中国为人类文明的进步所做贡献的重要见证。让我们以更加饱满的热情、更加旺盛的斗志、更加严谨的作风投身到工业遗产调查研究、保护利用的事业中去，让工业遗产所承载的工业精神，凝结为中国人民和中华民族的优秀"基因"，为中国的"文化自信"做出新的贡献。

刘伯英

2020年12月

前 言

陕西历史悠久，是中华文明的重要发祥地之一；各类工业源远流长，我国古代许多工业均在此兴起并蓬勃发展。新石器时代已出现陶瓷、纺织、冶金等行业的萌芽。自西周起，我国古代都城长期定于陕西，其政治上的核心地位推动了古代陕西手工业的蓬勃发展，从秦陵铜车马到耀州青瓷，诸多工业在一定时期内代表了当时全国的最高水平。直至近代，陕甘总督左宗棠在西安创办西安机器局，正式开启了陕西近代工业的发展；1934年陇海铁路修建至西安，陕西工业开始加速发展。新中国成立后，伴随着"一五"计划和"三线"建设全国工业布局调整，陕西工业得到了快速发展，以国防工业为重点，以大中项目为依托，在制造、能源、交通、科技等方面全面展开，极大地夯实了工业基础，完善了工业体系，改变了生产力布局，促进了陕南、陕北等基础薄弱地区的建设，对陕西省经济社会发展产生了深远影响。在随后几十年里，陕西逐步形成了门类齐全、具有一定规模和实力的国民经济体系。大量丰富的工业遗产是陕西近现代化发展的重要证据，也是其从农耕文明迈向工业文明的印记，承载了深厚的历史信息。

关中地区是陕西省工业遗产分布最为集中、类型最为丰富的区域，主要行业类型为机械与电子工业、水工业与电力工业、煤炭工业等。"一五"期间苏联援建的156项重点工程中关中地区便占了24项，例如：铜川市王石凹煤矿，其发展史是我国煤炭行业现代化发展的一个缩影，见证了采煤工艺从新中国成立初期人拉肩扛到半机械化人工炮采、再到全机械化综采的变迁。不仅反映了我国各个历史时期煤炭开采的顶级水平，更为了解陕西省乃至全国煤炭工业的开采史提供了弥足珍贵的历史证据。此外，纺织工业也在关中地区占有重要地位。例如：于1938年由汉口迁至宝鸡的宝鸡市申新纱厂，是当年支援西北抗战的工业生产线，为前线输送了大量的战时物资，对粉碎日军对华的经济封锁起到了很大的作用；申新纱厂窑洞工厂是全国唯一的、规模宏大的窑洞生产车间，具有极高的历史与建筑价值。

陕北地区为当年的陕甘宁边区，至今保留较多红色工业遗产。例如：1934年中国共产党在定边盐湖群成立的陕甘宁边区盐场堡盐场，将食盐等物资运入边区，解决军民所需。具有百余年历史的延长石油厂在抗日战争和解放战争期间，有力地支援了前线，被誉为"功臣油矿"。1944年毛主席亲笔为延长石油厂厂长、边区特等劳模陈振夏题词"埋头苦干"。延长石油厂现为国家千万吨级大油田，2017年为全国第五大油田。

陕南地区在"三线"建设时期迁入较多大中型企业。例如：1966年由北京内迁至汉中市的汉川机床厂，成功研制了国内第一台数控镗铣床，目前已成为我国生产高精度卧式镗床、数控电加工机床的重要生产基地；丹凤葡萄酒厂，其起源可追溯至1911年意大利传教士安西曼和南洋客商华国文共同创办的陕西省龙驹寨美利葡萄酒公司，是我国葡萄酒行业最早实现工业化生产葡萄酒的两个百年企业之一，是中国第一家葡萄酒出口企业；安康石泉栲胶厂，是我国第一个生产栲胶的厂家，被誉为中国"栲胶之母"。这些企业对当地的经济发展和人员就业都起到了巨大的推动作用，是当时全省同行业的骨干企业，也是陕南山区许多城镇现代化的开端。

在关中平原、黄土高原、秦巴山区，这些地区的工业遗产承载了这片土地上世世代代人们对美好生活的向往，工业发展改善了人民生活水平，工业遗产浓缩了地区发展的璀璨历史，见证了时代的变迁。工业遗产连接着城市记忆和新生文化，工业遗产的保护与活化利用形成了城市新的公共空间，是构建城市文化多样性的重要元素，是构建文化认同、重塑文化生态的重要场域。2019年3月，《西安市工业企业旧厂区改造利用实施办法》正式实施，代表着工业遗产保护立法体系的逐渐完善和有限介入、低冲击开发模式的确立，在保护的前提下，将更加充分地发挥工业遗产的教育和展示的作用，提供给市民和游览者一个观测民族工业发展的最佳视角。大华·1935、西安建筑科技大学华清学院、老钢厂文化创意产业园区等一批工业遗产保护与利用典型案例，为城市工业文脉延续、丰富市民生活起到了重要作用。

本书通过大量实地调查和资料收集，全面梳理陕西省工业发展的历史脉络，深入调查与总结关中、陕北以及陕南三个地区的工业遗产保存现状，重点分析与展示机械、电子、石油、纺织等行业的代表性工业遗产和保护利用案例，挖掘陕西工业遗产的价值特征，阐明工业遗产在陕西历史发展进程中的重要地位，为今后陕西工业遗产保护与再利用工作奠定良好基础，为陕西的城市更新提供更多思路。

编委会

2021年5月

目 录

第1章 陕西省工业遗产概况

1.1 地理条件与建置沿革 2
    1.1.1 地理条件 2
    1.1.2 建置沿革 3
1.2 工业建设的历史脉络 4
    1.2.1 历史久远的古代工业（1840年之前） 4
    1.2.2 发展缓慢的近代工业（1840—1948年） 15
    1.2.3 快速发展的现代工业（1949—1980年） 19
1.3 工业遗产的分布概况 22

第2章 陕西省工业发展历史

2.1 清代陕西的工业状况 26
    2.1.1 传统手工业存续 26
    2.1.2 近代工业的萌芽 31
2.2 民国时期的陕西工业（1912—1949年） 33
    2.2.1 民国时期陕西主要工业 33
    2.2.2 陕甘宁边区红色工业 38
2.3 新中国成立后的陕西工业（1949—1980年） 41
    2.3.1 "三年恢复时期"的工业重建（1949—1952年） 41
    2.3.2 计划经济时期陕西工业体系的逐步完善（1953—1980年） 42

第3章　陕西省工业遗产现状调查

3.1 陕西省工业遗产现状...56
3.1.1 地域分布...57
3.1.2 行业分布...58
3.1.3 始建时间...59

3.2 关中地区工业遗产现状调查...59
3.2.1 西安市...60
3.2.2 宝鸡市...64
3.2.3 咸阳市...67
3.2.4 铜川市...71
3.2.5 渭南市...74

3.3 陕北地区工业遗产现状调查...76
3.3.1 延安市...76
3.3.2 榆林市...80

3.4 陕南地区工业遗产现状调查...82
3.4.1 汉中市...82
3.4.2 安康市...86
3.4.3 商洛市...88

3.5 陕西工业遗产的价值特征...91
3.5.1 历史价值...91
3.5.2 技术与科研价值...92
3.5.3 社会价值...92
3.5.4 建筑价值...92
3.5.5 经济价值...93

第4章　陕西省工业遗产案例实录

4.1 机械与电子工业遗产...96
4.1.1 陕西重型机械厂...96
4.1.2 陕西柴油机厂...109
4.1.3 汉川机床厂...112
4.1.4 红原锻造厂（旧厂区）...116
4.1.5 陕西压延设备厂...120

4.1.6　蒲城长短波授时台..................124
　　4.1.7　西安电力电容器厂..................128
　　4.1.8　延安汽车工业总公司..................134
　　4.1.9　西安风雷仪表厂..................140
　　4.1.10　西安蝴蝶手表厂..................147
4.2　石油工业和煤炭工业遗产..................154
　　4.2.1　延长石油厂..................154
　　4.2.2　王石凹煤矿..................163
4.3　纺织工业遗产..................176
　　4.3.1　申新纱厂..................176
　　4.3.2　西北国棉三厂..................181
　　4.3.3　西北国棉五厂..................186
4.4　冶金工业遗产..................190
　　4.4.1　中钢厂（旧厂区）..................190
　　4.4.2　宁强八一铜矿厂..................200
　　4.4.3　陕西航空硬质合金工具公司..................204
4.5　水工业和电力工业遗产..................209
　　4.5.1　西安市第一自来水厂..................209
　　4.5.2　西安市第一污水处理厂..................220
　　4.5.3　石泉水电厂..................226
4.6　食品工业遗产..................228
　　4.6.1　定边盐场..................228
　　4.6.2　宝鸡西凤酒厂（酿酒旧址）..................235
　　4.6.3　白水杜康酒厂..................241
　　4.6.4　长武县酒厂..................245
　　4.6.5　陕西丹凤葡萄酒厂..................252
　　4.6.6　潼关酱菜厂..................257
4.7　化学工业遗产..................262
　　4.7.1　石泉栲胶厂..................262
　　4.7.2　汉中橡胶总厂..................265
　　4.7.3　陕西略阳磷肥厂..................269
4.8　其他工业遗产..................272
　　4.8.1　陈炉陶瓷厂..................272

  4.8.2 耀县水泥厂...278
  4.8.3 马腾空粮库...285

第5章 陕西省工业遗产的保护与利用

5.1 相关法规及政策...294
  5.1.1 国家工业遗产相关法规及政策..294
  5.1.2 陕西工业遗产保护与再利用建议..294
5.2 登录情况..294
  5.2.1 国家工业遗产认定名单...295
  5.2.2 中国工业遗产保护名录...296
  5.2.3 文物保护单位...296
  5.2.4 中华老字号...300
5.3 规划编制及主要策略...304
  5.3.1 总体策略...304
  5.3.2 王石凹煤矿规划编制及主要策略..305
  5.3.3 陈炉古镇规划编制及主要策略..305
5.4 保护与利用典型案例...305
  5.4.1 凤县灵官峡景区（宝成铁路凤县灵官峡段）................................305
  5.4.2 大华·1935（大华纱厂）...315
  5.4.3 西安建筑科技大学华清学院、老钢厂文化创意产业园区（陕西钢铁厂）..........322
  5.4.4 贾平凹文学馆（西安建筑科技大学印刷厂）................................342
  5.4.5 田家炳艺术楼（西安交通大学机械厂锻造车间）........................351
  5.4.6 电影圈子·西影电影产业集聚区（西安电影制片厂）................358
  5.4.7 西安半坡国际艺术区（国营西北第一印染厂）............................369

附录Ⅰ 国家工业遗产管理暂行办法...378
附录Ⅱ 西安市工业企业旧厂区改造利用实施办法..381
附录Ⅲ 陕西工业遗产调研案例一览表...383

参考文献...451
后 记...456

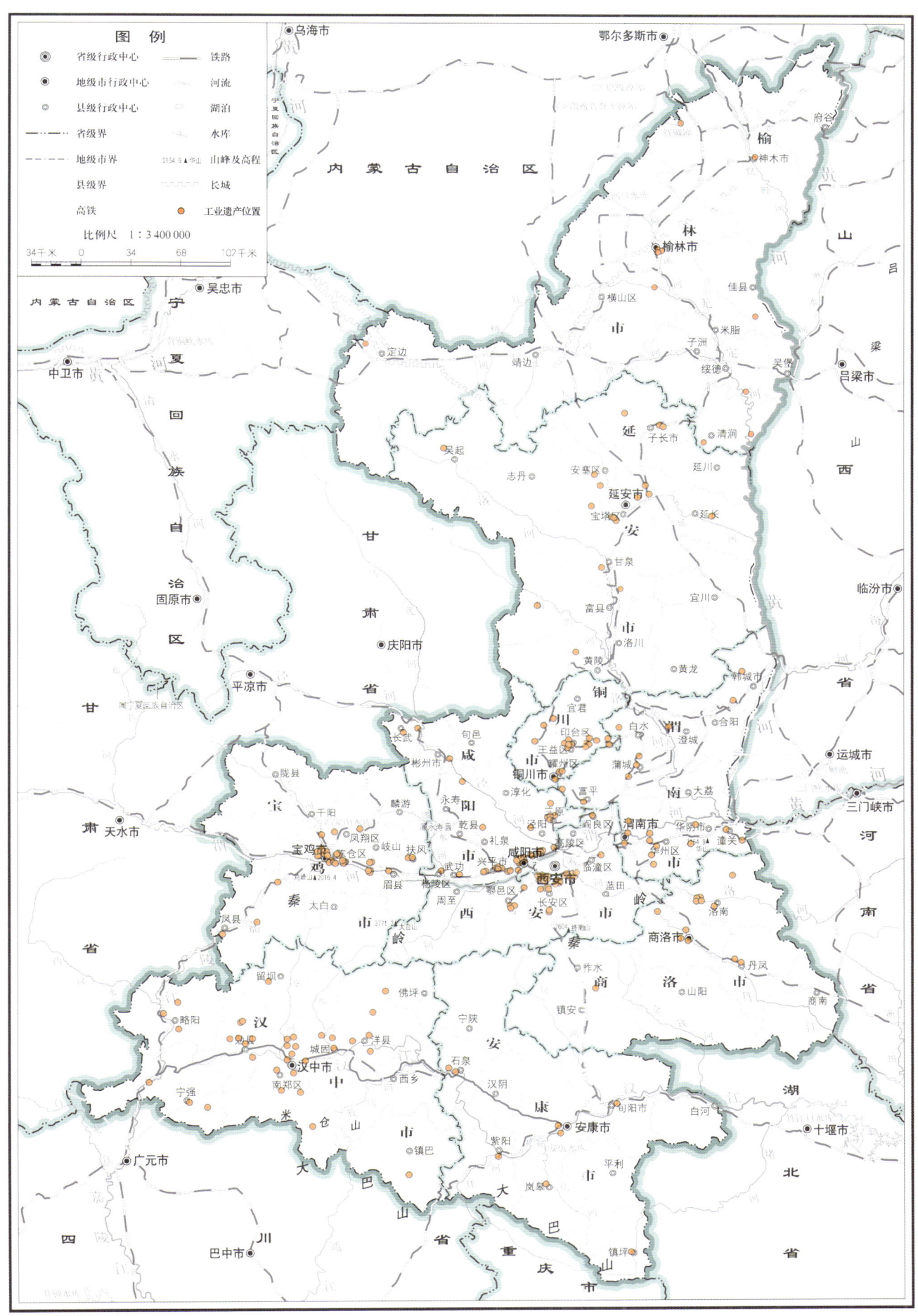

审图号：陕S(2022)002号

陕西工业遗产分布图

第 1 章

陕西省工业遗产概况

1.1 地理条件与建置沿革

1.1.1 地理条件

1. 地理区位

陕西省地处中国内陆腹地，位于黄河流域中游与长江流域中游之间，是我国西北地区最东省份。因其处于"陕塬"（在今河南省陕县）以西，故名"陕西"。其地隔黄河而东瞰山西，出陈仓而西接甘肃、宁夏，南邻四川、重庆，北连内蒙古，东南与河南、湖北接壤。介于北纬31°41′～39°35′与东经105°29′～111°15′之间。全境南北最大直线距离863千米，东西最大直线距离约500千米，地域南北长、东西窄。土地总面积20.58万平方千米，占全国土地面积的2.1%。[①]

2. 地理环境

陕西省总体地势呈南北高、中间低，由高原、山地、平原和盆地等多种地貌构成。黄土高原南麓和秦岭山脉天然地将陕西分为三大区域，即关中的渭河平原区、陕北的黄土高原区及陕南的秦巴山区（图1-1-1），三者在地理环境上呈现出迥异面貌。

（1）关中渭河平原

渭河平原，又称关中平原，位于陕西省中部，介于秦岭和渭北山系之间，因黄河的最大支流——渭河横贯东西、形成宽广的冲积平原而得名。同时，又因位于散关、潼关、萧关、武关"四方关隘之中"而被称作"关中"。其地主要包括西安、咸阳、宝鸡、渭南、铜川5个地级市。渭河平原东起潼关，西至宝鸡峡，是一个三面环

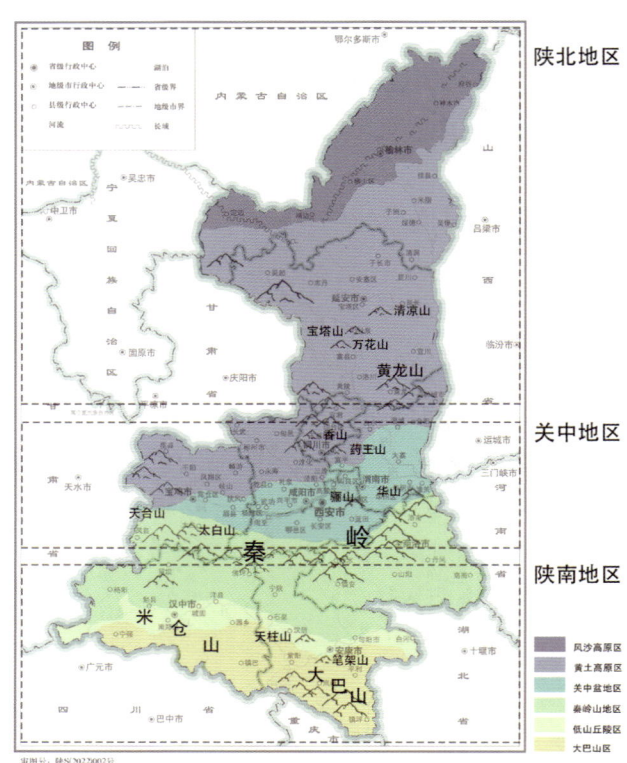

图1-1-1 陕西省地貌类型分区图
（地图来源：陕西省测绘局官网）

山、向东敞开的河谷盆地，海拔300～800米。其东西长约360千米，南北最宽达100多千米，土地面积3.9万平方千米，约占全省总面积的19%。

渭河平原地势平坦、气候温和、土质肥沃、河流纵横，且交通便利、物产丰富，是全省重要的粮棉产区。该区域自古以来便是人口聚集之地，被称为"天府之国""八百里秦川"。自西周起，先后有14个王朝在此建都，历时1100多年。

（2）陕北黄土高原

陕北黄土高原位于陕西省北部，是我国黄土高原的中心部分，东临黄河、西抵子午岭、北

[①] 张宝通，裴成荣. 中国西部概览：陕西[M]. 北京：民族出版社，2000.

接毛乌素沙漠、南至渭北山系，包括延安与榆林两个地级市。其地势西北高、东南低，海拔800~1300米，总面积9.25万平方千米，约占全省总面积的45%。①域内较大的河流窟野河、秃尾河、无定河、洛河等均为黄河支流，其中上游河段往往形成较宽的川地，被称为黄土高原的"米粮川"。

远古时期的黄土高原环境优渥、植被茂盛。但秦汉以来，谪戍充边、移民实边、少数民族内附等事件使得陕北人口大量增加，千百年来以农业开垦为主的人类活动，造成了大量森林砍伐和水土流失，加上历年的旱灾水患，使得黄土高原的生态环境不断恶化。②

（3）陕南秦巴山区

陕南秦巴山区位于陕西省南部，北靠秦岭、南倚巴山，汉江自西向东穿流而过，包括汉中、安康和商洛3个地级市，总面积7.4万平方千米，约占全省总面积的36%。秦岭作为我国南北分界线的重要标志，横亘于关中与陕南之间，阻挡了冷空气的南下，使得陕南的气候特征与南方地区更为接近。

陕南地区密布着分属长江、黄河两大水系的20多万条大小河流，水利资源丰富。其地貌以山地为主，呈现出"两山夹一川"的格局，海拔高度差别极大，秦岭山地与大巴山地海拔可达2000~2500米，汉江谷地海拔仅170~800米。汉江谷地为陕南主要农耕区，域内90%的人口均生活于此。

1.1.2 建置沿革

陕西是中华民族与中华文明的重要发祥地，历史悠久、人文荟萃。"陕西"这一名称源于西周初期，周公、召公的封邑以陕塬为界，陕以东周公治之，陕以西召公治之。此后，人们便将召公封邑称为陕西。陕西又被称作"三秦大地"，来源说法有二：一说因该地史有秦国、山有秦岭、地有秦川（即渭河平原）；一说为项羽分封诸侯，让秦的三个降将章邯、司马欣、董翳分治秦之故地。

陕西省自远古时期便有人类生活。省内发现的最早人类化石为距今80万年前的早期直立人——"蓝田人"，也是我国现今发现的最早古人类化石之一。仰韶文化时期遗址丰富，主要有半坡遗址、姜寨遗址、杨官寨遗址、郑窑则遗址、杨窑湾遗址等；龙山文化时期遗址有客省庄遗址、紫荆遗址、李家庙遗址等。这些遗址主要分布在关中与陕北地区，多已形成完整聚落模式。

统一华夏部落、肇造中华文明的黄帝与炎帝也均生活在陕西。《国语·晋语》载："黄帝以姬水（陕西武功漆水河）成，炎帝以姜水（陕西宝鸡清姜河）成。"黄帝陵至今屹立在延安市黄陵县。

西周开始，陕西便成为国都所在，至今西安市沣河两侧仍旧坐落着丰京和镐京遗址。

秦王朝兴起于陕西，及至统一中原，依旧以咸阳（今西安、咸阳一带）为首都。秦始皇推行郡县制，分天下为36郡，今陕西境内包括上郡、

---

① 程安东. 陕西发展报告（1949—2009）[M]. 西安：陕西人民出版社，2009.
② 周庆华. 基于生态观的陕北黄土高原城镇空间形态演化[J]. 城市规划汇刊，2004（4）：84，87，96.

北地郡、汉中郡。

西汉依旧定都西安，建立长安城（今西安）为都城。建置基本沿袭秦制，陕西省内保留上郡与汉中郡，另将秦的京畿地区分为3个相当于郡的政区：京兆尹（分管今西安以东、渭河以南地区）、左冯翊（分管渭河以北、洛河中下游地区）、右扶风（分管咸阳以西地区），称为"三辅"，治所均在长安城。王莽建新朝，依旧以长安为都，行政区域沿袭西汉。

两晋南北朝时期，前赵、前秦、后秦、西魏、北周等曾定都于西安；赫连夏曾定都于榆林地区，建立统万城为国都。

隋朝时，杨坚在汉长安城东南建大兴城为首都。李渊及李世民起兵反隋，建立唐朝，保留大兴城，改名长安城（今西安），继续作为唐朝首都。唐初将全国设为10道，今关中、陕北属关内道，陕南属山南道。

宋朝以后，陕西未再成为国都。宋时，今陕西的大部分属于永兴军路，治所在今西安市。元朝时，设立陕西行中书省；今西安地区属安西路，后改名奉元路；设兴元路于汉中，正式把汉中划入陕西。至明朝，陕西地区为陕西承宣布政使司，改奉元路为西安府，"西安"之名即由此而来。清初陕西仍辖今甘肃、宁夏和青海东部。康熙二年（1663年）移陕西右布政使驻巩昌，后改为甘肃布政使，移驻兰州。从此，陕、甘两省分治，沿用至今。

1914年，陕西区划调整为关中道、汉中道和榆林道三道。1935年，中国共产党中央红军长征到达陕北，形成中国共产党的根据地中心——中共中央所在地。1936年，陕西发生西安事变，抗日民族统一战线在陕西形成，为解放全中国打下了革命基础。

新中国成立后，行政区划调整，西安市为中央直辖市，由西北局代管。1954年，大区撤销，西安市改为省辖市。截至2020年，陕西省下辖10个地级市（其中一个副省级市）、30个市辖区、6个县级市、71个县。

1.2　工业建设的历史脉络

陕西历史悠久，是中华文明的重要发祥地之一，各类工业源远流长，我国古代许多工业均在此兴起并蓬勃发展。陕西的工业发展按时间顺序可分为古代时期、近代时期，以及新中国成立之后的现代时期。

1.2.1　历史久远的古代工业（1840年之前）

自西周起，我国古代都城长期定于陕西，除周、秦、汉、隋、唐等统一王朝外，还有新莽、西晋、前赵、前秦、后秦、胡夏、西魏、北周等短期政权，其中绝大多数位于关中地区。政治的核心地位带动了经济的领先发展，也大力推动了古代陕西工业的发展，许多工业类型都在一定时期内代表了当时全国的最高水平（表1-2-1），如仰韶文化时期的半坡彩陶、春秋时期的宫室砖瓦、秦始皇陵的青铜马车、作为"贡瓷"的耀州瓷器等，都曾见证了陕西工业的辉煌。

1. 石器时代的手工业萌芽

石器时代的陕西便出现了许多人类活动的遗迹。旧石器时代即有石制的生活生产工具，如蓝田人遗址中出土了许多该时代人类使用的尖状器、砍砸器、刮削器和石片、石核等打制石器。及至新石器时代，仰韶文化与龙山文化的遗址显示了陶器制作的兴盛，以及纺织工艺、建筑材

表1-2-1 陕西古代工业重要创新谱系

时代		手工业类型							
		陶瓷业	纺织业	建材业	食品加工业	雕刻业	金属冶炼与加工业	矿产开采业	造纸业
石器时代	仰韶文化时期	半坡陶窑与彩陶器物	半坡骨针、石纺轮、陶纺轮,以及编织物、染料、麻织物	半坡原始建筑的"木骨泥墙"结构与草拌泥抹面	半坡遗址出土的酒器	铜川煤玉雕刻	—	—	—
	龙山文化时期	灰陶与红陶	神木石峁遗址发现的苎麻类纺织物残片;黄帝时代养蚕织丝、缞麻作衣的传说	硬土面、白灰面、黄土面、胶泥面、礓石粉硬面等抹面,以及夯筑起墙和土坯砌墙雏形	西安米家崖遗址谷芽酒酿造遗迹	神木石峁玉器	中国发现最早的铜;神木石峁发现青铜武器的石范;黄帝采首山铜,铸鼎于荆山下的传说	—	—
青铜器时代	夏	—	葛麻丝毛均用于纺织	—	—	—	—	—	—
	商	—	—	岐山空心砖、条砖的作坊遗址	—	—	青铜制作模具	—	—
	周	瓷质酒器与碎瓷片	—	"三合土"地面,筒瓦,石碓柱础,卵石散水,陶水管道	中国最早的"六法"酿酒工艺	玉雕技艺发展	青铜器窖藏、铸铜作坊;黄金开采和金饰品的制作;渭南黄金开采的明确记载;陇县出土铜柄铁剑	原始煤炭开采	—
铁器时代	秦	兵马俑代表的制陶工艺巅峰	—	砖瓦与排水陶管工艺提高	定边一带开始产盐	—	秦陵铜车马代表的制造业巅峰,秦陵青铜剑代表的合金工艺巅峰;铁制品广泛使用	—	—
	汉	—	—	首次将琉璃作为建材,砖瓦制作工艺提高	葡萄酿酒工艺的传入	—	铁齿轮和铁兵器的使用	延长石油的发现使用	造纸术发明(蔡伦献纸)
	南北朝	—	—	—	—	—	—	安康地区盛产麸金	—
	隋唐	唐三彩、青瓷普遍发展,成为重要陶瓷基地	丝绸纺织飞跃发展、丝绸之路畅通	承重砖应用高峰	葡萄酒受到广泛推崇	—	金银器加工工艺高峰,铜镜制作工艺发展	—	—

续上表

时代		手工业类型							
		陶瓷业	纺织业	建材业	食品加工业	雕刻业	金属冶炼与加工业	矿产开采业	造纸业
铁器时代	宋	耀州青瓷成为"贡瓷"	—	—	—	—	冶铁工艺显著提高	沈括命名石油，与煤炭一同成为常用燃料	—
	元	—	—	—	—	—	—	硫磺开采冶炼	
	明清	—	—	琉璃瓦工艺普及	—	—	冶铁业规模空前，柞水炼铅化银	建立延长石油官厂，打出中国陆上第一口油井；煤炭业较快发展	

料、金属冶炼、酿酒工艺与雕刻工艺等方面的初步发展。

（1）陶器制作

仰韶文化，又被称作"彩陶文化"，其陶器制作水平已较为成熟。例如，西安半坡遗址中出土的6座陶窑，是迄今发现的人类历史上最早烧制陶器的窑炉，生产的彩陶（黑、赭、白）烧制温度在950℃以上，种类包括汲水器、炊器、食器、容器等（图1-2-1）。以客省庄二期文化为代表的陕西龙山文化的陶器则多为灰陶与红陶，器表除素面外，主要饰篮纹和绳纹，器形有鬲、斝、鬶、盉、罐、尊、豆、盘、盆、碗、甑、瓶、盖等。①

图1-2-1　五口纹彩陶壶
（资料来源：西安半坡博物馆馆藏）

---

① 梁星彭. 试论客省庄二期文化 [J]. 考古学报, 1994（4）：3-30.

图1-2-2 西安半坡博物馆馆藏纺织工具
（左：陶纺轮；右：骨针）
（资料来源：西安半坡博物馆官网）

（2）纺织工艺

陕西的纺织历史可追溯至仰韶文化时期，那时陕西先民就已经从事纺织印染生产活动，并在生产技术上取得重大进展，由原始的搓捻发展到使用简单的纺织工具。西安半坡遗址出土的陶纺轮、骨针（图1-2-2右）、石纺轮、彩陶器及彩陶器底部残留的编织物印痕、矿物染料，以及陕西神木石峁遗址发现的苎麻类纺织物残片等可作为实物证明，其他如临潼姜寨、宝鸡北首岭等渭水流域遗址中也有相应文物被发现。麻织物是这一时期陕西发现的最早的纺织物。

"三皇五帝"中的黄帝也大约生活在这一时期。民间至今流传黄帝正妃嫘祖教民养蚕织丝[①]、其臣伯余緂麻索缕作衣[②]的传说。

（3）建筑材料

仰韶文化与龙山文化时期均有较大规模的聚落遗址出土。仰韶文化的半坡遗址中已使用木骨泥墙的建筑结构，以及草拌泥的建筑材料。龙山文化的客省庄二期遗址中的建筑材料更为先进，如已发现的房屋中内墙面已有采用硬土面和白灰面，少数采用黄土面、胶泥面及礓石粉硬面，有些房屋中已经使用夯筑起墙和土坯砌墙的技术。[③]立于陕西蓝田的新街遗址发现了仰韶晚期陶"砖"形器，或为中国乃至世界上年代最早的烧结砖，对砖类建材的起源和建筑史的研究具有重要的实证意义。[④]

（4）金属冶炼

铜是人类最早发现和使用的金属之一。1956年，西安半坡遗址（碳测定年代为距今6065年）中发现的铜片，经化验含有大量的铜、锌和镍；1973年，陕西临潼姜寨遗址（碳测定年代为距今5970年）中发现的铜片，经化验测定含铜65%（质

---

① 司马迁. 史记·封禅书[M]. 北京：中华书局，2011.
② 刘安. 淮南子·氾论训[M]. 上海：上海古籍出版社，1989.
③ 梁星彭. 试论客省庄二期文化[J]. 考古学报，1994（4）：3-30.
④ 陕西省考古研究院. 陕西蓝田新街遗址发掘简报[J]. 考古与研究，2014（4）：3-23.

量分数，下同）、锌25%、锡2%、铅6%。① 这两个铜片是迄今为止中国发现的人类最早制造的铜。陕西神木石峁遗址（距今4300年）发现大型建筑遗址，在其瓮城石墙的回填土中发现了制作青铜武器的石范，佐证了在新石器时代晚期至夏代早期陕西已具备生产和铸造青铜武器的能力。

《史记·封禅书》记载："黄帝采首山铜，铸鼎于荆山下。"（荆山位于陕西中部。）《史记·孝武本纪》记载："黄帝作宝鼎三，象天地人也。"可见，在人文初祖黄帝时代，已经出现了采铜制鼎的工艺，并且鼎已经作为重要的礼器，被赋予象征意义。

（5）酿酒工艺

陕西酿酒的历史悠久。半坡遗址出土的陶杯，被认为是中国最早的酒器，它标志着人类用谷物酿酒的开始。学者通过对西安米家崖遗址陶器上淀粉粒、植硅体，以及化学残留物的综合分析，揭示了迄今为止中国最早的酿造谷芽酒的直接证据。结果显示，米家崖酿酒的原料包括黍、大麦、薏米以及一些块根作物，说明在距今约5000年的仰韶文化晚期，中原地区已经发展出了较为成熟的谷芽酒酿造技术。②

（6）雕刻工艺

早在新石器时代，居住在铜川漆水河两岸的先民们，便利用当地的煤炭资源，雕刻了生活装饰品和少量生产工具，③开创了中国煤玉雕刻历史的先河。

位于陕西省榆林市神木县高家堡镇的石峁遗址是中国已发现的龙山晚期到夏初期规模最大的城址。石峁遗址出土了大量的玉器，精美的器型及精湛的工艺技术都达到了同期文化的最高水平。④

2. 青铜时代的手工业部分繁荣

青铜时代约从夏到战国时期。在这一时期中，青铜器在人们的生产、生活中占据了重要地位。关中地区作为西周都城与东周时期秦国都城的所在地，其时昌盛繁荣，在金属冶炼、纺织工艺、建筑材料、瓷器制作、煤炭开采、酿酒工艺、玉雕工艺等方面均取得了突出成就。

（1）金属冶炼

先秦时期，青铜器是极为重要的礼器。青铜冶炼也是当时手工业中最为重要的部门。铜川三里洞、华县桃下、西安老牛坡等地出土的商代青铜器，周原遗址窖藏、墓葬中陆续发掘的西周青铜器（图1-2-3），清涧辛庄遗址发现的商代晚期铸造青铜器的陶制模具，周原遗址、周公庙遗址、丰镐遗址等发现的西周铸铜作坊，从这些实证中可以印证青铜冶炼的技术在当时日趋成熟，初具规模后慢慢壮大，并逐渐迎来了真正的青铜时代。

锡作为青铜器中重要的成分之一，在《周礼·考工记》中曾有记载："金有六齐：六分其金而锡居一，谓之钟鼎之齐。"考古人员发现在春秋时期一号秦公大墓中运用了锡合金封护棺椁。

陕西的黄金开采和加工历史久远，可追溯至先秦时期，彼时陕西英山（今渭南）已有开采黄金的文字记载。西周时期黄金开采和金饰品制

---

① 石志廉. 谈谈我国古代的肖形印 [J]. 文物，1986（4）：83-86.
② 王佳静，刘莉，Ball T，等. 揭示中国5000年前酿造谷芽酒的配方 [J]. 考古与文物，2017（6）：45-53.
③ 徐占春，王楠. 近代陕西煤炭的开发利用及其影响 [J]. 西部商学评论，2010（1）：52-62.
④ 王炜林，孙周勇. 石峁玉器的年代及相关问题 [J]. 考古与文物，2011（4）：40-49.

图1-2-3　日己觥（西周）
（资料来源：陕西历史博物馆馆藏）

作也能通过考古出土的文物得到佐证，例如1979年陕西淳化县出土的西周早期青铜器中发现31片"似为衣物附饰"的金叶[①]。

铁的发现和使用大大推进了当时社会的生产力发展。春秋早期距今2600多年的陇县秦国墓葬中出土的铜柄铁剑证明了陕西是我国用铁最早的地区之一。

（2）纺织工艺

夏以后，陕西葛麻丝毛等天然纤维均先后用于纺织生产。商代，人工普遍种植葛、麻和桑，缫丝、织绸业已经开始普及。《诗经》中，提到葛、麻菉草、蚕桑、丝、帛、锦、绣等纺织衣着的有90多处。如《诗经·豳风·七月》反映了周代早期陕西旬邑、彬县一带农民的生产生活，其中载有"黍稷重穋，禾麻菽麦""女执懿筐，遵彼微行，爰求柔桑""七月鸣鵙，八月载绩。载玄载黄，我朱孔阳""一日之于貉，取彼狐狸，为公子裘"等内容，反映了当时陕西妇女种采桑蚕、利用桑麻丝毛制作布帛衣料的场景。

《周礼·地官》记载，周代曾设有八种管理纺织和征集原料的专业官职。手工作坊中掌握了相当水平的天然纤维的脱胶精炼技术，漂白技术，矿、植物染料染色技术，媒染技术和织物涂层技术，提花织锦技术等，使纺织产品的艺术性大为提高。大量麻布和丝帛成了商品或交换的媒介（起货币作用）。[②]陕西宝鸡茹家庄、岐山贺家岸出土的高级丝织品可作为这一时期陕西丝织业发展情况的佐证。

（3）建筑材料

陕西建筑材料的生产加工历史悠久、成就辉煌。在岐山赵家台发现了商周之际制作空心砖、条砖的作坊遗址。[③]春秋时期秦国宫殿遗址（今凤翔县马家庄遗址发掘）已使用花纹砖、子母砖、素面砖、花纹空心砖等多种类型砖材。[④]瓦的使用在商周时期被认为是权力的代表，目前考古所见西周砖瓦均出土于都邑遗址，周原遗址的制瓦作坊遗迹等被认为是专门为王室或贵族服务，用于建造宫殿。岐山凤雏宫殿建筑基址（公元前1100

[①]《陕西年鉴》编辑部. 陕西年鉴·1988[M]. 西安：陕西人民出版社，1988.
[②] 陕西省纺织工业总公司. 陕西纺织科学技术志（上古—1990年）[M]. 西安：陕西科学技术出版社，1995.
[③] 陕西省考古研究所宝鸡工作站，宝鸡市考古工作队. 陕西岐山赵家台遗址试掘简报[J]. 考古与文物，1994（2）：29-38.
[④] 陕西省地方志编纂委员会. 陕西省志·建材工业志[M]. 西安：陕西科学技术出版社，2009.

年左右至西周末年）中发现有部分夯土墙体，墙表及室内地面均抹有细沙、白灰、黄土混成的"三合土"面。屋顶覆盖芦苇、麦草，并施板瓦和筒瓦于屋脊及檐口。① 在扶风召陈西周大型宫室建筑群基址中，已多采用石堆柱础，台基四周铺设卵石散水，普遍覆盖有板瓦及筒瓦于屋顶。②

周原遗址还出土了圆形承插口黏土质陶水管道，是陕西发现最早的陶质排水管。战国时期秦迁都栎阳（今西安市阎良区境内）后，开始生产和使用"丁"字形三通和断面呈三角形、五角形陶质排水管。③

（4）瓷器制作

瓷器是国之瑰宝，是我国古代劳动人民智慧的结晶。陕西人发明烧制瓷器的技术可追溯至西周晚期。考古工作者对扶风县黄堆乡西周墓葬区25号墓进行发掘后，发现了不少瓷质酒器和碎瓷片。④ 经过修复整理，发现这些瓷器共10件，工艺精致且扣之有金属声。这批西周瓷器的发现在国内陶瓷史上具有突破性意义，至少将中国陶瓷生产历史提前了1200多年。

（5）煤炭开采

根据古籍记载和考古发掘的佐证，战国时期（公元前475—公元前221年）陕西已有原始煤炭的开采活动，煤炭作为能源已被人认知。

（6）酿酒工艺

早在公元前11世纪的西周，便对陕西酿酒文化有记载。《周礼·天官》中的"五齐"（泛齐、醴齐、盎齐、醍齐、沉齐）和《礼记·月令》的"六法"（秫稻必齐、曲蘖必时、湛炽必洁、水泉必香、陶器必良、火齐必得），均为对酿酒工艺的总结与概括，历经2000多年仍对中国的酿酒技术有着深远的影响。"五齐""六法"被学者认为是中国乃至世界最早的酿酒工艺操作规程，不仅在中国有重要影响，在世界酿酒工艺的历史中也具有举足轻重的地位。

（7）雕刻工艺

西周、春秋战国时期，煤玉雕刻屡有发现，雕刻技艺也有了长足发展。宝鸡茹家庄、竹园沟、玉泉等地西周墓葬中出土的煤块黑润光亮，打磨精细，从内向外有一定的坡度。周原遗址下康东南、庄白均发现过大量经过切锯的玉、石料及半成品、成品等。《周礼·考工记·玉人》记载了多种玉器的名称、形制、规范和用途，"刮摩之工"是专事雕刻琢磨的技艺，其中有玉人琢玉的记载，但没有记载制玉技术和制玉过程。但书中提出"天有时，地有气，材有美，工有巧，合此四者然后可以为良"的设计理念，"圆者中规，方者中矩，立者中悬，衡者中水"的工艺规范，对中国古代玉器设计和制玉技术思想产生了深远的影响。⑤

3. 铁器时代的手工业全面发展

及至秦代，我国进入铁器时代。人们在冶炼青铜的基础上逐渐掌握了冶铁的技术，铁器的使用逐渐普及，手工业门类也健全起来。陕西地区

---

① 陕西省考古研究院夏商周考古研究部. 陕西夏商周考古发现与研究[J]. 考古与文物，2008（6）：66-95.
② 尹盛平. 扶风召陈西周建筑群基址发掘简报[J]. 文物，1981（3）：10-22，97.
③ 陕西省考古研究所宝鸡工作站，宝鸡市考古工作队. 陕西岐山赵家台遗址试掘简报[J]. 考古与文物，1994（2）：29-38.
④ 叶舒宪. 二龙戏珠原型小考——兼及龙神话发生及功能演变[J]. 民族艺术，2012（2）：18-30.
⑤ 孔富安. 中国古代制玉技术研究[D]. 太原：山西大学，2007.

自秦至唐，历任统一王朝的国都，许多手工业都代表了一定时期内该行业的最高成就，如金属冶炼与加工业、陶瓷业、建材业、纺织业、造纸业等，在矿产开采业、食品加工业等方面也取得了一定的成绩。

1）金属冶炼与加工业

秦代时青铜的冶铸与使用已经达到了顶峰。秦始皇陵封土西侧出土的两乘彩绘铜车马被称作"青铜之冠"（图1-2-4），按照秦代真人车马1/2比例制作，由3500余个零部件用铸造、镶嵌、焊接、子母扣连接、活铰连接等多种工艺组装而成，结构极其复杂、技艺极为精湛，为已出土的任何青铜器所不及。[①]

秦汉时期中国古代各类社会活动中已经可以见到大量铁器的使用，彼时陕西用铁十分普遍，除兵器外，农业、手工业也广泛使用铁制品。西汉时期，铁兵器已取代铜兵器，进入完全铁器时代。西汉王朝专设"少府"管理全国冶铁业，全国的郡、县有49处设铁官，其中陕西便有5处。唐宋以后，宗教领域祭祀活动中经常能看到铁制品，铁塔、铁钟、铁佛像和祭祀所用铁磬、铁鼎、铁香炉等在陕西都有遗存。在相当长的历史时期内，陕西的冶炼技术和铁器的制作工艺，都居全国先进水平。

西汉桓宽《盐铁论·力耕篇》中载："汝、汉之金，纤微之贡，所以诱外国而钓胡、羌之宝也。"可见当时的冶金技术已经较为成熟，汝水（今河南境内）和汉水（今陕西境内）所产的黄金深受羌胡人民喜爱。西魏时期，安康一带因盛产麸金而由"东梁州"易名为"金州"。唐代杜

图1-2-4　青铜马车（秦）
（资料来源：秦始皇帝陵博物院馆藏）

佑《通典》记载："安康郡，贡麸金五两。"由此可证，安康麸金作为贡金，最迟出现在唐代。《唐书·地理志》还对陕西黄金的管理作了详细记载："洛南有金、有银、有铁，设洛源监，司其事。"

金属铅被用作单独铸造器物，始于西汉年间。清代《柞水县志》记载，明、清间有百余年炼铅化银的历史，后来由于兵荒马乱而废止。

[①] 汪少华. 中国古车舆名物考辨[M]. 北京：商务印书馆，2005.

2）陶瓷业

秦代陶器种类繁多，最为著名的是被称为"世界八大奇迹"之一的秦陵兵马俑（图1-2-5）。秦俑的烧成，被誉为陶瓷工艺史上的空前壮举。同时，考古学家在对兵马俑清理修复的过程中，还在隐蔽处发现了陶工的工师名，体现了秦法中"物勒工名，以专其诚。工有不当，以行其罪，以究其情"的手工业管理制度。[①]

图1-2-6 耀州窑青釉提梁倒注壶（五代）
（资料来源：陕西历史博物馆馆藏）

汉代是陕西陶瓷业的一个重要转折点，此时所制器物的表面被广泛施釉，为后期青瓷的发展奠定了基础。经历先秦、两汉到了唐代之后，陕西陶瓷工业烧造技术日臻提高，耀州窑开始发展，但当时多烧造黑、白、青、黄等杂色瓷。到唐末五代时，受南方越州青瓷的影响，转变为以烧青瓷为主（图1-2-6）。至北宋，陕西铜川耀州窑瓷器已成为北方青瓷之冠，其施釉、刻花等装饰技法在宋瓷中独树一帜。陶瓷工业成为当时重要的国民支柱产业之一。"南有龙泉瓷，北有耀州瓷"，北宋时期的耀州窑生产的"耀州瓷"成为当时的"贡瓷"。陕西省考古研究所对铜川黄堡镇耀州窑遗址1600平方米范围内进行了发掘清理，发现唐、五代、宋、金、元时期的瓷器约20万片。其中重大发现有：唐三彩作坊一组3座、三彩釉试烧小炉1座、唐代瓷坯作坊1座；宋代瓷坯

图1-2-5 兵马俑（秦）
（资料来源：秦始皇帝陵博物院馆藏）

[①] 西安市地方志馆. 西安今古 1987[M]. 西安：陕西人民出版社，1989.

作坊和施釉作坊三组6座、瓷窑7座，以及加工原料的大碾槽、堆料场、堆煤场、晾坯场等，①这是国内首次找到的唐代瓷窑作坊和三彩作坊。元末明初，位于黄堡镇的耀州窑渐次衰落，铜川瓷业中心转移，陈炉镇遂成为陕西重要的陶瓷生产基地。耀州窑也是中国古代烧制陶瓷的著名窑场和名瓷生产的重要基地，反映了陕西古代陶瓷业的繁荣景象。

3）建材业

"陕西自古帝王都"，先后有西周、秦、汉、隋、唐等14个王朝于此建都，时间长达1100余年。大规模的都邑、宫殿、皇陵的建造活动，为建材工业的发展创造了得天独厚的条件。

西汉时期琉璃开始被用作建筑材料，《西京杂记》记载："赵飞燕女弟居昭阳殿……窗扉多是绿琉璃，亦皆达照，毛发不得藏焉。"这是中国将琉璃用作建筑材料的有力佐证。②

隋唐时期，社会经济繁荣发展，建材工业也迎来了发展高峰，以承重砖和建筑琉璃构件最具代表性。承重砖开始普及使用，营建了许多高大雄伟的建筑。例如，隋仁寿元年（601年）建造的35米高的仙游寺法王塔（今周至县境内）、唐永徽三年（652年）建造的64米高的慈恩寺大雁塔（今西安市内），全系承重砖（图1-2-7）砌筑。从唐代营建的大明宫和玉华宫可以一窥琉璃构件的使用，除这两座宫殿遗址外，专为宫廷建筑制作琉璃构件的铜川市黄堡镇耀州窑遗址也出土了大量琉璃瓦残片，以及式样美观、造型生动、工艺精湛的宫殿脊饰——"三彩龙头套饰"、单彩小唾盂和单彩兽头贴饰等，制作均采用二次焙烧

图1-2-7　仁寿元年铭文砖（隋）
（资料来源：陕西历史博物馆馆藏）

工艺。明代曾于正统成化年间与嘉靖年间两次在今铜川市陈炉镇立地坡建设琉璃厂，为营建与重修秦王宫提供琉璃构件，其所产琉璃制品碧绿辉煌、质料坚密。

明代时期还对非金属矿有了进一步认识，开始采掘眉县和户县石墨，产品"年例解布政司"。③陕西的硫磺开采冶炼业兴起约始于元明，初时人工采矿，以砂壶、瓷盆、坛罐等土法提炼。

4）纺织业

西汉时期的丝织生产技术达到一个相当高的水平，丝织品种类已大大丰富，丝织业发达，西方对我国的丝绸需求量大幅增长。汉武帝派张骞出使西域，开辟以长安为起点，连接地中海各国

---

① 禚振西，杜葆仁．铜川黄堡发现唐三彩作坊和窑炉[J]．文物，1987（3）：23-31．
② 陕西省地方志编纂委员会．陕西省志·建材工业志[M]．西安：陕西科学技术出版社，2009．
③ 陕西省地方志编纂委员会．中华人民共和国地方志丛书：陕西省志·第二十三卷[M]．西安：陕西科学技术出版社，2009．

图1-2-8 鎏金铜蚕（西汉，陕西历史博物馆馆藏）
（资料来源：陕西历史博物馆官网）

的陆上通道，运输当时出产的丝绸。国家一级文物鎏金铜蚕（图1-2-8）出土于陕西省石泉县。据《石泉县志》记载，汉代时此地养蚕业、丝织业很兴盛。当时养蚕之风盛行，加之鎏金工艺的发展，因而，有条件以鎏金蚕作纪念品或殉葬品。汉代不仅官府丝织业颇为发达，民间丝织业也有了相当程度的发展，各地陆续出现了一些大大小小的丝织业作坊，丝织品颜色艳丽、花纹多样、做工考究，养蚕缫丝业发展达到高峰。三国两晋南北朝时期，由于北方战乱频繁，江南地区相对稳定，丝绸生产的中心不断由北方向南方转移，唐代江浙和巴蜀一带成为全国丝绸的生产中心，北方中原地区逐渐落后。

宋元之际，关中地区开始引种棉花，发展手工棉纺织技术。明清时期逐步取代毛麻纺织业，只有陕南陕北的丝绸业、关中陕北的少量毛纺织业，在时衰时兴中流传至近代。[1]

5）造纸业

造纸术是中国古代四大发明之一，它的发明大大推动了知识的传播与文明的进程。据《东观汉记》和《后汉书·蔡伦传》记载，"伦乃造意，用树肤、麻头及敝布、鱼网以为纸"，发明了"蔡侯纸"，一改此前用行简、缣帛书写的历史。[2]史学界公认，蔡伦向汉和帝献纸的元兴元年（105年）十月，为中国造纸开始时间。蔡伦的封地即在陕西洋县龙亭镇，他死后也长眠于此。

6）矿产开采业

陕西石油发现于东汉，迄今已有1900余年。唐、宋、元、明、清各朝的史志资料，均对石油的发现使用情况有所记载。北宋沈括任延州（今延安）经略使时，曾用延州的石油制成炭黑。石油这个名称也是他在《梦溪笔谈》中首先提到。据史籍记载，延州的石油是我国最早发现的石油。东汉班固在《汉书·地理志》中曾生动地描述过延州石油的发现和使用情况。鸦片战争以后，帝国主义列强纷纷入侵中国，图谋染指陕北石油资源，遭到人民群众的反对。清光绪三十年（1904年），经陕西巡抚曹鸿勋奏准清廷拨银81 000两，翌年创办了延长石油官厂（今延长油矿），聘用日本人佐藤弥市郎为技师，在日本购置机械设备。[3]同年，由佐藤在延长县西门外勘定井位并完井投产，日产原油1～1.5吨，是为延一井。

唐宋时期，铜川地区便产生了依山掘洞与平地下挖取煤的采煤方式。宋代煤炭已成为重要的生产生活燃料，分布在省境内的主要煤田皆属民窑。明清之际，尤其是清代，煤炭业有了较快发

---

[1] 陕西省纺织工业总公司. 陕西纺织科学技术志（上古—1990年）[M]. 西安：陕西科学技术出版社，1995.
[2] 戴家璋. 用科学的历史观点研究和解释纸史[J]. 中国造纸，1983（1）：56，64.
[3] 刘建平，马云. 清末陕西延长油矿创办始末[J]. 宝鸡文理学院学报（社会科学版），2006（6）：62-64.

展。明代时期，已有长年专业挖煤和农闲季节采煤的分工，采煤地点多择于煤层浅显处。清乾隆年间，铜川地区的陈家河、崖窑、庙底沟、灰堆坡等处开办的工场手工业炭窑已有山主，并有挖煤纳税之记载。在古代历史长河中，陕西的煤炭开发利用处于领先地位，但其开采范围、煤炭产量、开采方式等较为落后。①

7) 食品加工业

秦汉以后，陕西最具代表性的食品加工业为制盐业与酿酒业。

(1) 制盐业

定边盐湖是陕西唯一的湖盐产区。据相关史料记载，早在秦汉时期陕西定边一带已经开始产盐。西汉时期，在定边县北设置盐官实施管理。西魏时期由于军事贸易需要在定边一带设置西安州，西魏废帝二年（553年）更名为盐州。据《新唐书·食货志》记载，唐代有盐池十八，盐州四池中最大的乌池即今天定边的花马池，唐时年产食盐15万石，行销陕北、宁夏和甘肃陇东等地。朝代更迭不断，但定边的制盐业却一直未被中断，在各朝各代中都占据着重要的军事、政治、经济地位。元设盐官，明设盐课司，清设盐课大使，民国初年盐务机制仍沿袭清制，管理制度的延续性保障了定边制盐业一以贯之的发展。直至今天，定边花马池依旧是陕西省内最大的池盐产地，年产盐4万吨。②

(2) 酿酒业

古代陕西人民用葡萄酿酒的技术在西汉时期就已驰名全国。《史记·大宛列传》："宛左右以蒲陶（葡萄）为酒……汉使取其实来，于是天子始种苜蓿、蒲陶肥饶地。"详细记载了张骞出使西域，引进中亚地区优良葡萄品种和酿造葡萄酒的方法，同时招用酿酒艺人，在长安酿造葡萄酒。③唐诗中也多有"葡萄带曲红""燕脂酽葡萄""葡萄美酒夜光杯""酿之成美酒，令人饮不足"等描述，④反映了当时朝廷和民间酿造、饮用葡萄酒之风气的盛行。

此外，自唐代起，关中凤翔、岐山、宝鸡一带便以出产名酒著称。"西凤酒"即以产地得名，唐代时期便以"甘泉佳酿，清冽醇馥"被列入当时的珍品而闻名。清末还曾在南洋获得奖章。⑤

1.2.2 发展缓慢的近代工业（1840—1948年）

我国的近代工业普遍被认为始于1860年代开始的洋务运动，但直到清同治八年（1869年）陕甘总督左宗棠在西安创办西安机器局才开启了陕西近代工业的发展。至1935年陇海铁路通车到西安，陕西工业发展加速，加之1937年抗日战争全面爆发，许多工厂内迁，陕西近代工业逐渐繁荣。然而抗日战争胜利后，通货膨胀，又因国共内战的冲击，陕西工业又转衰落。总体而言，陕西近代工业发展十分缓慢。

1. 洋务运动带来的陕西近代工业肇端

---

① 马晓梅. 20世纪陕西能源矿产资源开发和利用研究 [D]. 西安：西北大学，2006.
② 王永胜. 定边盐湖 [M]. 陕内资图，2007.
③ 谢少波. 文化研究访谈录 [M]. 北京：中国社会科学出版社，2003.
④ 萧家成. 论中华酒文化及其民族性 [J]. 民族研究，1992（5）：40-49.
⑤ 中国酿酒业大全编委会. 中国酿酒业大全 [M]. 北京：中国科学技术出版社，1988.

（1869—1934年）

清代晚期，洋务派引进西方技术发展近代工业，在洋务运动前期创办了许多军事工业。同治八年，陕甘总督左宗棠在西安创办西安机器局。它是西北地区最早的近代化兵工厂，虽然只有几家小型企业和手工业作坊，但昭示了陕西近代工业的开端。陕西省最早的近代民营工业为著名学者刘光蕡于光绪二十年（1894年）倡导设立的机器织布局。[1] 直至1934年以前，陕西近代工厂包括机器厂、制革厂、制药厂、面粉厂、电厂、火柴厂等，规模普遍较小，产品产量除军火外都很有限，手工业产品仍占工业品市场的主要地位。然而，这些近代工业企业却是陕西省许多工业的肇端。

2. 陇海铁路与抗日战争带来的陕西近代工业短期快速发展（1935—1945年）

20世纪30年代，国民政府开始重视西北地区的发展。1932年国民党四届二中全会通过决议，决定"以长安为陪都，定名为西京"，[2] 促使陇海铁路向西延伸，大大便利了战时陕西对外交流，推动了陕西社会经济的进步。然而，陕西在陇海铁路通车之前，各类工业一直处于较为落后、时办时停的状态。据民国时期的统计报告载，陕西"僻处西北，工业幼稚，加以兵燹之后继以荒旱，地方元气未能恢复，各项小规模之工业虽或有官家之提倡办理以及私人之出资经营者，旋均时兴办而时停顿，至大规模之工业更不能论及矣"[3]。至陇海铁路修达西安与宝鸡，抗日战争全面爆发，国民政府也确立了战时经济体制，采取了一些扶持后方工业的政策和举措，如支持沿海工厂内迁。陕西工业总体状况因此开始改善。

1935—1936年，陇海铁路通车到西安、宝鸡。由于交通运输条件的改善，外省客商纷纷到陕经商办企业，本地人士也踊跃投资兴办各类企业。中国银行投资的庸兴实业公司先后创办了西北机器厂、纺织厂、面粉厂、皮革厂等工业企业。[4] 此后，民族资本开始在宝鸡、岐山一带兴建华胜烟厂、泰和烟厂、华兴烟厂、白马烟厂等一些轻工业项目。据统计，1937年底，全省现代工业企业共有26户，其中包括机器制造业5户、纺织业5户、面粉业5户、化学业3户、打包业2户、火柴业2户、玻璃业2户、造冰业2户；到1945年抗日战争胜利时，现代工业企业增至312户。[5]

1937年抗日战争全面爆发以后，沿海的民族工业陆续遭敌破坏或被敌占有。陕西原来从省外、海外输入的物资，由于交通受阻而中断，来源锐减；南京沦陷后，国民政府迁都重庆，无论军需或民用产品，均需由后方组织生产和供应。西安因此更成为军需、民品生产和运输供应的重要枢纽。在此形势下，沦陷区的资金、人员大量流入西安，兴办各类企业，使西安近代工业得到快速发展。其中纺织、面粉、制革等工业成为陕西的支柱产业。如盈利最多的大华纺织厂在1939年盈利470万元，相当于陕西省财政收入的五分之一。同时，由于日军逼近潼关，对西安、延安、

---

[1] 贺黎黎. 1840年以来陕西工业化演进路径分析[D]. 西安：陕西师范大学，2011.
[2] 西安市档案局，西安市档案馆. 筹建西京陪都档案史料选辑[M]. 西安：西北大学出版社，1994.
[3] 陕西建设厅第一科统计股. 陕西建设统计报告第一期（十六至十八年合刊）[R]. 陕西省政府印刷局，中华民国十九年（1930年）.
[4] 谭刚. 陇海铁路与陕西城镇的兴衰（1932—1945）[J]. 中国经济史研究，2008（1）：63-71.
[5] 陕西省统计局. 陕西六十年 1949—2009[M]. 北京：中国统计出版社，2009.

宝鸡、安康、渭南、榆林、咸阳、汉中等地进行了多次飞机轰炸，且将工业厂区作为重要的袭击目标，大华纱厂、西京电厂、申新纱厂等均不只一次被轰炸，损失惨重。

在这一时期，陕西工业布局趋于合理，建立了门类较为齐全的工业发展体系。然而，由于其发展借助了"战争之手"，具有战时经济的特征，工业多与军工有关，且以重工业为主，如煤炭、石油、重化工的发展在陕西工业发展中居于主要地位，轻工业居次，而且生产的产品多由军需部门统筹调配。战争一旦缓和，政府财政的窘迫和技术人员的短缺等问题就凸显出来，政府对工业发展的扶持力度也相应减弱。此外，沿海沿江地区内迁入陕的多数工厂，多抱临时维持态度，战后再迁回的观念甚浓，并不图谋长远发展。这一时期迁至陕西的民营工厂共42家，主要包括机械工业、纺织工业、食品工业、化学工业等行业类型（表1-2-2）。据统计，1937—1942年新设工厂（含内迁工厂）共105家，位于西安市的有47家，其余则沿陇海、川陕、咸阳等路之各重要市镇分布，均渐发展。其中，宝鸡与泾阳各8家，眉县7家，同官5家，蔡家坡、南郑与城固各3家。涉及陕北、陕南、关中三大区域。①

表1-2-2　抗战时期迁至陕西的民营工厂一览表

行业类型	厂名	原区位	迁移区位	主要产品	备注
机械工业（8家）	西北制造厂	山西太原	陕南	各种机床	部分机件前往川北
	洪顺机器厂	湖北汉阳	关中	机器配件	
	成通铁工厂	山东济南	关中	织机配件	
	华兴铁工厂	河南孟县	关中	机器配件	
	申新纱厂铁工部	湖北汉口	关中	织机修配	
	吕方记铁器厂	湖北汉口	关中		出租机器
	光华机器厂	河南郑州	关中		并入农本局
	利用五金厂	上海	陕北	各种机床	迁入陕甘宁
纺织工业（19家）	申新四厂	湖北汉口	关中	棉纱	分设陕、渝两厂
	震寰纱厂	湖北武昌	关中	棉纱	机器租给西安大华纱厂裕华纱厂
	成通纱厂	山东济南	关中	棉纱	后改组为益大机器厂
	湖北官纱厂	湖北武昌	关中	棉纱	部分机器租给申新纱厂
	东华染厂	湖北汉口	关中		
	善昌新染厂	湖北汉口	关中		
	昌隆染厂	湖北汉口	关中		

---

① 贺黎黎. 1840年以来陕西工业化演进路径分析[D]. 西安：陕西师范大学，2011.

续上表

行业类型	厂名	原区位	迁移区位	主要产品	备注
纺织工业（19家）	同济轧花厂	湖北汉口	关中		
	成功袜厂	湖北汉口	关中	袜子	
	德记布厂	湖北汉口	关中	棉布	并入工业合作协会
	义泰布厂	湖北汉口	关中	棉布	并入工业合作协会
	正大布厂	湖北汉口	关中	棉布	并入工业合作协会
	同泰布厂	湖北汉口	关中	棉布	并入工业合作协会
	必茂布厂	湖北汉口	关中	棉布	并入工业合作协会
	协口布厂	湖北汉口	关中	棉布	并入工业合作协会
	协昌布厂	湖北汉口	关中	棉布	并入工业合作协会
	豫中打包厂	河南郑州	关中		
	全盛隆弹花棉厂	河南郑州	关中		改组为隆安弹花厂
	业精纺织公司	山西新绛	关中	棉布	
食品工业（8家）	福新面粉厂	湖北汉口	关中	面粉	分设陕、渝两厂
	大通打蛋厂	河南临颖	关中		并入蔡家坡纱厂
	大新面粉厂	河南漯河	关中	面粉	
	农丰公司豆粉厂	河南郑州	关中		并入蔡家坡纱厂
	和合面粉厂	河南许昌	关中	面粉	
	三泰面粉厂	河南许昌	关中	面粉	
	同兴面粉厂	山东青岛	关中	面粉	后改组为象丰面粉厂
	仁生东制油厂	山东青岛	关中		
化学工业（3家）	泰昌火柴公司	山西绛县	关中	火柴	
	民康实业公司药棉厂	湖北汉口	关中	药棉、纱布	内迁机器分设陕、渝两厂
	德记药棉厂	湖北汉口	关中	药棉、纱布	后改名为汉光药棉厂
其他工业（4家）	大营电灯厂	河南大营	关中		并入华兴铁工厂
	通俗印刷厂	河南郑州	关中		
	华兴卷烟厂	河南洛阳	关中	卷烟	
	民生煤矿	河南观音堂	陕南		

资料来源：孙果达．民族工业大迁徙：抗日战争时期民营工厂的内迁[M]．北京：中国文史出版社，1991．

3．通货膨胀与国共内战带来的工业衰落（1946—1948年）

抗日战争胜利后，由于美货充斥市场、货币贬值、物价飞涨、产品滞销，民族工业日趋衰败。不久国民党政府发动内战，陕北解放区成为国民党军队包围和进攻的重点，陕西省内除军需生产畸形发展外，其他工业均不景气。一些资本家或抽走资金外逃，或运走设备，或关厂停产。大量手工业者流散各地谋生。1949年之前，仅在西安、宝鸡、咸阳等地有一些工厂，且多系轻工业作坊，规模小、设备陈旧、生产率低下；重工业基础十分薄弱，处于"手无寸铁"的境地。

1.2.3 快速发展的现代工业（1949—1980年）

新中国成立后到改革开放前，随着社会主义经济建设的开展，陕西工业发展呈现出阶段性特征，尤其是在"一五"计划和"三线"建设时期得到了快速发展。目前，陕西省内的工业遗产大部分源于这两个时期，数量多、规模大、遗存丰富是其主要特点，同时在历史、文化、技术与经济等方面具有极为重要的价值。

新中国成立后，陕西轻工业在中国共产党领导下，认真贯彻执行"发展经济、保障供给"的方针，扶持和组织生产，使企业由少到多，规模由小到大，装备由落后变先进。经过几十年的发展，已成为一个门类齐全、具有一定规模和实力的国民经济体系。

1．"一五"计划时期陕西工业的跨越式发展（1953—1957年）

新中国刚成立时，陕西工业技术水平低下、行业类型较少，仅有数十家小型工厂和一些个体手工业，且主要集中在关中地区。陕北与陕南地区几乎没有现代工业，手工业基础也十分薄弱。[①] 此时，工业门类不完善、布局不合理、技术水平低的问题，严重制约了陕西省社会经济的发展。而当时全国的经济发展顺序还处于"国防第一；稳定市场第二；其他支出，包括行政费用、经济投资、工作人员生活费等排在第三"的阶段。因此，"一五"时期（1953—1957年）采取积极的工业化政策，尤先发展重工业。[②] "一五"期间，为建立完整的社会主义工业化体系，中央政府将陕西列为重点建设的工业区之一，由国家进行重点投资建设公私营企业。这是陕西历史上第一次有计划的大规模开发建设，陕西工业也在这一时期实现了跨越式的发展。

"一五"期间，我国建立了社会主义工业化的初步基础。为了尽快发展内地工业，在苏联帮助下，我国进行以重工业为主的工业建设，陕西被国家列为新工业区之一，由国家直接投资进行建设。在全国第一批工业建设重点项目（共156项）中陕西占了24项，国家投资总额为18.25亿元，[③] 其中国防工业便占据了16项（全国共计44项），居全国第一。此外，这一时期国家安排的限额以上重大建设单位中陕西也有33项，与24项"156重点工程"一起形成了"57个限额以上建设单位"，其中绝大多数为重工业。这些项目多在"一五"期间筹办、开工，在"二五"期间完工并交付使用。这些工业企业先后建成投产的有：国营秦川机械厂、昆仑机械厂、惠安化工厂、西

---

① 岳珑，马云．国家经济建设重心变迁与陕西工业 [J]．当代中国史研究，2002，9（2）：103-112．
② 董志凯，吴江．新中国工业的奠基石 156 项建设研究 1950—2000[M]．广州：广东经济出版社，2004．
③ 李映涛．20 世纪陕西中等城市与区域发展研究 [D]．成都：四川大学，2003．

北光学仪器厂等国防企业；黄河机器制造厂、长岭机器厂和渭河工具厂等电子工业企业；户县、灞桥热电厂等电力工业企业；西安高压电瓷厂、西安绝缘材料厂、西安电力电容器厂、西安高压开关厂、西安仪表厂等机械工业企业；西北国棉三、四、五、六、七厂和西北第一印染厂等纺织工业企业。

在这一时期，陕西立足于国营工业发展需要和人民生活需求，结合本省资源开发情况，有计划地发展中、小型工业；同时，重视、鼓励手工业为人民生活服务，使其成为国营工业的辅助力量。在国家的强力支持下，至1957年，陕西24个重点项目半数以上建成并投产；地方工业建设的145个项目中，有81个较大厂矿建成或部分投产。基本上形成了以陕西为中心的中国航空工业基地、包括国防科技工业在内的机械工业基地、以西安和咸阳为中心的纺织工业基地、以铜川为中心的渭北煤炭能源基地[1]等国家重要工业基地。

2. "三线"建设时期陕西工业体系的基本完善（1965—1979年）

实施"三线"建设，是中共中央在20世纪60年代中期作出的重大战略决策之一。"三线"建设以前，这是由于民国时期遗留的工业布局将全国70%以上的工业，集中分布在占国土面积不到12%的东南沿海地带，广大内陆几乎没什么近代工业。1965—1979年的"三线"建设以平衡全国工业布局为指导思想，希望加强内地工业发展、促进内地经济开发，但更多的是基于当时的国际局势，保护我国工业免受他国的威胁。

陕西在"三线"建设中具有很高的战略地位，是全国总战略布局中"三线"建设的重点省份之一。[2]国家对陕西400多个项目强力投资，仅基本建设就达186.5亿元。[3]其主要原因可归为三点：一是陕西地处内陆腹地，又有崇山峻岭，符合"三线"建设"分散、靠山、隐蔽"的建设原则；二是陕西劳动力充沛，自然条件优越，矿产资源丰富；三是在"一五""二五"期间形成了较好的经济建设基础。

（1）"三线"建设在陕西的布局

陕西省在"三五"计划的初步设想中提出，保证"三线"建设中迁入单位能够加快建设，并按计划完成建设任务。然而，1969年4月，兰州军区召开陕、甘、青、宁四省（区）"三线"建设座谈会，讨论了四省（区）工业布局、工农业建设规划，根据"大分散，小集中"的方针，认为四省（区）的几个主要城市的工业项目过分集中。当时仍将备战视为重点，会议认为：已经形成战略布局规模的西安、咸阳等城市应严格控制建设规模；已建成的军工短线和"独生子"项目，要积极选择第二厂址。会议对陕西提出的要求是：适当发展关中、汉中地区，积极发展商洛、安康及陕北地区；在工业类型上，重点发展以汉钢和特殊钢厂为中心的钢铁工业、以渭北能源基地（又称"渭北黑腰带"）为中心的煤炭工业，以及国防、机械、化工、电子、仪器、仪表工业；同时，大力开发水利电力资源，相应发展轻工业（表1-2-3）。

---

[1] 何郝炬，何仁仲，向嘉贵. "三线"建设与西部大开发[M]. 北京：当代中国出版社，2003.
[2] 梁月兰，柴云，李方. 陕西"三线"建设的历史回顾：访陕西省原基本建设委员会主任任钧[J]. 百年潮，2009（3）：61-65.
[3] 马敏，王玉德. 中国西部开发的历史审视[M]. 武汉：湖北人民出版社，2001.

表1-2-3 陕、甘、青、宁四省（区）"三线"建设座谈会重点工业项目表

工业门类	主要重点项目	项目数	分布地区
航空与电子工业	航空液压泵、航空微电机厂、航空自动控制厂、航空助力器厂、航空工具厂、精密铸造厂、引导测高雷达厂、微电机厂、载波机厂、超高频电子管厂等	29	汉中，蓝田，千阳，陇县，安康，商洛，耀县
地方无线电工业	延安无线电厂、延安电容器厂、延安半导体厂、西安无线电厂、西安半导体厂、陕西元件厂	6	由陕西省革命委员会和陕西省军区安排
冶金工业	汉钢、金堆城钼矿、西北耐火材料厂、商南铬矿、秦岭金矿、华山电机车车辆厂、陕西铝厂、山阳汞矿等、略阳钢铁厂、陕西红星钢厂、宁强铜厂、铜川铝厂等	56	—
机械工业	继续完成"三五"的续建项目，建议安排印刷机械厂（补充成套）、普通机床厂、锻压机械厂、铸造机械厂、皮带运输机厂、化工设备厂等	116	—
煤炭工业	加快开发韩城、黄陵矿区，积极建设一批小煤窑	—	—
化学工业	汉中制药厂、陕西化肥厂、陕北化肥厂、陕南石油化工厂、陕西维尼纶厂、陕西硫酸厂、陕北烧碱厂、汉中化工厂、陕西硝酸厂、陕西磷肥厂	10	—
交通工业	侯马至西安、西安至安康、西安至延安3条干线	3	—
电力工业	华山电厂，韩城、安康、蒲城、黄陵等地各建一个火电厂，设石泉、石庙沟等水电站；韩城到陕南33万伏高压输电线路、关中至汉中22万伏输变电线路、汉中至阳平关、陇县至千阳、宝鸡至千阳等11万伏输电线路	>12	—

资料来源：根据程安东《陕西发展报告1949—2009》整理绘制。

（2）"三线"建设中陕西取得的成果

陕西在"三线"建设的15年中，即使经历"文革"十年，也取得了长足的发展与重大的成绩。以国防工业为重点，从工业、能源、交通、科技等方面全面展开，完成基本建设投资186.67亿元，新增固定资产126.99亿元。中央各部门在陕西安排的建设项目400多个，其中大中型项目近百个，分布在48个县450多个点上，这在陕西历史上是空前的开发建设，取得了巨大成就，对陕西省经济社会发展产生了深远影响（表1-2-4）。这一时期取得的成果主要有以下两方面：

首先，完善了陕西工业体系。一是改变了基础工业，特别是能源和原材料工业不适应经济建设的情况；二是国防科技工业大为增强；三是填补了民用机械工业和轻工业的一些空白。为改革开放和实施西部大开发战略提供了物质技术基础。

其次，改变不合理的生产布局。一是改变沿海工业和内地工业极不平衡的态势；二是改变了陕西内部工业格局，基本改变了工业主要集中在

西安、宝鸡、咸阳3个城市,而关中其他地区工业基础薄弱,陕南、陕北几乎空白的旧格局,对于建设关中、开发陕南陕北、振兴陕西经济作出了巨大贡献。

表1-2-4 陕西省"三线"建设主要成就情况表

工业类别		取得的主要成就
能源工业	煤炭工业	·国内设计的第一座年产300万吨的大型煤矿; ·形成渭北煤炭基地
	电力工业	·国内这一时期距离最长、电压最高、输电量最大的输变电工程; ·与甘肃电网一起形成"陕甘青大电网"
交通运输业	铁路	·对增大客货运输量、促进国民经济发展发挥了重要作用; ·中国第一条和第二条电气化铁路都在陕西境内
	公路和桥梁	公路通车里程增加18 104千米,大大改善了陕西交通状况
民用机械工业		·陕西机械工业基本形成了产品面向全国的生产体系; ·1970年代末,民用机械工业已成为陕西第一大产业
建材工业		基本形成了陕西新型建材工业体系
化学工业		宝鸡氮肥厂是当时全国最大的氮肥厂
冶金工业		奠定了陕西钢铁工业基础,形成了地方重工业基地
有色金属加工业		·宝鸡有色金属加工厂成为中国重要的有色金属科研生产基地之一; ·金堆城钼业公司是当时中国最大的钼业生产基地和研究中心
轻工业		·填补了陕西轻工业的部分空白; ·成为全国五大钟表重点产区之一

1.3 工业遗产的分布概况

陕西省工业遗产门类较为全面,但1949年以前的工业遗产较少,现遗留工业遗产的主要建设时间为20世纪50—70年代,至1980年代已形成当时西北最大的纺织工业基地、中国机械工业重要基地、中国兵器工业重要基地、中国航天工业重要基地、渭北煤炭基地、西安阎良和汉中国家航空产业基地、中国电子工业重要基地、全国五大钟表重点产区之一、陕西重型汽车制造基地、中国重要有色金属科研生产基地、地方重工业基地等,陕西成为国家重要的工业省份。

(1)工业遗产分布区域概况

就陕西工业遗产整体分布区域而言,以关中为中心,工业门类最为全面,包括纺织、机械、航空航天、电子等;陕北与陕南工业门类较为单一,其中陕北以石油和钢铁为主,陕南以辅助关中的国防工业为主。

(2)工业遗产建设时间概况

就工业遗产的建设时间而言,主要可以分为三个时期:

一是1949年之前，传统工业的存续发展与抗战时期内迁陕西并留存发展的部分工业。

二是20世纪50年代到60年代初，陕西首先发展关中陇海铁路沿线的城市，在西安、咸阳等棉花产地集中配置了一批大中型棉纺企业，以西安、宝鸡为重点布局机械工业，在渭北的铜川地区重点发展煤炭工业和电力工业。初步形成了关中地区以机械、纺织等加工制造业为主体，煤、电能源基本自给的工业布局体系。

三是20世纪60年代中期到70年代，在"三线"建设背景下，按照国防优先原则，在关中地区以西安为中心、向陇海铁路沿线纵深发展，同时在陕南秦巴山区布局国防企业。奠定了关中地区航空航天、机械工业等国家重要基地的地位，形成了渭北煤炭基地，同时配建了一批大中型火力发电厂。这一时期，陕北地区的石油、毛纺工业也得到了一定的发展。[1]

---

[1] 冯宗宪. 陕西省工业布局与城市发展问题初探[J]. 人文杂志，1987（5）：50-55，76.

第 2 章

陕西省工业发展历史

2.1 清代陕西的工业状况

清代时，陕西已无汉唐盛世时的全国核心地位，虽然依旧是西北地区的政治、经济中心，但已不处于全国工业水平的前列。其总体发展趋势与全国其他地区一致，呈现出手工业持续发展、机器工业开始起步的发展态势。

2.1.1 传统手工业存续

清顺治二年（1645年），官府明文宣布"令各省俱除匠籍为民"，正式废除了明代的匠籍制度。但由于财政拮据，朝廷仍以各种改头换面的形式无偿役使和利用工匠。直到康熙与雍正时期，各地陆续将"班匠银"以"摊丁入亩"形式实施，工匠才得以最终摆脱匠籍制度的束缚。[1]该政策极大地提高了工匠的劳动生产主动性和积极性，推动了陕西手工业的发展。至乾隆、嘉庆时期，陕西冶铁、伐木和造纸等手工业开始出现商品经济的萌芽。陕西也形成了闻名西北的四大商镇——龙驹寨、白河、凤翔、潼关。[2]但随着清代晚期洋务运动的开展，机器化生产逐渐兴盛，部分传统手工业开始衰落。清代陕西的手工业主要包括纺织、造纸与刻书印刷、食品加工、矿物开采和加工、烟草、制革以及木材加工等。

1. 纺织业

清代陕西仍然延续"男耕女织"的传统，纺织业主要为家庭纺织，在省内西北部各县比较缺乏，而在东北部靠近山西一侧以及关中中部、汉水两岸各县较为繁荣，尤其是关中西安府、同州府南部家庭纺织业较为发达，体现了较高的专门化程度。[3]按织品类型可分为丝织与棉纺织两大类。

（1）丝织业

丝织以陕南地区为主，在当时已经形成了远销江浙，乃至海外的丝织品贸易。汉中、安康、商洛的丝织业各有特色。汉代以前汉中就已兴桑养蚕，清初得到推广发展。清代《皇朝经世文编·卷三十七·农政》中载："康熙年间，宁羌州牧刘公（棨）从山东雇人来州放养山蚕，织成茧绸，甚为均细，到处流行，名曰刘公绸。"[4]洋县县令邹溶两年间共劝民植桑12 200余株。同治年间，"汉中一岁所出之丝，其利不下数十万金"[5]。

汉阴县丝织生产历史悠久。考古资料显示，汉晋时养蚕、缫丝、织绢就成为农民的家庭副业之一。据《兴安府志》记载："湖商在兴购生丝……于是浙人始购之，渐及外洋。以安康、汉阴产者佳。"其丝织产品远销关中和西北各省；生丝则远销湖北、上海、江浙及海外。安康民间自古就有养蚕缫丝织绸的传统。明末清初，有安徽、江西、河南、湖北、四川、广东等地移民来安康，其中养蚕缫丝能手带来了良种和新技术，抽丝织绸，促进了安康丝织业的发展。清末由于丝

---

[1] 李其江，张茂林，吴军明，等. 明清时期匠籍制度的变革对景德镇制瓷技术发展的影响[J]. 中国陶瓷工业，2012，19（5）：26-28.
[2] 王秀绒，杨增强，李雪峰，等. 明清商洛移民的构成及其对商洛社会的影响[J]. 农业考古，2013（3）：26-32.
[3] 韩强强. 清代陕西农家副业的区域差异[D]. 西安：陕西师范大学，2018.
[4] 贺长龄，魏源. 皇朝经世文编·卷三十七：农政[M]. 长沙：岳麓书社，2004.
[5] 邹荣础. 清代陕南的家庭纺织业[J]. 陕西师范大学继续教育学报，2006（3）：42-44.

绸价格可观，陕南成为重要的商品蚕丝产区。

（2）棉纺织业

清乾隆以后，由于地方官员的重视和大力推广，棉花才开始在陕南大量种植，从而促进了棉纺织业的迅速发展。

宋元之际棉花即传入陕西，明代以后棉花逐渐取代丝、麻，成为人们衣着的主要纺织原料。明代陕西植棉业主要集中在关中，清代陕西植棉业迅速以咸阳、长安为中心向陕南陕北发展，各县种植棉花广泛。纺织为家庭主要副业（图2-1-1），清代时逐渐遍布全省，如宁陕县"纺棉绩麻，人人能之"，耀州"近又能种木棉事纺织"，汉中之民以棉麻为布，生产"有机布、高机布、葛布、麻布数种"。①

2. 造纸与刻书印刷业

（1）造纸业

陕西早在公元2世纪初期就出现了手工造纸业，关中和陕南一些地方的造纸业在其后一段时期内曾相当发达。清朝初期至乾隆、嘉庆年间（1644—1820年），随着资本主义萌芽的出现，陕西的手工造纸业在生产规模、销售市场等方面均达到了鼎盛时期。特别是在陕南，由于自然条件优越，大量外来移民定居于此使得劳动力充足。清代陕南许多县志中都记载该县曾有数十座造纸厂。汉中地区可谓当时陕南的造纸中心，《三省山内风土杂识》载："丛竹生山中，遍岭漫谷，最为茂密。取以作纸，工本无多，获利颇易，故处处皆有纸厂。"②商洛、安康地区的造纸业也曾十分发达，工厂众多，产品远销外省。陕北、关中造纸业较陕南相对薄弱，但各处也出现了造纸作坊。

清道光三年（1823年）以后，由于农业衰落、地租高涨，加上天灾匪祸等原因，陕西的造纸业急转直下，纸厂十不存一。鸦片战争之后，外国纸张开始进入中国市场，中国手工造纸业遭到严重打击，更加衰落。据光绪《洋县志》记载，光绪二十三年（1897年）"昔日香菌、木耳、铁纸、木料等厂，今皆无之，唯纸厂尚余二、三"。③

图2-1-1 关中地区的老式织布机
（资源来源：大华博物馆收藏）

---

① 侯苗丽. 明清陕西植棉业的盛衰及原因探析[J]. 现代商贸工业, 2010, 22（12）: 100-101.
② 严如熤. 三省山内风土杂识[M]. 北京: 中华书局, 1985.
③ 张鹏翼. 洋县志·卷4[M]. 西安: 三秦出版社, 1996.

（2）刻书印刷业

清代，陕西的刻书印刷业有较大发展，形成了西安、三原、朝邑、华县、安康五大雕版印刷中心。[1]当时，刻印书籍主要分为官方系统与文人系统。从康熙六年（1667年）到清末光绪年间，仅西安的官刻书籍的版片就保存了60余种1200余卷。[2]晚清时期，陕西兴起了一股刻书风潮，刻印了大量书籍，多由地方文人主持参与。陕西造纸业的发展与外地雕版刻工的引进，加之书院和私人丰富的藏书，为刻书印刷业在陕西的发展奠定了较为坚实的基础。[3]其中清代三原藏书家李锡龄辑、三原宏道书院刻梓的《惜阴轩丛书》极具代表性。

3. 食品加工业

（1）酿酒业

清代生产力的进步、粮食产量的提高为酿酒业的发展奠定了基础。同时，社会消费水平的提高也使酒的需求量较之前有了显著增加。陕西酿酒业遍布城乡，民间每于麦收之后，不以积贮为急务，而以踩曲为生涯。酿酒用粮与人口口粮用粮发生了尖锐的矛盾，清政府先是禁酒，后改行限制政策。清代陕西酿酒业以关中西部宝鸡地区的凤翔、宝鸡、眉县、岐山和陕南的洋县、汉中为盛。其中凤翔产的凤酒在明万历年间便已达到"烧坊遍地，满城飘香"的全盛时期。[4]清代卢坤的《秦疆治略》里在记述陕西酒时曾说："以凤翔著名。"[5]宣统二年（1910年）当地所产"西凤酒"还在南洋赛会荣获奖章。

（2）制茶业

茶叶是陕西重要的经济作物。明代汉中已成为西北边境茶马贸易的重要供应基地。清代，统一全国的战争对军马需求剧增，同时，茶马贸易在政治上"羁縻"少数民族，促使清承明制，恢复"茶马法"，推动了陕西茶叶生产的恢复与发展。[6]

清代陕西茶叶产地中以位于秦巴山区北麓的紫阳县最具代表性，并形成了紫阳茶区。至清代中叶"紫阳茶区各县最高年总产茶曾达1500吨，其中紫阳县1000吨以上"。[7]

（3）制盐业

清代"陕甘盐池旧辖于河东"[8]，陕西唯一的盐场——定边盐场概莫能外。由于清代实行盐业政府专营，并且课以重税，过高的盐价导致私盐屡禁不绝，盐业管理的封建腐朽引发了陕西百姓的抗路捐斗争，最终以停收路捐告终，但陕西制盐业在清代因为封建制度的制约没有出现较大发展。[9]

（4）其他食品加工

清代陕西食品加工业集中在关中和陕南，但

---

[1] 李欣宇. 陕西明清刻书举要 [J]. 收藏，2010（7）：67-71.
[2] 任云英. 近代西安城市空间结构演变研究（1840—1949）[D]. 西安：陕西师范大学，2005.
[3] 宋献科. 晚清陕西刻书研究 [D]. 西安：陕西师范大学，2015.
[4] 中国酿酒业大全编委会. 中国酿酒业大全 [M]. 北京：中国科学技术出版社．1988.
[5] 王兴亚. 清代北方五省酿酒业的发展 [J]. 郑州大学学报（哲学社会科学版），2000，33（1）：14-29.
[6] 李刚. 明清时期陕西商品经济与市场网络 [M]. 西安：陕西人民出版社，2006.
[7] 樊光春等. 紫阳茶叶志 [M]. 西安：三秦出版社，1997.
[8] 赵尔巽. 清史稿·食货志四 [M]. 北京：中华书局，1976.
[9] 边奋勇. 明清时期陕北盐业研究 [D]. 延安大学，2011.

多以粮油等基础产品为主，部分地区出现了特色糕点加工产业，在省内较为知名，但未能形成更有影响力的产业实力。清代柞水的粮食加工以面粉为主，柞水孝义厅从事糕点生产。另外，陇县名贵糕点、镇安点心风味小吃、白河县特色食品颇有盛名。汉中、镇安等地还曾出现食用油加工等。

4. 矿物开采和加工

（1）采矿业

陕西矿产资源丰富，自古采矿业兴盛。清代横山、米脂、子长、韩城、镇巴、耀县、延长、鄜县、洛南、商洛、柞水、商州、平利、宜君等地区均有采矿业繁盛的痕迹。从矿产种类上看，陕西蕴藏了煤炭、石油、金、银、铜、铁、铅等，其主要代表有延长、商洛、柞水、洛南四地。

陕北地区煤炭资源丰富，多地均有煤炭开采活动，例如光绪年间《米脂县志》记载："今河西（无定河西）有炭窑沟，数十里皆产炭。"而在当时最有代表性、最为发达的应属延长县。此外，渭北地区也有民窑开采活动，如清光绪三十四年（1908年）白水县乡绅在冯雷镇西贺家陵开凿了小煤窑，因煤炭晶体成菱角状，且可燃耐烧，曾被称为"菱角煤"，驰名渭北。①

延长县矿产资源较丰富，除煤炭外，还有石油、天然气、石灰石、石英砂、铁矿石及硅酸盐瓷土等。②其中石油发现和利用始于汉代，清代正式由官方批准开采。光绪三十年（1904年）十月，延长知县佘元章向陕西巡抚曹鸿勋提出考察报告，经曹鸿勋奏请朝廷，当年十一月"延长石油"获准试办。光绪三十一年（1905年），清政府划拨地方官银8.1万两为开办资金，指定候补知县洪寅为"总办"，筹办中国第一个石油厂——"延长石油官厂"。光绪三十二年（1906年），清政府从日本购回钻机和炼油设备，并聘请日本技师佐腾弥市郎和一些技手、工匠来延长钻探开采。光绪三十三年（1907年），延长县城西钻成中国大陆地区第一口石油井——"延一井"，经简单加工后送去西安检验，得到"烟微光白，可与进口煤油媲美"的称誉，结束了中国不产油的历史。

陕西铁矿资源十分丰富。其产铁之地甚多，比较著名的有凤县之铁炉川、略阳之锅厂、宁羌之二郎坝、留坝之光化山、定远之明洞子、洵阳之骆家河。在这些矿区中产量最多的是铁炉川和光化山，其中留坝县"嘉道间，岁出铁三百余万斤"③。

商洛于采金银溯自唐宋，《新唐书·地理志》载"锥南产金"。柞水银洞子明代即为重要银矿，康熙《陕西通志》载："凤凰嘴、小岭、大西沟产银矿量大质优……土法冶炼，年产优质银九万两……掘矿洞八条，深者达五里以上。"可见当时之规模。

（2）冶铁业

清代的矿冶政策沿自明代，时禁时放。陕西冶铁在这种政策下，时断时续、时盛时衰，没有形成长足的发展。据不完全统计，明清时期有冶铁加工业的地区有略阳、留坝、宁强、镇巴、洛

---

① 高永生. 发展中的白水煤矿[J]. 当代矿工，2007（11）：61.
② 姚珍珍. 基于分形地貌的陕北黄土高原城镇体系空间结构研究[D]. 西安建筑科技大学，2014.
③ 李刚. 明清时期陕西商品经济与市场网络[M]. 西安：陕西人民出版社，2006.

南、榆林、丹凤、西乡、定远、宁强、佛坪、石泉、镇安等地。

清代陕西的冶铁业在全国占有相当重要的地位。《秦疆治略》详细而明确地记载了定远厅有"铁厂二处",略阳县"北路有铁厂五处",凤县铁厂较多,共"有铁厂十七处"。①一般铁厂的规模都比较大,严如熤对此进行了详细的描述:"供给一炉,所用人夫须百数十人,如有六七炉,则匠作佣工,不下千人。铁既成板,或就近作锅厂,作农器。匠作搬运之人,又必千数百人,故铁炉川等稍大厂分,常有二三千人,小厂分三四炉,亦必有千数百人,利之所在,小民趋之若鹜。"②陕西地区年产铁高达600多万千克,而当时全国产铁总量仅为2000万～2500万千克①,由此可见陕西地区冶铁业在全国的地位。

（3）其他矿物加工

硫磺是重要的无机化工原料之一,可用作硫酸、含硫化合物的原料,用途广泛。我国古代四大发明之一的火药,主要原料之一就是硫磺。相传元、明时,陕西省已经开始炼磺。硫磺开采炼制业虽然起源较早,但由于封建统治的束缚,长期保持农副业生产方式,没有真正发展起来。新中国成立前,陕西省能够生产的硫酸盐,仅有硫酸钠（无水芒硝）一种。

清代盐碱工业相对繁荣。道光年间,神木县即利用内蒙天然碱进行精制加工,供应食用。光绪二十八年（1902年）,清政府派张林萍到神木县成立"神木官碱局",将制碱业收归官有,由官碱局生产和专卖"番碱"。③后来随着全国纯碱工业的发展,土碱精制工业逐渐萧条。

5. 烟草业

陕西水土资源丰富,多类型的自然区划生态条件,为生产多种类烟草创造了得天独厚的优越基础。丰富的煤炭资源为烤烟加工提供了所需的能源。发达的交通又为卷烟的商流营销创造了较好的外部环境。陕西烟草种植始于明末,清初开始普遍种植。陕北地区因气候寒冷,人们为"祛寒""辟瘴""疗百疾"而遍植烟草。

明末禁止私种烟草的严律,至清康熙年间已基本废弛,烟草生产有了较大发展。嘉庆年间,烟禁完全解除,加之种烟获利较丰,烟叶生产再现生机。是时,"汉川（今汉中）民有田地数十亩之家,必栽烟草数亩"①,"城固湑水以北,沃土腴田,尽植烟苗,盛夏晴霁,弥望绿野,皆此物也"④。与此同时,渭水流域的烟叶生产继续发展,陕北神木生产的烟叶除供自食外还加工成"包烟"外销。清涧、延川也都普种晒黄烟和黄花烟。

道光以后,小农经济商品化进程逐步停滞。⑤同治年间,经历十年战乱；光绪年间,陕西两次全省性大旱,造成"荒田弥望""道殣相望"；"庚子赔款"时,陕西摊银60万两。人民生活于水深火热之中,农业生产遭到严重破坏。加之社会上对种烟"碍桑麻""坏民风"的严厉

---

① 卢坤. 秦疆治略 [M]. 台北：台北成文出版社, 1970.
② 严如熤. 三省边防备览·卷九 [M]. 西安：西安交通大学出版社, 2017.
③ 包满达. 理藩院驻神木理事司员、神木同知与巡边制度 [J]. 内蒙古民族大学学报（社会科学版）, 2015（5）：28-33.
④ 贺长龄. 皇朝经世文编·卷三十六 [M]. 北京：中华书局, 1992.
⑤ 罗雅楠. 论清代陕西主要经济作物种植的商业化特征 [J]. 新西部（理论版）, 2017, 399（6）：21-22.

批评，致使烟叶生产回落。

6. 制革业

明清时代，山西、河北等地皮匠（亦称皮条匠）来榆林市定居，熟制各类杂皮，制作马鞍、皮鞴、皮绳、牲口笼头、缰绳等挽具，行销定边、宁夏、内蒙等地。清光绪年间，镇安有用动物皮张制皮带、皮绳、鞋梁皮和羊裘等，利用动物骨制骨簪、骨签、骨盆等。清末民初，陕西制革产品多为车马挽具，皮毛业也主要为硝面鞣制，皮件以军用为主。最早采用科学制革的是清光绪三十四年（1908年）西安的"陕西制革厂"，当时仅有资本4000元，工人30多名。1911年末，扩充资本至12万元，购置了机器，主要生产军用皮件，1921年停产。

7. 木材加工业

清以前的历代王朝都对秦巴山区实行"禁垦"政策，因此陕南多原始森林，文献记载中常称其为"陆海"。明末清初流民大规模涌入，开始"放垦秦巴"。嘉庆四年（1799年），清政府决定开山种田，从此便开始了有组织的大规模林木采伐，至道光年间木材生产已具相当规模。[①]木厂作业按木材性质分为圆木、枋板、猴材三项，"相其材质，长三五丈者为圆木，长一丈内外者锯做枋板，臃肿不中绳尺者，劈作猴材"。[②]

同时期，陕西出现了许多木器业名镇。如柞水县孝义厅，能工巧匠辈出，当地红岩寺戏楼堪称当时精品，戏楼结构独特，雕刻栩栩如生，现为陕西省文物保护单位。龙驹寨甚至还有谣谚："龙驹寨、卖得快，核桃木箱子、翻底鞋"。[③]丹凤县商镇桃园村曾以门窗加工为特色产业。白河县由于乡绅富户间攀比家具，木器工艺一度被推向高峰。

2.1.2 近代工业的萌芽

清道光二十年（1840年），鸦片战争的炮声揭开了中国近代史的序幕。随着帝国主义列强的入侵，中国逐步沦为半殖民地半封建社会。但资本主义的生产方式也陆续在东南沿海和长江沿岸的一些城市相继出现，使这些城市在城市功能和建筑风格上发生了与古代城市本质不同的变化。因地处内陆，交通闭塞，且阶级矛盾、民族矛盾十分尖锐，社会长期动荡不安，陕西工业的主体虽依然在传统的轨道上挣扎，但随着"维新""变法"之风的兴起和资本主义生产、生活方式的渗入，也开始了缓慢的"西化"过程。

清末这一阶段是近代工业的萌芽期。当时发展的近代工业，主要是出于军事需要与响应清政府"兴商劝业"、倡导创办实业的政策，多为官办或军政要员创办。

1. 军事工业

洋务运动时期，晚清政府大力兴办军事工业，改变了中国手工制作兵器的历史，但在陕西地区开办较少，且主要为军用机械工业，其代表为西安机器局（也是陕西机器局前身）、陕西机器局与陕西火药局。西安机器局不但是陕西省创办最早的近代军事工业，而且开创了陕西机械工业，乃至陕西近代工业的先声。

清同治七年（1868年），陕甘总督左宗棠以

[①] 李刚. 明清时期陕西商品经济与市场网络[M]. 西安：陕西人民出版社，2006.
[②] 严如煜. 三省边防备览·卷十一[M]. 西安：西安交通大学出版社，2017.
[③] 熊群荣. 明清时期丹江流域市镇经济初探[D]. 西安：西北大学，2005.

西安为据点，开始全力镇压西北回民起义。时陕西境内清军兵力增至120营，所需军火甚巨。因"依靠上海的外国洋行代为购买""运太难，费太贵"，且"购买亦费周章""缓急难济"，左宗棠于同治八年（1869）奏请创办西安机器局，开始生产洋枪、铜帽、火药和开花炮弹等。随着战事重心西移，左宗棠行营进驻兰州，西安机器局亦于同治十二年（1873年）春迁往兰州。[①]

光绪二十年（1894年）中日甲午战争爆发后，清政府从陕西紧急调派援军。陕西巡抚鹿传霖以省内枪炮储存无几为由，奏请清廷，要求停办兰州机器局后将制造军火的全套机器运回陕西，创立陕西机器制造局。局址勘定在西安城内风火洞。陕西机器制造局自清光绪二十年开办至宣统元年（1909年）中，为修厂房、买机器、支付薪金及生产支出等，共计用银24万余两。主要产品有铜火帽、铜管拉火、砂布、硫酸、硝酸、盐酸、铜引信、铜底火、火药、仿洋火药、铅丸、指挥刀、钢面三层九块大铁靶、小口无铅箭、曼利夏无铅箭及修制各式前后膛枪炮等[②]。《陕西通志》记载：陕西机器制造局"有机械师4名、铜匠2名、铁匠22名、帮工17名、学徒90名。到1897年试造子弹208万颗，造枪炮及修造各种枪炮4500尊，造粗细纱布125包，配制机具36 000余件"。

清光绪三十一年（1905年），陕西火药局成立，当年生产火药4万千克。[①]

2．印刷工业

清光绪二十二年（1896年），陕西第一台铅印机到省。秦省布政使开设秦中书局，隶属秦省布政使衙门，并由藩司文案吴廷锡主持创办陕西第一张报纸《秦中书局报》。

秦中书局的主要设备有小锅炉1座，石印机1台（日本产）以及圆盘机、四开机、对开机等。印刷产品继《秦中书局报》《秦中书局汇报》之后，又陆续印刷《关中公报》《秦报》《秦中官报》《陕西官报》等。1900年曾印过《古文辞类纂》《敏求机要》两部书及精密军用地图等。秦中书局是陕西机械印刷工业的发端。1906年秦中书局更名为"教育图书社"，隶属提学使之学务局。

3．纺织工业

鸦片战争以后，外国纺织品大量侵入中国，中国传统纺织品受到严重打击。一些有识之士为抵制外货，开始创办中国自己的纺织工业。清光绪末年，陕西当局在大力发展农村家庭手工纺织业的同时，开始创办工商实业，发展城市工场手工纺织业。光绪二十三年（1897年）陕西学政赵维熙拟办一织布局，目的是"资其利息，以供膏火"，并选派举人杨蕙等前往鄂、粤一带官布局考察，查勘运道，并集股投资。遂购置人力纺纱、轧花各种机器，以代汽机，并暂设局厂于咸阳之花行公所。这是咸阳工业的创始期。

光绪三十年（1904年），西安知府尹昌龄仿效天津创办工艺局的办法，在北院门开办陕西工艺厂，"挑选少壮无业者百人，入厂学习""以毡毯为首，次则棉花"，是陕西近代官办第一家手工纺织工厂。[③]1910年，陕西巡抚恩寿与西安将军文瑞又设立"驻防工艺传习所"，选择八旗子弟入

---

① 政协西安市委员会文史资料委员会．西安文史资料：第19辑．西京近代工业 [M]．西安：西安出版社，1993．
② 赵廷瑞．陕西通志 [M]．西安：三秦出版社．2006．
③ 郑志忠．民国时期关中地区工业发展与布局研究 [D]．西安：陕西师范大学，2012．

图2-1-2 美利酿造公司1911年共和牌葡萄酒商标
（资料来源：陕西丹凤酒厂提供）

所学习，以期改变旗人"安坐而食，生计日艰"的处境，制造的产品包含纺织、蚕桑、毛毯等。[①]

4. 铁路运输业

清朝陕西地区铁路建设曾有提议，但未付诸实践，仅进行过部分勘探工作。如光绪三十一年（1905年），陕西巡抚曹鸿勋奏请清廷修建潼（关）西（安）铁路，设立办路事务所，聘请日本工程技术人员勘测线路，估计需银400万两。后因筹集资金不易作罢。光绪三十三年（1907年），曹鸿勋以潼西铁路修建官款难筹，奏请清廷官商合办，并成立陕西铁路有限公司，后因发生辛亥革命，筑路之议停止。[②]

5. 其他工业

光绪三十年（1904年），商人邓永达集资银2000两筹设森荣火柴公司，是西安第一家火柴厂。

宣统三年（1911年），华国文（山西人）在龙驹寨西行创办了"美利酿造公司"（后改为"协记美利酿酒公司"），学得意大利传教士安西曼酿造葡萄酒的技术，生产"共和牌"葡萄酒（图2-1-2）。

2.2 民国时期的陕西工业（1912—1949年）

2.2.1 民国时期陕西主要工业

民国时期陕西的大部分工业行业仍以手工业为主，近代工业主要发展出了军事、机械、电力、纺织、面粉、制药、石油和煤炭、建材、制革等行业类型。其中陕西的军事工业中以机械工业为主、化学工业为辅，但因此时多战争、重军事，故将其单列为一类。民国时期陕西的工业发展主要可根据抗日战争分为三个时期：抗战以前的初步发展；抗战期间，许多工厂内迁，陕西各工业呈现出一时繁荣；抗战胜利后，内战爆发，陕西许多工厂难以维持，工业衰退。

1. 军事工业

北洋政府时期（1912—1928年），西安的军事工业基本上处于停滞状态。当时陕西省机器制造局仍在原址，主要从事枪械修理。[③]

国民政府时期（1927—1948年），国民党实行"以国防为建设中心"的方案，拟议将西安作为陪都，西安军事工业得到一定发展（表2-2-1）。抗日战争爆发前，组建了陕西省机器制造局北厂、陕西孔器厂、华阴兵工厂，并改组陕西省

---

① 贺黎黎. 1840年以来陕西工业化演进路径分析 [D]. 西安：陕西师范大学，2011.
② 郭少丹. 清末陇海铁路研究（1899—1911）[D]. 苏州大学，2015.
③ 政协西安市委员会文史资料委员会. 西安文史资料：第19辑. 西京近代工业 [M]. 西安：西安出版社，1993.

机器局。抗日战争爆发后，国民政府在西安设立西安集成三酸厂、陕西第一兵工厂、兵工署驻西安办事处；抗日战争胜利后，调整兵工厂布局，主要兵工厂外迁。1937年，济南兵工厂迁至西安，成立陕西第一兵工厂。陕西省机器局在1948年又改名为陕西兵工厂，1949年胡宗南败逃时，将该厂主要器材、工具及动力设备大部分运走。[①]

表2-2-1 国民政府时期陕西主要军事工业工厂信息

工厂名称	组建时间	说明
陕西省机器制造局北厂	1927年	宋哲元将西安北马道巷面粉公司改为陕西省机器制造局北厂，主要生产步枪、手提式机枪和马克沁机枪
陕西机器厂	1929年	冯玉祥将河南省巩县兵工厂部分机器运到西安，并进行了扩充，改名为陕西机器厂
陕西机器局（改组）	1930年	管辖北厂（西安北马道巷）、南厂（西安南马道巷）和二厂（西安梁家牌楼），主要生产七九步枪、勃朗宁机关枪、步枪子弹及修理枪械等
华阴兵工厂	1930年	国民政府军政部命令将西安制造军火的一、二、三厂的专用机器调往华阴，与潼关、华阴的四、五、六厂合并为华阴兵工厂
西安集成三酸厂	1932年	陕西省机器局局长窦荫山等人筹资建立，为陕西省机器局生产子弹，制造硫酸、硝酸、盐酸
陕西第一兵工厂	1937年	济南兵工厂迁到西安，使用陕西省机器制造局北厂厂址与其大部分机器设备，1938年该厂即迁往重庆

资料来源：政协西安市委员会文史资料委员会．西安文史资料：第19辑．西京近代工业 [M]．西安：西安出版社，1993．

2. 民用机械工业

1923年，山西新绛县白占鳌看到轧花机在西北地区的市场前景，遂在西安设立庆泰铁工厂，迁来机器和工人，生产轧花机，系陕西民族资本创办的第一家机器制造厂。

1934年，陇海铁路修建至西安。西安至兰州、汉中至宝鸡、汉中至广元公路相继通车。[②]纺织、面粉、印刷、榨油、砖瓦等新式工业随之兴起，机器和修理的需求日增，陕西机器铁工业渐有起色。1935年先后从各地迁来华兴厚铁工厂、亚立铁工厂、义聚泰铁工厂、育德铁工厂。西安、宝鸡、汉中、渭南新建机器铁工厂8家。原从事兵工生产的陕西机器局，陕西农工机器厂和南郑铁工厂，也转造农工器具。至1937年，陕西机器铁工业发展到15个厂，其产品包括轧花机、弹花机、切面机、铁锅、犁、铧、纺纱机、面粉机、碾米机、榨油机、马拉收割机、汽车配件等。

抗日战争全面爆发后，陕西的外埠机器来源断绝，各类工业却竞相发展，遂使陕西机器铁工业呈现一时繁荣。1938年起，新兴机器厂逐年增

---
① 政协西安市委员会文史资料委员会．西安文史资料：第19辑．西京近代工业 [M]．西安：西安出版社，1993．
② 任云英．近代西安城市空间结构演变研究（1840—1949）[D]．西安：陕西师范大学，2005．

多。1942年，陕西机器铁工厂累计发展到69个，居全省各类工厂数量的第二位，是陕西机器铁工业兴盛时期。当时实力较强的企业有雍兴实业股份有限公司西北机器厂、西北实业公司机器厂、陕西机器局、西京机器修造厂、西安建中机器厂。

国共内战开始后，社会经济极度混乱，官僚资本扩张，陕西的机械工业发展受到种种阻碍。燃料、原料不能充分供应，资金异常短缺，器材不敷使用，运输横遭挫折。工厂或因经营不善而停业，或因资本脆弱难以维持。刚刚兴起不久的陕西机械工业逐渐萎缩。

3. 电力工业

1917年，西安警备司令张丹屏在西安开元寺创办小型电灯厂，标志着陕西电力工业的开始。但直到1935年陕西省政府与南京国民政府建设委员会合资兴办西京电厂，于次年发电，陕西才有了公用电力事业。1937年，西京电厂在宝鸡建立分厂，向宝鸡市区供电。1939年国民政府经济部资源委员会在汉中兴建汉中电厂；1946年汉中电厂在褒惠渠武家沟安装水轮发电机组，建立了陕西省最早的水电站。

抗日战争全面爆发前后，许多工厂内迁陕西，由于当时陕西电力工业基础薄弱，各厂在迁建中，为尽快恢复生产，大都兴建自备电厂。西安的大华纱厂、成丰面粉厂和宝鸡的申新纱厂、蔡家坡纺织厂等均安装了发电设备，除满足本厂用电外，富余电力也向当地提供部分照明和动力用电。西京电厂及其宝鸡分厂电力不足，曾签订合同向大华纱厂、成丰面粉厂、申新纱厂购电转供市区。

4. 纺织工业

鸦片战争以后，外国纺织品大量侵入中国，中国传统纺织品受到严重打击。据民国农商部1912年的调查，陕西办有7人以上织造工厂仅26处，工人258人。1920年代，陕西纺织业开始有了初步发展。1933年，在原陕北职业学校实习工厂基础上新增机器纺毛设备，开始机器毛纺织生产。1934年，西安利秦工艺社机器漂染厂成立，是陕西第一家机器印染工厂。① 1936年，大兴纺织公司二厂在西安建成投产，是陕西第一家现代机器棉纺织工厂（图2-2-1，图2-2-2）。②

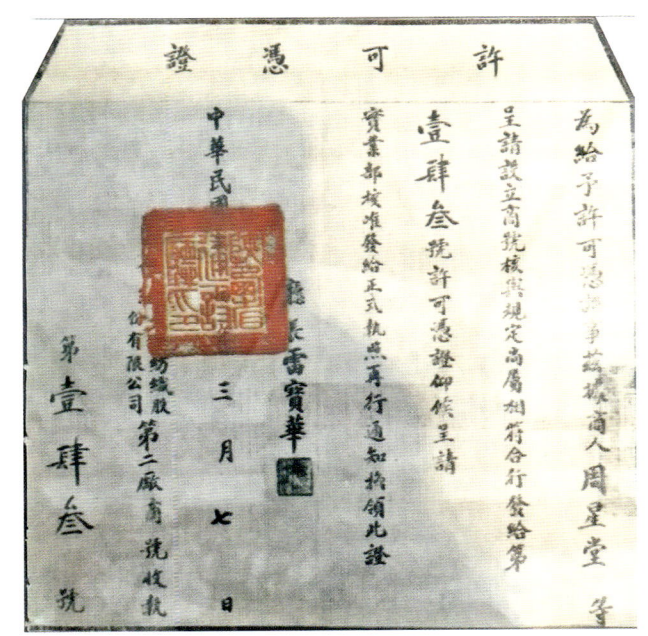

图2-2-1 1935年陕西省建设厅为大兴纺织公司颁发的建厂许可证

（资料来源：大华博物馆馆藏）

---

① 张雨新. 民国中期陕西经济中心南移西安的历史考察 [J]. 西北大学学报（哲学社会科学版），2010，40（1）：47-50.
② 林宇. 20世纪50年代以来陕西棉纺织工业兴衰研究 [D]. 西安：西北大学，2011.

图2-2-2　大兴二厂曾用1908年美国产立式铣床
（资料来源：大华博物馆馆藏）

抗日战争以前，全省各地先后开办棉、毛、丝、针织等小型纺织工厂数十家。抗日战争期间发展最盛，尤以棉纺织业最多。至1944年，全省主要城市略具工厂规模的纺织厂达500多家，织机约6000余台。[1]同期，中国工业合作协会先后在陕西创办各类纺织生产合作社百余处。

5. 面粉工业

抗日战争以前，陕西的机器面粉工厂较少，仅华峰、成丰两家，生产能力十分有限。抗战爆发后，各地面粉厂内迁，陕西省产麦较丰，面粉工业骤趋繁荣，西安、宝鸡两地成为战时后方的主要工业区。当时全省共有16家面粉厂，除1936年设立的华峰面粉股份有限公司和成丰面粉公司外，还有1941年建立的秦记和合面粉股份有限公司以及战干面粉厂、1944年筹建的福豫面粉股份有限公司、1945年创立的西京建中面粉厂等。

6. 制药工业

杨虎城主陕时，因当时药物缺乏、不能自产，外来药物售价昂贵，亦不能满足军队和群众之需要。因此，杨虎城于1934年提出了拟由国家投资在西安设厂的计划，但未获南京政府批准。乃于次年号召地方进步人士集资兴建，采取股份有限公司形式，筹设西北化学制药厂。厂内分为制药、棉纱和铁工三个技术生产部门。各部主任和技师均由有专科知识和有经验的高级技术人员担任，职工共百余人。后来为了培养专业人员，还附设了药科学校。到1939年业务最盛时，全厂职工已达600余人。[2]该厂于1943年衰落，1947年正式关闭。

1938年，李子舟筹办华西化学制药厂，以其住所为临时厂址（西安市太阳庙门13号）开业。后来迁至第四集团军修械所遗留场地，场地甚大（约七亩），房间亦多，并有水塔一座，对于制造卫生材料和药品均极有利。该厂主要生产西药与卫生材料，经销地区除陕西地区外，还远销川、甘、宁、青和晋、豫等地区。

7. 石油和煤炭工业

（1）石油工业

陕西的石油矿藏主要在陕北地区，但民国时期所打油井出油量普遍不高，未形成大规模的石油工业。

---

[1] 林宇. 20世纪50年代以来陕西棉纺织工业兴衰研究[D]. 西安：西北大学，2011.
[2] 政协西安市委员会文史资料委员会. 西安文史资料：第19辑. 西京近代工业[M]. 西安：西安出版社，1993.

1915年，北洋政府与美商美孚公司签订《中美合办油矿》合同，成立中美油矿事业所。由美孚洋行运来打井、采油、炼油等机器设备，在延长、延安、洛川等地勘探油矿，至1916年先后打了7口油井，均因出油量不高而终止。

1934年，国民党政府成立陕北油矿探勘处，并从国外购置了一批掘井机器工具及材料，又先后在陕北的延长、永坪两地各打了4口油井。截至中共中央和中央红军到达陕北前，陕北共有油井20口，除永坪一口井出油较多外，其余均未有大的出油量。

（2）煤炭工业

抗日战争全面爆发以前，陕西煤炭业较为落后，其主要原因有三：一是不开采或开采少量煤炭即能满足人民生产和生活的需要；二是陕西主要煤田均分布在边远山区，交通极其不便；三是陕西周边省的煤炭储量丰富、质地优良，市场发展较为成熟。尤其是陇海铁路通车西安后，山西、河南、河北等地的煤炭占据了关中大部分煤炭市场，陕西的煤炭工业更是停滞不前。

1937年之后，由于日本帝国主义侵略军占领了晋、豫大片领土，陇海铁路潼关以东停运，"东煤西进"的局面被迫停止，陕西煤炭工业才有了发展机会。①同时，沦陷区人民涌入陕西、许多工厂迁入陕西，整个社会的煤炭消耗量急剧增长。1938年关中地区出现第一次煤荒，促使陕西煤炭工业兴起。②省政府与陇海铁路局合办同官煤矿，加之咸榆公路、陇海铁路咸同支线先后通车，使同官（今铜川）煤炭生产逐渐发展。

8. 建材工业

民国时期，陕西建材工业较东部省份相对滞后，所建工厂多不持久，其产品主要包括石棉、砖瓦、片麻岩、水泥等。

1912年开采平利县石棉，专供出口，七年后歇业。1934年在西安建成一座焙烧砖瓦的轮窑，采用压瓦机生产机瓦。1935年开采华县莲花寺片麻岩，供应陇海铁路陕西段石碴。1939年陕西省白水洋灰厂投产，在陕西省率先生产水泥；1941年位于铜川的陕西省企业公司水泥厂投产，这两座工厂先后于1943、1948年倒闭。

9. 制革工业

1922年西安有新履及同合两家制革厂，安康有前店后厂式皮鞋作坊三四家，以皮鞋为主，兼营制革。大荔、肤施（今延安）等地，因有丰富的皮革毛皮资源和适于制革之硝水，因此成为当时皮革、毛皮生产中心。1926年，西安市的手工业工人有一万余人，而皮革工人就占近两成。1930年，陕南第一家制革厂华西制革公司在南郑县成立，厂内设中式科、西式科、制革科及机械科四科。

10. 其他手工业

（1）黄金工业

陕西省的官办黄金企业始于1939年中国工业合作协会西北办事处与陕西企业公司联合成立的"陕南采金处"。③尽管该机构为管理部门，下属为各县组织的采金合作社，但其毕竟是官府创办的黄金企业雏形，更是官府重视黄金生产的一项举措。这一时期的砂金生产初具规模，月产量可

---

① 常飞. 三线建设时期陕西交通建设研究 [D]. 西安：西北大学，2015.
② 马晓梅. 1937—1945年陕北地区的工业发展与社会变迁 [J]. 延安大学学报（社会科学版），2005（5）：51-54.
③ 《陕西年鉴》编辑部. 陕西年鉴1988[M]. 西安：陕西人民出版社，1988.

达五六百两。但因沿袭了落后的土法采淘、分散经营，所获甚微。

（2）轻工业

抗日战争时期，一些民族资本家先后在咸阳、宝鸡铁路沿线建起了以手工业为主的半机械化酒精厂、造纸厂和火柴厂，由于受到各种条件限制，1949年之前大多相继停产。1949年后，全省轻工业只有几家私人陶瓷、玻璃、酿酒、印刷、肥皂、卷烟和手工造纸的小作坊。

2.2.2 陕甘宁边区红色工业

陕甘宁边区的红色工业，大多经历了从无到有、从小到大、随军迁移的过程。1937年，边区政府根据中共中央发展工业生产的指示，制定了工业建设的任务："在工业上注意发展石油、盐、煤、铁等主要生产"。1949年以前，陕甘宁边区的红色工业主要包括军事、纺织、石油与煤炭、造纸与印刷等门类，尽力满足战争时期的基本物质与精神需求。

1. 军事工业

陕甘宁边区的军事工业是在延安柳树店红军兵工厂的基础上发展起来的。柳树店红军兵工厂，又称柳树店红军修械所，其前身是中革军委总供给部兵工厂。总供给部兵工厂成立于1935年，厂址在陕西省安定县（今延安市子长县），成立后不久合并杨砭兵工厂（又称瓦窑堡修械所）、贺家湾兵工厂等，并多次搬迁，后发展成陕甘宁边区机器厂。抗日战争期间，该厂逐步从一个设备十分简陋、只有几十人的修械所发展成为规模虽小但互相配套、比较正规的军工生产体系，为保卫中共中央、保卫陕甘宁边区，发展边区经济、支援其他边区和根据地的军事工业建设，作出了巨大贡献。①

1938年，中革军委成立军工局统管边区军事工业，按照其确定的"先设备、后步枪"的生产方针，从1939年起按照生产作业性质，将陕甘宁边区机器厂分拆、整合，先后组建军工局一厂、二厂、三厂、五厂、六厂、八厂，紫芳沟化学厂等军工厂，成立了延安通信材料厂；1942年，组建八路军留守兵团第一兵工厂。1940—1944年，在八路军晋绥抗日前线的大后方，晋绥军区工业部一厂、二厂、四厂等兵工厂先后在陕甘宁边区佳县组建投产。经过几年发展，陕甘宁边区初步形成机器制造、子弹复装、枪械修造、火炸药制造、手榴弹及掷弹筒制造、通信设备生产等较为完整的武器装备生产体系。在大生产运动中，军工局还先后创办了陶瓷厂、玻璃厂、焦炭厂、水力发电厂、炼铁部等为兵工服务的工厂。②

2. 纺织工业

纺织工业的发展是陕甘宁边区红色工业的重要部分，毛泽东主席就曾题词"自己种棉花，自己织布穿"。在为粉碎日伪及国民党的经济封锁而开展的大生产运动中，纺织业从无到有，迅速发展，棉布自给率逐年提高，基本上满足了边区军民的衣着需要。解放战争期间手工纺织业衰退锐减。

1938年，陕甘宁边区政府民政厅以国际友人兰道尔捐助的9300元法币为基金，筹办边区难民棉织工厂。厂址选在高桥（今属安塞县高桥

---

① 更云，孙宇. 红色峥嵘：陕甘宁边区的军事工业 [J]. 轻兵器，2011（18）：28-33.
② 国家国防科技工业局. 抗战时期的陕甘宁边区军事工业 [EB/OL]. （2015-08-31）[2020-08-31]. http://www.sastind.gov.cn/n152/n6112264/n6112286/n6121889/c6122407/content.html.

乡）。1941年又迁至段庄（今属安塞县砖窑湾镇）。难民纺织厂即使在艰苦的条件下，也不断发展，不断健全工厂的机构。同时还资助成立了定边毛织厂、靖边毛织厂、安塞三八毛纺厂、清涧纺织厂等公营工厂，为边区纺织工业的发展做出了显著的成绩。①

同年，八路军第三五九旅在南泥湾创办大光纺织厂，从零做起，动员全军及家属学习纺纱，将大光纺织厂发展成为有108台织布机和800多个熟练工人的大工厂。②

1941年，陕甘宁边区政府生产自给委员会公布《陕甘宁边区纺织劳动规划》，具体规定了边区工作人员参加纺纱的要求和奖励办法。同年，边区建设厅在延安召开工厂厂长联席会议，制定了边区纺织产品标准。

1944年，陕甘宁边区政府在延安召开合作社主任联席会议，会议提出组织30万人纺织，实现穿衣自给。同年，延安利民毛纺厂建成，1947年胡宗南进犯延安，该厂疏散。

3．石油与煤炭工业

（1）石油工业

为解决军需和增加财政收入，边区政府组织力量重新开采石油，恢复石油生产。1935年，中国工农红军接收了延长石油厂，将石油加工炼制布局在延长县，分厂设在延川的永坪。每年产量虽有起落，但总体而言产量不高。油厂广大职工积极研制汽油、煤油、蜡烛、蜡片、擦枪油、凡士林等石油产品，有力地支援了抗日战争和解放战争。

（2）煤炭工业

中国共产党和陕甘宁边区政府对边区煤炭开采业的发展十分重视，成立了边区政府建设厅工矿科，主要负责矿产调查和采矿指导。边区境内北自延安、瓦窑堡，南自关中旬邑、耀县都有煤层分布，但煤层较厚、质量较好的是瓦窑堡的煤炭。③1937年以前煤炭业基本处于徘徊状态。1937年抗战全面爆发后，煤炭业得到较快发展。1938年有公营煤矿三处，私营煤矿二十余处，年产量三四万吨。④1946年，已有矿井近百处，年产量约为十万吨（表2-2-2）。

表2-2-2　陕甘宁边区采煤区分布与产量表（1946年）

采煤区	矿井名称	分布	井数	工人数	月均产量/万斤
延安煤区	朱家沟	延安	7	300	180
	白家岩	延安	4	180	60
	蟠龙	延安	5	150	60
	丰富川	延安	5	150	60
	张村驿	富县	1	15	10

---

① 姬乃军．延安革命旧址 [M]．北京：文物出版社，1992．
② 刘韵秋．白手起家：记第三五九旅大光纺织厂 [J]．百年潮，2016（5）：73-76．
③ 严艳．陕甘宁边区经济发展与产业布局研究（1937—1950）[D]．西安：陕西师范大学，2005．
④ 康小怀，刘力．初探抗战时期陕甘宁边区煤炭开采业 [J]．延安大学学报（社会科学版），2015，37（5）：28-33．

续上表

采煤区	矿井名称	分布	井数	工人数	月均产量/万斤
延安煤区	牛武镇	富县	1	15	3
	凹店子	甘泉	1	10	3
	合计		24	820	376
子长煤区	瓦窑堡	子长	7	160	42
	杨家园子	子长	6	120	36
	玉家湾	子长	3	60	18
	合计		16	340	96
关中煤区	衣食村	淳耀	15	133	360
	安子凹	赤水	1	30	14
	合计		16	163	374
绥德煤区	龙镇	米脂	13	386	285.9
	马蹄沟	子洲	17	340	503.9
	三川口	子洲	7	140	
	驼耳巷	子洲	6	133	
	合计		43	999	789.8
	总计		99	2322	1635.8

资料来源：严艳．陕甘宁边区经济发展与产业布局研究（1937—1950）[D]．西安：陕西师范大学，2005．

4. 造纸与印刷工业

以延安为中心的陕甘宁边区，作为中共中央机关驻地和中共领导抗日战争的指挥中心，兴办了许多学校，印刷发行了大量书籍报刊；在日用办公方面对纸张的需求也较大，但在中共中央到达前，该类工业几乎空白。因此，造纸与印刷工业也是陕甘宁边区重点发展的工业之一。1938年毛泽东指出，"印刷厂生产精神食粮，办好一个印刷厂抵得上一个师"。1940年中共中央发布指示，"要把运输文化食粮看得比运输被服弹药还重要"。

（1）造纸业

振华造纸厂是陕甘宁边区最重要的公营造纸厂，于1939年正式投产，并为边区各纸厂培养了184名造纸技术工人。该厂先后用马兰草和麦草秆创造出基本适用于印刷书报的纸张，使得工厂可以扩大生产规模。1941年初，该厂在洛河川的石畔村（今属甘泉县下寺湾乡）设立分厂，产量不断增加。1947年停办，职工随军撤离。[1]此外，陕甘宁边区的造纸厂还有金盆湾纸厂、延园纸厂、宝丰纸厂、利华纸厂、益民纸厂、高等法院纸厂、陇东纸厂、关中纸厂、大广纸厂、绥德纸

---

[1] 姬乃军．延安革命旧址[M]．北京：文物出版社，1992．

厂等①。

（2）印刷业

陕甘宁边区的印刷事业发轫于中央印刷厂的重建，1937年中央进驻延安后，重新建立了早先成立于江西瑞金的中央印刷厂。尽管设备简陋、技术人员不足，但中央印刷厂在当时印刷业中发挥着中流砥柱的作用。在抗战期间，印刷了大量图书，包括马列著作、毛泽东著作、政治军事理论书籍、政策文件、教科书、文艺书籍、科教文卫读物等。②

为促进边区出版事业的发展，除中央印刷厂外，中央还号召建立了一批其他印刷厂。1938年建立了八路军印刷厂与青年印刷厂。1940年，青年印刷厂与中央印刷厂合并。同年，以中央印刷厂石印部为基础，边区银行成立光华印刷厂。1942年，中央印刷厂分出印刷设备与工人为中央办公厅秘书处建机要印刷厂，中共七大文件的讨论稿及中央文件等就是该印刷厂印的。此外还有清凉山印刷厂、绥德印刷厂、洪涛印刷厂、吕梁印刷厂等。②

5. 其他工业

在中国共产党的领导下，陕甘宁边区政府，为了改善人民生活，保障红军的给养，突破国民党的经济封锁，先后建立起制革厂、木工厂、瓷窑、化学厂、制药厂等。其中制革厂有光华制革厂、新华硝皮厂、经建部制革厂等；木工厂有新兴木厂、新华木工厂、新中国木工厂、胜利木工厂、党校木工厂等；瓷窑有延安中区瓷业社、经建部瓷窑、新华瓷窑等；还有新华化学厂、光华制药厂等。

2.3 新中国成立后的陕西工业（1949—1980年）

1949年后，我国的国民经济的恢复工作仅用了3年时间。从1953—1978年，党和政府在制定经济发展战略和区域经济布局时，分别在"一五"计划和"三线"建设时期将工业建设的布局进行了两次大规模的西移，建设了一批新的工业基地和新兴工业城市。陕西即为其中重点建设省份之一。

在1949—1980年约30年间，陕西工业的发展一直处于国家办大工业和基本建设、地方办中小工业特别是民用工业的状态。整体更重视重工业的发展，除纺织工业外的轻工业发展均较差，多次出现轻重工业比例失调的现象。

2.3.1 "三年恢复时期"的工业重建（1949—1952年）

由于战争的影响，1949年前陕西工农业生产水平落后，工业落后尤甚。1949年全省工业生产总值仅2.77亿元，仅占全省工农业生产总值的18.8%。1950年，陕西省工业会议制定了"生存第一"的工业奋斗目标。这一阶段手工业主要面向广大农民，发挥机器工业的助手作用。经过3年的经济恢复与发展，全省工业生产总值增加至4.79亿元，占全省工农业生产总值的41%，工业主要产品产量超过了1949年以前的最高水平。③

这一时期，陕西省内的工业主要是将原有工

---

① 康小怀，赵耀宏. 抗日战争时期陕甘宁边区的造纸业 [J]. 中共党史研究，2017，7：108-115.
② 王海军. 抗战时期陕甘宁边区"红色图书"的印刷与发行 [J]. 党史研究与教学，2012（2）：68-78.
③ 李平安. 陕西经济大事记 1949—1985[M]. 西安：三秦出版社，1987.

业整顿、改组、修复，使其恢复生产能力。如机械工业中，将申四纺织厂、宏文造纸厂、福新第五面粉厂与陕西省工业厅实行公私合营，成立公私合营新秦有限公司；将原申四纺织厂所属铁工场分出，建立公私合营宝鸡新秦企业有限公司机器厂。纺织工业中，对雍兴公司官僚资产阶级企事业单位实行没收政策，归人民所有，派军事代表接管。在原雍兴公司基础上成立西北人民纺织建设公司（陕西省纺织工业公司前身），成为全民所有制国营企业。对大华、申新等民族资产阶级私营纺织企业则实行保护政策，分别派军代表和工作组协助工作，对其厂房、设备进行更新改造，对管理体制和各项管理制度进行改革，加强企业管理、恢复生产能力。电力工业中，为解决电力严重短缺困难，动员西安人民电厂（原西京电厂）全体职工抢修残破设备，1951—1952年先后扩建了1520千瓦、1800千瓦两台机组，总装机达到6595千瓦。[①]

这一时期的新建工业极其有限，且主要依靠国家投资建设，如国家给陕西机械工业投资545万元，在三桥新建陕西农具厂；改建、扩建了西北农业机器制造厂、新秦机器厂；1952年在咸阳建成了生产能力一流的国营西北第一纺织厂。

2.3.2 计划经济时期陕西工业体系的逐步完善（1953—1980年）

进入计划经济时期，陕西工业在1980年前共经历了两次大发展：第一次是"一五"和"二五"时期（1953—1962年），以苏联援建的"156项重点工程"为核心；第二次是"三五"至"五五"时期（1965—1980年），核心是以"备战备荒"为目的的"三线"建设。然而，这两次发展均以重工业为主，国防工业在其中比重极大；轻工业发展较慢，且以纺织工业为主。

1. 重工业

"一五"和"二五"期间，在陕西建设的重工业主要包括"156项重点工程"及配套项目、国家限额以上重大建设单位、国家重点建设项目、陕西重点建设项目等。"三五"至"五五"时期则主要为"三线"建设项目。

（1）"156项重点工程"及配套项目

"一五"和"二五"计划时期在陕西建设的重工业以苏联援建24项"156项重点工程"为核心，其中包括兵器工业7项、航空工业6项、机械工业4项、船舶工业2项、能源工业3项、电子工业2项，全部为重工业项目（表2-3-1），其中军用工业17项，民用工业7项。

这24项"156项重点工程"全部由苏联帮助设计和建设。为了节约资金，主体部分由苏方设计，辅助工程由国内有关专业设计院设计完成。而施工则全部由国内建筑单位实施。根据行业的不同，其设计由苏联不同的设计院承担，其中国防工厂大多由苏联国家设计院设计；户县热电厂由苏联莫斯科火电设计分院设计；西安灞桥热电厂（原名西安市第二发电厂）由苏联电力设计院莫斯科分院承担；王石凹煤矿由苏联列宁格勒设计院设计；西安电力电容器厂、西安绝缘材料厂由苏联电器工业部国家动力工业设计院设计；西安高压电瓷厂由苏联电器工业部电工陶瓷研究院和苏联建造部建筑设计管理局第三设计院共同

[①] 程安东. 陕西发展报告（1949—2009）[M]. 西安：陕西人民出版社，2009.

设计。[1]

这些重点工程的基本建设主要由西北建筑工程局承建。国家建工部从原华东建筑工程局抽调了大批施工力量入陕,以原西北建工局及所属施工力量为基础,于1954年9月合并组建了建工部西安工程管理局,为部派驻西安的直属企业管理局,因其业务管理范围涉及西北诸省,1955年4月将其改名为"建工部西北工程管理局"。[1]

表2-3-1 陕西建设的"156项重点工程"项目概况

工业类型		厂名(代号)	建设时间	所在区位	厂区规模/m²	备注
国防工业	兵器工业/7项	西安西北光电仪器厂(248厂)	1954—1957年	西安市东郊	75.5万	1949年后首个建成投产的现代化大型国防光学仪器厂
		华山机械厂(803厂)	1954—1958年	西安市东郊	359万	
		西安庆华电器制造厂(804厂)	1955—1958年	西安市东郊	厂区及行政区330万	当时亚洲第一大火工品厂
		西安秦川机械厂(843厂)	1955—1958年	西安市东郊	295万	
		西安东方机械厂(844厂)	1955—1960年	西安市东郊	135万	当时亚洲最大、设备最先进的单基发射药厂
		西安惠安化工厂(845厂)	1954—1961年	户县	755万	
		西安昆仑机械厂(847厂)	1955—1957年	西安市东郊	70万	国内当时唯一的航空机关炮专业研制造厂
	航空工业/6项	西安远东公司(113厂)	1955—1957年	西安市西郊	6.8万	我国第一个航空发动机附件厂
		庆安集团有限公司(114厂)	1955—1957年	西安市西郊	56.7万	
		陕西秦岭航空电气公司(115厂)	1955—1957年	兴平县	5.8万	
		陕西宝成航空电子公司(212厂)	1955—1957年	宝鸡市南郊	15.8万	当时我国最大的航空仪表制造厂
		西安航空发动机公司(430厂)	1958—1962年	西安市北郊	354.7万	原属兵器工业的853厂于1955年兴建、后停建;1957年由国家安排改建为430厂,1958年再次动工建设

---

[1] 中共陕西省委党史研究室. 陕西第一个五年计划与重点工程[M]. 西安:陕西人民出版社. 2002.

续上表

工业类型		厂名（代号）	建设时间	所在区位	厂区规模/m²	备注
国防工业	航空工业/6项	华兴航空机轮公司（514厂）	1955—1959年	兴平县	103万	
	电子工业/2项	长岭机器厂（782厂）	1955—1957年	宝鸡市	45万	1953年开始筹建，1955年由北京迁建于宝鸡，1957年正式建成投产
		国营黄河机器制造厂（786厂）	1955—1958年	西安市东郊	77.9万	我国第一个自动跟踪精密炮瞄雷达厂
	船舶工业/2项	陕西柴油机厂（408厂）	1958—1965年	兴平县	63.3万	我国兴建的第一个大功率中速船用柴油机厂
		西安东风仪表厂（872厂）	1959—1965年	西安市南郊	24.5万	我国鱼雷研制生产的主要基地
民用工业	机械工业/4项	西安高压电瓷厂	1956—1964年	西安市西郊	36万	当时国内最大的电瓷、避雷器生产企业
		西安开关整流器厂	1956—1964年	西安市西郊	35.7万	1965年分为西安电力整流器厂、西安电工铸造厂和西安高压开关厂
		西安绝缘材料厂（446厂）	1956—1964年	西安市西郊	28.7万	
		西安电力电容器厂	1956—1958年	西安市西郊	4.3万	当时亚洲最大的电力电容器厂
	能源工业/3项	灞桥热电厂（西安第二发电厂）	1952—1953年	西安市东郊	46.7万	陕西第一座中温中压热电厂
		户县热电厂（西安第三发电厂）	1956—1957年	户县	80.8万	陕西第一座高温高压热电厂
		王石凹煤矿	1957—1961年	铜川市	约270万	当时我国西北地区第一座机械化竖井

资料来源：中共陕西省委党史研究室.陕西第一个五年计划与重点工程[M].西安：陕西人民出版社，2002.

同时，由于当时全省仅有一些落后的、从事季节性生产的私营砖瓦厂和石灰窑，非金属矿工业寥寥无几。水泥、建筑玻璃、建筑卫生陶瓷等主要建材产品均为空白，基础非常薄弱。[①]为保证大规模工业基本建设的原材料和基建材料需要，陕西省在地方工业资金不足的情况下仍新建了一批为大工业配套服务的原材料和建筑材料工厂，如新建西安氧气厂、陕西省石碴厂、西安机械修配厂、西安木材预制厂；改建铜川陶瓷厂、西安第一砖瓦厂、大安石棉矿、耐火材料厂；迁建新

---

① 程安东.陕西发展报告（1949—2009）[M].西安：陕西人民出版社，2009.

华石棉厂等,以保证国家重点工程的建设①。1957年建材工业在重工业内部成为仅次于机械工业的第二大产业部门。其中,建成的耀县水泥厂、扩建的红旗水泥制品厂和西安市水泥制品厂,还使陕西成为当时全国最大的水泥制品生产基地之一。此时,除平板玻璃外,主要建材产品陕西均能生产。

此外,还在西安配建了西安污水处理厂,接纳西安市西郊130多家大型工厂(包括机械、电子、纺织、化工、印刷、制药、冶金、食品加工、制革、屠宰等行业)的工业废水和几十万居民的生活污水。污水处理量约占西安市总排放量的1/8。

(2)"一五"和"二五"时期的其他重要重工业项目

除"156项重点工程"外,国家与陕西省政府还安排了一批重点建设单位,其中许多是为辅助"156项重点工程"的建设而建造的,大部分都由我国自行设计建设。在这些重要建设项目中,涵盖了能源工业(煤炭、电力)、建材工业、化学工业、电子工业、机械工业等领域。

这当中包括了33项国家限额以上重大建设单位,其中重工业占据近一半,几乎均为能源工业,如铜川煤矿的新泰立井、三里洞立井、王家河立井、西安电厂(未建)、同官电厂(未建)、延长油矿、西北金属结构厂、铜川人民电厂、宝鸡人民电厂、延安人民电厂、西安电梯厂等。

国家重点项目还包括西安仪表厂、陕西群力无线电器材厂(792厂)、西安煤矿机械厂、陕西省耀县水泥厂、西安近代化学研究所(204所)等。

陕西地方重要项目包括西安电机总厂、陕西重型机器厂、西北橡胶总厂、西安油漆厂、陕西煤炭建设公司管件设备厂等。

(3)"三线"建设的主要重工业项目

"三线"建设基本涵盖了我国的第三至第五个五年计划。由解决人民"吃、穿、用"为中心转向备战、开展"三线"建设。陕西地处内陆腹地,有山险可凭;又是中国东部通住西南、西北的交通要道和门户,历来为兵家必争之地,战略位置非常重要。山川纵横,地形复杂,自然条件优越,矿产资源丰富,得天独厚的地理位置和经济条件,决定了陕西是国家"三线"建设的重点省区之一。

这一时期,重工业仍是陕西工业发展的重点(表2-3-2),各项军事工业得到进一步完善,基础工业、特别是能源和原材料工业不适应经济建设的情况得到改变,民用机械工业的一些空白得以填补,同时交通运输业也得到较大发展。1963—1978年,国家对陕西400多个项目进行大力投入,生产性基本建设投资就达187.98亿元,②其中对重工业基本建设投资达到60%。

"三线"建设的规划基本改善了陕西工业主要集中在西安、宝鸡、咸阳3个城市,而关中其他地区工业基础薄弱,陕南、陕北基本空白的旧格局。在"三线"建设的重点地区——关中陇海铁路沿线、渭北和陕南,新建的47个工矿区、镇(其中万人以上的区、镇就有22个)中,分布在

---

① 中共陕西省委党史研究室. 陕西第一个五年计划与重点工程[M]. 西安:陕西人民出版社. 2002.
② 孙燕京,岳珑. 论二十世纪六七十年代"三线"建设与陕西工业[J]. 西北大学学报(哲学社会科学版),2005(2):36-41.

关中的有24个,陕南21个。汉中、韩城、渭南已变成初具规模的新兴工业城市,形成了陕西工业的新格局,对建设关中、开发陕南和陕北、振兴陕西经济产生了深远的影响。其中一部分国防工业企业强调"散、山、隐"的选址原则,造成以后建设中的许多困难;同时由于过分强调重工业对战备的基础性作用,项目建设中重工业比重过大。这种计划上的缺陷在随后的建设中逐渐暴露出来。①

表2-3-2 陕西"三线"建设中的主要重工业企业概况

工业类型	厂名（代号）	在陕建设时间	所在区位	备 注
机械工业	陕西汽车制造厂	1969—1977年	宝鸡市岐山县（西安市）	"三线"调整时总部迁往西安市东郊,现名"陕西汽车集团有限责任公司"
	陕西汽车齿轮厂	1968—1976年	宝鸡市岐山县（西安市）	中国第一家重型变速器制造企业,当时我国最大的汽车齿轮生产专业工厂之一;"三线"调整时将总部迁往西安市西郊;现名"陕西法士特齿轮有限公司"
	陕西鼓风机厂	1969—1975年	西安市临潼县	现名"陕西鼓风机（集团）有限公司"
	陕西机床厂	1949年	宝鸡市	1949年由天津迁址虢镇,为西北军区军械部三厂,1966年改名为陕西机床厂,占地面积35万平方米
	咸阳铸字机械厂	1970年	咸阳市	国家机械工业部重点企业,原为上海铸字机械厂,1970年由上海迁至咸阳
	咸阳压缩机厂	1970年	咸阳市	
	西安煤矿机械厂	1967年	西安市	中国重点采煤机制造厂家之一,前身是国营西安矿山机修厂
能源工业	秦岭发电厂	1969—1974年	渭南市华阴县	是西北第一座大型火力发电厂,占地3200余亩;输出330、220、110千伏三级电压
	渭河发电厂	1966年	咸阳市	是关中较大的火电厂之一,现名"陕西渭河发电有限公司"
有色工业	西北有色金属研究院	1965年	宝鸡市（西安市）	是国家在"三线"重点投资建设的稀有金属材料研究基地和行业开发中心,"三线"调整期间,搬迁至西安北郊
	陕西华山有色冶金机械厂	1969年	渭南市华阴县（西安市）	现名"陕西华山工程机械有限公司"
	金堆城矿	1958—1961年	渭南市华县	现名"金钼集团有限公司",拥有亚洲最大的露天钼采矿场、钼选厂和冶炼厂

---

① 马新蕊. 陕西"三线"建设述评[D]. 西安：西北工业大学,2003.

续上表

工业类型	厂名（代号）	在陕建设时间	所在区位	备 注
有色工业	华山半导体材料厂	1968—1971年	渭南市华县（西安市）	"三线"调整期间，搬迁至西安高新技术开发区
	西安市铜材厂	1958年	西安市	西安市最早加工有色金属的地方国营企业，前身为西安红光冶炼厂
	西安市铜管厂	1966—1968年	西安市	
	陕西八一铜矿	1969—1971年	汉中市宁强县	
	铜川市铝厂	1969年	铜川市	
	西安市铝材厂	1966年	西安市	陕西省最早生产铝材的企业，前身为西安铜厂
	潼关金矿	1976—1982年	渭南市潼关县	揭开了陕西黄金工业现代化生产的序幕
冶金工业	陕西精密合金厂	1965年	西安市	又名陕西钢铁研究所，前身为大连钢厂752研究所，是国内第一家开始精密合金研究和试生产的企业
	略阳钢铁厂	创建于1959年，1966年开始全面建设	汉中市	1969年10月1日，一号高炉投产出铁，结束了陕西"手无寸铁"的历史
	西安钢铁厂	1959年始建，1966年重建	西安市	始建于1959年，前身为西安八一铁厂，1960年代关闭，1966年重建

资料来源：根据中共陕西省委党史研究室《陕西的"三线"建设》、西安市地方志编纂委员会《西安市志·第3卷》等资料整理

2．轻工业

从"一五"至"四五"时期，陕西轻工业的投资建设与发展速度整体远远低于重工业，多次出现轻重工业比例失调的现象。"一五"与"二五"时期，陕西轻工业行业中重点发展了纺织工业，也一定程度发展了食品工业、烟草工业、造纸工业与医药工业。但"二五"期间，由于"大跃进"和"人民公社化"运动，实行"以钢为纲 全面跃进"的方针，打乱了经济工作的正确秩序，导致主要的经济比例严重失调[1]，重工业猛增，轻工业产值逐年降低。至"三五"与"四五"时期，陕西轻工业建设投资依然很少。为改变陕西轻工业的落后状况，国家从上海等地迁建与新建了一批大中型企业，填补了陕西轻工业的一些空白，其中以钟表工业发展最为迅速，成为全国五六钟表重点产区之一。[2]此外，造纸与印刷工业也有了一定的发展。

（1）纺织工业

棉纺织工业是"一五"至"二五"时期陕西发展的重要行业类型。1953年3月，西北纺织管理局改由纺织工业部领导，该部对新、扩建单位所需资金、设备、主要建材等按计划分配，保证了

---

[1] 李平安．陕西经济大事记 1949—1985[M]．西安：三秦出版社．1987
[2] 陈子平．从档案里看陕西"三线"建设 [J]．陕西档案，2017（3）：18-20．

工程进度，加上地方投资兴建的新厂，先后有国营西北第二、三、四、五、六棉纺织厂和西安纺织厂建成投产。其中国营西北第三、四、五、六棉纺织厂集中在西安市东郊白鹿原下，从北向南依次排列，国营西北第一印染厂也在国棉三厂以北开始筹建，形成驰名全国的"西安纺织城"。

1958年，在社会主义建设总路线的引导下，陕西纺织工业在生产建设上，由过去主要发展棉纺织工业转为全面综合发展棉、毛、针织、印染、丝绸、纺织机械、纺织器材等多行业。在工业布局上，根据中央企业和地方企业同时并举、大中小企业同时并举的方针，结合陕西纺织工业各行业特点及资源、交通等具体情况，陕西在西安建设西安针织厂，在咸阳建设国营西北第七棉纺织厂、陕西第一毛纺织厂（表2-3-3）、咸阳纺织机械厂和陕西纺织器材厂等，在主要的产棉区大荔、渭南建设两个小型县办棉纺织厂，在蚕茧主要产地陕南安康和陕北清涧建设两个小型缫丝厂。1958年，陕西新扩建单位和跨年度工程项目多达25个，并提出"星罗棋布，遍地开花，自成系统"的发展纺织工业计划，在关中产棉区的十几个县自筹资金，兴建县办小型棉纺织厂。但由于受"大跃进"的影响，摊子铺得过大，资金、设备、原材料不落实，至1959年6月，被中央紧急通知缩短战线，造成了极大浪费，引起全行业的反思与探索。①

"三五"至"五五"时期，新建纺织工业较少，陕西第二印染厂在其中颇具代表性。

表2-3-3 "一五"至"五五"时期陕西主要纺织工业企业概况

厂名	建设时间	所在区位	厂区规模/㎡	备注
国营西北第二棉纺织厂	1952—1953年	咸阳市	40.3万	由西北地方投资建设
国营西北第三棉纺织厂	1953—1954年	西安市东郊纺织城	68.4万	"一五"计划时期国家计划安排的限额以上重点建设单位
国营西北第四棉纺织厂	1953—1955年	西安市东郊纺织城	61.4万	"一五"计划时期国家计划安排的限额以上重点建设单位
国营西北第五棉纺织厂	1955—1956年	西安市东郊纺织城	15.7万	"一五"计划时期国家计划安排的限额以上重点建设单位
国营西北第六棉纺织厂	1956—1958年	西安市东郊纺织城	48.9万	"一五"计划时期国家计划安排的限额以上重点建设单位
国营西北第七棉纺织厂	1958—1962年	咸阳市	39.3万	"一五"计划时期国家计划安排的限额以上重点建设单位
国营陕西第十棉纺织厂	1953年	西安市西郊	—	前身为西安纺织厂，"一五"计划时期国家计划安排的限额以上重点建设单位

---

① 程安东. 陕西发展报告（1949—2009）[M]. 西安：陕西人民出版社，2009.

续上表

厂名	建设时间	所在区位	厂区规模/m²	备注
国营陕西第十二棉纺织厂	创建于1938年	宝鸡市	44.71万	前身是荣氏申新第四棉纺织厂宝鸡分厂，1966年变更企业性质为全民所有，更名为国营陕西第十二棉纺织厂
国营西北第一印染厂	1957—1960年	西安市东郊纺织城	10.3万	"一五"计划时期国家计划安排的限额以上重点建设单位
国营陕西第三印染厂	1951—1953年	西安市西郊	19.7万	"一五"计划时期国家计划安排的限额以上重点建设单位
陕西第一毛纺织厂	1958—1962年	咸阳市	40万	陕西第一个现代化毛纺织厂
西安针织厂	1958—1961年	西安市北郊	15万	后改名"陕西第一针织厂"，是陕西第一个现代化针织厂
西安毛毯厂	1956年	西安市	1.6万	
西安漂染厂	始建于1965年	西安市	2.3万	1973年迁至西安市东关新郭门
陕西第二印染厂	1965—1967年	咸阳市	14.7万	

资料来源：根据西北国棉二厂志编纂领导小组《西北国棉二厂志》、中共陕西省委党史研究室《陕西第一个五年计划与重点工程》、中共陕西省委党史研究室《陕西的"三线"建设》等资料绘制

"二五"时期，陕南地区的机器丝织业也开始发展，如1958年同时开始兴建、1960年投产的安一丝厂、陕西省清涧丝厂等。

（2）食品工业

这一时期，重点发展的陕西食品工业中以酿酒和面粉为主。其中，陕西省西凤酒厂、陕西宝鸡酒精（啤酒）厂、陕西省城固酒厂和陕西省安康酒厂等为酿酒业重点发展企业（表2-3-4）。始建于1958年的铜川市面粉厂则为面粉业的代表，是"一五"时期陕西省重点项目之一。

表2-3-4 "一五"与"二五"时期陕西主要酿酒工业企业概况

厂名	建设时间	所在区位	厂区规模/m²	备注
陕西省西凤酒厂	1956—1957年	宝鸡市凤翔县	2.2万	陕西"一五"时期重点扩改建项目，在历史上酿造出名酒的原作坊的基础上成立
陕西宝鸡酒精（啤酒）厂	1955—1959年	宝鸡市	28.7万	轻工业部根据国家"一五"计划，为供应第二机械工业部西北地区军用酒精需要而筹建。该厂是当时具有国内先进水平的第一座大型机械化酒精厂，其蒸馏酒精成功用于我国第一枚运载火箭的发射
陕西省城固酒厂	1952年	汉中市城固县	19万	"一五"时期陕西省限额以上重点建设项目
陕西省安康酒厂	1951年	安康市	—	陕西"一五"时期重点扩改建项目

续上表

厂名	建设时间	所在区位	厂区规模/m²	备注
西安啤酒厂	1958—1959年	西安市	3.9万	西北地区第一个啤酒生产专业厂，西安市30个重点企业之一；其前身系1950年所建生产机冰和冰棍的西京机器制冰厂
陕西省地方国营洋县酒厂	1959年	汉中市洋县	—	陕西省酿酒行业重点企业之一

资料来源：根据中共陕西省委党史研究室《陕西第一个五年计划与重点工程》、中国酿酒业大全编委会《中国酿酒业大全》、西安市地方志编纂委员会《西安市志·第3卷》等资料绘制

(3) 钟表工业

"三五"至"四五"时期，国家从上海等地迁建了西安红旗手表厂，新建和扩建了第一钟表机械厂、西安钟表元件厂、风雷仪表厂和西安宝石轴承厂等大中型企业（表2-3-5），形成了从钟表科研到生产的完整体系，成为全国钟表重点产区之一。

表2-3-5 "三五"与"四五"时期陕西主要钟表工业企业概况

厂名	建设时间	所在区位	厂区规模/m²	备注
西安红旗手表厂	1969—1972年	西安市长安县	22.8万	全国八大手表生产厂之一，后改名"西安蝴蝶手表厂"
第一钟表机械厂	1968—1975年	西安市长安县	11.4万	当时中国唯一的钟表机械制造专业厂，1977年与西安东风搪瓷厂合并；"三线"调整期间搬至西安高新区
西安钟表元件厂	1967—1969年	西安市	9.3万	全国唯一的综合性钟表元件生产厂
风雷仪表厂	1965—1966年	西安市长安县	14.7万	原名国营子午钟表厂，是由上海手表厂军工车间、南京紫金山钟厂五车间、上海钟表模具厂一部分和上海金属表带一厂迁至陕西重新组建的
西安宝石轴承厂	1969—1971年	西安市	3.5万	该厂是在筹建原西安圆珠笔厂的基础上改建的

资料来源：根据中共陕西省委党史研究室《陕西的"三线"建设》、西安市地方志编纂委员会《西安市志·第3卷》等资料绘制

(4) 造纸与印刷工业

这一时期，陕西的造纸与印刷工业有了一定的发展，主要企业包括西安市第一印刷厂、户县造纸厂、咸阳造纸厂、长盛公司、西安造纸网厂、西安造纸机械厂等（表2-3-6）。

表2-3-6 "一五"至"五五"时期陕西主要造纸与印刷工业企业概况

厂名	建设时间	所在区位	厂区规模/m²	备 注
西安市第一印刷厂	1952年	西安市	2.9万	陕西省规模最大的包装装潢印刷企业,也是全国定点生产计算机打印纸、仪表记录纸的厂家之一
户县造纸厂	1958年	西安市户县	16万	"一五"时期限额以上重点建设单位
陕西省咸阳造纸厂	1958—1962年	咸阳市	15万	"一五"时期陕西省限额以上重点建设项目,当时西北地区最大的造纸企业
长盛公司（523厂）	1966—1969年	宝鸡市岐山县	—	"三线"战备印刷厂
西安造纸网厂	1965—1979年	西安市长安县	13.9万	中国最大的造纸工业网制造厂,国内同行业中专业化程度最高、设备最先进的工厂
西安造纸机械厂	1956年	西安市西郊	22.3万	

资料来源：根据中共陕西省委党史研究室《陕西的"三线"建设》、西安市地方志编纂委员会《西安市志·第3卷》等资料绘制

（5）其他轻工业

这一时期，陕西还发展了烟草工业、医药工业、日用化工、陶瓷工业等行业类型，其基本情况如表2-3-7所示。

表2-3-7 "一五"至"五五"时期陕西部分主要轻工业企业概况

厂名	建设时间	所在区位	厂区规模/m²	备 注
宝鸡卷烟厂	始建于1930年代	宝鸡市	1.2万	宝鸡烟厂的前身是创建于1930年代的华兴烟厂,"一五"时期作为陕西省限额以上重点建设单位之一改造扩建,并更名为"公营西北烟草公司"
西安制药厂	始建于1938年,新厂建设于1953—1954年	西安市西郊	23万	1938年创建于陕甘宁边区,前身是八路军卫生材料厂。1949年后,更名为"西北军区制药厂第一分厂"迁往西安。1953年改厂名为西安市地方国营西安制药厂,作为"一五"时期重点工程,在西安市西郊扩建新厂
西安国药制药厂	1956年	西安市	—	由永庆堂、德仁堂、德济堂、通盛和、同安堂、永寿堂、怀仁堂、王正通、义和永、寿和堂、白敬宇、五和堂、豫生堂13家私营药店联合成立的西安市第一个中成药厂
陕西省安康地区医药化工总厂	1956年	安康市	2.6万	"一五"时期重点建设项目

续上表

厂名	建设时间	所在区位	厂区规模/㎡	备注
西安市日用化学工业公司	1958年	西安市西郊	25.7万	陕西在"一五"计划末期安排的重要建设项目,是西北地区最大的日用化工产品生产厂家
铜川市庄里陶瓷厂	1958—1959年	铜川市	14.9万	"一五"时期陕西重点建设项目,1958年建于铜川市黄堡镇,1959年迁建于富平县庄里镇

资料来源：根据中共陕西省委党史研究室《陕西第一个五年计划与重点工程》、西安市地方志编纂委员会《西安市志·第3卷》等资料绘制

3."五小"工业

"四五"计划时期，陕西省遵从中央发展农业机械化的号召，发展为农业服务的"五小"工业，即小煤矿、小钢铁厂、小化肥厂、小水泥厂和小机械厂（图2-3-1）。1970年8月6日《陕西日报》报道："陕西省大力发展为农业生产服务的地方工业，目前除个别县外，各县都普遍建成了小农机厂；五十多个县（市）建成了小水泥厂，四十八个县建成了小煤矿、煤窑四百多个，全省一批小钢铁厂已经建成或正在兴建；陕南与陕北地区建设起多处小型水电站。"到1971年，全省建成小水电站385处，小铁厂20个，小煤窑32个，小氮肥厂9个，县县都有了农业机械厂。①

图2-3-1　陕北地区部分"五小"工业历史照片
（资料来源：延安北京知青博物馆馆藏）

---

① 李平安. 陕西经济大事记1949—1985[M]. 西安：三秦出版社，1987.

但"五小"工业在后续实施时因无统一指导而出现了较多问题。1979年陕西省革命委员会召开全省工交增产节约会议中提出的"三个缩短"涉及对此的改革内容,"经大力改造,仍过不了技术关、质量关、经济关的小钢铁、小化肥、小电厂等再缩短一些,停转一些;把那些原材料、燃料、动力供应紧张,生产任务严重不足、加工能力过剩的机械加工业,关停一些,并转一些。"[①]

---

① 李平安. 陕西经济大事记1949—1985[M]. 西安:三秦出版社,1987.

第 3 章

陕西省工业遗产现状调查

3.1 陕西省工业遗产现状

陕西省作为国家"156项重点项目""三线"建设等大型工业建设的重要省份，工业遗产资源十分丰富，全省1980年以前建成并遗存至今的工业遗产数量共计254项（表3-1-1）。在地域分布上主要集中于关中地区的西安、宝鸡与咸阳三市，以及陕南地区的汉中市。在行业类型上以机械与电子工业为主，水工业与电力工业、煤炭工业、食品工业、纺织工业、冶金工业、建材工业、石油工业等遗产数量也较多。

表3-1-1 陕西省工业遗产数量统计表

行业类型	关中地区					陕北地区		陕南地区			数量合计
	西安市	宝鸡市	咸阳市	铜川市	渭南市	延安市	榆林市	汉中市	安康市	商洛市	
机械与电子工业	22	20	16	1	7	5	1	5		6	83
石油工业		2	1			1		7			11
煤炭工业				13	2	1		4			20
冶金工业	1	2		2	2	2		3		3	15
航空航天工业	1		2					2			5
水工业与电力工业	4	3	7		2	1	5	5	4	2	33
化学工业	4	2	2		1	2	1	1			13
交通运输业	2	6	1		1			1			7*
纺织工业	5	2	6	1		1	2		1		18
食品工业		4	1		3	1	1	6		1	17
医药工业		2									2
印刷与造纸工业			2			2				1	5
烟草工业					1			1			2
建材工业	2		1	2	3	3	1	1	1		14
陶瓷工业				1							1
仓储业	1										1
保护与利用项目	6	1									7
数量合计	48	44	39	20	22	19	11	34	8	13	254*

注：在陕西省交通运输业中，陇海铁路经过渭南市、西安市、咸阳市、宝鸡市，在各市中分别统计，在全省中合计为1项。宝成铁路经过宝鸡市与汉中市，在两市分别统计，在全省中合计为1项；但凤县灵官峡段因洪水改线，被废弃的9个隧洞及线路被重新改造利用，故单独列为1项

3.1.1 地域分布

陕西省2020年辖10个地级市，其中5个市位于关中地区，2个市位于陕北地区，3个市位于陕南地区。现存的陕西省工业遗产主要分布在中部的关中地区，共计170项，约占总数的67%；其次是陕南地区，共计54项，约占总数的21%；工业遗产最少的是陕北地区，共计30项，约占总数的12%（图3-1-1）。

就陕西省内各市而言，工业遗产数量最多的是西安市，共计48项；第二是宝鸡市，共计44项；第三是咸阳市，共计39项；第四是汉中市，共计34项；渭南市和铜川市分别为22项和20项；延安市、商洛市、榆林市分别为19项、13项和11项；工业遗产数量最少的为安康市，仅8项。[①]陕西省工业遗产地域分布数量如图3-1-2所示。

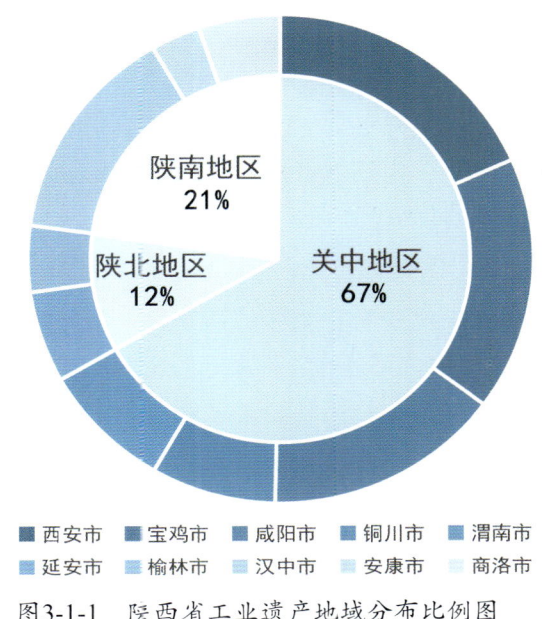

图3-1-1 陕西省工业遗产地域分布比例图

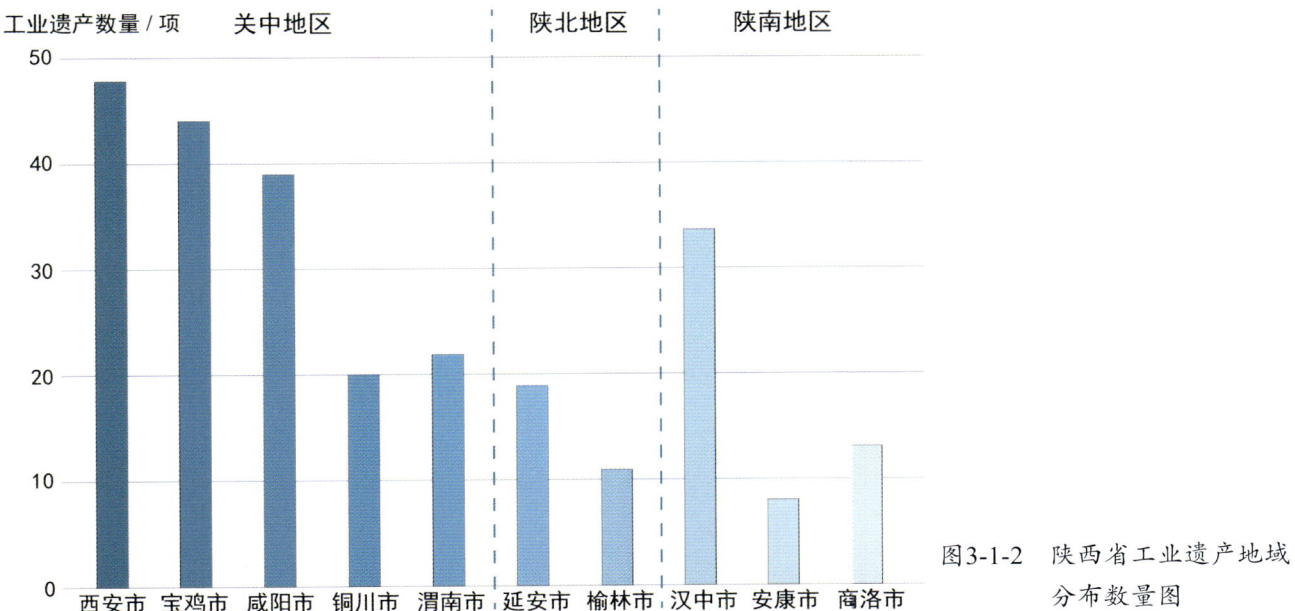

图3-1-2 陕西省工业遗产地域分布数量图

---

① 陇海铁路经过渭南市、西安市、咸阳市、宝鸡市，在各市中分别统计。宝成铁路经过宝鸡市与汉中市，在两市分别统计；且宝成铁路凤县灵官峡段因洪水改线，被废弃的9个隧洞及线路被重新改造利用，单独列为1项。

3.1.2 行业分布

陕西省工业遗产的主要行业类型有16类，除此之外将保护与利用项目单独计为一类。

机械与电子工业是陕西省工业遗产中最主要的行业类型，共83项，约占全省工业遗产数量的三分之一（图3-1-3，图3-1-4），是陕西省的支柱行业之一。全省有6个市的机械与电子工业数量为市内第一，其中关中地区的西安、宝鸡、咸阳、渭南4个市中占到市内工业遗产总量的近一半。

能源类工业也是陕西省工业遗产中十分重要的项目。全省水工业与电力工业33项，是陕西省第二大工业遗产行业类型，占全省工业遗产数量的13%，关中、陕北与陕南地区均有重要的火电厂、水电站等遗存。煤炭工业是陕西省第三大工

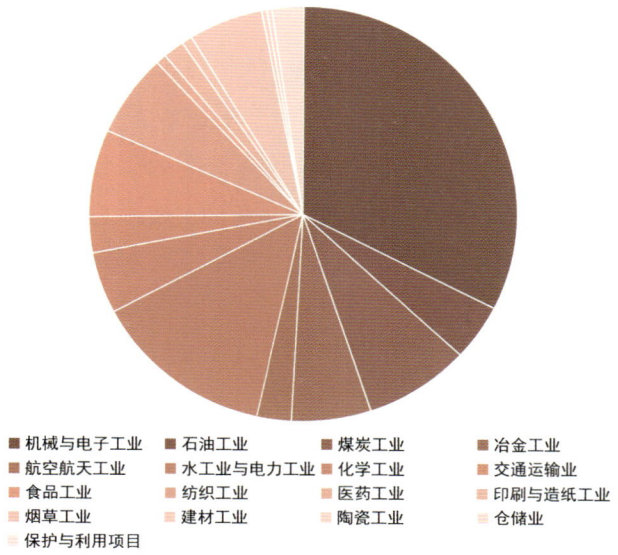

图3-1-3 陕西省工业遗产行业类型比例分布图

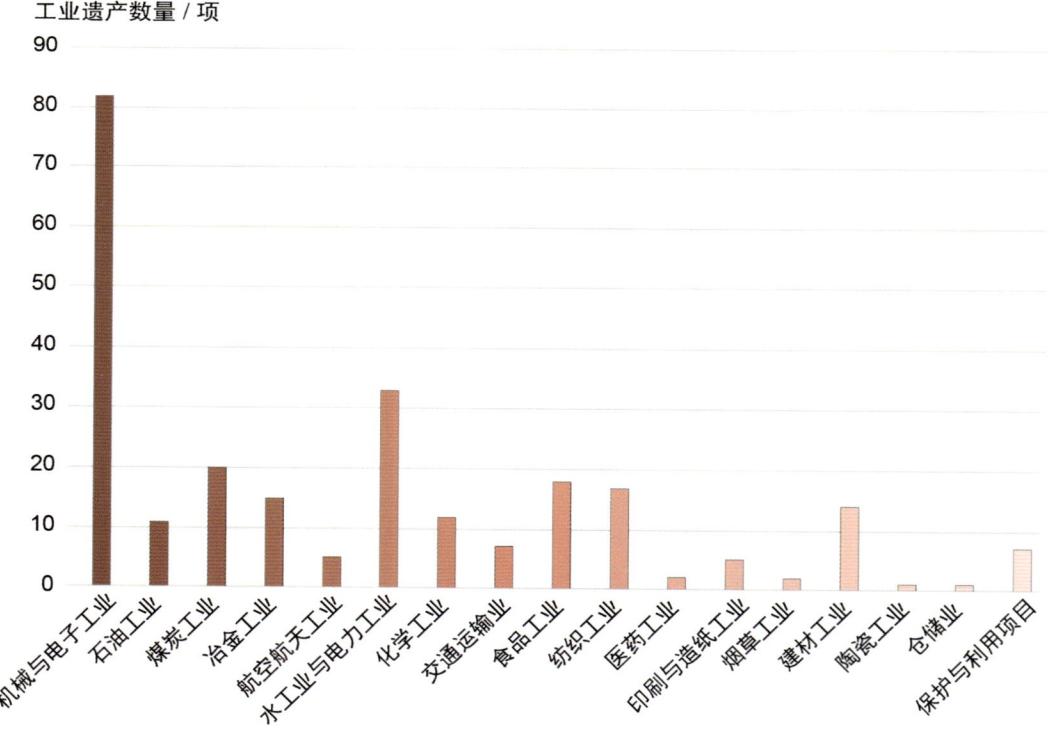

图3-1-4 陕西省工业遗产行业类型分布数量图

业遗产行业类型，共计20项，占全省工业遗产数量的7.9%，其中铜川市煤炭工业遗产最多。石油工业也是陕西省重要工业行业，共计11项，占全省工业遗产数量的4.3%，主要分布于关中地区的宝鸡市与陕南地区的汉中市。

纺织工业与食品工业是陕西省最为重要的轻工业遗产类型，两者分别为18项和17项，占全省工业遗产数量的7%和6.7%。纺织工业遗产主要分布在关中地区的西安市与咸阳市；食品工业遗产主要分布在汉中市与宝鸡市。其他轻工业遗产类型如建材工业、印刷与造纸工业、烟草工业、医药工业、陶瓷工业等也占据一定比例。

陕西省的交通运输业遗产虽然数量少，但所包含的陇海铁路与宝成铁路均意义重大。陇海铁路陕西段始建于1930年，从东至西依次经过渭南市、西安市、咸阳市与宝鸡市，该铁路连接甘肃省兰州市与江苏省连云港市，是中国三横五纵干线铁路网的一横，是20世纪陕西工业发展的最重要运输干线。宝成铁路陕西段始建于1954年，北端在宝鸡市与陇海铁路相连，在陕西境内经过宝鸡市与汉中市，是中国首条电气化铁路，其建设拉开了中国铁路现代化建设的序幕。

此外，陕西省的工业遗产还包括冶金工业、化学工业、航空航天工业、核工业、仓储业等。在其现存254项工业遗产中，仅有7项保护与利用项目，其中6项位于西安市，1项位于宝鸡市。

3.1.3 始建时间

目前，陕西省工业遗产的始建时间主要集中于1949—1969年，其中有93项工业遗产始建于1949—1959年，占全省工业遗产的36.2%；有85项工业遗产始建于1960—1969年，约占全省工业遗

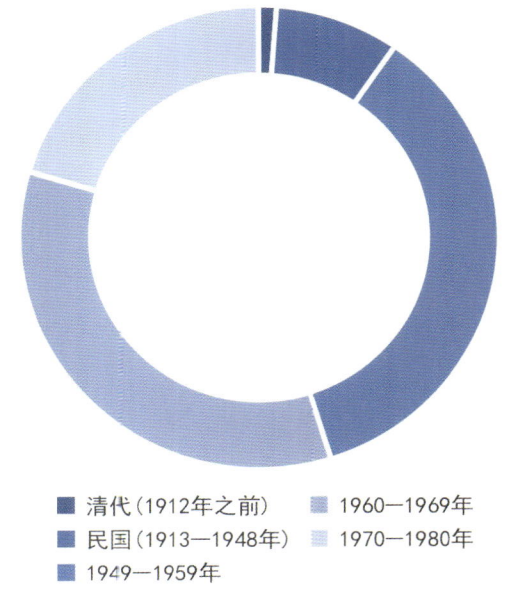

图3-1-5　陕西省工业遗产始建时间比例分布图

产的33.1%。其次为始建于1970—1980年的工业遗产，共计51项，占全省工业遗产的19.8%。全省始建于民国时期的工业遗产共计25项，占全省工业遗产的9.7%，主要分布于延安市、宝鸡市、西安市和榆林市。清代的工业遗产仅3项，占全省工业遗产的1.2%，分别位于延安市、汉中市和商洛市（图3-1-5，图3-1-6）。

3.2　关中地区工业遗产现状调查

关中地区包括西安市、宝鸡市、咸阳市、铜川市、渭南市5个地级市，是陕西省工业遗产分布最为集中、类型最为丰富的区域。目前共有工业遗产170项。主要行业类型为机械与电子工业，水工业与电力工业、煤炭工业、纺织工业也在该地区占有重要地位。其工业遗产的建设时间与陕西省整体工业发展正向相关，主要集中于1949—1969年。

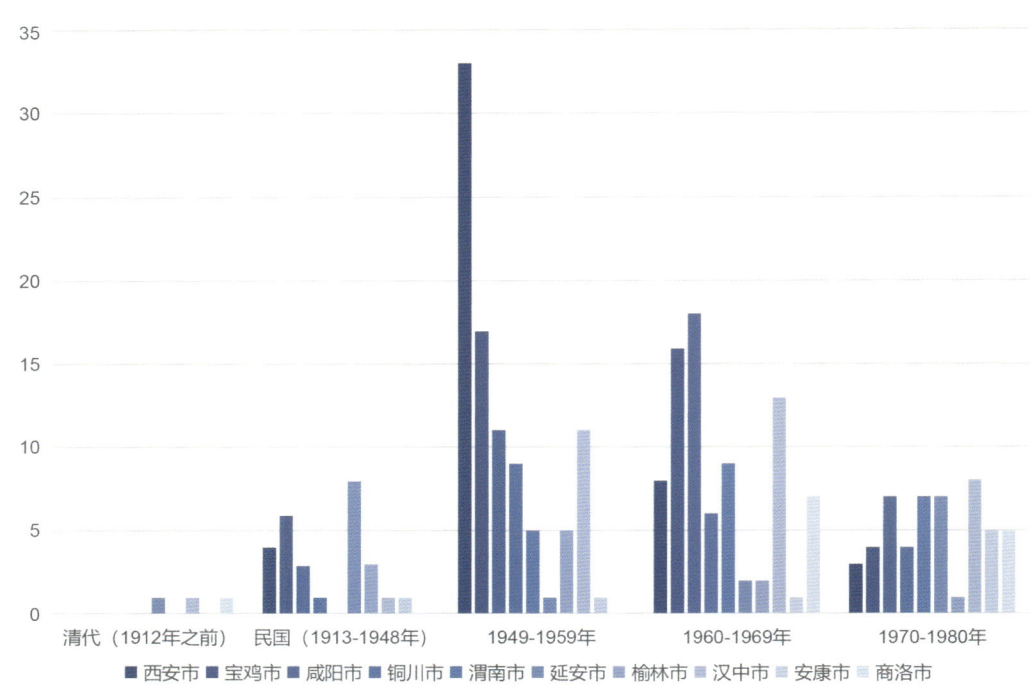

图3-1-6　陕西省各市工业遗产始建时间分布数量图

3.2.1　西安市

1. 行业构成

西安作为陕西的省会城市，从20世纪初开始发展近代工业，形成了一批具有影响力的机械、航空航天、纺织、军工、电气等工业类型。特别是在"一五"期间，有17个全国"156项重点工程"在西安建设完成。这些工业厂区大多由苏联或德意志民主共和国设计援建，建筑质量良好且具有时代特色，主要集中分布于莲湖区大庆路附近和新城区幸福路以东的区域。此外，东郊由国棉三、四、五、六厂及西北一印形成的"纺织城"，以及后来"三线"建设中的陕西鼓风机厂、陕西重型机器厂等一批骨干企业厂区，都是西安城市工业发展的历史见证。

西安工业遗产类型丰富，涉及机械、纺织、建材、航空航天、水工业和电力工业等工业产业类型。整体来看，产业类型比较集中，且同行业工厂基本为同一历史背景下建设，其工业建筑遗存具有明显的产业特征。但由于城市发展的需要，许多位于市区的工业企业已经或即将搬迁，其中不乏西安历史上一些重要的工业厂区。

2. 行业特色

西安工业遗产中以机械工业、纺织工业、航空航天工业等行业特色最为突出，并且众多企业一定时期内在全省乃至全国工业发展中占据十分重要的地位。如由东方、秦川、华山、昆仑机械厂与黄河机器制造厂组成的以机械制造为主的"军工城"是我国"一五"期间苏联援建的"156项重点工程"之一，其研制生产的军用产品多次填补了国内空白。西安电力电容器厂是"156项重点工程"之一，是我国电力电容器制造的骨干企业，其建成投产标志着我国电力电容器制造业进入了一个独立自主发展的新阶段。由西北第三、四、五、六棉纺织厂与西北一印组成的纺织城是国家"一五"期间建设的"156项重点工程"之一，也是我国当时重要的纺织品生产基地之一，曾被誉为"小香港"，为地区经济发展、国家出口创汇、安排就业等都作出了突出贡献。以第一飞机设计研究院为代表的阎良飞机城，是目前中国唯一的集合了歼击轰炸机、轰炸机、运输机、民用飞机和特种飞机设计的研究机构。

3．行业分布

西安市在陕西省乃至全国的工业布局中占据重要地位，其发展过程中建立的众多工业企业，在改革开放和经济转型建设中，各自经历了发展中的困顿和机遇。有些工厂被迫停产，原有厂址内的车间、设备和其他相关设施遭到废弃，又或是生产用地转让、置换；有些企业经过历次技术改造提升、原址内厂房的改建扩建，拆除和淘汰了建厂初期的生产车间和设备，整体上的历史风貌改变较大；还有部分企业整体迁址新建。而现存的珍贵工业遗产主要位于西安市区中的新城区、莲湖区、灞桥区、雁塔区，其行业类型相对于西安其他区域较为丰富（表3-2-1）。

表3-2-1 西安市工业遗产行业类型与区域分布数量表

行业类型	西安市区						阎良区	临潼区	长安区	鄠邑区	数量合计
	新城区	碑林区	莲湖区	雁塔区	灞桥区	未央区					
机械与电子工业	7		5	2	2	1		1	4		22
冶金工业			1								1
航空航天工业							1				1
水工业			2								2
电力工业					1					1	2
化学工业			2	1						1	4
交通运输业	1				1						2
纺织工业			1	2	1					1	5
建材工业	1				1						2
仓储业			1								1
保护再利用项目	2	2		1	1						6
数量合计	11	2	11	7	6	2	1	1	4	3	48

通过西安的工业分布可见，其工业遗产的行业类型主要涵盖机械工业、纺织工业、建材工业、冶金工业、化学工业、电力工业、水工业、航空航天工业等行业类型。在城市空间布局中，西安的工业有按行业分区布局的特征，主要集中分布于大庆路地区、韩森寨地区、灞桥地区，部分地方工业在胡家庙地区、东北郊地区聚集，其他工业企业则相对分散（图3-2-1）。

4. 重要工业遗产保存状况

西安市工业企业中工业遗产的保存现状情况不一，大多数都已经失去建厂初期的厂区格局。早期生产建筑大多经过了改建、拆除或重建，生产设备和工艺也都因为技改提升发生很大变化。一部分企业保留了一定规模的生产建筑、设备设施和生活配套建筑，仍然能够反映出较多的历史信息，具有重要的遗产价值（表3-2-2）。

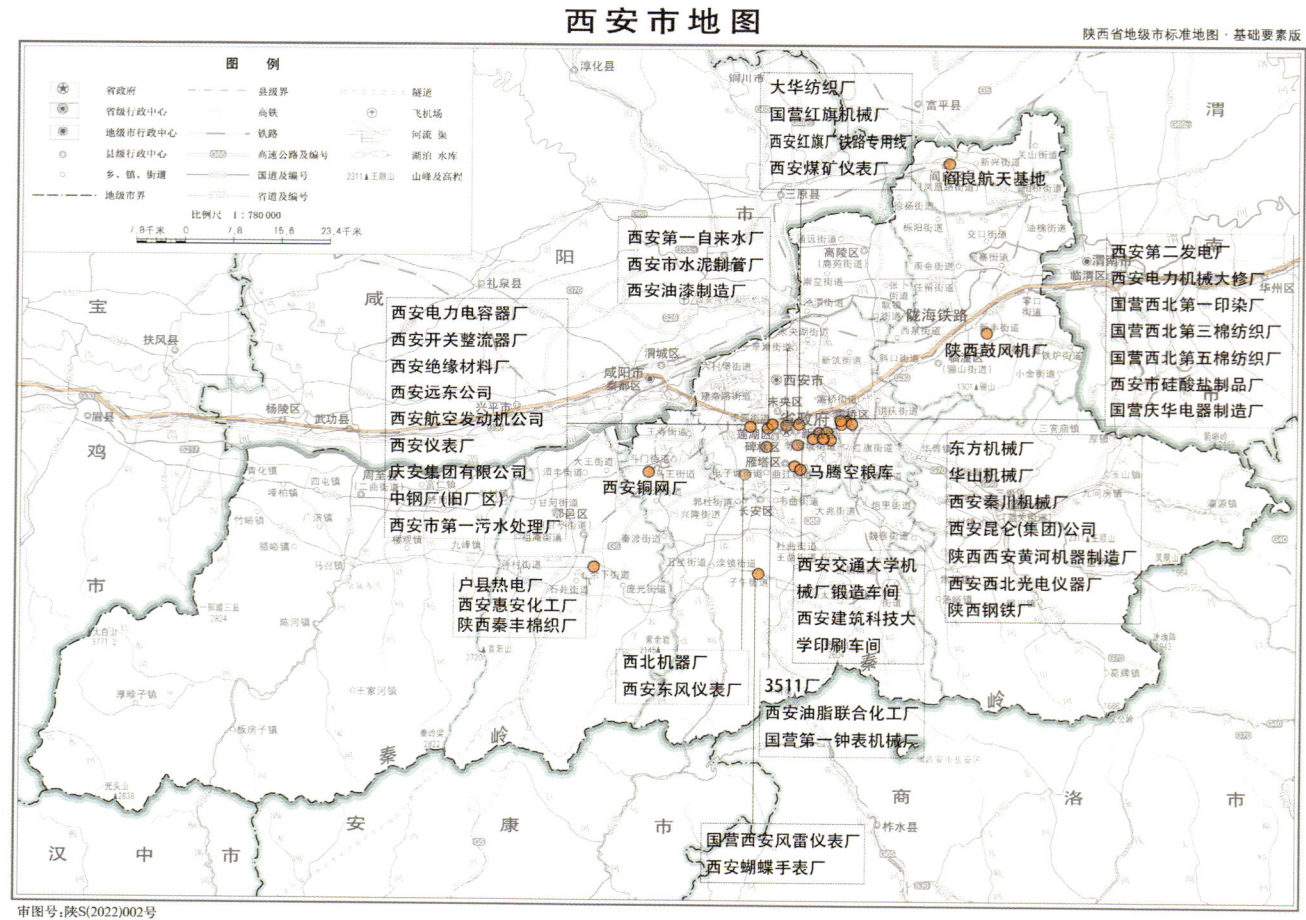

图3-2-1　西安市工业遗产资源分布图
（地图来源：陕西省测绘局官网）

表3-2-2　西安市工业企业部分重要工业遗产保存情况

市/县	工业企业名称	工业遗产保存情况
新城区	大华纺织厂（今大华·1935）	工业遗存较多，主要建、构筑物保存情况良好。建筑改造方案由中国建筑设计大师崔恺领衔设计，是遗产保护与城市更新的经典案例
	陕西钢铁厂（今西安建筑科技大学华清学院、老钢厂文化创意产业园区）	2002年，陕西钢铁厂被西安建大科教产业公司收购，厂区内大部分旧厂房和部分设备得到了保护与再利用，内部被分为教学区（华清学院教学区）及产业区（老钢厂文化创意产业园）。形成了西安市首家以设计创意为主题的城市主题产业园，曾获中国城市更新论坛十大城市更新案例第四位
碑林区	西安交通大学机械厂锻造车间（今田家炳创意艺术中心）	原为建于1950年代的西安交通大学机械厂锻造车间，是交大西迁最早的建筑之一。原有车间建、构筑物保存完好，依照修旧如旧之原则，将老厂房加以改造，原有设备已拆除。目前为艺术系师生教学、研究、设计、创作的基地
	西安建筑科技大学印刷车间（今贾平凹文学艺术馆）	对校内1970年代建设的老印刷厂建筑进行改造再利用。通过保留原有的清水砖灰色涂料外墙，规律简单的开窗，再加上外露的砖混结构，维持"文革"时期印刷厂粗糙简陋的整体形象，体现"文革"时期工业建筑特色
莲湖区	西安电力电容器厂	该厂大部分的厂房与仓库仍在使用，但有的厂房建筑老旧破损、部分车间废弃
	中钢厂旧厂区	中钢厂旧厂区按功能可分为金工车间区、铸钢车间区、结构车间区、电气车间区、动力车间区、锻压车间区、热处理车间区、木型车间区、供应库房区及办公区等。大部分建构筑物保存完好，一小部分进行了改造
雁塔区	国营第一钟表机械厂	该厂是我国唯一的高精度钟表机械专业生产大厂，建筑物遗存保存完好，生产厂区主要以精密机加车间、综合办公楼、机械加工中心、锅炉房、水塔、铸造车间、数控加工中心为主
	马腾空粮库	该库的地下仓储粮规模属亚洲乃至世界之首，仍在正常运转当中。为花园式仓库，常年有草，四季花香，环境整洁优美。库区布局合理，储粮区、生活区、加工区、营业区等区分清晰。现有地下仓48栋，房式仓1栋，储藏量9.8万吨
	西北机器厂（今西北机器有限公司）	西北机器厂（国营第七〇九厂）整体改制而成，始建于1940年，是我国电子行业研发、制造专用设备的大型骨干企业。厂区布局保留完整，仍在正常运转
灞桥区	西安电力机械大修厂	现隶属中国能源建设集团有限公司。厂区内建构筑物保存完好，仍正常运转
	国营西北第一印染厂（今半坡国际艺术区）	该厂原为"一五"时期重点建设项目、亚洲最大的印染厂，在保留部分厂房与原有污水处理厂等建构筑物的基础上，改造成为集历史文脉、当代艺术、文化产业、建筑空间、休闲生活于一体的综合艺术园区
	国营西北第五棉纺织厂	该厂主要建筑在设计时均按照七级地震设防，主厂房为单层锯齿形钢筋混凝土结构，办公楼、辅助车间和生活区建筑分别为混合结构和砖木结构。总建筑面积约18.9万平方米，其中生产区9.9万平方米。目前，该厂是西安纺织城工业区中保存完整的唯一一"一五"时期建设的棉纺织厂，仍正常运转

续上表

市/县	工业企业名称	工业遗产保存情况
临潼区	陕西鼓风机厂	该厂是国内定点生产透平鼓风机、压缩机的大型骨干企业，该厂布局完好，仍在正常运转当中
长安区	西安风雷仪表厂	该厂基本保存其20世纪60年代工业建筑特征，以及仪表工业厂房的属性，建筑物遗存保存完好，生产厂区主要以装配车间、大件车间、工具车间、理化车间、机修车间、科研楼等为主。目前已有部分影视剧创作和旅游开发项目在厂区内开展
长安区	西安蝴蝶手表厂	厂区整体布局完好，小部分经过局部改建、扩建，基本保存其制表工业原貌特征。主要建构筑物包括外宾楼、综合办公楼、电镀中心、机修车间、主生产大楼、中央空调房及其他辅助用房等

综上所述，西安地区的工业发展与内陆地区的近现代工业发展大体保持一致，其在陕西省乃至西北地区的重要城市地位决定了近代以来其工业化的不断加速发展。从洋务运动时期左宗棠创办西安机器局，到抗战时期沿海地区大量工业内迁，再到1949年后作为"一五"时期与"三线"建设时期国家确立的重要工业城市，西安形成了以机械工业（包括军工项目）、纺织工业等为主的完整工业体系，并遗留了丰富的工业遗产，是陕西省乃至西北地区近现代工业发展的重要见证者。

3.2.2 宝鸡市

1. 行业构成

宝鸡市自陇海铁路开通和抗战爆发后，就成为西部地区重要的抗战后方工业基地，开始了工业创建和发展。新中国成立初期全国"156项重点工程"有3家落户在这里，还有1项"156"补充项目。"三线"建设时期，又从东部地区内迁和新建了一批工业企业。最终形成了以装备制造业为主，具体涵盖汽车制造、石油装备、机床工具、电子电器、轨道交通、航空航天等在内的重要行业门类，奠定了宝鸡地区作为西部重要工业城市的地位和格局。在此基础上，宝鸡市挖掘地方资源优势，又形成了钛金属工业、轻纺工业等特色工业类型；并在化学工业、食品工业、医药工业等其他类型中也建立了许多具有地区代表性乃至在全国范围具有影响力的重要企业。以上阶段的工业建设和发展，为我国这一时期的国防建设和工业发展作出了重要贡献，成为这一地区工业发展历程的实物见证。

2. 行业特色

宝鸡受陇海铁路通车影响，工业起步较早，在发展中进一步确定和巩固了作为西部重要工业城市的地位。在我国工业建设和快速发展时期，重点集中于装备制造行业和金属加工行业，体现了历史上作为重工业基地的行业特色和烙印。其次在能源、电力、建材、食品、轻纺等行业也留下了现代工业企业建设的足迹。

3. 行业分布

宝鸡地区在陕西省内工业布局中占据重要地位，宝鸡工业发展过程中建立的众多工业企业，在改革开放和经济转型建设中，各自经历了发展中的困顿和机遇。有些工厂被迫停产，原有厂址内的车间、设备和其他相关设施遭到废弃，或是生产用地转让、置换；有些企业经过历次技术改造提升、原址内厂房的改建扩建，拆除和淘汰了建厂初期的生产车间和设备，整体上的历史风貌改变较大；还有部分企业整体迁址新建。

其中部分企业历经变迁后，仍然存续下来。它们传承保留了一定规模的生产建筑、工艺流程和生产设备，成为该地区近现代工业发展的实物见证。这些珍贵的工业遗产目前主要集中分布于宝鸡市区和邻近下辖的各区县（表3-2-3）。

表3-2-3 宝鸡市工业遗产行业类型与区域分布数量表

行业类型	宝鸡市区	岐山县	扶风县	眉县	凤翔县	凤县	数量合计
机械与电子工业	16	1	1			1	19
石油工业	2						2
冶金工业	1		1				2
电力工业	3						3
化学工业	1				1		2
交通运输业	6						6
纺织工业	1	1					2
食品工业	2			1	1		4
医药工业	2						2
保护与利用项目						1	1
数量合计	34	2	2	1	2	2	43

注：宝成铁路凤县灵官峡段因洪水改线，被废弃的9个隧洞及线路被重新改造利用，故单独列为1项。

通过宝鸡市工业分布可见，宝鸡地区工业遗产的行业类型多样，涵盖汽车制造、石油装备、机床工具、电子电器、轨道交通、能源工业、化学工业、金属工业、轻纺工业、食品工业、医药工业、造纸业等行业类型，符合作为交通枢纽和西部重要工业基地的城市定位。企业分布也相对集中，除市区外，临近的岐山县、扶风县、凤翔县也有少量工业企业在较早时期建立，并得以继续发展至今（图3-2-2）。

4. 重要工业遗产保存状况

宝鸡市工业企业中工业遗产的保存现状不一。大多数已经失去建厂初期的厂区格局，多数早期生产建筑被改建、拆除或重建，生产设备和工艺也都因为技改提升发生很大变化。一部分企业保留了一定规模的生产建筑、设备设施和生活配套建筑，仍然能够反映出较多的历史信息，具有重要的遗产价值（表3-2-4）。

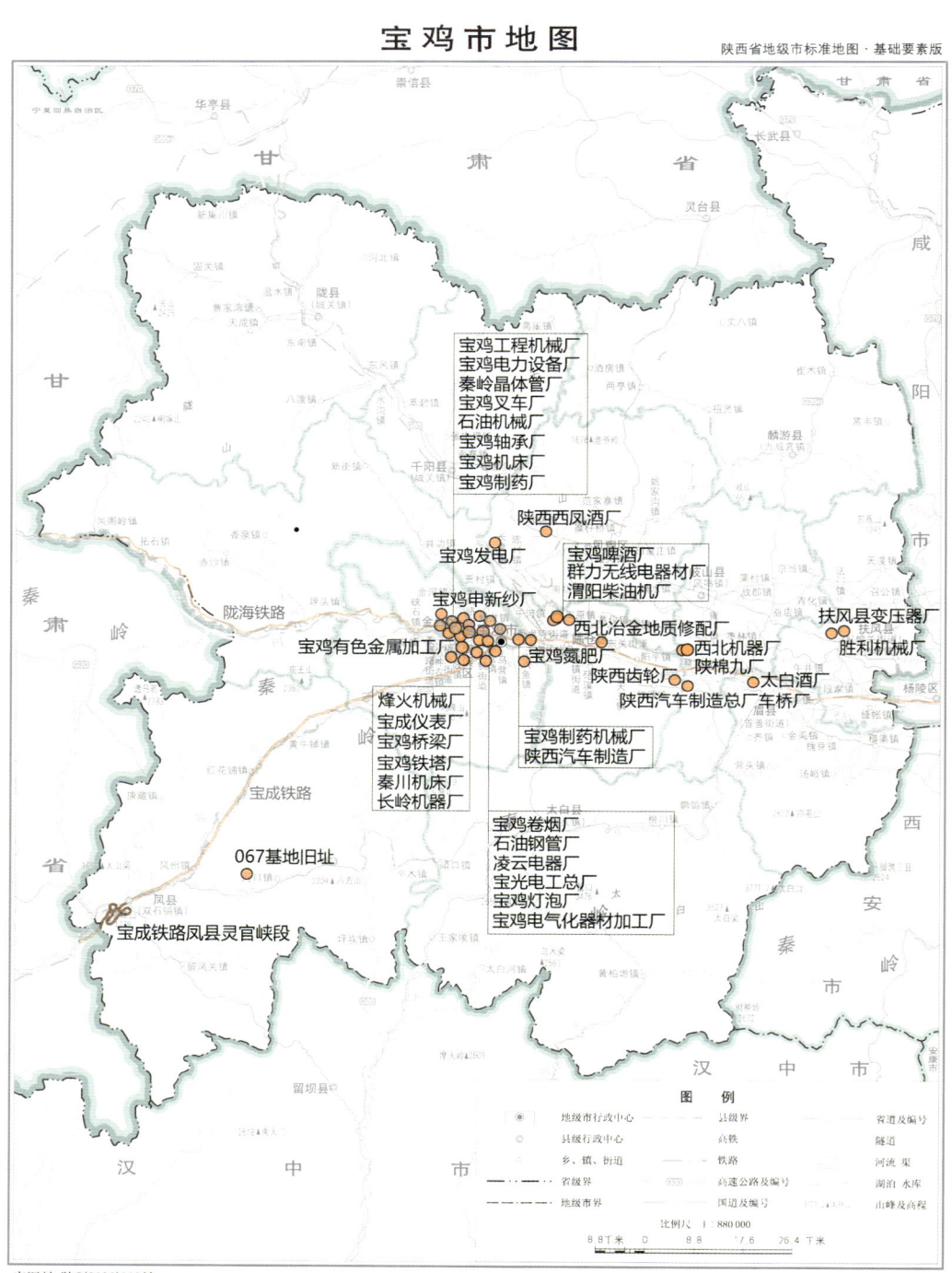

图3-2-2 宝鸡市工业遗产资源分布图
(地图来源:陕西省测绘局官网)

表3-2-4 宝鸡市工业企业部分重要工业遗产保存情况

市/县	工业企业名称	工业遗产保存情况
宝鸡市	宝鸡大荣纺织有限责任公司（原申新纱厂）	工业遗存较多，主要建构筑物保存情况良好，类型多样，被录入国家级第一批工业遗产名录和全国重点文物保护单位名单
	陕西秦川机床工具有限责任公司（原秦川机床厂）	该企业初期厂房建筑拆除、改造较多，建筑遗存不多。厂区外保留一座铁铸毛主席巨型雕塑，被列为陕西省文物保护单位
	宝钛集团有限公司（原宝鸡有色金属加工厂）	该厂仍保留有部分20世纪70—80年代的生产车间和较为完整的配套生活区、公共建筑的布局和建筑样貌
	陕西群力电工有限公司（原792厂）	保留3组厂房，工具车间保持苏联援建时期的建筑风貌
	陕西宝成航空仪表有限责任公司（原宝成仪表厂）	多数老旧的建筑物都被拆除，目前仅存有少数尚能使用的生产设备
	中铁宝工有限公司（宝鸡工程机械厂）	部分生产设备仍在使用
	陕西中烟工业有限公司（原宝鸡卷烟厂）	全部实现异地技改建设新厂区，老厂区内保留部分生产车间、烟囱、锅炉房等建筑、设备和设施，结合城市更新改造，通过旧建筑及厂址再利用，新建为宝鸡市文化艺术中心
凤翔县	陕西西凤酒股份有限公司（原西凤酒厂）	保留老制酒车间、3座老酒库及12座老酒海，并较为完整地保存了传统制酒工艺、流程和相关设备，被列为陕西省文物保护单位
岐山县	陕西九州纺织有限公司（原陕棉九厂）	建厂初期厂房已经不存，保留有部分20世纪70—80年代建的生产车间还在继续使用，锅炉车间已经弃用，整体结构保留完好
眉县	陕西太白酒业集团有限公司（原太白酒厂）	保留部分生产车间和设备，大部分仍在使用中
凤县	红光沟航天六院旧址（067基地）	2019年被认定为第三批国家工业遗产，核心物项：科研楼、机要室、行政后勤楼、力学试验室、"厕所"试验室、201洞、小泵试验室、张贵田院士之家、科研区1号2号专家楼、红光工人俱乐部、指挥部办公楼、大礼堂、招待所等

综上所述，宝鸡地区的工业发展与内陆地区的近现代工业发展大体保持一致。特殊的交通条件让这座西部地区的枢纽城市在工业化进程中得以迅速发展。从抗战时期内迁企业，到新中国成立初期建设多种装配制造工业，再到"三线"建设时期迁入、新建各种工业项目，宝鸡形成了相当完整的工业体系，在长期的历史进程中留下了丰富的工业遗产。在西部大开发和"一带一路"建设的时代背景下，作为"关天经济圈"的重要中心城市，宝鸡市更加巩固了在区域格局的位置。这些代表性的工业遗存也将成为该地区工业发展历程的见证和新工业精神的重要载体。

3.2.3 咸阳市

1. 行业构成

咸阳市紧邻西安，是省会西安经陇海铁路

向西部联通的第一站。特殊的地理区位，使得咸阳工业的发展与西安和关中其他地区保持着紧密的联系。在陇海铁路开通和抗战爆发后，咸阳就开展了以纺织、机械、酒精为主的早期工业的创建。新中国成立初期，国家和地方政府在咸阳投资进行了一定规模的工业建设，重点建设了以西北第一、第二棉纺织厂和一些地方性棉纺织企业以及与之配套的印染企业、纺织机械企业，建成了具有相当规模和影响力的纺织工业基地。与此同时，国家"一五"期间的156项重点项目，在这里落户了2家——秦岭电器公司和华兴航空机轮公司，由西安迁入1家——陕西柴油机厂。咸阳陆续建成了一批机械工业、建材、电力站等企业，其中纺织、机械、电力生产企业趋于规模化，形成了以纺织、机械、建材、煤炭等产业为主的工业格局。

"三线"建设时期，先后从东部地区迁来并新建一批企业。以兴平化肥厂为代表的化工企业被创建，规模在发展中持续扩大，成为该地区重要的产业类型。同时，咸阳传统优势突出的纺织工业继续壮大，还拓展了以生产医疗设备为主要产品的机械工业；大力发展陕西彩色显像管厂为龙头的电子工业，又新建立了一批医药、食品、建材等企业。至此，咸阳已形成作为陕西省以及陇海铁路沿线重要城市而具备的较为完整的工业格局。

2. 行业特色

咸阳因紧邻陇海铁路和西安市的交通、区位优势，在陕西省内的工业起步较早。在我国工业建设和快速发展时期，形成了以纺织工业、机械与电子工业、化学工业为主要特色，并在食品工业、医药工业、建材工业、造纸业等其他类型中也建立了许多具有地区代表性和影响力的地方企业。咸阳的工业建设和发展，为关中地区和西部工业发展作出了重要贡献，其整体规模、体量体现出该地区工业发展的特色，也是工业发展历程的实物见证。

3. 行业分布

咸阳市在陕西省内工业布局中占据重要地位，咸阳地区的工业布局在所辖2区1市10县的范围内形成了三个各具特色的区域。一是依托陇海铁路沿线，涉及咸阳市区与兴平、武功等县，涵盖该地区大多数工业类型，主要以纺织、机械与电子、化工及食品工业为主，企业数量、产值占据全市工业规模近90%。二是中部地区，即乾县、礼泉、泾阳、三原等县，主要以建材、纺织、食品及造纸、机械与电子等工业为代表。三是北部塬区，即长武、彬县、永寿、淳化、旬邑等县，依托自然资源，主要发展水（火）电、制药及卷烟、食品等特色工业类型。

这些工业企业在发展过程中，各自经历了不同的挑战和困难。有些企业通过技改、体改，进一步扩大规模、提升效益，发展成为当地的龙头和骨干企业。有些工厂被迫停产、转产，原有工业厂房、设备和其他相关设施被废弃或拆除、改建。它们当中得以保留的部分生产建筑、工艺流程和生产设备，成为该地区工业发展的实物见证。这些珍贵的工业遗产目前主要集中分布于咸阳市区、兴平市和邻近下辖的各县（图3-2-3、表3-2-5）。

第3章 陕西省工业遗产现状调查

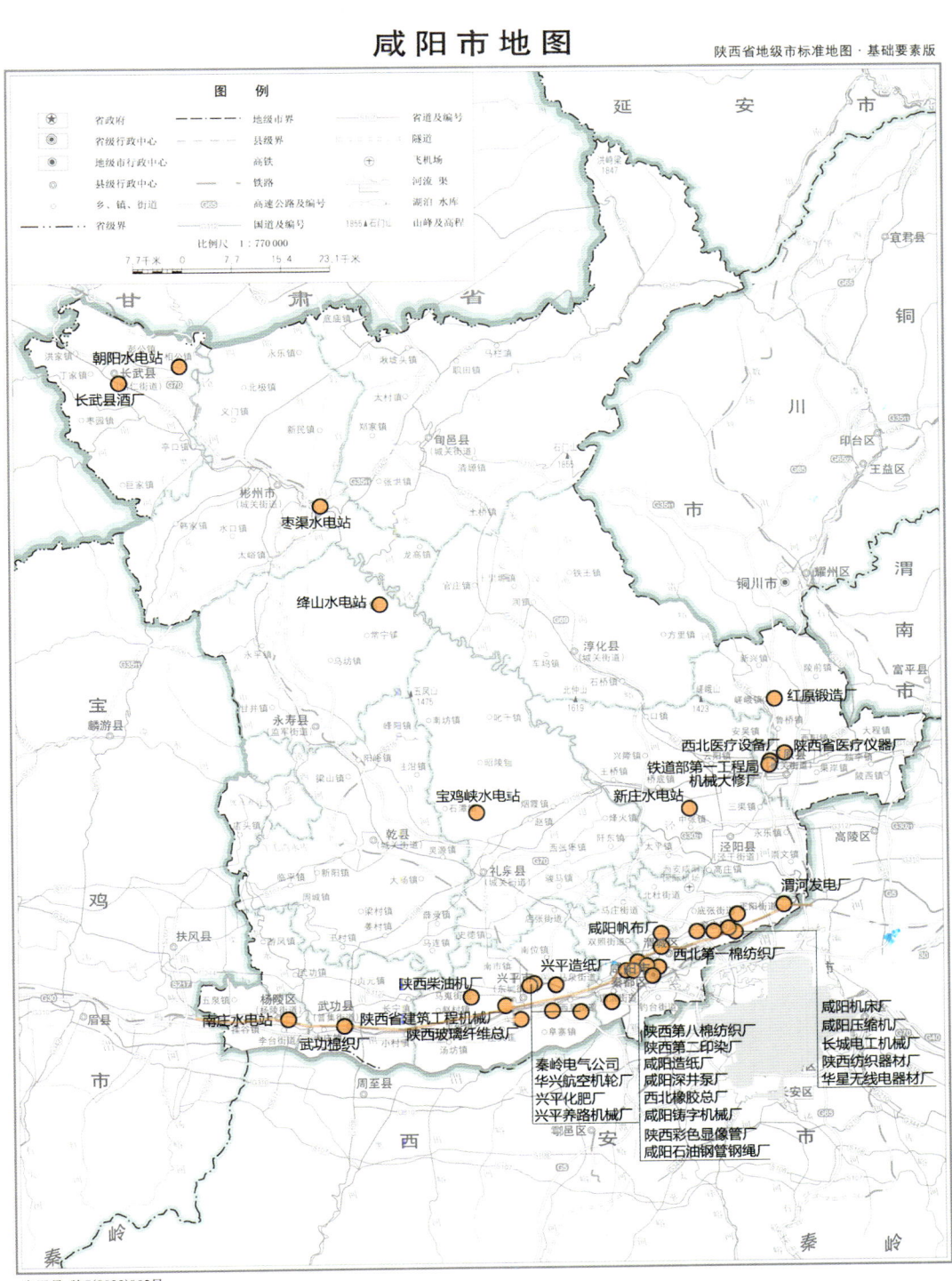

图3-2-3 咸阳市工业遗产资源分布图
（地图来源：陕西省测绘局官网）

表3-2-5 咸阳市工业遗产行业类型与区域分布数量表

行业类型	咸阳市区	杨凌区	兴平市	三原县	泾阳县	彬州市	礼泉县	永寿县	长武县	武功县	数量合计
机械与电子工业	8		3	5							16
石油工业	1										1
航空工业			2								2
电力工业	1	1			1	1	1	1	1		7
化学工业	1		1								2
交通运输业	1										1
纺织工业	5								1		6
食品工业									1		1
造纸工业	1		1								2
建材工业			1								1
数量合计	18	1	8	5	1	1	1	1	2	1	39

4. 重要工业遗产保存状况

通过咸阳工业遗产资源分布可见，咸阳地区工业遗产的行业较为齐全，涵盖纺织、机械、化学、电子、建材、造纸等多个类型。其中以机械工业、电力、纺织数量最为众多，也形成了以化学工业和电子工业中一些重点企业带领下的行业影响力。空间分布主要集中在咸阳市区，以及兴平市、三原县等地，形成了关中地区和陇海铁路沿线重要的工业集群（表3-2-6）。

表3-2-6 咸阳市工业企业部分重要工业遗产保存情况

市/县	工业企业名称	工业遗产保存情况
咸阳市	陕西第八棉纺织厂	1940年，湖北省纱布局与中国银行咸阳打包公司签订联营合约建立咸阳最早的纺织企业。新中国成立后先后多次更名，直至1967年改名国营陕西第八棉纺织厂至今，保留有部分20世纪80年代前的生产建筑
	国营西北第一棉纺织厂	1951年筹建的咸阳棉纺织厂是新中国成立初期由中国自主设计、自制设备、自行施工的国内同期建设的四个棉纺织企业之一。作为陕西省在新中国成立后建设的第一个现代化纺织企业，其设备和生产能力在西北地区均为最新、最大。目前保留有建厂初期规模最大的主厂房车间和其他一些同时期建筑，较为真实地体现新中国成立初期纺织工业建筑的时代和技术特征
	咸阳宝石钢管钢绳有限公司（原咸阳石油钢管钢绳厂）	该厂始建于1959年，是生产石油机械、钻采和炼油配件的国家大型一档企业，国内唯一石油专用钢丝绳生产企业。2010年搬迁至新址后，旧厂区内第一批老厂房仅剩一栋，多数为20世纪70—80年代改扩建，整体上仍保留着较为完整的工厂布局特征

续上表

市/县	工业企业名称	工业遗产保存情况
兴平市	陕西柴油机重工有限公司（原陕西柴油机厂）	"一五"期间建设的156项重点工程之一，隶属中国船舶集团有限公司，是国家生产中速大马力柴油机的定点厂。工业遗存以生产区为主，生产厂区主要保留了机械加工、金属结构、焊接车间、机修工具车间，电力供应、煤气动力系统旧址，总装试验站、办公楼、科研楼，以及铁路专用线、护厂法等20世纪50—60年代建成的工业遗存。建筑遗存保存较为完好，较为完整地体现了建厂初期的整体布局和建筑特征
	陕西航空电气有限责任公司（原秦岭电工厂、国营115厂）	"一五"期间建设的156项重点工程之一，隶属于中航机电系统有限公司，专业研发生产各型飞机主电源系统、配电系统、二次电源系统、电动机系统和发动机点火系统。建厂初期建成的生产区和生活区均保留较为完好，没有进行大面积更新建设和拆改，遗产格局较为完整
	陕西华特新材料股份有限公司（原咸阳玻璃纤维厂）	1965年建工部将天津市第二玻璃厂迁至陕西兴平，组建咸阳玻璃纤维厂。作为当时西北地区唯一的玻璃纤维企业，填补了我国西北产业布局的空白，为原建材部十六家国有大中型玻纤企业之一。工业遗存主要包括建厂初期的办公楼、拉丝车间、仓库和一座废弃老厂房以及早期职工住宅等建筑，基本保存了20世纪60年代工业建筑特征
	陕西兴化集团公司（原兴平化肥厂）	我国20世纪60年代第一个以重油气化生产合成氨的厂家，是以硝酸铵为主导产品，生产硝酸铵、合成氨的重点企业。兴化集团建成新厂区后，旧厂区内仍保留了部分生产建筑和设备
三原县	陕西宏远航空锻造有限责任公司（原红原锻造厂）	"三线"建设时期落户于三原县的大型锻造专业化企业。目前随产业技术升级发展，厂址已逐步搬迁，旧厂区仍然保留了以各类锻造车间和实验车间、办公室等为主的早期工业建筑遗存，以靠山窑洞为基本模式，保存基本完好，能够体现"三线"建设时代的建筑特征
长武县	金醇古酒业有限公司（原长武县酒厂）	新中国成立之初，将多家私营酒厂进行公私合营，建立长武县国营酒厂。1975年扩建，完善生产设施，扩大生产能力。在继承长武酿酒业的传统上，成为地方酒业的代表。生产厂区保留了包括蒸馏、制曲、动力车间，以及酒海、酒窖等在内的生产建筑和设备，较为完整地还原当地传统酿酒的工艺流程和生产空间

咸阳地区的工业发展与中国内陆地区的近现代工业发展保持大体一致，特殊的交通区位优势，促进了其工业化发展。经历了抗战时期、新中国成立初期、"三线"建设时期的建设，咸阳形成了有特色的工业体系，也留下了代表性的工业遗产。在西部大开发和"一带一路"建设的时代背景下，在"关天经济圈"的规划格局中，西咸一体化的战略布局将极大地促进咸阳的工业发展和壮大，其代表性的工业遗存也将成为该地区工业发展历程的宝贵见证。

3.2.4 铜川市

1. 行业构成

铜川的煤炭在新石器时代就开始被采掘利用。新中国成立以后，铜川重点发展了煤炭、建材等支柱产业，并且还发展了陶瓷、冶金、纺织、电力、食品等工业类型，逐步完善了工业门类和结构。现如今的铜川已经建成门类较全、结构较合理的工业体系，成为陕西重要的工业城市。

铜川工业遗产类型丰富，主要涉及煤炭、

建材、陶瓷、冶金、纺织、电力、食品等工业行业。厂区的工业遗产随着部分企业破产关停，保存状况令人忧虑，但仍有部分企业在铜川的工业发展中继续起着重要作用。

2. 行业特色

铜川工业遗产行业特色突出，其中部分企业一定时期内在全国工业发展中占重要地位。铜川因煤而生，煤炭工业遍布全市。王石凹煤矿曾在建井技术、光面爆破、采煤技术等多方面处于全国领先，为我国煤炭生产作出了极大贡献，在煤炭工业领域其自己的特色。耀县水泥厂的建成翻开了我国建材工业历史崭新的一页，同时也义不容辞地担负起共和国建设排头兵的重任，成为我国建材工业的骄子，在行业中特色鲜明。陈炉陶瓷在长期的生产实践中，创造了多样的装饰手法，在瓷件上因型施艺、扬己之长，久而久之，演进出别具一格的艺术特色。

3. 行业分布

铜川的工业布局基本是以市区为基础，随着矿藏资源的开发，厂矿向四面延伸，逐步发展（表3-2-7）。其布局分散，缺乏形式上的整体性。铜川工业布局总的原则是，依托中部（市区），倾向南部（耀县董家河镇、城区黄堡镇），利用郊区沿川的优越条件，扶持北部宜君县，形成城乡一体、工农结合的若干"城郊型"新工业布局区（图3-2-4）。通过对铜川工业遗产行业分布的统计分析可知，铜川王益区和印台区的行业类型相对于铜川其他区域较丰富。

煤炭工业主要分布在东部红土—广阳，西北部焦坪—瑶曲—庙湾等地。建材工业主要分布在黄堡镇、陈炉镇和耀县，其中水泥石灰岩分布于黄堡镇的石坡、七家山、赵家山、陈炉镇的崖窑沟和耀县的宝鉴山；水泥配料黄土分布在城区二十里铺库当沟和耀县药王山、五台山；陶瓷黏土分布于黄堡镇土黄沟和市区狼沟；耐火黏土分布在陈炉镇的上店和立地坡。陶瓷工业原料主要分布于陈炉上店矿、城区狼沟矿、黄堡镇土黄沟矿与泥池矿。冶金工业主要分布在黄堡、耀城、庄里、十里铺、陈炉等地。

表3-2-7　铜川市工业遗产行业类型与区域分布数量表

行业类型	耀州区	王益区	印台区	数量合计
机械工业		1		1
煤炭工业	2	5	6	13
冶金工业	1		1	2
纺织工业		1		1
建材工业	2			2
陶瓷工业			1	1
数量合计	5	7	8	20

4. 重要工业遗产保存状况

铜川市是一座传统的工业城市，存有大量的工业遗产，但保存现状情况不一。大多数近代工业遗产在城市发展进程中已被拆毁，早期生产建筑也大多经过了改建、拆除、重建、投入其他功能或处于闲置状态，但还有一部分企业保留了一定规模的生产建筑、设备设施和生活配套建筑，仍然能够反映出较多的历史信息，具有重要的遗产价值（表3-2-8）。

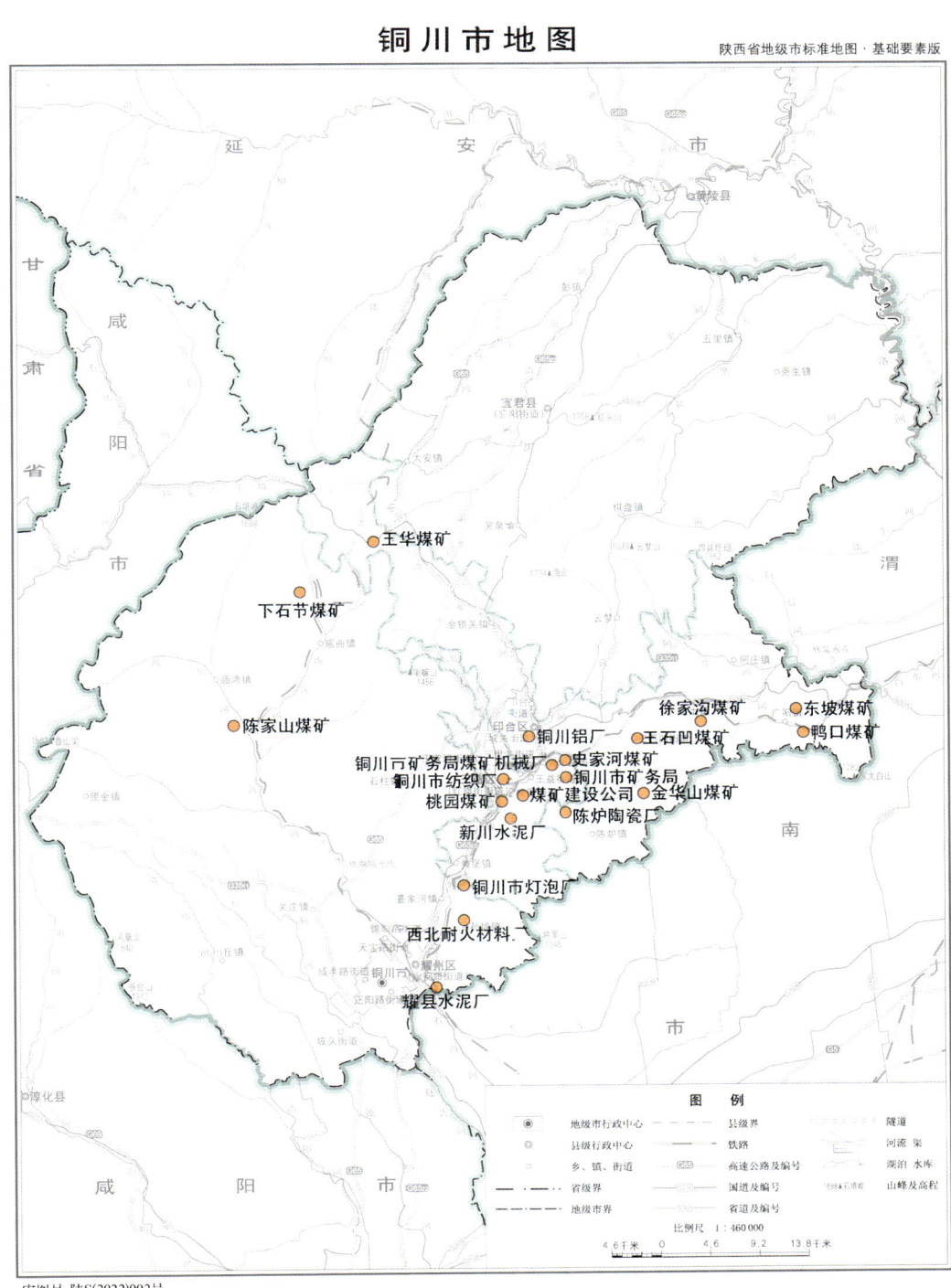

图3-2-4 铜川市工业遗产资源分布图
（地图来源：陕西省测绘局官网）

表3-2-8　铜川市工业企业部分重要工业遗产保存情况

市/县	工业企业名称	工业遗产保存情况
印台区	陕煤集团铜川矿务局有限公司（王石凹煤矿）	矿井目前均正常运转、使用的核心物项完好、齐备，工业遗产较多，被列入第二批国家工业遗产名单
印台区	陈炉陶瓷厂	陈炉窑是耀州窑后期烧瓷的中心窑场，工业遗产保存较少，但质量完好，2006年被列为第六批全国重点文物保护单位
印台区	陕煤化集团公司铜川矿业公司（玉华煤矿）	是一座现代化矿井，属国有大中型企业。厂区设备仍在使用中
耀州区	陕西省耀县水泥厂	主要建筑保存良好，工人俱乐部等四项建筑于2016年被列为工业遗产保护建筑

3.2.5　渭南市

1. 行业构成

渭南市工业遗产以机械、食品、电力、化学、建材和冶金等工业为主导，形成了以装备制造、冶金建材、通用航空、能源化工、生物医药、印刷纺织为主体的工业体系。其主要特征为工业种类繁多、覆盖面广，在机械与电力工业的部分企业已逐渐成为国家龙头企业，为我国工业发展作出了重要贡献，成为这一地区工业发展历程的实物见证。

2. 行业特色

渭南工业遗产行业特色突出，并且众多企业一定时期内在全国工业发展中占重要地位。白水杜康酒厂拥有的古窖池距今已有千年历史，是世界上现今留存着的最为古老的古窖池。窖池古老而传统，酿造出的白酒味道纯正，在白酒领域独具特色。秦岭电厂与华能集团融合发展，"三塔合一"属于国际领先的超高、超大型冷却塔，是目前亚洲同类型机组中最高的间冷塔，极具代表性。

3. 行业分布

渭南市的机械加工业多分布在渭南市区与华州区，行业特色以西北林业机械厂和陕西印刷机械厂为代表。电力工业主要分布在韩城市周边和华阴市，以秦岭电厂和韩城一电为代表。煤炭工业主要分布在华州区和韩城市，以韩城矿务局和蒲白矿务局为代表。食品工业则散布于各县，以白水杜康酒厂、潼关酱菜厂、大荔景壁公司和大荔酒厂为代表企业。冶金工业主要分布在华州区和潼关县，以中国钼行业之首的金堆城钼矿和东桐峪金矿厂为代表。

通过对渭南市工业遗产企业行业分布的统计分析可知，渭南市区和华州区的行业类型相对于渭南其他区域较丰富（表3-2-9）。

第 3 章 陕西省工业遗产现状调查

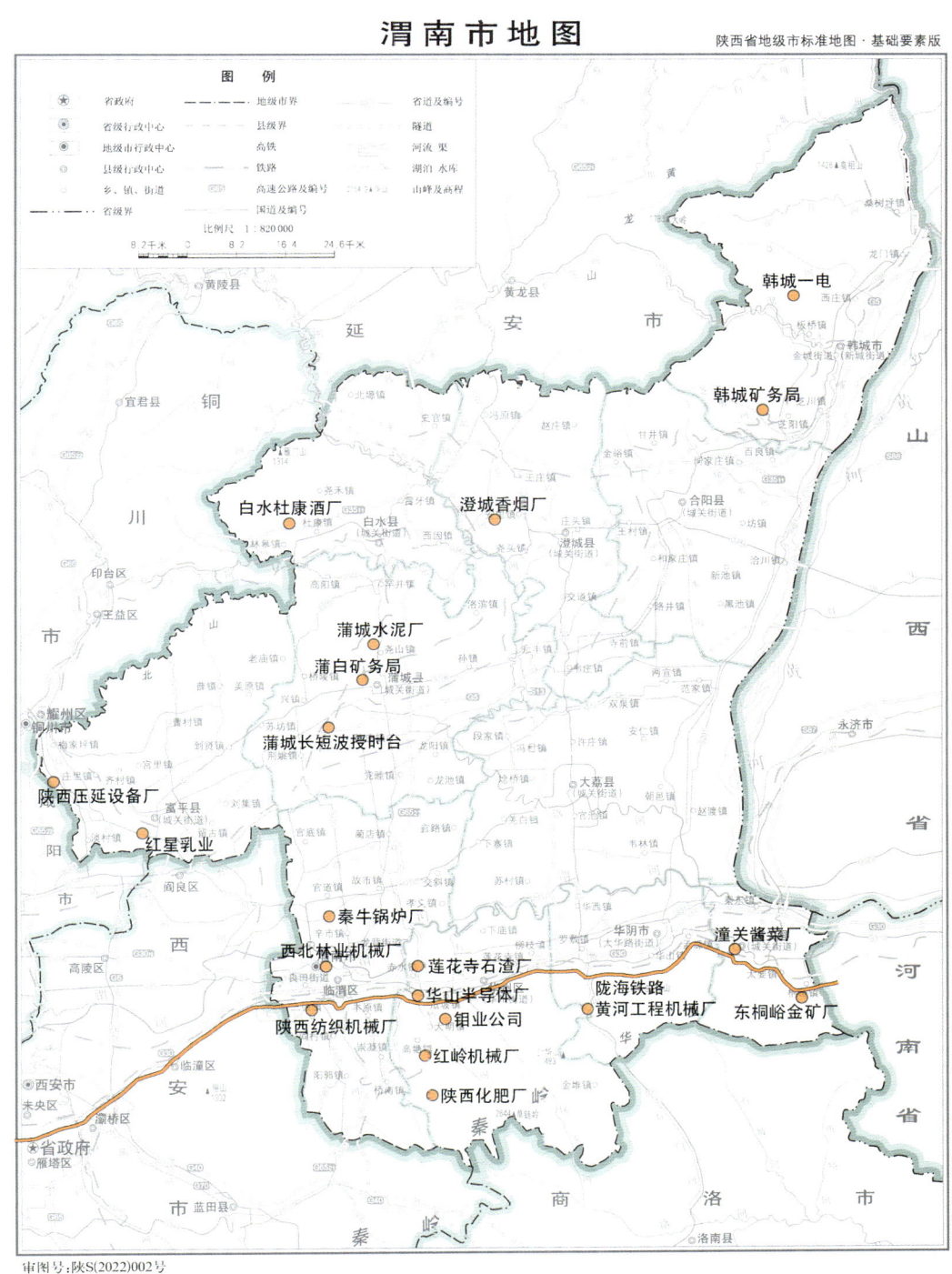

图3-2-5 渭南市工业遗产资源分布图
（地图来源：陕西省测绘局官网）

表3-2-9　渭南市工业遗产行业类型与区域分布数量表

行业类型	渭南市区	华州区	华阴市	潼关县	富平县	蒲城县	白水县	澄城县	韩城市	数量总计
机械与电子工业	2	2	1		1	1				7
煤炭工业						1			1	2
冶金工业		1		1						2
电力工业			1						1	2
化学工业		1								1
交通运输业	1									1
食品工业				1	1		1			3
烟草工业								1		1
建材工业		2				1				3
数量合计	3	6	2	2	2	3	1	1	2	22

4．重要工业遗产保存状况

渭南工业遗产类型丰富，主要涉及机械、食品、电力、化学、建材、冶金等工业行业类型。部分企业已经破产关停。随着厂区的废弃，厂内的工业遗产保存状况令人忧虑，但仍有部分企业在渭南的工业发展中继续发挥重要作用（表3-2-10）。

表3-2-10　渭南市工业企业部分重要工业遗产保存情况

市/县	工业企业名称	工业遗产保存情况
富平县	陕西压延设备厂	工业遗存较多，主要建构筑物保存情况良好，类型多样
白水县	白水杜康酒厂（原陕西杜康酒厂）	保留老制酒车间，并较为完整地保存了传统制酒工艺、流程和相关设备。厂房整体布局合理，设计坚固，外形古朴典雅，具有北方建筑历史风格，古窖池部分仍在使用中
潼关县	潼关酱菜厂	保留部分生产设备和传统技艺仍在使用
蒲城县	蒲城长短波授时中心	主要建、构筑物保存情况良好，类型多样，2019年被认定为国家第三批工业文化遗产，并列入陕西省文物保护单位

3.3 陕北地区工业遗产现状调查

陕北地区包括延安市与榆林市两个地级市，工业遗产在全省占比最少。目前共有工业遗产30项，主要分布在水工业与电力工业、机械与电子工业、建材工业中。其建设时间主要集中在民国时期与20世纪70年代两个时期。民国时期该地区属陕甘宁边区，红色工业遗产较多。

3.3.1 延安市

1．行业构成

延安市工业历史悠久，但发展缓慢，时兴时衰。古代俱为手工业，早在新石器时代，当地即有烧制陶瓷；东汉时发现高奴县（今延川县、延长县、安塞区和宝塔区）有石油，用于燃灯照明；酿酒不晚于唐代；采掘煤不晚于宋代。

1935—1948年，延安是中共中央所在地，是中国革命的总后方。边区人民在中共中央的直接领导下，自力更生，艰苦奋斗，工业生产蓬勃发展。根据地的工业是一种特殊状态的战时工业，是以公营工业中的军事工业、纺织工业、石油工业、煤炭工业、机械工业、冶金工业、化学工业为主的工业生产类型。

新中国成立后，延安在毛泽东主席《复电》精神指引下，将石油、煤炭、轻工、机械列为工业经济发展的重点项目，为延安地区工业经济的后续发展奠定了基础。改革开放后，随着首都援建重点工业项目投产，延安初步奠定了能源、烟草基地，以石油、卷烟、电力、煤炭为突破口，带动其他产业的发展，在"北油、南煤、中轻纺"的工业布局基础上，使北油向南扩展，南煤向北扩展，逐步形成更趋合理的工业布局和经济效益较好的产业结构。随着时间的推移，科学技术不断进步，许多未能进行产业转型升级的企业遭到淘汰，其建构筑物和机械设备成为重要的工业遗产，需要得到更好的保护利用。

延安工业遗产类型丰富，主要涉及建材、机械、石油、煤炭、冶金、电力、化学以及食品等工业行业类型，其中许多企业已经破产关停或迁至新厂区。随着厂区的废弃，工业遗产保存状况令人忧虑。同时，石油、煤炭、食品行业的企业仍在延安的工业发展中起着重要作用，通过调查发现，主要分布在延安市区、延长县等地。

2．行业特色

延安工业遗产涉及行业特色突出，并且多个企业一定时期内在全省乃至全国工业发展中占重要地位。以延长石油厂为代表的石油工业，在中国石油工业的发展中有着非常重要的历史地位。延安石油厂建于1905年，迄今已有116年的历史，为我国的石油开采积累了宝贵的经验，具有很高的历史文化及科学价值。陕甘宁边区时期，延安形成了一批听党指挥、支援抗战的红色工业，现仍遗存有茶坊陕甘宁边区机器厂、陕甘宁边区农具厂、十里堡兵工厂、冯家岔中央印刷厂等工厂旧址。

3．行业分布

延安市位于陕西省北部，属于黄土高原丘陵沟壑区，因用地不足，很多县区城市建筑都沿河而建。随着城市的不断发展，原有的老工业厂区所在地段成为城市新的中心区，随之出现了城市用地更加紧缺、更新十分困难等问题。因此延安市开始对工业用地布局进行调整，一部分企业在改革开放和经济转型建设中陷入困顿，工厂被迫停产，原有厂址内的车间、设备和其他相关设施遭到废弃，生产用地被转让、置换；还有一部分企业经历多次改建扩建，或逐步向城市外围整体迁址新建，由此留下了众多能够见证延安地区和陕西省经济发展的各个时期的建筑物、机器设备等遗存。这些工业遗产主要分布于延安市区（表3-3-1）。

表3-3-1　延安市工业遗产行业类型与区域分布数量表

行业类型	延安市区	安塞区	富县	黄陵县	甘泉县	延长县	吴起县	子长县	数量合计
机械工业	2	1					1	1	5
石油工业						1			1
煤炭工业				1					1

续上表

行业类型	延安市区	安塞区	富县	黄陵县	甘泉县	延长县	吴起县	子长县	数量合计
冶金工业	2								2
电力工业			1						1
化学工业	2								2
纺织工业	1								1
食品工业					1				1
印刷工业								2	2
建材工业	1	1	1						3
数量合计	8	2	2	1	1	1	1	3	19

通过对延安工业遗产企业行业分布进行统计分析发现，延安市区和邻近区县的行业类型相对于延安其他区域较为丰富，占行业类型总数的近一半。主要的工业遗产分别为石油工业、机械工业、建材工业、冶金工业等行业类型。由于延安市特殊的地理条件极大地限制了城市建设与发展，因此工业遗产形成主要呈沿延安市区的延河、汾川河河道延伸，并向老城中心集聚的分布态势（图3-3-1）。

4. 重要工业遗产保存状况

由于城市的扩张与产业结构调整，延安市的许多工业企业关闭停产或外迁至城郊。由于缺乏对工业遗产的保护与再利用意识和相关政策措施，大量工业生产建筑、设备遭到严重破坏。仅有少部分仍在发展中的企业，其部分厂区及工业建筑、设备等得以遗存，这些建筑自身结构保存较完整，具有明显的时代特征和历史文化及科学技术价值（表3-3-2）。

表3-3-2 延安市工业企业部分重要工业遗产保存情况

县/市	工业企业名称	工业遗产保存情况
延安市	延安汽车工业总公司	工业遗存较多，建构筑物保存情况良好，部分建筑物和厂房设备仍在使用
	延安石油机械厂	工业遗存较多，建构筑物保存情况良好，部分建筑物和厂房设备仍在使用
	延安氮肥厂	该厂因已停产多年，目前没有任何设备，建筑遗存较多但破坏较为严重
	延安钢厂	该厂工业遗存较多，大部分建筑保存完好，部分设备无损毁
	宝塔区水泥厂	该厂工业遗存较多，大部分建筑和设备保存完好，无损毁
	陕甘宁边区农具厂	该厂因早已搬迁多年，目前没有任何设备，仅留部分土窑洞，多为群众占用。旧址已录入第七批陕西省文物保护单位
延长县	延长石油厂	中国陆上第一口油井纪念碑及井上抽油设备一套；七里村炼油厂旧址及标志性建筑"炼油塔"常压装置；修复过的苏联专家招待所；作为东征会议旧址的延长石油厂工人何延年的七孔窑洞。已录入国家第二批工业遗产名录和全国重点文物保护单位
安塞区	安塞县水泥厂	多数老旧的建筑物都被拆除，目前仅存有少数地面建筑物

续上表

县/市	工业企业名称	工业遗产保存情况
安塞区	茶坊陕甘宁边区机器厂	该厂因早已搬迁多年，目前没有任何设备，建筑遗存较多但破坏较为严重，仅留部分土窑洞和石砌机房。旧址已录入第七批陕西省文物保护单位
甘泉县	甘泉美水酒厂	仅存部分厂房，且经过改造后仍在使用中
富县	富县牛武水泥厂	已经关停，保存情况一般，遗存较少
富县	富县发电厂	遗存状况完整，但发电厂已完全报废
黄陵县	黄陵县店头煤矿	保存情况较差，建筑及设备信息较少
子长县	十里堡兵工厂	该厂因早已搬迁多年，目前没有任何设备，建筑遗存为一座窑洞四合院，院内有南北相向2排旧石窑，每排窑洞各6孔。整个院落占地面积420平方米。旧址已录入第七批陕西省文物保护单位
子长县	冯家岔中央印刷厂	该厂因早已搬迁多年，目前没有任何设备，建筑遗存为坐北向南、上下两排19孔砖窑。下排窑洞的院子已被该村淤泥坝淤识。旧址已录入第七批陕西省文物保护单位

图3-3-1　延安市工业遗产资源分布图
（地图来源：陕西省测绘局官网）

延安市的工业生产支持了抗战、保障了生产生活，为我国后来的经济建设积累了宝贵的经验。延安市目前保存下来的大部分工业遗产都是从新中国成立后在中共中央、国务院的关怀下，由延安人民继承发扬自力更生、艰苦奋斗的光荣传统，积极进行工业重建而遗留下来的，是延安革命老区工业发展的最好见证。新中国成立70多年来，中国的工业产业也从"中国制造"走向"中国创造"，"科技创新推动工业发展"等已成为全社会的共识。以延长石油为代表的延安工业遗产是中国陆上石油工业的发祥地，是埋头苦干、开拓创新的延长石油企业精神的发源地。

3.3.2 榆林市

1. 行业构成

新中国成立以后，境内工业几经起伏，逐步发展，从基础薄弱的轻工业主导型经济起步，形成煤油气电产业集群。1953—1957年，工业、手工业实行社会主义改造，草湾沟、青云山、宣梁、房家沟等私营煤矿及私营恒远皮服厂、金刚寺砖瓦厂和新华制革厂股份有限公司等厂家相继转为公私合营（后成为国营）；榆林城关及镇川等城镇个体手工业者组织集体企业。1958年，由国家投资支助建成县面粉厂、机械厂、地毯厂、水泥厂、红石峡水电站，同时开建火电厂、炼铁厂等，并将制革厂、金刚寺砖瓦厂等公私合营厂矿转为国营厂矿。榆林地处能源化工资源富集地区，依托资源禀赋，长期发展形成了一批有特色的工业产业集群，孕育出了许多优秀工业遗产，如第三批国家工业遗产——定边盐场。但大多数工业遗产保护仍处于初级阶段，需要进一步的研究。

榆林工业遗产的行业类型丰富，主要涉及纺织工业、机械工业、采盐业、建材工业、冶金工业、纺织工业以及电力工业，其中大部分企业已经关停。随着厂区的废弃，该厂的工业遗产保存状况堪忧。同时煤炭工业、采盐业、化工业的企业仍在榆林的工业发展中起着重要作用，通过调查发现主要分布在榆林市区、绥德、定边、神木等地。

2. 行业特色

榆林工业遗产涉及行业特色突出，并且多个企业在当时省内甚至是国内工业发展中都占据重要地位。以三五九旅曾经奋战过的定边盐场为代表的采盐业，在中国红色历史和采盐工业的发展中有着非常重要的历史地位，具有很高的历史文化及科学价值。神府煤田作为已探明的全国最大煤田，代表了陕西煤炭行业的发展水平。

3. 行业分布

榆林地区在陕西省内工业企业布局中占据一定地位，榆林地区工业遗产分布于榆林市区以及下辖各县（表3-3-3）。这些企业保存着众多见证榆林地区和陕西省经济发展的各个时期的建筑物、机器设备等工业遗存。

通过调查榆林的工业分布可见，其工业遗产的行业类型主要涵盖电力工业、煤炭工业、纺织工业、化学工业等行业类型。企业分布主要集中于榆林市与神木县，其他地区则相对分散（图3-3-2）。

表3-3-3　榆林市工业遗产行业类型与区域分布数量表

行业类型	榆林市区	横山区	神木县	绥德县	清涧县	定边县	佳县	数量合计
纺织工业	1				1			2
机械工业							1	1
化学工业			1					1
建材工业			1					1
食品工业						1		1
电力工业	2	1		1	1			5
数量合计	3	1	2	1	2	1	1	11

图3-3-2　榆林市工业遗产资源分布图
（地图来源：陕西省测绘局官网）

4. 重要工业遗产保存状况

榆林市工业企业中工业遗产的保存现状情况不一，大多数都已经失去建厂初期的厂区格局，早期生产建筑也大多经过了改建、拆除或重建。一部分企业保留了一定规模的生产建筑、设备设施和生活配套建筑，仍然能够反映出较多的历史信息，具备重要的遗产价值（表3-3-4）。

表3-3-4　榆林市工业企业部分重要工业遗产保存情况

市/县	工业企业名称	工业遗产保存情况
榆林市	红石峡水电站	完整保留，仍在使用当中，结合红石峡景区进行了旅游开发
榆林市	榆林毛织厂	部分建构筑物、厂房尚处于保留状态
神木县	"三盛长"碱坊	部分保留，结合古城旅游开发保护进行了保护与展示
神木县	神木平板玻璃厂	部分厂房保留
定边县	定边盐场	今归延长石油炼化公司所属定边盐化工有限公司管理，2019年12月，定边盐场被认定为第三批国家工业遗产。核心物项包括：苟池盐湖及盐田、三五九旅打盐盐田和住宿遗址，三五九旅盐湖拦洪坝遗址、定边盐化厂办公楼遗址；盐罐（带陕甘宁边区定边盐场字样）、秤砣（带陕甘区盐场堡盐场字样）
佳县	八路军一二〇师兵工厂牛沟修械厂（旧址）	1940年，八路军一二〇师兼晋绥军区修械厂移驻佳县牛沟村；1944年，晋绥军区成立工业部，以牛沟修械厂为中心，重新调整、扩建和新建了四个兵工厂。第一兵工厂即牛沟修械厂；第二兵工厂为佳县螅镇李家坪村的炸弹厂；第三兵工厂驻山西临县招贤镇；第四兵工厂即驻佳县螅镇的化学厂。1947年，佳县境内的兵工厂全部搬迁至山西省境内。目前仅留第一兵工厂（牛沟修械厂）旧址，基本保存完好

3.4　陕南地区工业遗产现状调查

陕南地区包括汉中市、安康市与商洛市3个地级市，现存工业遗产共计55项，主要位于汉中市。其遗产类型主要包括水工业与电力工业、机械与电子工业，由于矿藏较为丰富，石油工业、冶金工业与煤炭工业也在该地区占有重要地位。其建设时间主要集中于1960—1980年，与"三线"建设时期提出"靠山、分散、隐蔽"的原则关系密切，故建在该区域的"三线"企业较多，但许多企业在20世纪80年代以后根据"三线"调整政策迁出。

3.4.1　汉中市

1. 行业构成

汉中市是国家"三线"建设的重点地区之一，汉中市在"三线"建设时期迁入和新建的工业企业众多，行业类型丰富且特征突出。为国家现代化建设和国防事业作出了巨大贡献。随着时间的推移，许多企业的建构筑物和机械设备成为重要的工业遗产，需要得到更好的保护利用。

汉中工业遗产类型丰富，主要涉及机械、航空航天、食品工业、煤炭工业、石油化工、冶金、核工业以及电力等工业行业，部分企业已经破产关停。随着厂区的废弃，厂内的工业遗产保存状况令人忧虑，但部分企业仍在汉中的工业发展中发挥着重要作用。通过调查发现汉中地区的工业遗产主要分布在汉中市区及宁强、城固、略阳、勉县等地。

2．行业特色

汉中工业遗产行业特色突出，并且众多企业一定时期内在全国工业发展中占据重要地位。汉川机床厂研制成功了国内第一台数控镗铣床，填补了国内的生产技术空白，在机械工业领域独具特色。宁强火柴厂开启了西北火柴工业的先河，该厂生产的火花具有极高的艺术文化价值，在行业中特色鲜明。

3．行业分布

汉中是陕西省重要的工业基地之一，随着国家经济发展以及改革深入开展，因种种原因这些企业中的一部分已逐渐淡出市场，有些工厂被迫停产，原有厂址遭到废弃；有些企业经过历次技术改造提升、原址内厂房的改建扩建，使得建厂初期的生产车间和设备也多遭拆除和淘汰。但是这些不同类型的行业企业在汉中地区不同时期发展成了一批风格独特、具有较高价值的工业遗产（表3-4-1）。

表3-4-1　汉中市工业遗产行业类型与区域分布数量表

行业类型	汉中市区	宁强县	勉县	略阳县	南郑县	镇巴县	城固县	洋县	留坝县	数量合计
机械与电子工业	2		1		2					5
石油工业	2	1		1	2		1			7
煤炭工业		2	1			1				4
冶金工业			2	1						3
航空航天工业	1		1							2
水工业与电力工业	2		1	1					1	5
交通运输业				1						1
食品工业	1		1				1	3		6
建材工业									1	1
数量合计	8	3	7	4	4	1	2	4	1	34

汉中地区在陕西省内工业布局中占据重要地位，其工业遗产广泛分布于汉中下辖各区县的企业，通过对汉中工业遗产企业行业分布分析，汉中地区行业类型多样，涵盖建材工业、食品工业、航空航天业、机械工业、石油工业、冶金工业，等等。企业分布也相对集中在汉中市区、勉县、略阳县等地区（图3-4-1）。

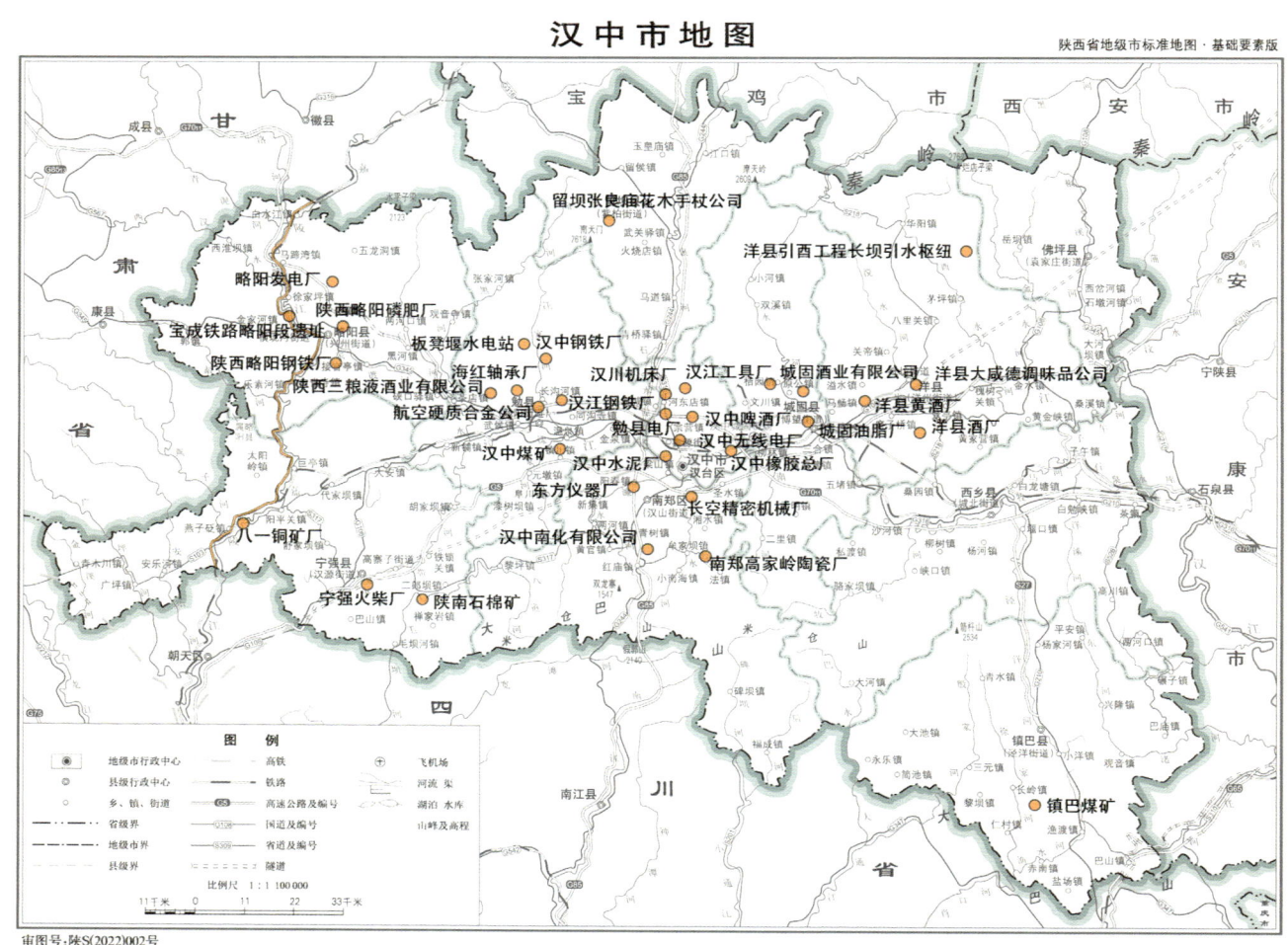

图3-4-1　汉中市工业遗产资源分布图
（地图来源：陕西省测绘局官网）

4. 重要工业遗产保存状况

汉中市工业企业中工业遗产现状保存情况不一。部分厂区已经失去建厂初期的厂区格局，早期生产建筑也大多经过了改建、拆除或重建，目前仅存部分建构筑物和厂房设备。同时一部分企业保留了一定规模的生产建筑、设备设施和生活配套建筑，仍然能够反映出较多的历史信息，具备重要的遗产价值（表3-4-2）。

表3-4-2　汉中市工业企业部分重要工业遗产保存情况

市/县	工业企业名称	工业遗产保存情况
汉中市区	汉川机床厂	工业遗存较多，建构筑物保存情况良好，部分建筑物和厂房设备仍在使用中
	陕西飞机制造公司	该企业建筑物遗存较少，设备保存情况良好

续上表

市/县	工业企业名称	工业遗产保存情况
汉中市区	汉中橡胶总厂	该厂工业遗存较多，大部分建筑和设备保存完好，无损毁
	汉中无线电厂	该厂因已停产多年，目前没有任何设备，建筑遗存较少
	汉中水泥厂	多数老旧的建筑物都被拆除，目前仅存有少数地面建筑物
	勉汉电厂	建筑遗存较少
	汉江工具厂	建构筑物遗存情况良好，尚存有厂房、活动中心、幼儿园等
	汉中啤酒厂	整体建构筑物遗存和设备保存情况良好，仍在使用中
勉县	航空硬质铝合金工具公司	该厂整体设备保存情况良好，建筑物保存情况一般
	陕西省三粮液酒业有限公司	设备和厂房保存情况良好，且大部分仍在使用中
	汉中煤矿	已经废弃，存留有部分建筑物，保存情况一般
	板凳堰水电站	遗存状况完整，且仍在使用中
勉县	海红轴承厂	保存情况较差，建筑及设备信息较少
	汉中钢铁厂	已经关停，保存情况一般，遗存较少
	汉江钢铁厂	老旧工业遗产基本消失
宁强县	八一铜矿厂	建筑及设备保存完整，大部分仍在运行使用中
	陕南石棉矿厂	厂区目前已废弃，建筑保存完整
略阳县	略阳磷肥厂	厂址建筑和设备保存情况良好，大部分仍在使用中
	略阳钢铁厂	部分设备仍在运行，建筑物整体保存良好
	略阳发电厂	设备和建筑保存情况良好，目前仍在使用中
南郑县	813厂	老厂区建筑保存情况一般
	南郑高家岭陶瓷厂	已废弃，部分厂房遗存完整
	汉中南化有限公司	存留的老建筑物很少，保存情况一般
	长空精密机械厂	整体格局和建筑物保存情况良好
	汉中东方仪器厂	设备基本已不存在，部分建筑物保存完整
镇巴县	汉中镇巴煤矿	仅留存部分建筑物，保存情况一般
城固县	城固酒业有限公司	部分建筑物遗存，保存情况一般
	城固油脂厂	存留有部分20世纪70—80年代的建筑，整体保存情况良好
洋县	洋县黄酒厂	建筑和设备保存情况完整
	洋县大咸德调味品公司	厂房和设备保存情况良好
	洋县酒厂	部分建筑物遗存，保存情况一般
	405厂	存留有部分20世纪70—80年代的建筑，整体保存情况良好
留坝县	留坝张良庙花木手杖公司	现存的建筑物基本上都是20世纪70—80年代所建，仍保留有一些当时机器设备。整体保存情况良好

综上所述，由于国际环境的变化和当时形势的需要，二十世纪六七十年代随着国家"三线"建设的开展，汉中作为中国内陆腹地和战略要地，被确定为国家"三线"建设的重点地区之一，工业企业在工业化进程中得以迅速发展。从"三线"时期骨干企业和国防企业内迁，到改革开放后尤其是"六五""七五"期间，汉中自身的不断积累发展，汉中形成了比较完整的工业体系。这些企业在汉中地区不同时期发展形成了一批风格独特、具有较高价值的工业遗产。它们见证了国家和汉中市不同历史阶段工业的发展变迁，承载着特定的历史价值、社会价值以及文化记忆，对当今社会发展具有重大意义。

3.4.2 安康市

1. 行业构成

安康是典型的资源依赖型产业发展模式，长期以来，其产业发展基本建立在优势资源的开发利用上。安康工业遗产的行业类型丰富，主要涉及纺织工业、化学工业、烟草工业、建材工业、电力工业，目前，部分行业的企业仍在安康的工业发展中起着重要作用，部分行业的企业已经破产关停。随着厂区的废弃，该市的工业遗产保存状况令人忧虑。

2. 行业特色

安康市产业种类丰富多样，分布范围广泛，其中新型材料、生物医药、富硒食品、纺织工业、清洁能源、装备制造为安康市六大支柱产业，各行业发展空间巨大，资源丰富。全市纺织工业快速发展，现已成为全市工业六大支柱产业之首。安康地区具有生态环境优美，水体景观多样，文化民俗独特等特点，为安康市各产业发展提供了良好基础。

3. 行业分布

安康是我国重要的"生物基因库""天然中药材之乡"、清洁能源基地、新型材料工业基地，在其经济发展的各个时期形成了一大批重要的电力、纺织、化学等类型的工业遗产（表3-4-3）。通过调查发现，安康工业遗产主要分布在汉滨区、石泉县、紫阳县、岚皋县、镇坪县、旬阳县等地（图3-4-2）。

表3-4-3 安康市工业遗产行业类型与区域分布数量表

行业类型	汉滨区	石泉县	紫阳县	岚皋县	镇坪县	旬阳县	数量合计
电力工业	1	1	1		1		4
化学工业		1					1
纺织工业	1						1
烟草工业						1	1
建材工业				1			1
数量合计	2	2	1	1	1	1	8

第3章 陕西省工业遗产现状调查

图3-4-2 安康市工业遗产资源分布图
（地图来源：陕西省测绘局官网）

4. 重要工业遗产保存状况

安康市工业企业中工业遗产的保存现状情况不一。大多数都已经失去建厂初期的厂区格局，早期生产建筑也大多经过了改建、拆除或重建。一部分企业保留了一定规模的生产建筑、设备设施和生活配套建筑，仍然能够反映出较多的历史信息，具备重要的遗产价值（表3-4-4）。

表3-4-4　安康市工业企业部分重要工业遗产保存情况

市/县	工业企业名称	工业遗产保存情况
安康市	安康水电厂（现安康水电站）	保存完整，仍在继续使用
	安康地区第二缫丝厂	多数建构筑物已拆除，改建为居住小区
石泉县	石泉栲胶厂	多数建构筑物保存完好，部分设备已拆除
	石泉水电厂（现石泉水电厂）	保存完整，仍在继续使用
镇坪县	南江水电站	部分保存完好

3.4.3 商洛市

1. 行业构成

商洛市地处陕西省东南部秦岭山地，境内地形地貌复杂，山脉起伏、水系交错，矿产、生物和水利资源丰富。特殊的环境条件，使得商洛工业的发展具备自身的特色。新中国成立前，商洛已有相当悠久的手工业生产传统。食品、造纸等行业具有一定的规模；煤炭开采和冶炼矿石等重工业活动在抗战时期规模也有所扩大，在当地早期工业中具有较大的影响力。

新中国成立初期，商洛工业在传统手工业基础上以自然资源为依托，逐步建立和发展具有当地特色的轻工业，包括食品饮料业、造纸及纸制品业、制革业、生丝加工业和木器家加工、玻璃陶瓷等工业类型等。同时，在20世纪50年代中期开始发展重工业；至60年代，重工业利用当地的矿产资源开展煤炭、冶金、发电工业；70年代，按照支援农业、服务农业的思路以及加强重工业建设的思路，还大力发展了以农用氮肥及氨水生产为主的化学工业和以农机生产、修配为主的机械工业。

在"三线"建设时期，国家电子工业部所辖的5个国防企业迁入商洛，这些国防工厂具备军品生产为主、民品生产为辅的生产格局，以其先进的技术和设备，支援带动了当地工业的发展，对商洛地区的经济建设发挥过重要的作用。直至20世纪80年代后的改革和调整，商洛最终形成了以传统的食品加工、造纸为特色的轻工业和以有色金属等矿产资源开发为主导的重工业，以及国防军工企业相结合的工业格局。

2. 行业特色

商洛因独特的自然资源优势和地理环境，在工业起步和发展的过程中都保持了与当地条件相一致的行业特色。在我国工业建设和快速发展时期，利用动植物资源优势，以农林牧产品加工为主，形成了以食品饮料业和造纸及纸制品业为主要特色的轻工业，特别是在食品工业中也出现了具有地区代表性和全国影响力的制酒企业。新中国成立后，在丰富的矿产资源基础上，大力发展了煤炭、有色金属的开采和矿业加工，形成了以矿产冶金为核心的重工业特色行业。复杂的地形环境，也使得商洛成为"三线"建设时期国防工业重点建设的地区之一，国家电子工业部"四厂一院"落户洛南卫东镇建成卫东工业片区，落户商县（现商州市）的国防工厂也成为当时该地区最大规模的企业。商洛地区整体的工业建设发展和行业特色，鲜明地体现出该地区资源和环境条件的优势和特点，为陕西省和西部工业的发展作出了较为重要的贡献。

3．行业分布

商洛地区在陕西省内工业布局中占据较为重要的地位。商洛工业发展过程中建立的众多工业企业，在改革开放和经济转型建设中，各自经历了发展中的困顿和机遇。一些特色和优势行业持续发展，历次技术改造提升、原址内厂房的改建扩建，生产建筑和设备多有拆除和更新；有些工厂被迫停、转产，原有厂址内的遗存遭到废弃或是生产用地整体转让、置换。"三线"建设时期的国防企业在后期也经历了整体搬迁，原有厂区部分空置，也有部分迁入新建企业。

以上企业在历经变迁后，仍然存续保留了一定规模的生产建筑、工艺流程和生产设备，成为该地区近现代工业发展的实物见证。这些珍贵的工业遗产目前主要集中分布于商洛市区和邻近下辖的各区县（表3-4-5，图3-4-3）。

表3-4-5　商洛市工业遗产行业类型与区域分布数量表

行业类型	商州市	洛南县	丹凤县	柞水县	数量合计
电子工业	1	5			6
冶金工业	1	1		1	3
电力工业	1		1		2
食品工业			1		1
造纸工业	1				1
数量合计	4	6	2	1	13

4．重要工业遗产保存状况

商洛地区工业遗产的行业特色突出，主要涉及与当地资源紧密结合的食品工业、冶金工业和"三线"时期建设完成的军工电子工业等类型。其中以军工电子工业数量最为众多，也形成了以电子工业、冶金工业重点企业带领下的行业分布特征。空间分布上，以"三线"时期国防工厂相对集中建设的洛南县为主，其余在商州市区、丹凤县、柞水县等地均有分布。

图3-4-3 商洛市工业遗产资源分布图
（地图来源：陕西省测绘局官网）

表3-4-6 商洛市工业企业部分重要工业遗产保存情况

市/县	工业企业名称	工业遗产保存情况	
商州市	国营卫光电工厂（877厂、10号信箱）	国营卫光电工厂前身是北京718厂，1968年迁入商洛。建成时拥有固定资产2682万元，职工1500余人，年产硅二极管660万只，产值300万元，是当时全市境内最大企业，以其先进的技术和器材设备，带动地方工业和乡镇企业的发展，支持了地方经济建设。1986年，国营卫光电工厂整体搬迁至西安市，厂区旧址空置，留下一定规模建厂初期的车间、食堂和职工住宅等	
洛南县	国营华达无线电器材厂（853厂、73号信箱）	1966年迁入洛南县卫东镇张家村，有职工1968人，其中工程技术人员180人，有机械设备1099台。于20世纪90年代政策搬迁至西安市，更名为陕西华达科技有限公司	位于秦岭深处洛南县太平公社作为商洛"三线"建设的厂址，单独建制，由洛南县政府直接管理，改名为卫东镇，

续上表

市/县	工业企业名称	工业遗产保存情况	
洛南县	国营宏星无线电器材厂（4310厂、72号信箱）	1966年迁入洛南县卫东镇袁大沟，有职工1813人，其中工程技术人员202人。1993年，迁至西安市	集中打造了"四厂一院"的"三线"国防企业片区。20世纪90年代，为改善"三线"企业的生产条件和经营环境，1994年，"四厂一院"搬到西安，卫东镇工业旧址内保留了一定规模的生产、办公等工业遗存
	国营华南无线电器材厂（895厂、73号信箱）	1965年9月迁入卫东镇，有职工1083人，其中工程技术人员151人，厂区总面积约95.4万平方米。1993年，迁至西安市	
	国营南云无线电器材厂（4320厂、66号信箱）	1966年7月迁入卫东镇，有职工1110人，其中工程技术人员153人。1993年，迁至西安市	
丹凤县	丹凤葡萄酒厂	陕西丹凤葡萄酒厂始建于1911年，由意大利传教士安西曼和南阳客商华国文共同创办，是商洛最早的果酒生产厂家，也是西北地区最大、全国葡萄酒三大老厂之一；是陕西为数不多的百年工业品牌，也是中国第一家葡萄酒出口企业，中国第一瓶干型葡萄酒的诞生地。20世纪90年代生产规模名列全国万吨级以上葡萄酒生产企业第5位，改制后更名为陕西丹凤葡萄发展有限公司	

商洛地区工业的初期发展与该地区得天独厚的自然资源紧密相关，借助特殊的资源条件，优先发展了食品、冶金工业成为该地区的特色行业。同时因为"三线"建设时期迁入和新建的项目，在商洛地区形成了相对集中成片的工业片区，它们整体搬迁之后，留下大量的工业遗产。作为重要的历史印记，以上这些重要的工业遗存反映了不同时期工业建设的特征，见证了商洛地区工业发展的历程，是传承工业精神的重要载体。

3.5 陕西工业遗产的价值特征

联合国教科文组织颁布的《塔吉尔宪章》中对工业遗产的定义是，"具有历史价值、技术价值、社会意义、建筑或科研价值的工业文化遗存。包括建筑物和机械、车间、磨坊、工厂、矿山以及相关的加工提炼场地，仓库和店铺，生产、传输和使用能源的场所，交通基础设施，除此之外，还有与工业生产相关的其他社会活动场所，如住房供给、宗教崇拜或者教育。"[1]由此可见，工业遗产应具有历史价值、技术价值、社会意义、建筑或科研价值。此外，工业遗产的保护再利用还具有节约资源的经济价值。对于陕西而言，工业遗产是其近现代文化遗产的重要组成部分，承载着重要的社会发展信息和记忆。认清其价值构成是准确界定、保护与利用工业遗产的关键。

3.5.1 历史价值

历史价值是工业遗产的第一价值，也是世界各方共同关注的特征。工业遗产伴随历史而来，见证了工业活动对时代的巨大影响，是记录时代

---

[1] TICCIH. Nizhny Tagil Charter for the Industrial Heritage（《塔吉尔宪章》）[S]. 2003.

经济、技术、社会、文化等发展水平的文化载体。工厂中曾产生的重要历史人物或发生的重要事件，也为其赋予了特殊的历史意义。

陕西近代工业发展缓慢而艰辛，1949年以前建立的工业屈指可数，能够保存下来的更是少之又少。那些保持原址并发展至今的工业企业，其历史稀缺性应当受到格外重视。计划经济时期，国家政策的倾向性为陕西工业的发展带来了新的生机，如"156项重点工程"见证了中苏的友谊、"三线"建设见证了备战的历史、"渭北黑腰带"是现代煤炭行业发展的缩影、"纺织城工业区"曾是流行的前沿。它们凝聚了陕西近现代工业辉煌的奋斗历程，承载了人口、经济、社会等各方面信息，比其他类型文化遗产的影响意义更为重大。

3.5.2 技术与科研价值

技术价值是工业遗产的核心价值，也是有别于其他文化遗产的关键因素。工业建构筑物、相关设备等通常反映了一定时期的科学技术发展水平，其技术价值主要体现在材料、结构、构造或施工工艺方面的创新。从工程技术方面，生产基地的选址规划，建构筑物的设计，施工建设技术，设备调试安装，建构筑物运用的新材料、结构和技术等，都是重要的评价内容。从行业技术方面，一些工业的建立在地区或全国范围内具有开创意义，或者某项生产技术、设施设备在行业领域内的创新，带动了技术发展，取得经济效益和社会效益，使工业遗产具有科学技术价值，是研究行业发展、技术演变的重要资料。

陕西的许多工业遗产都曾代表一定时期内西北地区乃至全国的领先水平，如灞桥热电厂是1949年后西北地区第一座现代化火力发电厂，群力无线电器材厂是我国首个研发、生产控制继电器的专业企业，宝鸡氮肥厂是我国自行设计、制造、安装的第一个碳法流程中型合成氮厂，国棉一厂是新中国成立后西北地区和陕西省建设的第一个现代化纺织企业，金堆城钼矿是中国钼行业之首等。陕西的机械、电子、航空航天等工业更是多次填补了国内诸多技术空白，所留下的实物、档案或是记忆都是技术价值中不可缺少的重要内容。

3.5.3 社会价值

社会价值是工业遗产的固有价值。工业在创造了物质财富的同时，也创造了取之不竭的精神文化财富。工业遗产是人类社会在各个不同阶段社会生活的见证者，记录着工业的主体——普通工人的历史人生，逐渐演化为城市中的历史记忆，成为社会认同感和归属感的基础，进而对社会形态、社会价值产生影响。大力保护这些反映时代特征、社会价值观的工业遗产，不仅能振奋民族精神，传承产业工人的优秀品德，同时也是中国梦的重要组成要素之一。

陕西许多1949年后建成的工业遗产，其厂区不仅有生产区、办公区等工作空间，还有由家属区、中小学、文化宫、体育场等组成的生活空间，整个厂区形成较为完整的小社会体系，如西安纺织城、庆华电器制造厂等。

3.5.4 建筑价值

建筑价值是工业遗产价值的直观体现，也是大众对工业遗产最直接的认识。它们揭示了不同时期、不同文化、不同行业对工业建筑的要求与审美，从而形成无法替代的城市风貌，这对传统工业城市来说尤为重要。一些经过精心设计的建筑还具有重要的艺术价值。

工业建筑可以反映建造技术的发展，如大华纱厂的纺织车间是西北最早的大规模钢结构工业建筑，采用了当时最先进的建筑材料、结构、设备；可以反映时代背景的文化潮流，如"156项重点工程"的建筑由于有苏联方面的设计支持，均带有明显的苏联风格；可以反映行业的工艺要求，如纺织工业厂房普遍开大面积侧高窗保证光线充足，而酿酒工业的酒窖则普遍位于光线昏暗、易于控制温度的地下空间。

3.5.5 经济价值

工业遗产见证了工业发展对经济社会的促进作用。工业在发展的进程中借助了大量的人力、物力和财力资源，对工业遗产的有效保护实际上是在更有效地利用资源。同时，据统计，建筑垃圾数量已占到城市垃圾总量的30%～40%，对水、空气、土壤均产生极大危害，抢救工业遗产也有助于控制建筑垃圾的数量，提升城市的生态文明建设。

工业建筑的物质寿命较长，在废弃时往往还具有良好的基础设施和主体结构。工业建筑在给排水、电力电讯、燃气动力等基础设施方面的容量远高于民用建筑，再利用时只要稍加改进即可满足需求。工业建筑的主体结构坚固耐久、受力简单，便于进行安全可靠、灵活多变的改造。对其再利用可以明显地缩短建设周期，降低成本，取得良好的经济效益。除此之外，对油罐、焦炉、煤仓等构筑物的空间再利用，往往会产生独特的效果和艺术表现力。通过对城市中工业遗产重新摸底、梳理、分类，在工业遗产的合理利用中也为城市积淀丰富的历史、文化、工业底蕴注入了新的活力和动力。

第 4 章

陕西省工业遗产案例实录

4.1 机械与电子工业遗产

4.1.1 陕西重型机械厂

陕西重型机械厂（以下简称"陕重厂"），位于西安市主城区东北角，东二环与北二环交界处，东临浐河、灞河（图4-1-1），始建于1958年，占地79万平方米，分为前后两期建设，于1976年全部建成。陕重厂以热加工生产为主，曾先后为国家的冶金、电力、化工、矿山、汽车、轻工等行业研制开发提供了大量的优良装备和配套辅机，有力地支持了国民经济的发展。然而，随着国家经济体制改革，企业发展日趋艰难，最终走向破产。[①]陕重厂是我国自行设计施工的西北最大的重型机械制造企业，原机械工业部和陕西省机械行业大型骨干企业，产品曾获国家科技进步奖。目前，厂区已处于闲置状态。

1. 历史沿革[②]

西安在"一五"计划时期引入苏联经验建设"156项重点工程"，出现了一批坚固、适用、经济的工业建筑。在大型厂区的带动下，西安地方工业大规模发展，新、扩建60多个较大的国营工业企业。这批工业厂区数量多、分布广，在西安工业建筑遗存中占有相当大的比重，其中陕西重型机械厂是典型代表。

1958年8月，开始组织陕西重型机器厂筹建工作；同年12月，水压机车间首先破土动工。

1959年，全厂基建全面展开，建成2万平方米宿舍，修好三条马路，架设临时供电线和临时水塔。

1961年3月，陕重厂被中央列为援建单位；同年7月，厂内2630名职工裁减到750人。

1962年，陕重厂实现全年扭亏为盈，完成总产值234万元，实现利润47万元。

1965年8月，成立了陕西重型机器厂技术学校，

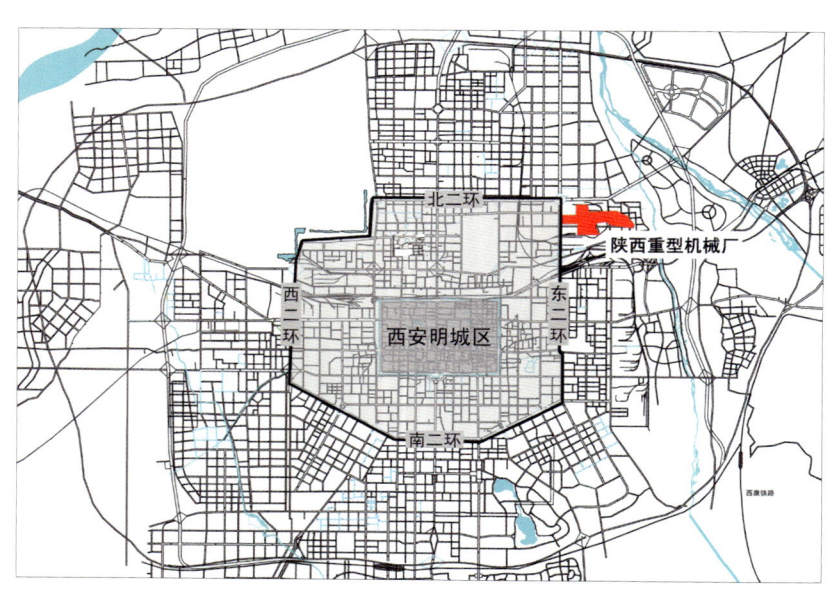

图4-1-1　陕西重型机械厂区位图

---

① 秦建国. 从陕西重型机器厂寻求脱困的实践看国企改革冗员的分流安置[J]. 陕西发展和改革，2009（1）：46-47.
② 宋学固. 1958—1983陕西重型机械厂厂史[Z]. 《当代中国的重型矿山机械工业》编辑委员会（内部资料），1987.

招收新生123名，开设锻造、锻冲两个专业班。

1968年3月，恢复了陕重厂续建任务书；同年9月，陕重厂革委会成立。

1970年10月，大铸钢车间5吨炉安装就绪，正式投产；同年12月，成功生产出我国第一台700毫米廿辊极薄带钢轧机。

1973年，陕重厂被国家列为重点建设项目，当年完成投资1100万元。

1974年10月，大铸钢车间10吨电炉顺利出钢投产。

1975年7月，成立了"七·二一"职工大学；同年，厂办公大楼交付使用。

1982年8月，陕重厂热加工第一次有了出口产品，铸钢作导磁钢远销英国，质量受到英国皇家公司称赞。

1989年8月，陕重厂与陕西压延设备厂强强联合，成立西安重型机器厂。

1993年，推行分离经营，化小经营单位，分级分权管理。

2008年，陕重厂实行政策性破产重组，改制为陕西重型机械制造有限公司。

2013年，陕西重型机械厂彻底退出历史舞台，历时55年。

2．工业遗产

1）总平面布局

陕重厂厂区占地面积约为79万平方米，东西向长1500米，南北宽600米，呈带状，共有12个生产车间，建筑面积约23万平方米（图4-1-2）。厂区内由两条铁路专用线贯穿，北边的冷加工生产线（生产成套机器产品）与南边的热加工生产线（冶炼锻压）环绕布置，共同构成厂区的核心空间（图4-1-3）。

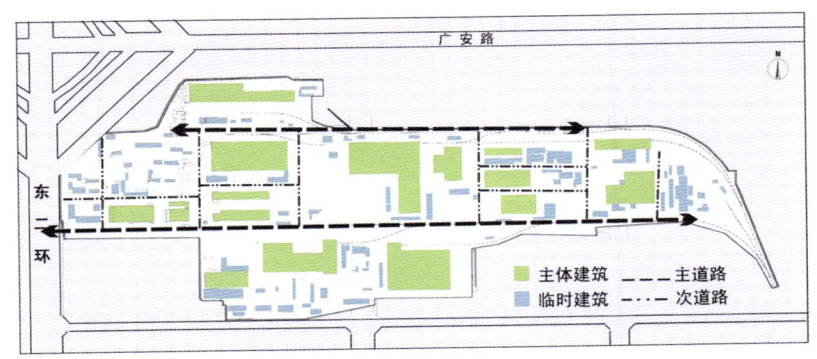

图4-1-2　陕重厂厂区的平面示意图

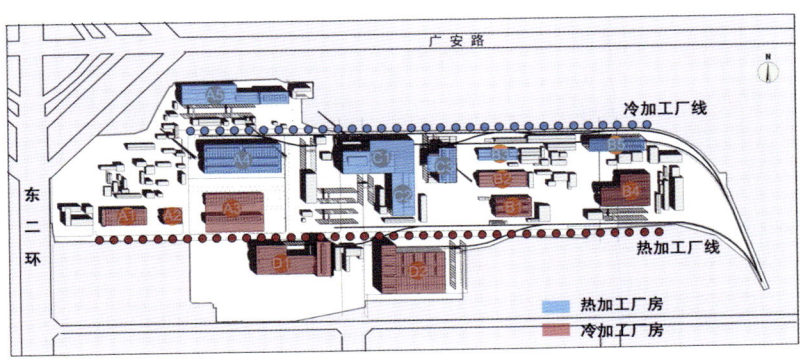

图4-1-3　陕重厂厂区的工业生产线示意图

2）工业建筑物遗存概况

陕重厂厂区内大跨厂房多，主要为钢筋混凝土结构，屋顶有折板形、拱形、三角形等多种类型，结构完好、空间大（屋架下净高约20m），周边场地资源可用度高，遗存丰富（图4-1-4）。厂内主要建筑包括办公建筑与仓储、木材加工车间、钢材加工车间、电焊加工车间、机械车间等（图4-1-5）。

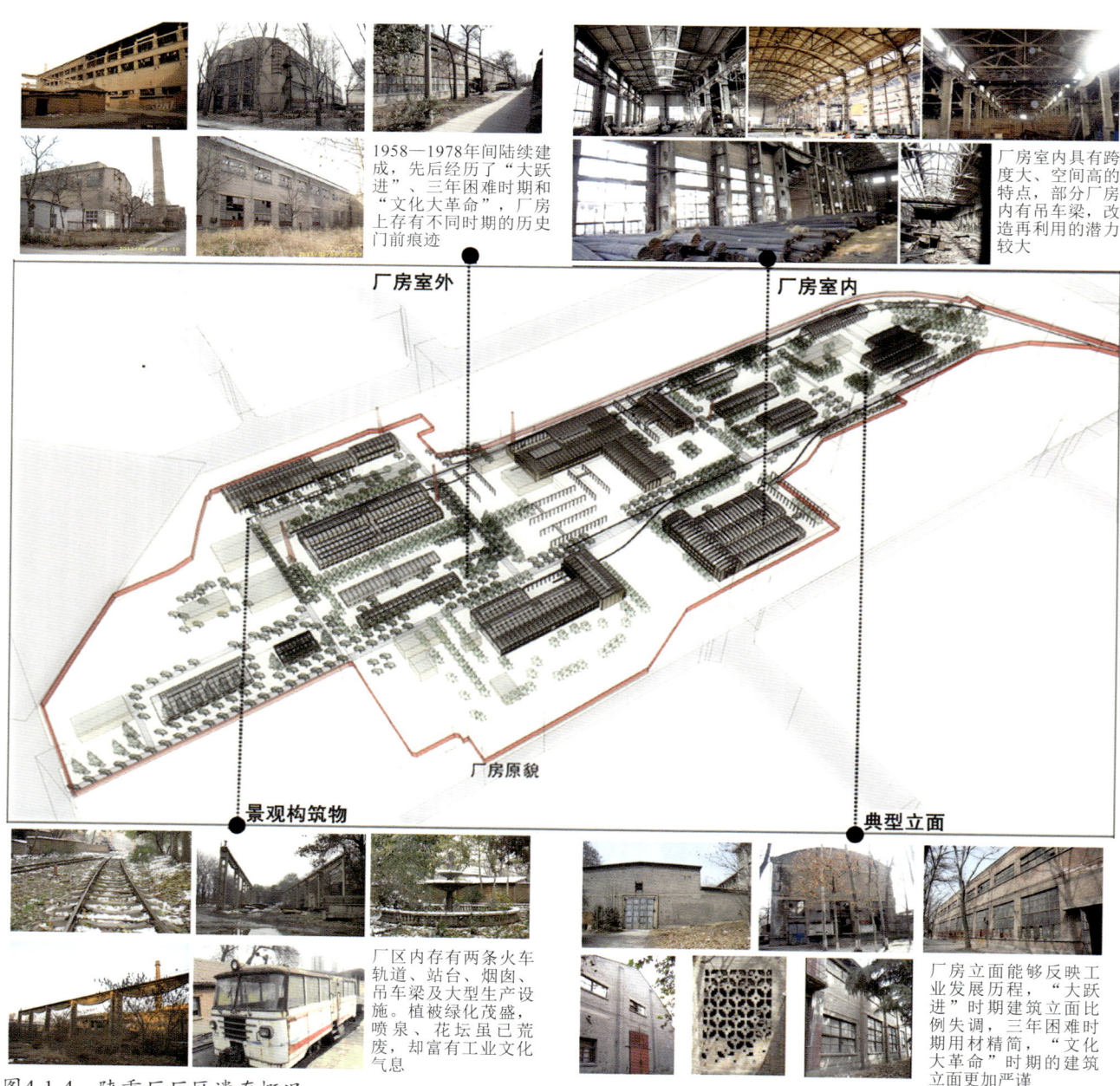

图4-1-4 陕重厂厂区遗存概况

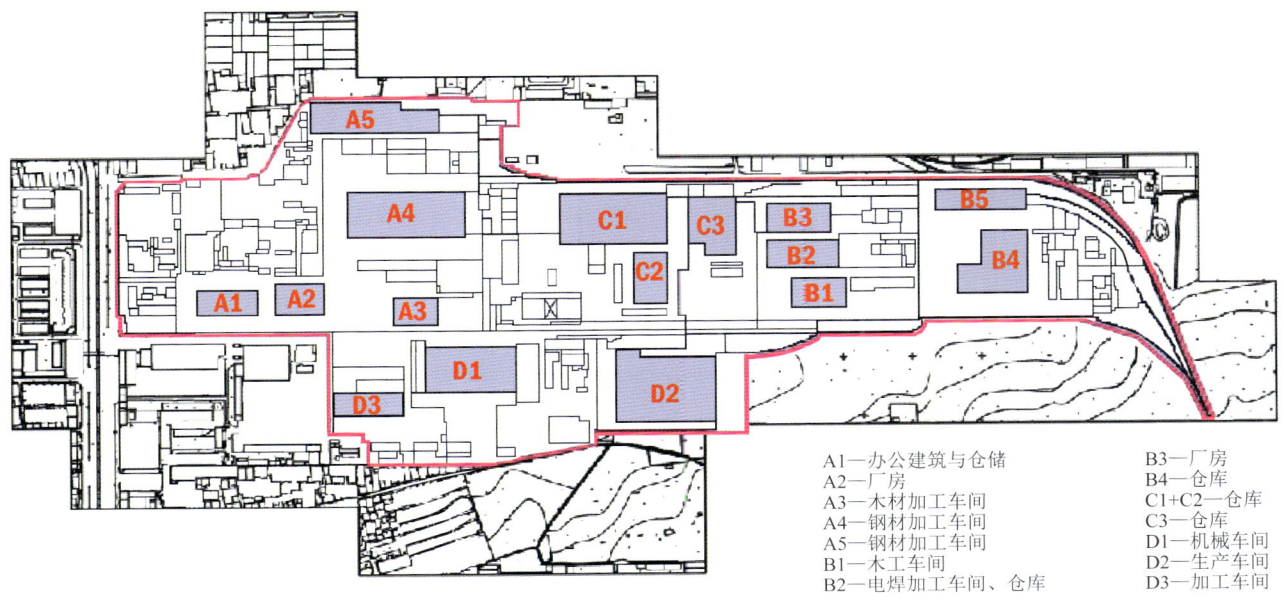

A1—办公建筑与仓储
A2—厂房
A3—木材加工车间
A4—钢材加工车间
A5—钢材加工车间
B1—木工车间
B2—电焊加工车间、仓储
B3—厂房
B4—仓库
C1+C2—仓库
C3—仓库
D1—机械车间
D2—生产车间
D3—加工车间

图4-1-5 陕重厂主要建筑分布情况

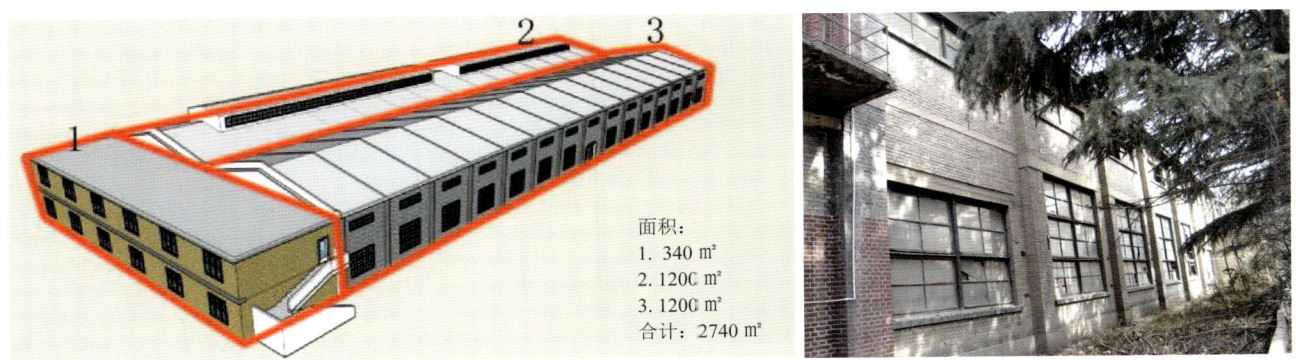

图4-1-6 A1办公建筑与仓储

（1）A1办公建筑与仓储

该建筑共3栋，建于20世纪60—70年代。一竖两横排布，西侧办公建筑为两层，东侧厂房为一层，建筑总高9.1米，占地面积2740平方米。为混凝土结构，墙体为青砖，屋面为石棉混凝土板，保存良好（图4-1-6）。

（2）A2厂房

该厂房建于20世纪50—60年代，两栋建筑平行排布，共一层，建筑总高12.7米，占地面积1250平方米。为三角形钢筋桁架结构，墙体为红砖，屋面为现浇混凝土，天窗的覆盖面积超过2/3，室内采光好，有吊车，维护结构有破损（图4-1-7）。

（3）A3木材加工车间

木材加工车间建于20世纪50—60年代，为两栋一层建筑平行排布（有间隙），北侧建筑总高14.1米，南侧建筑总高7.2米，占地面积为5730平方米。该厂房为三角形钢筋桁架结构，墙体为红砖，构造很有特色，但屋顶结构有破损，现为饰面混凝土波折板覆盖，内有吊车（图4-1-8）。

（4）A4钢材加工车间

钢材加工车间建于20世纪50—60年代，为三栋一层建筑平行排布，北侧建筑总高14.1米，南侧建筑总高21.3米，占地面积为11 270平方米。该厂房为三角形钢筋桁架结构，墙体为红砖，屋面为密肋现浇混凝土，室内采光好，有吊车，保存良好（图4-1-9）。

（5）A5钢材加工车间

钢材加工车间建于20世纪50—60年代，两栋一层建筑，一长一短平行排布，北侧建筑总高14.1米，南侧建筑总高21.3米，占地面积为8200平方米。室内高度呈阶梯型，弧角形钢筋桁架结构，

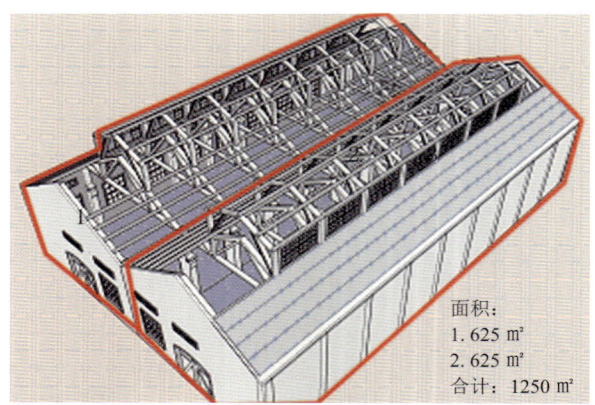

图4-1-7　A2厂房

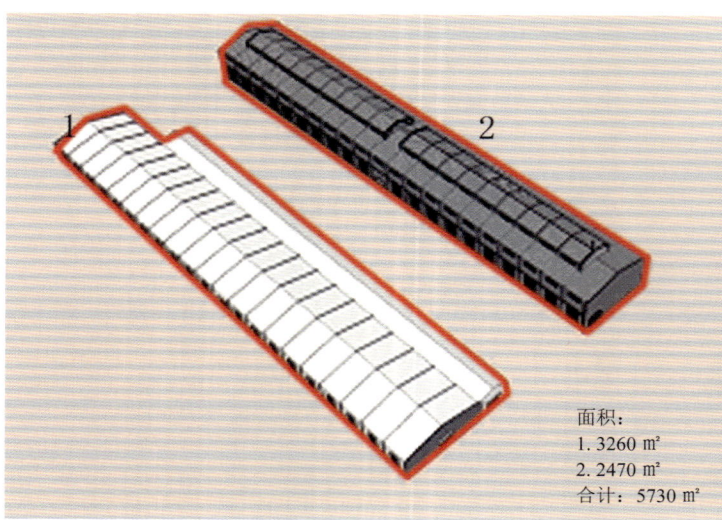

图4-1-8　A3木材加工车间

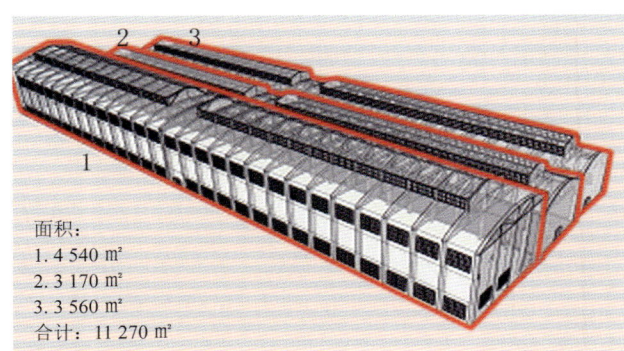

面积：
1. 4 540 m²
2. 3 170 m²
3. 3 560 m²
合计：11 270 m²

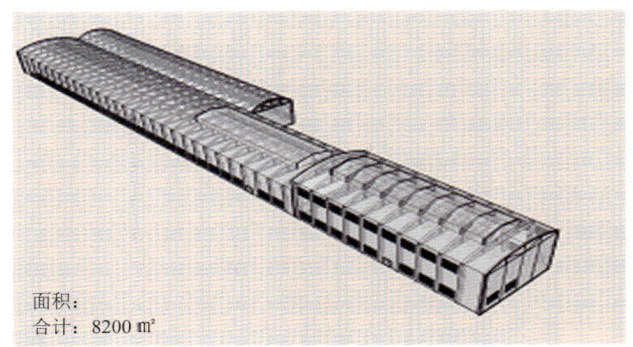

面积：
合计：8200 m²

图4-1-9　A4钢材加工车间

图4-1-10　A5钢材加工车间

墙体为红砖，屋面为密肋现浇混凝土，室内采光好，有吊车，结构保存完好，但室内已被熏黑（图4-1-10）。

（6）B1木工车间

该车间建于20世纪70年代，三跨并联，共一层，建筑总高16.15米，占地面积为3290平方米，三角桁架结构，红砖墙，石棉混凝土板屋面，室内采光好，保存良好（图4-1-11）。

（7）E2电焊加工车间、仓库

电焊加工车间与仓库建于20世纪70年代，为

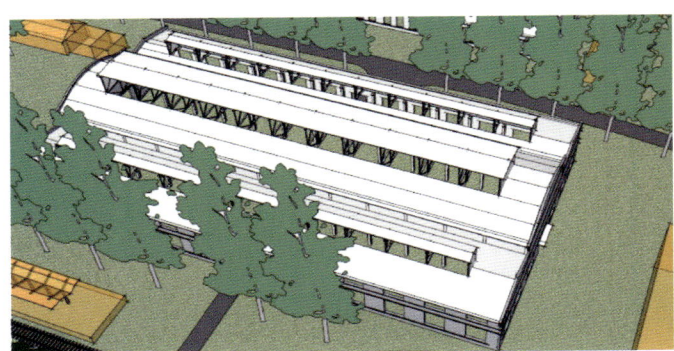

图4-1-11　B1木工车间

图4-1-12　B2电焊加工车间、仓库

三跨并联一层建筑，建筑总高13.5米，占地面积为3432平方米。该建筑为三角桁架结构，灰砖墙，屋面为石棉混凝土板，室内采光好，有吊车，保存良好（图4-1-12）。

（8）B3厂房

该厂房建于20世纪70年代，为单跨一层建筑，建筑总高10.05米，三角桁架结构，墙体为红砖，瓦屋面，破损程度较高。

（9）B4仓库

该仓库建于20世纪50—60年代，为四跨并联排布的一层建筑，建筑总高21.7米，占地面积为6530平方米。仓库为多折桁架结构，墙体为红砖，屋面为石棉混凝土板，室内采光好，有吊车，保存良好（图4-1-13）。

（10）C1+C2仓库

该仓库建于20世纪70年代，为三跨并联排布的一层建筑，北侧建筑（C1）总高28.8米，南侧建筑（C2）总高17.8米，总占地面积为16 326平方米。其结构均为三角钢混桁架结构，C1墙体为红砖，C2无墙，屋面均为石棉混凝土板，有吊车，C1破损严重，C2保存良好（图4-1-14）。

（11）C3仓库

该仓库建于20世纪70年代，为三跨并联排布的一层建筑，建筑总高24米，占地面积为11 263

图4-1-13　B4仓库

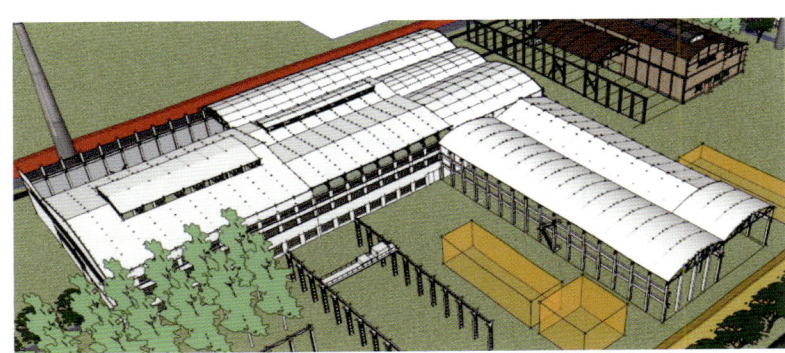

图4-1-14　C1+C2仓库

平方米，为三角桁架结构、红砖墙体，瓦楞屋面有破损，内有吊车（图4-1-15）。

（12）D1机械车间

机械车间建于20世纪70年代，为一竖三横排布的一层建筑，建筑屋顶最高处25.8米，最低处15米，占地面积为11 263平方米。该厂房钢桁架（弧形和三角形）结构，墙体为红砖，屋面为密肋混凝土板，室内采光好，有吊车，保存良好（图4-1-16）。

（13）D2生产车间

该生产车间建于20世纪70年代，为E型排布的一层建筑，建筑总高22.5米。该厂

图4-1-15　C3仓库

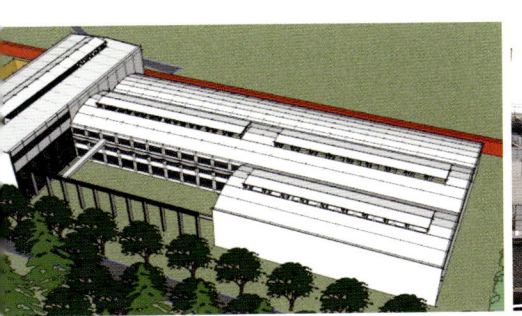

图4-1-16　D1机械车间

图4-1-17　D2生产车间

房多折桁架结构，墙体为红砖与混凝土材质，屋面为石棉混凝土板，有吊车，保存良好（图4-1-17）。

（14）D3加工车间

该加工车间建于20世纪70年代，为三栋建筑平行排布的一层建筑，建筑总高20米。该厂房为三角形钢桁架结构，墙体为红砖，屋面为密肋混凝土板，有吊车，保存程度一般（图4-1-18）。

3）工业构筑物遗存概况

陕西重型机械厂遗存的构筑物主要包括烟囱、吊车、立柱、雕塑喷泉等。

（1）烟囱

厂区内共有4处烟囱，建于20世纪60—70年代，结构完整，保存良好，具有向上的气势，较强的工业特色与里程碑意义，标志着厂区曾经光辉的发展与历史，经过改造可成为观光塔、灯塔等（图4-1-19）。

（2）吊车及立柱

吊车与立柱建于20世纪60—70年代，保存完整，混凝土构架质量较好，立柱具有较强的工业特色，韵律感很强，并划分出了明显的空间边界，可改造成广场等（图4-1-20）。

图4-1-18　D3加工车间

图4-1-19　烟囱

图4-1-20　吊车及立柱

（3）喷泉

喷泉构筑建于20世纪60—70年代，位于厂区入口处，具有显著的时代特色，承载了厂区深厚的工厂记忆，现状完好，几乎无破损，应保留并加以利用（图4-1-21）。

4）厂内交通设施遗存概况

陕重厂厂区内的一大特色就是整个厂区的铁路系统，建于20世纪60—70年代。

（1）火车头

火车头是厂区内的重要景观特色，具有极强的时代记忆（图4-1-22）。

图4-1-21　喷泉

图4-1-22　火车头

（2）铁轨

陕重厂的专用铁道线穿越整个厂区，铁轨保存完好，具有较强的透视感和导向性（图4-1-23）。

（3）站台

站台结构较为完整，造型具有一定的特色（图4-1-24）。

5）厂内绿化景观概况

厂区内乔木主要位于道路两侧及大型厂房周边，以梧桐树为主，多呈带状或片状分

图4-1-23　铁轨

图4-1-24　站台

图4-1-25　梧桐道

图4-1-26　廊架

布（图4-1-25）。灌木丛生，植物类型多分布面积广。此外，还设有廊架等景观小品（图4-1-26）。

6）设备与原料遗存概况

（1）机器设备

厂区内还遗留有1980年后的大型现代机械，工业特色显著，具有很强的力量感，是标志性的地域景观（图4-1-27）。

（2）产品原料

厂区内堆积有部分废弃的产品原料，多为机械零件等，具有较强的工业特色，可作为路边景观小品（图4-1-28）。

图4-1-27　大型机器设备

图 4-1-28　产品原料

3. 工业遗产的价值

（1）产业价值

陕重厂有两条主要生产线：一是以冶炼和锻压为主的热加工生产工序；二是以生产成套机器产品为主的冷加工生产线。厂内生产技术、设施设备随时代发展有所创新，带动了该地区一定时期区的技术进步。其生产工艺流程体现了特定历史时期的产业技术水平，是机械产业发展进步的见证，具有一定的产业价值。

（2）历史与文化价值

陕重厂作为我国自行设计施工的西北最大的重型机械制造企业、原机械工业部和陕西省机械行业的大型骨干企业，体现了自力更生的时代精神，见证了20世纪50—60年代西安地方工业从无到有的发展过程，在西安工业建筑发展史上具有独特的历史地位和文化价值。

（3）建筑艺术价值

陕重厂工业建筑的设计和施工主要受"156项重点工程"影响，采用当时先进的建筑材料和结构，空间尺度大，结构坚固，外观简洁朴素，细部装饰少，符合坚固、实用及经济的要求，厂区内大量保存完好的厂房充分体现了当时的工业建筑艺术。

（4）经济价值

厂房中的多跨钢筋混凝土排架结构，内部空间大，可改造的选择性和灵活性多；若对工业遗存资源的有效再利用，可缩短建设周期，降低建设成本，减少建筑垃圾和污染，有利于节能、节资和减排。

4. 保护建议

基于质量、年代、美学价值、技术价值、文化价值、环境条件、改造潜力等因素综合考虑，对编号A2、A3、A4、A5、B1、B2、B4、C1、C2、D1、D2、C3的厂房进行重点保护，余下厂房在再开发过程中有条件的也应尽量保护。

对于具有强烈厂区特色与工业感的烟囱、吊车及立柱、火车头、铁轨、站台等设施进行重点保护，对厂内植被、机器设备、产品原料等，在再开发过程中有条件的也应尽量保护。

4.1.2 陕西柴油机厂

陕西柴油机重工有限公司前身为陕西柴油机厂（以下简称"陕柴"），始建于1953年3月，位于兴平市金城路西段（图3-2-3）。该厂为我国"一五"期间投资兴建的156项重点工程之一，属国家152家重点企业之一，现隶属中国船舶集团有限公司，是国内主要的中、高速大功率柴油机制造和柴油发电机组成套商之一，在"三线"建设时期，包建、援建了我国其他一些重要柴油机和相关配套厂。陕柴的产品印证、书写了中国海军舰船动力的发展史，从一定意义上讲，陕柴是中国船用柴油发动机先进技术的领军企业和海军舰船动力先驱之一。目前厂区建筑保存较为完好，部分"一五"建厂初期建设的建筑与设备仍在使用。同时陕柴也非常重视工业企业文化传承与传播，已经建设有厂史馆，对厂史进行记录和宣传展示。

1. 历史沿革

1953年创建的陕柴是我国"一五"期间的156项重点工程之一，在60余年的历程中经历了4个发展阶段。

第一阶段——艰苦创业时期（1953—1984年）：

1953年，国家批准筹建中速柴油机厂；1957年，工厂福利区施工；1958年厂区基建施工，同时启动39型柴油机生产技术准备工作；1964年，试制出首台39型样机；1965年通过海军和第六机械工业部定型验收并转入批量生产；1965年陕柴基本全面建成；直至1981年，企业产品结构从单一的军品逐步过渡到适应多种需要的军民结合的产品体系。至1984年，陕柴已基本成为国内最大的船用中速柴油机厂。

第二阶段——改革发展时期（1985—1998年）：

该阶段是陕柴大发展的十年，陕柴先后从国外引进了世界先进柴油机系列专利技术，并陆续试制成功，为产品选型拓宽了道路。之后，工厂利用自身优势，在保证军品生产的前提下，大力开发陆用柴油发电机组，使企业保持了十年持续发展的良好态势，为我国南部沿海和中西部地区的经济发展作出了贡献。

第三阶段——军民融合时期（1999—2015年）：

1999—2012年，陕柴从困境中奋起，坚持以军为本的同时，积极推进市场结构调整，逐步实现由动力装备制造型企业向能源装备制造及成套型企业的转变。2000年前后，工厂抓住海军舰船动力更新换代的契机，顺利完成了三项军品科研机试制任务，为企业新的发展奠定了基础。

2003年12月，按照国家军民分立政策，成立陕西柴油机重工有限公司，建立公司制法人治理结构，实现了体制机制上的历史性转折。通过厂所、厂厂协作，建立战略合作关系，为将陕柴打造成中国一流中高速大功率柴油机动力装备供应商创造了条件。

第四阶段——创新超越时期（2016年至今）：

从2016年开始，陕柴紧跟高质量发展要求，聚焦主责三业，坚持创新驱动，管理水平持续提升，产品质量趋于稳定，逐步推动企业步入企稳向好的发展局面。

2. 工业遗产

陕柴旧厂区经过60余年的建设发展历程，留下了一些有历史价值的工业遗产。

（1）总平面布局

陕柴厂区占地面积123万平方米，建筑面积32万平方米，目前仍在正常生产，不对外开放。附近为配套生活区，服务设施齐全，交通便利。

（2）工业建筑物遗存概况

陕柴工业遗产以生产厂区为主,建筑物大多建成于1958—1964年间,基本保存了20世纪中期我国工业建筑的特征。生产厂区装配车间、机加车间、焊接件车间科研楼等主要生产建筑,整体保存较为完整,部分建筑物在原基础上进行了外部改造。生活区内还保留了建厂初期的职工家属（军代表）楼旧址、家属区五街坊住宅等,均维持了1960年代的苏式建筑风貌。按照代表性、完整性、唯一性的要求,公司自觉地对符合条件的建筑物进行了工业遗产建筑内部认定挂牌保护（表4-1-1）。

表4-1-1　陕西柴油机厂主要建筑物遗存统计表

序号	建筑名称	建成时间	保存状况	照片
1	20工部机械加工车间	1959年	保存完整,仍在使用	
2	20工部金属结构（焊接）车间	1964年	保存完整,仍在使用	
3	20工部总装试验站	1959年	保存完整,仍在使用	
4	30工部油泵机修工具车间	1958年	保存完整,仍在使用；车间下面有建厂时建设的防空洞	
5	铸造模具车间	1958年	保存完整,仍在使用	
6	电力专供系统旧址	1959年	保存完整,停止使用	

续上表

序号	建筑名称	建成时间	保存状况	照片
7	煤气动力系统旧址	1958年	保存完整，为配合国家环境保护政策和地方政府环保要求，公司实施煤改气工程，2016—2017年锅炉房和煤气站相继停止使用	
8	铁路专运线旧址	1958年	保存完整，全长4487.34米，现已停止使用	
9	油库旧址	1964年	保存完整，仍在使用	
10	护厂沟旧址	1959年	河道全长3800多米，现大部分已填埋	
11	办公楼（东、西）	1960年	保存完整，仍在使用	
12	苏联专家楼	1958年	保存完整，现为社区管理职能办公场所	
13	职工家属（军代表）楼旧址	1964年	保存完整，现为职工住宅	
14	家属区五街坊	20世纪60年代	保存完整，现为职工住宅	

3. 工业遗产的价值

（1）历史价值

陕柴是我国"一五"计划时期建设的156项重点工程之一，承担着我国中、高速大功率柴油机和柴油发电机组成的研制与生产，在"三线"建设时期，包建、援建了我国其他一些重要柴油机和相关配套厂。经过60余年的发展，陕柴完整地保留了建厂初期的生产格局，生产、办公和配套居住建筑保留完好，大多还在使用中，具有鲜明的时代特征。这些珍贵的遗存真实记录了我国国防工业经历艰苦创业、曲折发展的历史风貌，见证了中国海军舰船动力的重要发展史，是大国重器从无到有的恢宏历程的见证者，具有卓越的历史价值。

（2）科学价值

陕柴是国内主要的中、高速大功率柴油机和柴油发电机制造企业，柴油发电机组成套商之一，是海军多型舰艇主动力科研基地和主要供应商。在"三线"建设时期，也对我国其他一些重要柴油机和相关配套厂的建设提供了技术上的关键支持。作为发电机组成套工程技术的领军企业和海军舰船动力先驱之一，陕柴是我国国防工业和船用柴油发动机先进技术的代表。由陕西柴油机厂自主研制开发的各项生产技术、设备和相关产品具备突出的科学价值。

（3）社会文化价值

陕柴保存着"一五"建设时期企业的完整格局，其创建对陕西的工业发展起到重要的推动作用，促进了陕西地区陇海铁路沿线的工业发展布局。改革开放初期，在保证军品生产的前提下，陕柴大力开发陆用柴油发电机组，为我国南部沿海和中西部地区的经济发展作出了贡献。通过保护这些珍贵工业遗存，回望历史、展望未来，可以积极推进民族工业文化和大国重器精神的传承，激发企业干部职工的凝聚力，对实现爱国主义教育的重要目标和发挥工业遗产的文化意义具有重要的社会和文化价值。

4. 保护建议

根据代表性、完整性、唯一性的标准，陕柴梳理了厂区现有建筑物，对符合条件的建筑物完成了企业内部工业遗产建筑挂牌保护，较好地维护了工业遗存的状态，包括以下14处建筑物：

（1）20工部机械加工车间；

（2）20工部金属结构（焊接）车间；

（3）20工部总装试验站；

（4）30工部油泵机修工具车间；

（5）铸造模具车间；

（6）电力专供系统旧址；

（7）煤气动力系统旧址；

（8）铁路专运线旧址；

（9）油库旧址；

（10）护厂沟旧址；

（11）办公楼（东、西）；

（12）苏联专家楼；

（13）职工家属（军代表）楼旧址；

（14）家属区五街坊。

在今后的保护建议中，要根据各个建筑物的使用和解密情况，逐步实施相关保护措施和有条件地展示利用，以此发挥遗产的综合价值。

4.1.3 汉川机床厂

汉川机床厂位于陕西省汉中市汉台区（图3-4-1），作为国家机械工业部大型骨干企业，是我国

"三五"计划期间的重点项目,是机械工业行业的骨干企业。1965年根据国家计委批准,北京第二机床厂负责三包(包建、包迁、包产)。1966年破土动工兴建,1973年经第一机械工业部批准验收及正式生产,目前已成为我国生产高精度卧式镗床、数控电加工机床、数控卧式镗床、立卧式数控铣、加工中心和龙门式加工中心机床的重要生产基地。汉川机床厂整体建筑物、构筑物和设备保存完整,大部分仍在使用中。

1. 历史沿革

汉川机床厂,建于1966年,由北京第二机床厂内迁而来,是国家机械工业部大型骨干企业,是国家"三线"建设时期布局的精密卧式镗床和高精度坐标镗床的重要生产基地。

1970年,汉川机床厂的第一台产品T611A卧式镗床样机试制成功。1975年,汉川机床厂另一主导产品T4280型双柱立式高精度光学坐标镗床试制成功。1983年,DM7140、DM7180两种型号的电火花加工成形机床样机试制成功。

1985年,汉川机床厂与日本沙迪克公司成功合作,开创了国内机床企业与国外企业合作的先河。也因此,汉川的电加工机床技术跃居全国领先水平。

1987年,TJK6411经济型数控铣床填补了国内空白,成为国内研制成功的第一台数控镗铣床,并被陕西省经贸委命名为省优秀产品。

1999年,XK714B、XK716A、XH716A等新产品的开发试制成功。数控铣、加工中心产品成为公司经济增长的新亮点。同年,汉川机床有限责任公司挂牌成立,结束了30多年计划经济时代的工厂制,开始向现代企业制度迈进。

2005年,引入民营资本背景的战略投资者——万向西部投资公司。

2006年,正式组建成立了汉川机床集团有限公司。随后在西汉高速汉中东出口处附近购买地皮,新建了大型数控机床生产基地,简称"汉川H2厂",并已投入生产。

2012年,企业经股份制改造,更名为汉川数控机床股份公司。

2017年,企业宣布破产。

2. 工业遗产

(1)总平面布局

汉川机末厂厂区布局和建筑分布保存完整,占地面积约49.6万平方米,厂区入口部分为办公区,厂区中心部分为生产区结合地形和路网分布各类型的厂房和相关生产线,生活区单独分布在厂区西北侧(图4-1-29)。

(2)工业建筑物遗存概况

汉川机末厂建厂至今50余年,在发展历程中留下了大量的工业遗产。目前有19处建筑遗存,主要建构筑物包括办公大楼、技术中心及厂房等,基本都处于使用状态(表4-1-2)。

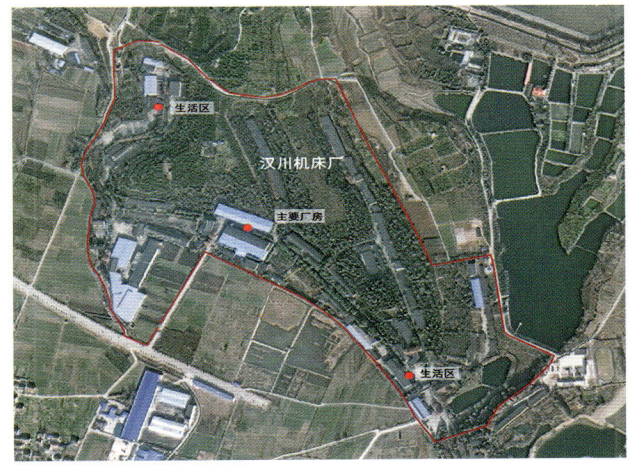

图4-1-29 汉川机床厂厂区总平面图
(卫星图来源:天地图卫星影像)

表4-1-2 汉川机床厂主要建筑物遗存统计表

序号	建筑名称	建成时间	建筑结构	保存状况	建筑现存照片	备注
1	生产车间	1960年代	砖混结构	保存良好		
2	总装车间	1960年代	砖混结构	车间的整体现存情况良好		当时国内最大的单体车间
3	大件车间	1960年代	砖混结构	保存良好		
4	办公大楼	1970年代	砖混结构	办公楼整体情况良好，仍在使用		位于厂区入口附近
5	技术中心	1980年代	砖混结构	保存良好		

（3）设备遗存概况

汉川机床厂所留存的老旧机器设备很少，绝大多数已作报废处理，目前剩余7处机器设备保存情况良好，都处于运行状态中（表4-1-3）。

表4-1-3 汉川机床厂主要设备遗存统计表

序号	名称	保存状况	主要功能介绍	图片
1	卧式镗铣床	良好	镗轴水平布置并做轴向进给，主轴箱沿前立柱导轨垂直移动，工作台做纵向或横向移动，进行镗削加工	
2	数字显示卧式镗铣床	良好	—	
3	卧式坐标镗床	良好	工作台能水平面内做旋转运进给运由工作台纵向移或主轴轴向移实现加工精度较高	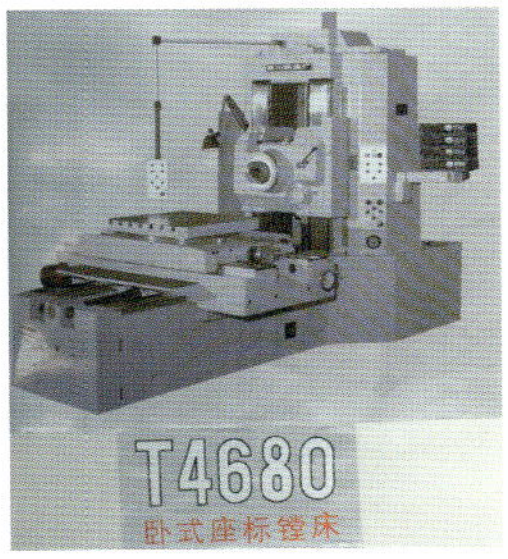
4	光学坐标镗床	良好	坐标镗床，是具有精密坐标定位装置，用于加工高精度孔或孔系的一种镗床	
5	高精度水平转台	良好	该转台具有数显分度和机械分度双重分度系统，数显表采用度、分、秒显示方式，读数直观方便	
6	双柱立式坐标镗床	良好	两立柱上部通过顶梁连接横梁可沿立柱导轨上下调整位置。主轴箱沿横梁导轨作横向移动，工作台沿床身导轨作纵向移动，以配合坐标定位	

3．非物质遗产

（1）数控铣床工艺

数控加工采取了数字化的控制形式和数控机床，许多传统加工过程中的人工操作被计算机和数控系统的自动控制所取代。数控加工工艺设计的主要内容为：

选择并确定进行数控加工的内容→数控加工的工艺分析→零件图形的数字处理及编程尺寸设定值的确定→制定数控加工工艺方案→确定工步和进给路线→选择数控机床的类型→选择和设计刀具、夹具与量具→确定切削参数→编写、校验和修改加工程序→首件试加工与现场问题处理→数控加工工艺技术文件的定型与归档。

（2）相关文献

汉川机床厂是中国精密数控电加工机床、卧式镗床、坐标镗床、加工中心的生产基地。1995年《电加工》介绍了汉川机床厂HCD系列精密电火花成形机和快走丝线切割机系列。1996年《汽车技术》对汉川机床厂生产的立式加工中心XH715进行了介绍。

4．工业遗产的价值

（1）科学价值

汉川机床厂生产的TJK6411经济型数控铣床、TX600、TXG600型两种高精密数显水平转台填补了国内的空白，实现了重大的技术创新。

（2）历史价值

汉川机床厂是汉中"三线"建设工程的代表企业，是国家"三线"建设时期布局的精密卧式镗床和高精度坐标镗床的重要生产基地，作为西北地区唯一一家被原机械工业部命名的机床行业样板厂，具有重要的历史意义。同时，汉川机床厂昔日的辉煌承载了一代人独有的历史记忆。

5．保护建议

建议重点保护以下具有典型特征的建构筑物：

（1）总装车间；

（2）大件车间；

（3）生产车间。

其他相关建构筑物在有条件情况下也应尽量保护。

4.1.4　红原锻造厂（旧厂区）

红原锻造厂创建于1965年，其旧厂区位于咸阳市三原县嵯峨镇（原2号信箱，图3-2-3），是"三线"建设时期落户于陕西的航天部部属企业，现为航空工业陕西宏远航空锻造有限责任公司（航空工业宏远），是中国航空工业集团公司大型锻造专业化企业。先后为中国航空、航天、兵器、船舶、机械、石化、交通、电力、纺织、仪器等机械行业100多家企业生产了数以万计的各种类型的锻铸件。经过多年的科研开发，已形成航空军品、民用产品和外贸产品三足鼎立的产品格局。21世纪初，成立红原航空锻铸工业公司。目前随产业技术升级发展，厂址已逐步搬迁，但旧厂区得以保留下来。

1．历史沿革

1965年，红原锻造厂创建于咸阳市三原县嵯峨镇。

1972年10月，厂区建成，建筑面积约11.6万平方米，当时拥有各类设备1348台。

2002年，成立红原航空锻铸工业公司。加强民品和外贸业务，与国外多家知名公司建立良好业务伙伴关系。

2009年12月底，公司按计划节点完成了改制重组工作，现为航空工业陕西宏远航空锻造有限

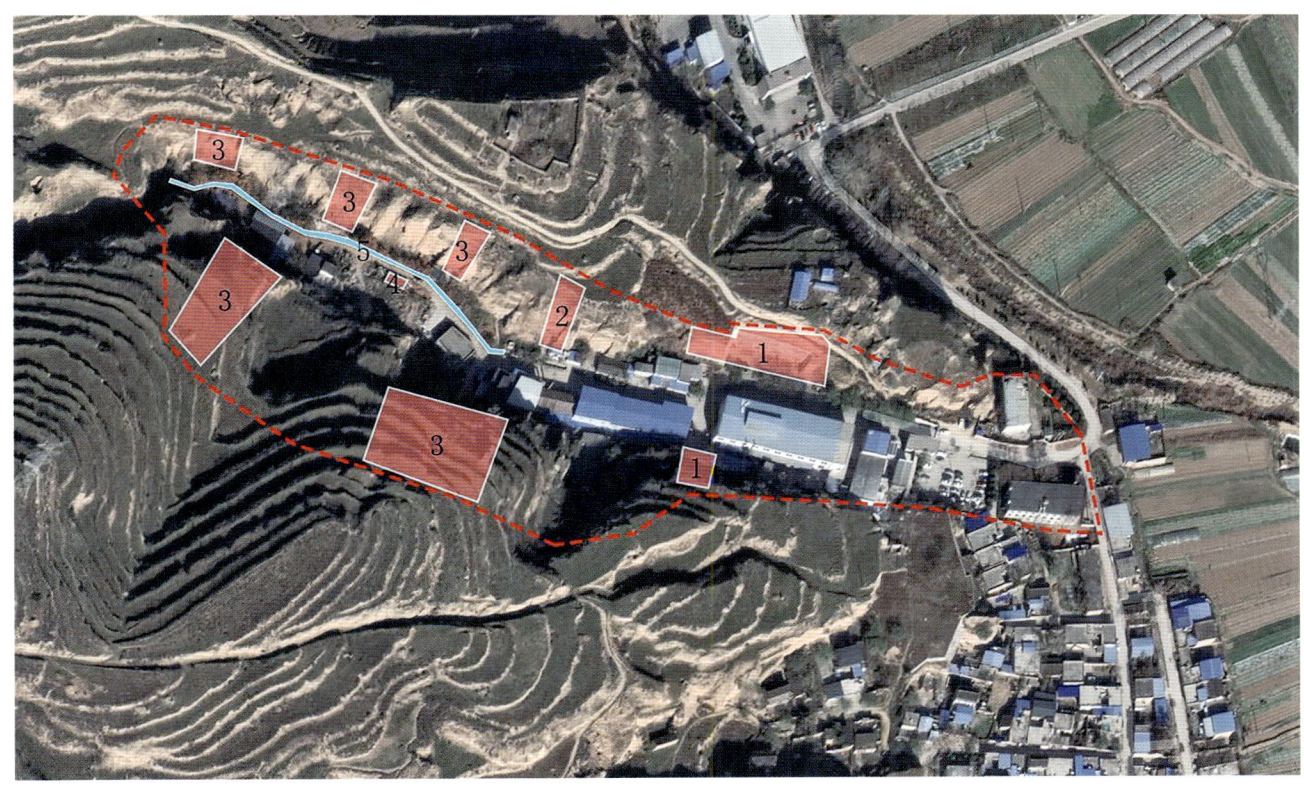

图4-1-30 红原锻造厂旧厂区总平面图
1—办公窑洞；2—设备窑洞；3—废弃窑洞；4—老配电室；5—厂区排水沟

责任公司（航空工业宏远），正式进入中航重机股份有限公司。

2. 工业遗产

红原锻造厂旧厂区经过50多年的建设发展历程，留下了一些有历史价值的工业遗产。

1) 总平面布局

红原锻造厂旧厂区靠近村庄，附近自然环境保存完好，景色优美，交通较为不便，符合"三线"建设时期"靠山、隐蔽、分散"的建设原则。目前厂区保存较为完整，占地面积约3.7万平方米（图4-1-30）。

2) 工业建筑物遗存概况

红原锻造厂旧厂区可分为生产区和办公区，建筑物一般建于1965年，基本保存"三线"建设年代的工业建筑特征，以靠山窑洞为基本模式，建筑物遗存保存完好，厂区主要以各类锻造车间和实验车间、办公室等为主。

（1）办公和仓储窑洞

用于办公和仓储的窑洞建筑建于1965年，共5孔，建筑面积约500平方米（图4-1-31）。最初窑脸为黄土裸面，后期使用水泥加固，内部也进行了粉刷。木门由于设备搬运需要改为铁质，样式

图4-1-31　办公和仓储窑洞

依旧。保留了原木质窗，由于夏季内部湿度非常大，窗上方加建通风设备或开窗通风。有些仓储窑洞深达30米，目前保存良好，仍在使用。

（2）设备窑洞

设备窑洞建于1965年，共2孔，建筑面积约300平方米，目前仍在进行生产工作（图4-1-32）。除窑洞入口门进行更换外，建筑其他外貌特征均得以保留。

（3）老配电室

老配电室建于1965年，占地面积约50平方米，负责为厂区设备供电，保存完好，目前仍在使用当中（图4-1-33）。

（4）废弃窑洞

厂区目前还有废弃窑洞10孔，均为建厂初期建造。以前用作锻铸、理化实验等车间，目前已经停止使用，原有设备多已搬出（图4-1-34）。这些窑洞的内部结构基本稳定，多数整体保存状况较好，上方保留有排气孔。有的窑洞深达100米，是全厂区最大的窑洞。

图4-1-32　设备窑洞

图4-1-33　老配电室

图4-1-34　废弃的窑洞

图4-1-35　厂区排水沟

（5）厂区排水沟

为防止山坡雨水与山洪，厂区在1965年修建了排水沟，现仍在使用，其中明沟部分长约200米（图4-1-35）。

3）设备遗存概况

厂区原有的早期设备，多为20世纪60—70年代购置，随着生产工艺发展已基本被淘汰，部分设备尚未处理，保留在厂区角落，状况较差（图4-1-36）。

图4-1-36　部分设备遗存

3．工业遗产的价值

（1）历史价值

红原锻造厂旧厂区建于"三线"建设时期，是我国国防工业发展的物质见证。作为红原锻造厂锻铸工艺与历史文化的重要载体，这些珍贵的遗存见证了我国锻铸工艺的历史进程。同时，作为为数不多的体现"三线"工业风貌的建筑，红原锻造厂旧厂区真实记录并展现了"三线"建设卓绝奋斗的历史面貌，是这一时期艰苦创业的珍贵史料见证，具有重要的历史文化价值。

（2）科技价值

红原锻造厂先后参与我国航空装备研制生产工作，为航空、兵器、机械、交通、电力、纺织、仪器等机械行业、100多家企业生产了数以万计的各种类型的锻铸件，拥有国内外先进水平的锻压设备群，并具有工艺设计，模具制造，锻造，精密铸造，热处理，机械加工以及理化测试等一系列相配套的研发和生产能力。可生产钛合金、高温合金、不锈钢、结构钢、铝合金、镁合金、铜合金，以及新兴的金属间化合物等不同材质的锻件。曾经是我国现代铸造行业科技最高水平的代表，对研究现代锻铸加工工业历史、锻铸工艺具有非常重要的价值。

（3）社会文化价值

红原锻造厂旧厂区保存着完好锻铸工艺流程，是普及锻铸工业知识、了解"三线"建设工业文化的物质空间载体。因其具备重要历史、科学价值，通过保护这些珍贵工业遗存，可使之成为公众参观的公共空间，获得新的展示功能和含义，成为民族工业文化传承和爱国主义教育的重要基地，对挖掘工业遗产的文化底蕴，进而发挥社会文化价值具有重要社会和文化意义。

4．保护建议

建议重点保护以下3类体现红原锻造厂旧厂区生产格局和时代特征的工业遗产：

（1）建厂初期建成的所有窑洞建筑（包括还在使用的办公窑洞和已经停止生产的废弃窑洞）；

（2）老配电室；

（3）厂区排水沟。

4.1.5　陕西压延设备厂

陕西压延设备厂（以下简称"陕压厂"），位于渭南市富平县庄里镇北新街，西邻石川河畔，北依桥山余脉（图3-2-5），是由原国家计委批准、原国家第一机械工业部于1966年组建的"三线"国有大型骨干企业，1974年建成投产，是我国重型机械制造行业的骨干企业，主要生产冶金设备、重型锻压设备和其他大中型机械设备。陕压厂具有较强的产品开发能力，全厂有8个生产车间、4个机械加工及装配车间和4个热加工车间。现有炼钢、锻造、铸造、热处理、焊接、机械加工、装配等全部工序的生产装备及动力设施。其主导产品先后有若干项产品获国家、部、省级奖励，广泛用于冶金、有色、机械、化工、交通、能源等多个行业。

1．历史沿革

陕压厂于1966年7月由国家第一机械工业部筹建。1974年建成投产，是以生产精密板带轧机和处理成套设备为主的重型机器制造厂。

1990年，陕压厂有职工5199人，其中工程技术人员524人；固定资产值1.2亿元；生产各种机器设备2477吨，工业产值3233.2万元，销售收入4181万元。

1996—2000年，累计投资1.5亿元资金进行技术改造，新增高、精、尖大型设备30余台（套），形成3万吨年生产能力。主导产品有15个系列、200多个品种，产品出口日本、美国、南非、西欧等国家和地区，创汇600万美元以上。

2．工业遗产

1）总平面布局

陕压厂厂区占地面积84万平方米，建筑面积25.2万平方米，有铁路专线4千米。其遗产建筑主要分布于厂区东部，包括办公区、机械加工区、铸锻区、铆焊域（图4-1-37），目前仍在使用中。厂区西南部主要为仓储区与物流区。

2）工业建筑物遗存概况

陕压厂在50多年的发展历史中留下了大量工业遗产，反映了20世纪70年代机械加工制造发展和时代特征。现存主要工业建筑物包括行政办公楼、铸锻车间、机械加工车间与铆焊车间（表4-1-4）。

图4-1-37　陕压厂总平面图
（资源来源：陕压厂提供）

表4-1-4　陕压厂主要建筑物遗存统计表

序号	建筑名称	建造时间	建筑结构	建筑层数	建筑面积/㎡	保存情况	现状照片
1	行政办公楼	1970年前后	砖混结构	主体四层，局部五层	约4000	较为完整，仍在使用	
2	铸锻车间	1970年前后	砖混结构	一层	约1500	较为完整，仍在使用	
3	机械加工车间	1970年前后	砖混钢结构	一层	约1500	较为完整，仍在使用	
4	铆焊车间	1970年前后	砖混结构	一层	约1500	较为完整，仍在使用	

图4-1-38　生产加工设备
（资料来源：陕压厂提供）

3. 工业遗产的价值

（1）历史价值

陕压厂所在的富平县庄里镇，是渭北著名的工业重镇、商贸大镇、文化名镇；是著名爱国将领胡景翼将军的故乡、八路军誓师大会的旧址。老一辈无产阶级革命家习仲勋早年在庄里立诚中学求学。

陕压厂是在我国大规模建设"三线"后方时期，于1966年10月由原一机部组织建设的国有大型骨干企业，贯彻"边基建、边准备、边生产"的"三边"方针，厂房还没有建成，就搭起席棚加工锻件。历经8年多的艰苦奋斗，于1974年12月通过国家正式验收。2006年4月，中国冶金科工集团和陕压厂共同出资组建中冶陕压重工设备有限公司。保护工业遗产，发掘丰厚文化底蕴，是陕压厂文化建设的重要组成部分，也是绚丽历史画卷中重要的一笔。

（2）科技价值

科技价值是工业遗产产生的根源，也是有别于其他文化遗产的关键因素，工业遗产见证了工业发展过程中科学技术、创造发明、技术改良对工业发展所作的贡献。陕压厂冷热加工配套齐

图4-1-39　热处理技术
（资料来源：陕压厂提供）

全，工艺制造能力先进，具有较强的设备成套、工程项目总包能力（图4-1-38）。陕压厂以生产大型精密板带轧机合板带处理成套设备、大型有色轧制设备、特种金局轧制设备、大型锻压成套设备、锻钢轧辊、大型铸锻件为主要产品（图4-1-39、图4-1-40），是在中国西部乃至国内、国际都有着广泛影响力的大型国有重工业企业。

无论是工业设备、工业产品、技术手册还是工业操作规范，都深刻记载了当时科技发展的状况。从中可以清晰地梳理科技发展的主线脉络，这是典型的非物质文化遗产的表现形式。保护好

图4-1-40　产品生产

（资料来源：陕压厂提供）

不同发展阶段具有突出价值的工业遗产，才能给后人留下工业领域科学技术的发展轨迹，提高对科技发展史的认识，推动新一轮的科技进步。

（3）社会价值

社会价值是工业遗产的固有价值，这是因为工业遗产见证了人类社会在巨大变革时期各个不同阶段的社会日常生活。工业在创造了物质财富的同时，也创造了取之不竭的精神文化财富。工业遗产记录工业的主体——普通工人的历史人生，并逐渐演化为某种价值观，成为社会认同感和归属感的基础，进而对社会形态、社会价值产生了影响。

陕压厂从建厂至今已走过半个世纪之久，经历了计划经济、商品经济、有计划的市场经济、市场经济等社会经济体制，产品不仅走俏国内市场，而且不断拓展国际市场。20世纪90年代以来，企业加大了对外合作的步伐，先后与日本、德国、意大利、奥地利、美国、比利时等国家的企业和公司建立了广泛的合作关系。通过技术引进、合作生产，掌握了大量的先进技术标准，提高了全员素质，保证了产品质量。在国内，面向大型钢铁企业提供优质的机器产品。在为国家重点项目建设作出贡献的同时，创立了"陕压"品牌。[①]有力保护这些反映时代特征的工业遗产，振奋民族精神、传承产业工人的优秀品德，成为组成中国梦的要素之一。

（4）艺术价值

陕压厂作为城市文化的一部分，承载的是一座城市曾经的辉煌和坚实的物质基础，同时也为城市居民、产业工人留下珍贵回忆和宝贵财富。工业遗产的审美价值是工业遗产留给人类的精神财富。六批的工业遗产逐渐成为工业旅游基地，正是因为工业遗产的艺术价值吸引着公众。

4．保护建议

陕压厂的核心技术系统得以保留并且正常运营。目前该厂正常运转，使用的核心技术物项完好、齐备；车间服务设施齐全、完善；供暖、供水、供气系统和通信设备完好。建议重点保护

---

① 刘满元．陕西压延设备厂技术创新过程管理研究[D]．西安理工大学．2005．

以下5处体现机械工业主要流程和生产特征的工业遗产：

（1）行政办公楼；

（2）铸锻车间；

（3）机械加工车间；

（4）铆焊车间；

（5）产品生产机械。

4.1.6 蒲城长短波授时台

国家授时中心蒲城长短波授时台是中国自主研制建设的第一代授时台，运载着我国最早的大科学装置之一——长短波授时系统，是我国标准时间——"北京时间"生产、保持、发播的地方，被钱学森先生誉为"中国的一面大钟"。其台址位于我国中心地区的陕西省渭南市蒲城县，便于无线电授时覆盖全国。该授时台主要包括短波授时台与长波授时台两大部分：短波授时台位于蒲城县城西北方向的金帜山上，始建于1966年，建成于1970年，经周恩来总理批准后发播；长波授时台位于蒲城县城西北方向的杨庄（图4-1-41）。蒲城长短波授时台的建成使我国具备了自主可控、全国覆盖的高精度陆基无线电授时能力，跻身国际先进水平。该授时台于2008年入选第五批陕西省文保单位，2019年被认定为第三批国家工业遗产。

1. 历史沿革

1966年，国家科委批准筹建金帜山短波授时台。

1970年9月，金帜山短波授时台竣工，经周恩来总理批准试播，同年12月15日开始试播，由中国科学院进行管理。

1973年，筹建杨庄长波授时台，由中国科学

图4-1-41　金帜山短波授时台和杨庄长波授时台区位图
（地图来源：百度地图）

院抓总建设，工程代号为"3262工程"。

1978年，建成小功率长波试验台并执行国家授时保障任务。

1981年，经国务院批准，正式发播我国标准时间和标准频率信号。

1986年，通过由国家科委组织的国家级技术鉴定后正式发播标准时间、标准频率信号。

1998年12月，在长波授时台东侧1千米处建成新短波授时台，金帜山老短波授时台完成了历史使命。

2001年3月，中国科学院决定并报经中央机构编制委员会批准，将中国科学院陕西天文台更名为中国科学院国家授时中心，标志着我国建立了基本完善的时间频率体系。

2008年，蒲城长短波授时台入选第五批陕西省文物保护单位。

2019年12月，中科院国家授时中心蒲城长短波授时台被认定为第三批国家工业遗产。

2. 工业遗产

1）总平面布局

国家授时中心蒲城长短波授时台前身为陕西天文台天文观测站。金帜山短波授时台始建于1966年初，位于距蒲城县城西北方向7千米的金帜山上，东经109°33′，北纬34°57′，海拔497米，建筑为靠山窑式隐蔽工程，占地面积约7万平方米。杨庄长波授时台建于20世纪70年代初，位于蒲城杨庄杨杜路（520乡道）南侧，主要由长波授时台地下发播大厅与高达200米的四座倒锥形长波发射天线塔组成，占地面积约12万平方米（图4-1-42）。

2）工业建筑物遗存概况

目前，长短波授时台均已搬迁至现代建筑中。国家授时中心蒲城长短波授时台作为第三批国家工业遗产，其原址建筑均保存完整。其中最

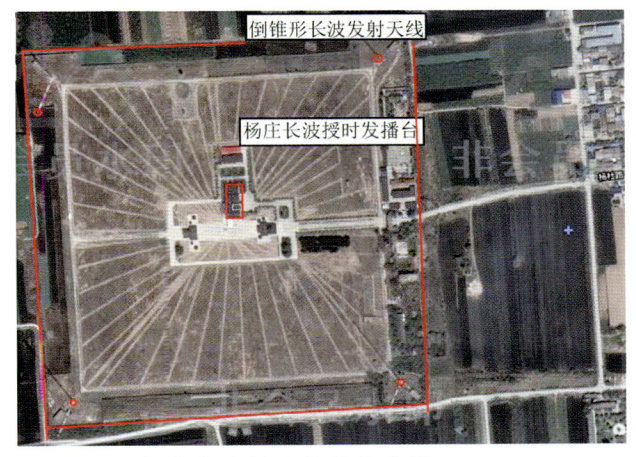

图4-1-42　杨庄长波授时台总平面图
（卫星图来源：百度地图）

重要的工业建筑遗存为金帜山短波授时台和杨庄长波授时台（表4-1-5）。

表4-1-5　蒲城长短波授时台主要建筑物遗存统计表

建筑名称	建造时间	建筑结构	建筑层数	建筑面积	保存情况	现状照片
金帜山短波授时台	1967年	靠山窑隐蔽工程	一层	—	保存完整，发播功能已废弃	
杨庄长波授时台	1973年	钢筋混凝土结构	地上一层，含地下室	约1500平方米	保存完整，发播功能已废弃	杨庄长波授时台外观 杨庄长波授时台地下发播大厅

3）工业设备遗存概况

国家授时中心蒲城长短波授时台的核心物项除建筑物外，还包括一批反映我国当时高精度陆基无线电授时能力、具有国际先进水平的授时设备，主要包括四座206米高的四塔倒锥形长波发射天线（图4-1-43）、长短波授时台设备（图4-1-44）、水平式子午环、Ⅰ型全自动光电等高仪、双频多普勒接收机、光学跟踪经纬仪、氢原子钟、铯原子钟等。

图4-1-43　四塔倒锥形长波发射天线

图4-1-44　长短波发播控制系统
（资料来源：https://xw.qq.com/cmsid/20200728A0PD7Q00）

3．工业遗产的价值

蒲城长短波授时台在建设发展过程中，积淀了深厚的历史文化和时代记忆，展现了老一辈授时人淡泊名利、甘于清贫、无私奉献、科技报国的精神，具有极为重要的历史价值、科技价值和社会价值，是十分宝贵的国家工业遗产和爱国主义科普教育基地。国家授时中心还将着手将其建设成为面向社会且具有独特时代价值的党员主题教育基地。

（1）历史价值

20世纪60年代，国家因战略需要，决定在中国内陆腹地建设一个专用授时台。陕西天文台应需而生。国家授时中心蒲城长短波授时台（原陕西天文台天文观测站）作为新中国成立后的第一个国家授时台，具有非常重要的历史意义。50多年来，国家授时中心蒲城长短波授时台为我国经济建设和国防试验作出了不可替代的重要贡献，随着2008年中科院国家授时中心蒲城长短波授时台入选第五批陕西省文物保护单位，以及2019年被认定为第三批国家工业遗产，蒲城县也成为名副其实的"中国报时城"。

（2）科学价值

国家授时中心蒲城长短波授时台运载着我国最早的大科学装置之一——长短波授时系统，其早期的研制建设工程，凝聚了20世纪60—70年代我国许多科研院所科学家的智慧和劳动，是当时中国科技发展水平的缩影。

BPM短波授时系统主要由时间基准系统、授时发播控制系统、发播系统、供配电和供水系统等组成。BPM短波授时系统采用四种频率（2.5MHz、5MHz、10MHz、15MHz），同时保证三种频率每日24小时连续不间断地发播协调世

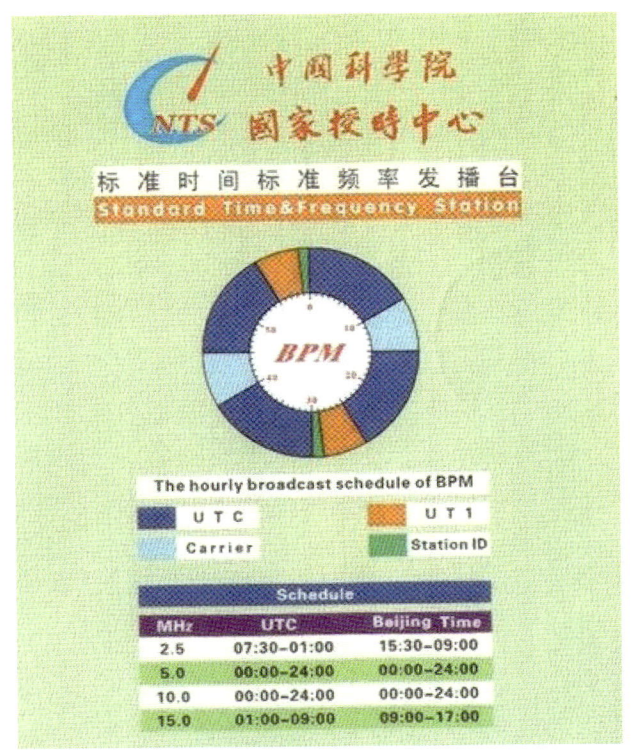

图4-1-45　BPM短波授时频率

界时UTC和世界时UT1秒信号及标准频率信号（图4-1-45）。短波授时采用经济实用的毫秒级精度授时手段，在国防、电力、测绘、地震、通信等领域发挥重要作用。20世纪70年代初，增设的微秒量级的高精度授时系统——BPL长波授时系统，以载波频率100kHz从13:30至21:30每天8小时发播授时信号。长波授时以微秒量级的高精度定时精度在航天、国防、电力、通信等领域发挥着重要的科学价值，使中国在授时领域步入世界先进行列。

国家授时中心自创建以来共取得各类科技成果149项，其中全国科学大会奖6项，国家自然科学奖、科技进步奖6项，中国科学院科技进步特等奖1项，中国科学院、省部级科技成果一等奖8项；取得专利45项；计算机软件成果84项；发表论文1054篇；出版专著28部。

（3）社会价值

长短波授时系统自20世纪70年代初正式承担我国标准时间、标准频率发播任务以来，为我国国民经济发展、国防建设、国家安全等诸多行业和部门（如大地测量、地震监测预报、地质矿产勘探、电力传输、交通、通信、科学研究等）提供了可靠的高精度授时服务，基本满足了国家及社会的需求。特别是为以火箭、卫星发射为代表的航天技术领域和国防试验作出了重要贡献。系统的建成，为国家培养了一支时间频率研究的科技队伍，取得科技成果奖130多项，完成了100多次重大火箭、卫星发射任务的时间保障，多次受到国家有关部门嘉奖，彰显出重要的社会价值。

4．保护情况

（1）保护与利用现状

随着蒲城长短波授时台入选第五批陕西省文物保护单位，为了将蒲城打造为人文之城、科技之城，建设"四化同步发展的渭北明珠"，蒲城县政府经过多年筹备，正式启动了以国家授时中心旧址为基础，在"关中十八陵"之一的唐宪宗景陵周边建立时间博物馆的项目。该项目依托蒲城县厚重的文化积淀以及优越的旅游资源，以"时间之城"为主题，借助中国报时城的有利资源，打造全方位、立体化的时间主题博物馆，将全方位展示"时间"主题在不同时空、不同维度的呈现方式，同时体现出授时这一活动对于国家国防、人民生活的重大意义，宣扬无私奉献、科技报国的精神，充分展示蒲城县作为中国报时城的底蕴，丰富人民群众的精神生活，推动全域旅游建设工作。

（2）保护建议

首先，应注重对金帜山短波授时台发播大厅、杨庄长波授时台地下发播大厅、短波发射机及辅助设备、长波发射机及辅助设备、四塔倒锥形长波发射天线等建构筑物的整体性与原真性的保护，做好结构加固与本体性文物保护。

其次，短波授时台旧址在"关中十八陵"之一的唐宪宗景陵周边，故可依托蒲城县厚重的历史文化积淀，发展成为科普与历史文化相结合的旅游景区，把老授时台、时间博物馆建设与科普教育、社会教育结合起来。同时为了全面呈现"时间之城"的丰富内涵，将时间博物馆打造为生动、互动、场景体验化且具有创新性的时间主题旅游胜地，与未来科普研学及文化旅游结合。在建设规模方面应与整体景区及博物馆接待量匹配，按照现状游客量及未来发展预计统筹设计。

4.1.7 西安电力电容器厂

西安电力电容器厂位于陕西省西安市西郊，距西安西城墙2.2千米，在大庆路以北、桃园路十字交叉口的西北角，北部紧邻西安绝缘材料厂，西部和西北部紧邻西安变压器电炉厂，东南分别与西安电缆厂、西安微电机厂隔路相望（图4-1-46）。该厂区紧靠陇海铁路干线，工厂铁路专用线由西安西站接轨，公路干线也经过厂前区，交通运输十分方便。

西安电力电容器厂是我国"一五"计划期间兴建的156项重点工程之一，是我国电力电容器制造的骨干企业。该厂于1958年7月1日建成并投入生产，标志着我国电力电容器制造业进入一个独立自主发展的新阶段。迄今为止，西安电力电容器厂一直是我国电力电容器制造业的技术开发、产品检测和生产的中心，是最大的综合性的电力电容器生产厂。

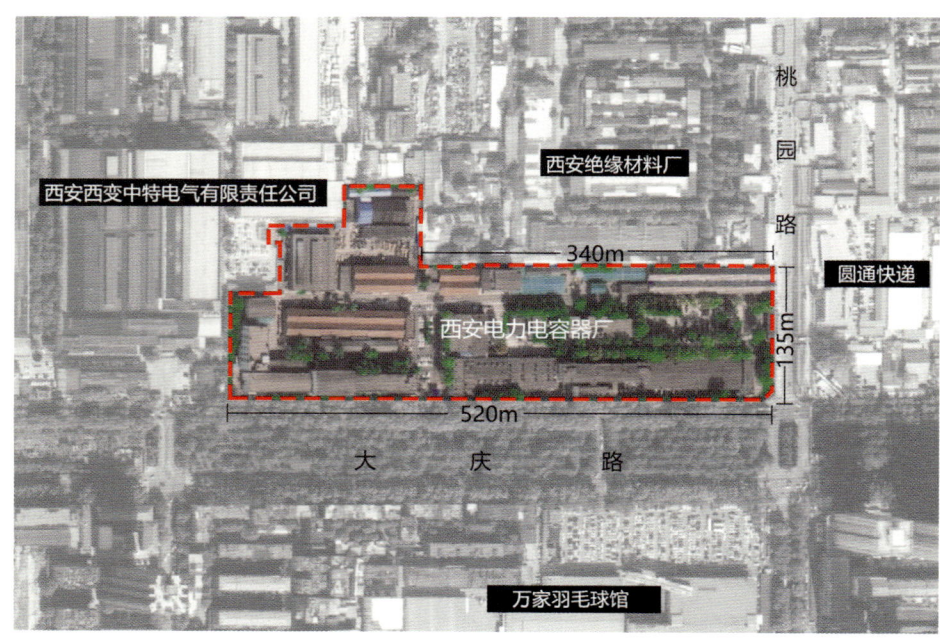

图4-1-46 西安电力电容器厂厂区范围

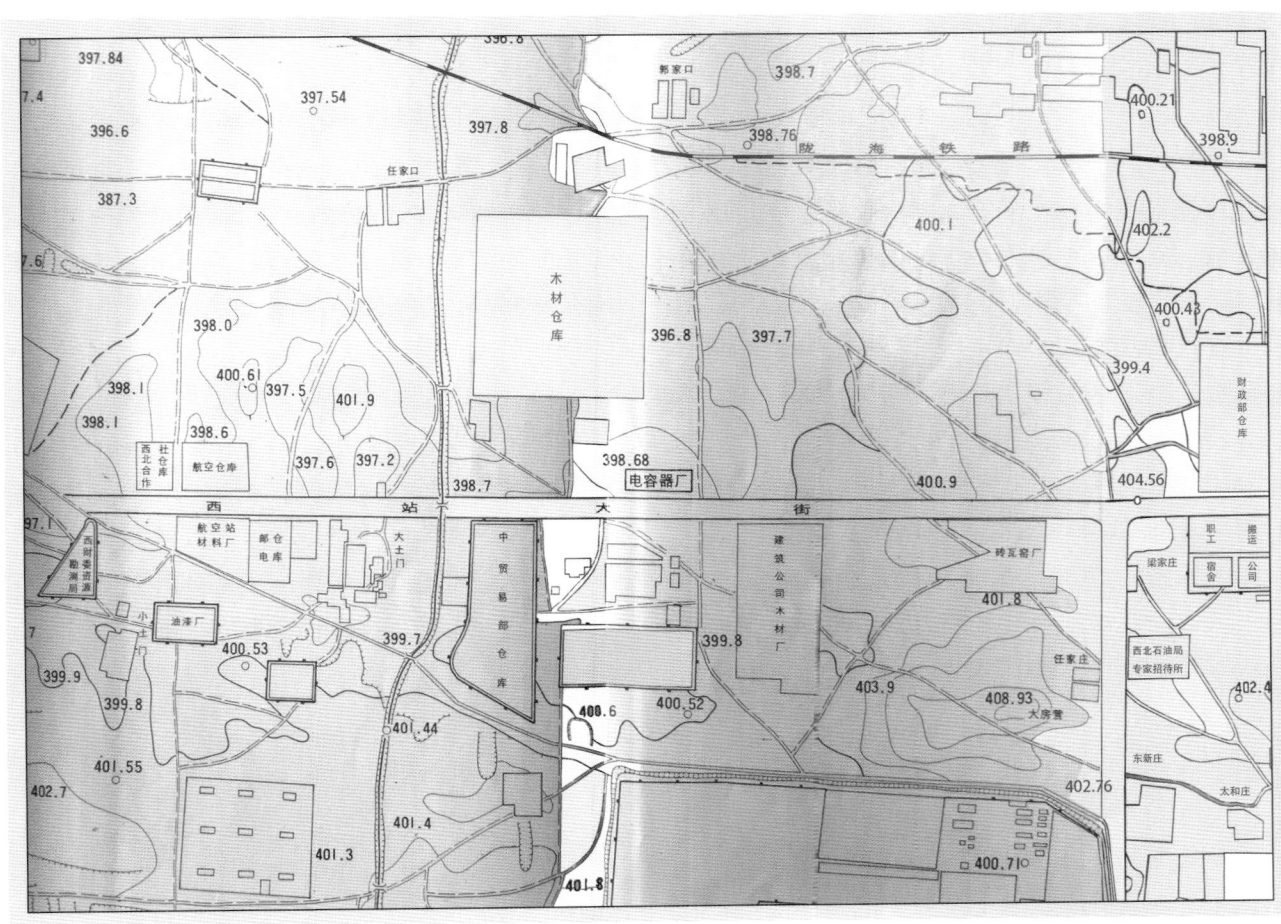

图4-1-47 原始地形地貌图
（资料来源：迟佐森，李俊，徐元鑫，等. 西安电力电容器厂厂志（1953—1985）[M]. 西安电力电容厂厂志总编辑室. 1988.）

1. 历史沿革

为了加快电力工业的发展，实现我国的工业现代化，中共中央在制定发展国民经济的第一个五年计划时，就开始规划并决定由苏联帮助我国设计和援建第一个电力电容器制造厂。1953年5月15日，中国与苏联签定协议，确定了厂区内工厂生产部分的设计与建厂技术设计方案。

1954年4月2日，一机部电器工业管理局决定西容厂址建在西安市西郊（图4-1-47），定名西安电力电容器厂（以下简称"西容"）。

西容于1956年动工兴建，1958年7月1日建成并投入生产。后随着生产的发展，陆续扩建锻工房、瓷瓶金属涂敷间、国家托管仓库、材料总库、白土搅拌间及泵房等。

1967年8月到1968年6月，"文化大革命"期间，生产受到了一定程度的干扰和冲击。之后由于停电，工厂停产将近一年。1969年开始，扩大了三氯联苯作浸渍剂的电力电容器生产，产量回升。

1970—1977年，由于国民经济建设的不断发展，国家对电力的需求不断增加，为了满足国家的需要，在一机部第七设计院的协助下，西容进行了两次比较大的调整和扩建。

进入1980年代后，工厂又积极开发新产品，研制成功28个新品种，其中有获西安市科技成果二等奖的10万伏标准电容器和120万伏冲击电压发生器，获得机械工业部科技成果三等奖的CYF20-30型冲击电压试验成套装置等新产品。

"六五"期间，国家计划从山西神头—大同—天津—北京架设一条50万伏超高压输变电线路，给天津、北京输送200万千瓦的电力，并决定将西容列为国家重点技术改造工程项目之一。

1978年期间，为配套生产50万伏电容式电压互感器产品，国家拨款为西容扩建了高压成套车间、高压试验室、电容器研究室、冷冻机房等工程，从1981年开工兴建到1982年建成投产，不仅装备了晋京线输变电工程，还装备了葛洲坝和元宝山—锦州—辽阳—海城50万伏超高压输变电线路。

2．工业遗产

1）总平面布局

党和国家对西容厂址的选择十分重视。早在1953年7月就成立了西容筹备处，在西安新建筹备处的领导下开始搜集可能建厂地区的初步资料。厂区内地形平坦，可分为三大部分，主要生产车间位于厂区东南侧，研究楼主要位于厂区西南侧，而厂区北侧多为各类仓库（图4-1-48）。厂区

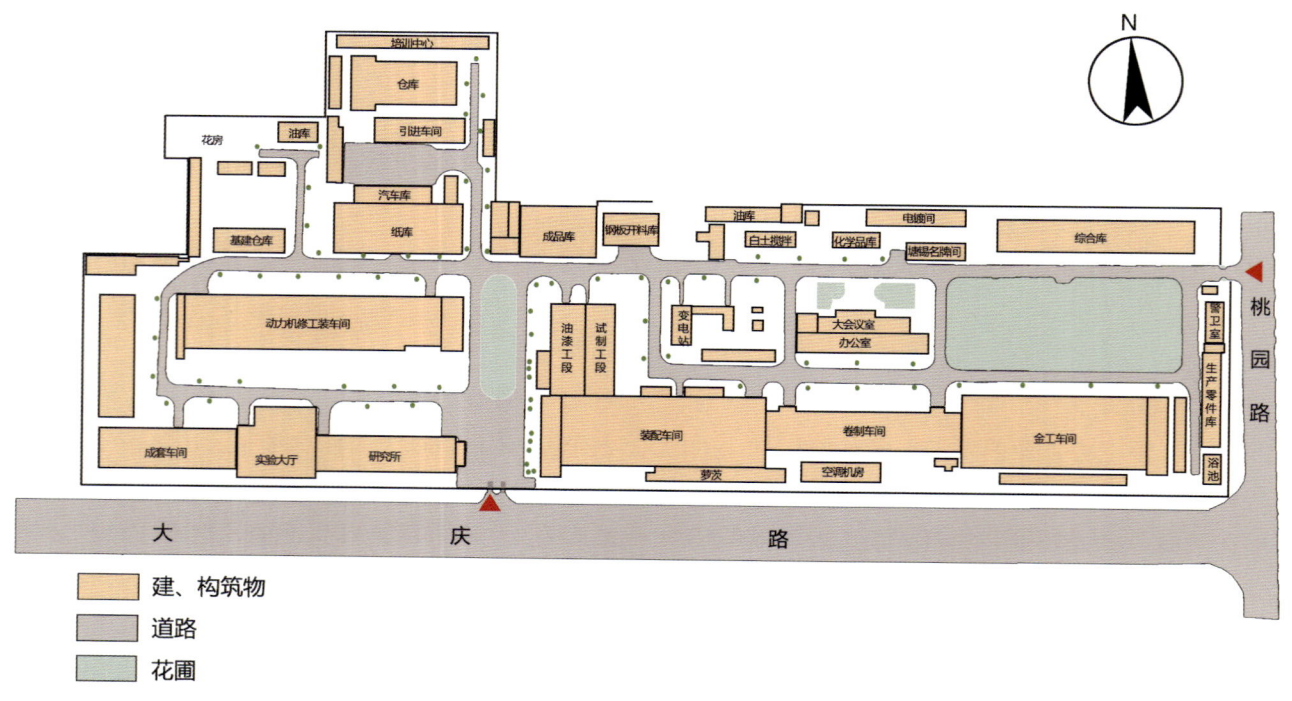

图4-1-48　西安电力电容器厂厂区总平面图

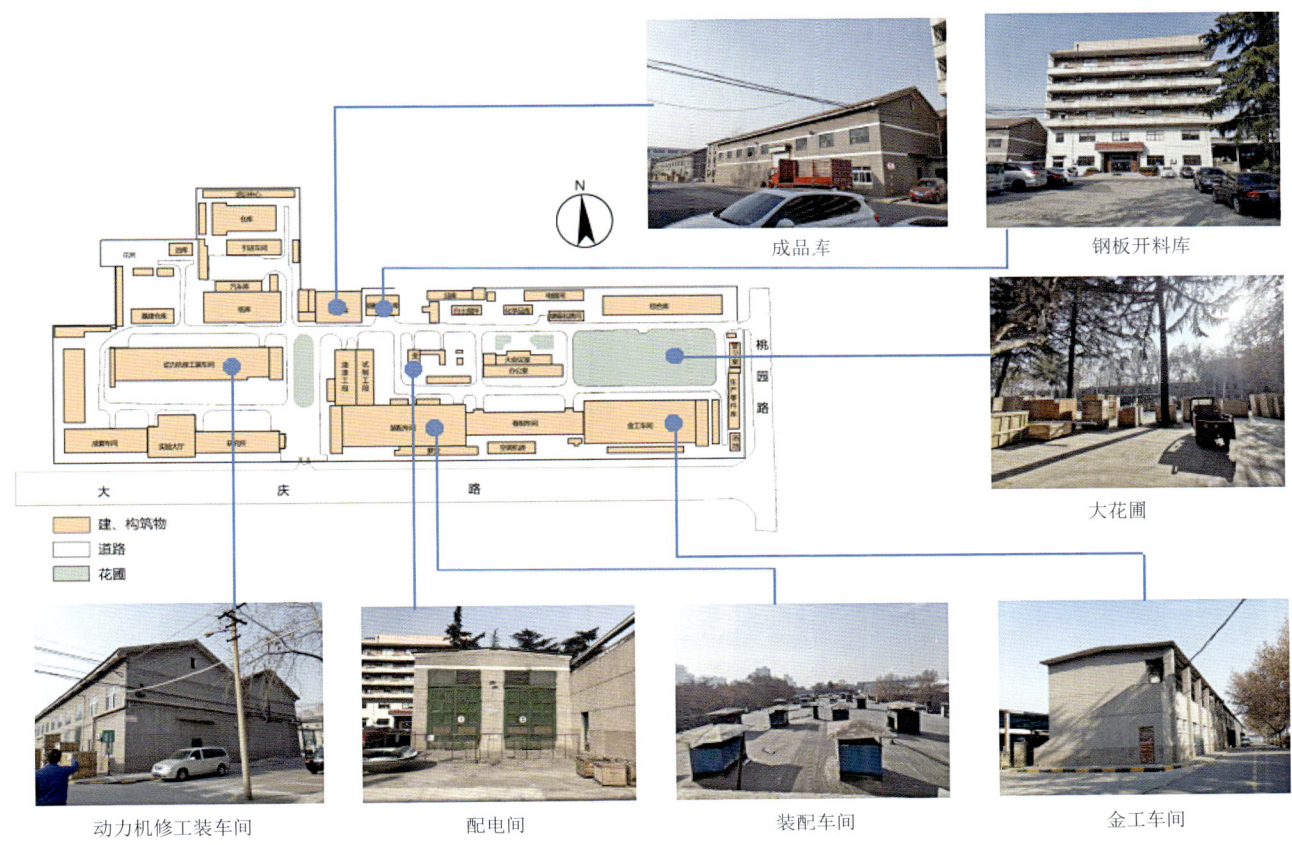

图4-1-49 西安电力电容器厂建筑物现状示意图

占地面积4.34万平方米，建筑物占地面积约0.99万平方米，全厂建筑面积共1.51万平方米，道路面积0.6万平方米，绿化面积2.1万平方米，铁路专用线50米，总投资额1342万元。

2）工业建筑物遗存概况

西容大部分的厂房与仓库仍在使用（图4-1-49），但有的厂房建筑老旧破损、部分车间废弃。

（1）金工车间

金工车间建于1956年，在开工初期名为机械准备车间，建筑为砖木结构，建筑面积约5800平方米（图4-1-50）。该车间主要生产各种电容器所需金工零件，包括电容器外壳、箱盖、导杆、连接片、引线片等，全车间共分7个班组。金工车间是西容三大生产车间之一，目前内部墙体已出现破损。

（2）试制工段

试制工段成立于建厂初期，建筑为砖混结构，建筑面积约2100平方米（图4-1-51）。现属于研究所，担负全厂所有新产品的试制工作。它有一整套电力电容器生产所需的设备，只是规模较小，一般来说新产品都要经过样品试制，然后经

图4-1-50　金工车间

图4-1-51　试制工段

图4-1-52　卷制车间

测试分析符合标准鉴定合格后才正式投产。

（3）卷制车间

卷制车间建于1956年，建筑为砖混结构，建筑面积约5000平方米（图4-1-52）。该车间是电力电容器制造的心脏车间，对清洁度要求极高，有超净化的卷制间。

卷制车间原有工人124名，生产班组10个，是三大生产车间之一。现已成为废弃车间。

（4）装配车间

装配车间建于1956年，建筑为钢结构，占地面积约2880平方米（图4-1-53）。该车间是电力电容器总装、真空浸渍的主要车间，它把金工车间、卷制车间运送过来的半成品，通过总装、焊接、真空浸渍、喷漆等工艺，完成电力电容器生产的全过程。在1960年代初，曾把装配车间一分为二，分成装配车间及真空浸油车间，后又合

图4-1-53　装配车间

图4-1-54　成套车间

二为一。装配车间有一整套较先进的真空及油处理设备，是全国电力电容器行业中规模最大的车间，至今仍在使用。

（5）成套车间

成套车间成立于1980年底，建筑为砖混结构，建筑面积约2400平方米（图4-1-54），主要生产并联补偿成套的组架和标准电容器的外壳部件。

3．非物质遗产

（1）电力电容器及建厂技术设计方案

1953年，我国与苏联两国政府共同筹建厂区，厂区内生产电力电容器（年生产能力为100万千乏电力电容器）的设计方案以及建厂技术的设计方案图纸仍保存完好。

（2）相关文献

1988年1月，西容组织编制了厂志，为了编撰西容厂志，成立了厂志编撰委员会和厂志办公室、主编辑室，全厂44人参加了编撰工作。经内查外访，查阅了1900多卷文书档案，摘抄资料1200多页，走访和信访在西安电力电容器厂工作过的老同志40多人次，对重要史料反复考证，拟定的章目分工撰写出初稿28万字。几经修改，又请志书专家审阅，最后经编撰委员会审议定稿（图4-1-55）。

4．工业遗产的价值

（1）历史价值

西容于1958年建成投产，是我国"一五"计划期间由苏联援建的156项重点工程之一，是中苏

图4-1-55　《西安电力电容器厂厂志（1953—1985）》封面

友谊的历史见证。

西容作为我国电力电容器行业历史经验积淀悠久的生产企业，是研究早期及完整的电力电容器技术的实体资料。其产品不仅畅销全国，还销往朝鲜、墨西哥等25个国家。也曾多次超额完成国家任务，对推动我国电力电容发展做出了重要贡献。

（2）科学价值

西容作为我国电力电容器行业规模宏大、技术实力雄厚的生产企业和科研基地，不仅占领了中国超高压、特高压设备制造的高端市场，还为国家重点工程提供了大量技术领先、运行稳定的产品。

西容从20世纪60年代起开始生产CVT（无级变速箱），经过几个五年计划国家资金的投入，至1980年代已形成一定的生产能力。"八五""九五"期间，国家又注入了数千万元用于CVT的技术改造和扩大生产规模，工艺装备也随之不断更新。西容在CVT方面的综合开发能力、生产规模和试验条件在国内居于领先地位。

5. 保护建议

建议重点保护以下5处体现电力电容器厂生产的特征和主要流程的工业遗产：

（1）金工车间；

（2）试制工段；

（3）卷制车间；

（4）装配车间；

（5）成套车间。

对于其他有关的物质和非物质遗产，再开发过程中有条件的也应尽量保护。

4.1.8 延安汽车工业总公司

延安汽车工业总公司原系"延安运输公司汽车管理厂"，习称"大修厂"，位于延安市马家湾光华路，隶属地区交通局。该厂创建于1956年，当年修车161辆，产值47.05万元。后来，在经济体制改革的推动下，逐渐形成了修造并举的中型企业，具有汽车改装厂和抽油机厂2个下属分厂，4个生产车间。企业处于改制中，大部分厂房为闲置状态。汽车工业总公司是20世纪80年代延安市重点汽车修配企业，厂内的改装、制造等主要厂房保存完整，部分制造加工设备仍保留。

1. 历史沿革

1956年，延安运输公司汽车管理厂筹建。

1958年6月，该厂建成投产，隶属延安运输公司；当年修车161辆，产值47.05万元。同年，国营陕西延安运输公司管理厂撤销，成立国营陕西延安运输公司修理厂。

1961年，转属陕西省公路运输管理局，易名为陕西省延安汽车修配厂，实行独立核算。

1968年，成立厂革委会，将原修理、车身、修配三个车间改为连排建制，企业恢复生产。

1970年以后，企业从单一修配开始发展为修造兼顾的企业。

1978年，中共十一届三中全会以后，该厂在经济体制改革的推动下，发生了巨大变化。

1979年，厂革委会撤消，恢复陕西省延安汽车修配厂的名称。

1983年12月，与第二汽车制造厂联系，设立了"东风"车特约技术服务站，开展"东风"车修理业务及配件经销工作，迈出了横向经济联合第一步。

1984年9月,获陕西省经委"企业整顿验收合格证书"。同年,与二汽协商开始生产"东风"油箱支架,配件品种扩大到37个品种。产品销售全国18个省市。同年11月,更名为陕西延安汽车工业联营公司,公司下辖修理厂、配件厂、改装厂三个分厂,东风车服务站、物资供销部、汽车队三个经济实体以及劳动服务公司及家属工厂等共8个科室。

1985年初,公司从各修理车间抽调人员组建汽车改装厂——具有改装各种车辆资质的生产企业,是延安汽车工业总公司下属的分厂。该厂与第一、二汽车制造厂合作,采取第一、二汽车制造厂的东风五吨二类底盘生产10大类16种改装车辆。

1986—1990年,YA5130G油罐车、YA5140G油罐车、YA5130GYY原油运输车、YA5130GTY车,以及YA5091G、YA3091Z自御车、YA5092YW真空油污排车等多项产品获得省级荣誉。

2003年,抽油机厂开始生产游梁式抽油机;2010年,取得美国石油学会API认证。2003—2010年生产各种型号抽油机4806台。

2018年,企业开始实行改制。

2. 工业遗产

从建厂到改制,延安汽车工业总公司建厂60余年的发展历程留下了大量的工业遗产。

1)总平面布局

延安汽车工业总公司占地面积约18.4万平方米,南临延安主干道光华路,周围人口密集,四周均被高层住宅楼包围。附近有幼儿园、小学及中学(图4-1-56)。公司主要厂房车间与厂区主干道呈垂直右置,且分布在道路两侧,利于物资进出(图4-1-57)。其中汽车改装厂、底盘测功线和总装车间分布于厂区前部,布局集中。另外,自然科学院遗址坐落在厂区东部。

图4-1-56 汽车工业总公司全貌

(资源来源:延安大学赵婷提供)

图例
- --- 边界线
- 自然科学院遗址
- 型钢料库
- 机加工车间
- 抽油机厂
- 办公室
- 总装车间
- 底盘测功线
- 汽车改装厂
- 临街办公楼

图4-1-57　汽车工业总公司总平面布局示意图

图4-1-58　汽车改装厂
（资料来源：延安大学赵婷提供）

2）工业建筑物遗存概况

延安汽车工业总公司目前可划分为汽车改装厂及总装车间、抽油机厂及机加工车间、底盘测功线厂房等片区。其中改装厂总装车间、抽油机厂及汽车改装厂是历史最为悠久的核心厂区，主要的汽车改造和抽油机的制造工艺车间保留在此，厂区经过多次改建、扩建，目前仍基本保存其工业原貌特征。主要建构筑物包括汽车改装厂、抽油机厂、总装车间、底盘测功线厂房、机加工车间、型钢料库、自然科学院遗址及其他辅助用房等。

（1）汽车改装厂

汽车改装厂为11跨单层厂房，混凝土梁式桁架屋顶结构，面积约1200平方米（图4-1-58）。该厂房修建较早，且是重要的厂房之一，主要用于改装各种车辆。建筑外观良好，车间内部整体保存完整，改装厂主要大型设备已经拆走，厂房中间保存有部分废弃设备及一些钢材。

（2）汽车改装厂总装车间

总装车间是1968年厂革委会将原修理、车身、修配三个车间改造成的连排建制，面积约1800平方米。该建筑是目前少见的砖木结构厂房，三角木桁架屋顶，造型较为特别（图4-1-59）。外墙饰面为奶黄色，建筑保存较为完整。

（3）抽油机厂

抽油机厂为10跨砖混单层厂房，面积约650平方米，除部分门窗有破损外，建筑整体保存较好（图4-1-60）。其中外墙宣传标语及厂房内壁的安全生产宣传画，非常少见且有一定的历史年代感。抽油机厂2003年开始生产游梁式抽油机，2003—2010年生产各种型号抽油机4806台。

（4）机加工车间

机加工车间是12跨单层砖混厂房，混凝土梁式桁架屋顶，面积约1400平方米（图4-1-61）。该厂房用于机械加工各种汽车、抽油机配件。建筑整体保存良好。

图4-1-59　总装车间
（资料来源：延安大学曾江南提供）

图4-1-60　抽油机厂
（资料来源：延安大学曾江南提供）

图4-1-61 机加工车间
（资料来源：延安大学曾江南提供）

图4-1-62 底盘测功线厂房
（资料来源：延安大学曾江南提供）

图4-1-63 型钢料库及办公室
（资料来源：延安大学赵婷提供）

（5）底盘测功线厂房

底盘测功线厂房，建于20世纪90年代，钢筋混凝土排架结构，钢桁架屋顶，建筑主体结构保存完好，面积3200平方米（图4-1-62）。该厂房是利用汽车底盘测功机，来测试车辆的底盘输出功率和实现工况排放测试和工况燃油消耗量的测试，以此评价车辆的动力性能。厂房现已闲置，仍保留有部分底盘测功仪器。

（6）型钢料库及公司办公室

型钢料库为砖混单层结构建筑，面积约为400平方米，公司办公室为一层砖混结构，面积约500平方米（图4-1-63）。由于闲置多年，目前建筑损坏较严重。

图4-1-64　自然科学院遗址

（资料来源：延安大学曾江南提供）

图4-1-65　纪念碑外观

（资料来源：延安大学曾江南提供）

（7）自然科学院遗址

1939年，为促进陕甘宁边区工业生产和保证抗战胜利，中共中央决定在延安创办自然科学研究院；1940年春改为延安自然科学院；1943年并入延安大学。该遗址由两部分组成，即纪念碑本体和遗址环境两大部分组成。遗址环境为三幢窑洞组成，占地面积约550平方米（图4-1-64、图4-1-65）。

3．非物质遗产

游梁式抽油机生产的主要工艺流程如下：

（1）游梁，材料购入→下料→机加工→游梁组焊。

（2）驴头，材料购入→下料→机加工→驴头组焊。

（3）地座，材料购入→下料→机加工→地座组焊。

（4）箱体，材料购入→下料→机加工→箱体组焊→机加工。

（5）横梁，材料购入→下料→机加工→横梁组焊→机加工。

（6）曲柄销，材料购入→粗加工→调质→精加工。

（7）支架，材料购入→材料购入→下料→机加工→支架组焊→机加工→组焊脚板。

（8）连杆，材料购入→下料→机加工→连杆组焊→机加工。

（9）底座固定装置，材料购入→下料→机加工→底座固定装置→机加工。

（10）电机皮带轮，材料购入→下料→机加工→电机固定装置。

（11）挂类，材料购入→粗加工→精加工。

（12）轴承盖板、中座、横梁座、壳体、曲柄、悬绳器、吊绳、轴承及配件（外购），材料购入→机加工→装配。

（13）减速箱、曲柄销装置（外购），材料购入→装配。

（14）撒车装置、电机、电控柜、标准件（外购）。

（15）除锈喷底漆→整机组装→喷面漆→出厂。

4. 工业遗产的价值

(1) 历史文化价值

延安汽车工业总公司原系延安运输公司汽车管理厂，创建于1956年，至今已有60余年的发展历史，见证了延安装备制造中改装车辆工业的发展历程，为延安汽车修理、制造和改装技术的提高做作了一定的贡献。1986—1990年共获16项省市级"TQC省经委达标合格企业""省交通系统经济效益先进单位"等荣誉，生产的游梁式抽油机被评为2008年度陕西省名牌产品。另外，延安自然科学院开创了中国共产党领导自然科学教育与研究的先河，在中国近现代自然科学技术发展史上占有光辉的一页。而自然科学院遗址与汽车工业总公司遗存融为一体，这既是科学理论与实践的完美结合，又对开拓、创新、积极、探索、勇于进取的科学精神及延安科技事业的发展，作了最好的阐释。

(2) 社会价值

延安汽车工业总公司见证了计划经济向市场经济的转型。1983年，在经济体制改革的推动下，设立了"东风"车特约技术服务站，迈出了横向经济联合第一步。1984年，获省经委"企业整顿验收合格证书"；同年，与二汽协商开始生产"东风"油箱支架，配件品种扩大到37个。产品销售全国18个省市。1985年后，企业着重开发原油运输车、抽油机等新产品。公司逐渐发展成为延安地区重要的修造并举的中型企业。延安汽车工业总公司是延安汽车修理、制造产业的兴衰转型的缩影。对于研究延安当代汽车改装工业转型发展具有重要价值。

厂区中无论是砖木结构、三角木桁架屋顶的老厂房，还是墙面上积极向上的标语与宣传画，都承载着工厂几代员工的记忆。通过适当方式加以改造，可以促进当地人的认同感、归属感，继续创造社会价值。

5. 保护建议

建议重点保护以下4处体现游梁式抽油机生产工业主要流程和生产特征的工业遗产：

(1) 汽车改装厂；

(2) 汽车改装厂总装车间；

(3) 抽油机厂；

(4) 底盘测功线厂房。

4.1.9 西安风雷仪表厂

西安风雷仪表厂位于陕西省西安市长安区西水寨村（图4-1-66），秦岭北麓的松坪山下、石砭西岸（图4-1-67），始建于1965年，1967年建成投产，是当时轻工业部唯一定点生产军工配套的计时仪表厂家，为航海、航空生产多种类型的配套仪表。

1. 历史沿革

1965年，第一轻工部决定将南京紫金山钟表五车间、上海手表厂608车间、上海金属表带一厂、上海工具模具厂迁往陕西省长安县石砭峪

图4-1-66 西安风雷仪表厂厂区大门

图4-1-67 西安风雷仪表厂周边自然环境

口,并于同年开始建厂。

1966年底,主要基建工程竣工。

1967年,开始投入仪表生产,当年产值为101万元。

1969年,第一轻工部指示部钟表研究所并入国营风雷仪表厂。

1979年,部钟表研究所与风雷仪表厂完全分离。

1981年,轻工部将风雷仪表厂下放给陕西省管理,之后,陕西省又将其下放给西安市管理。

1979—1983年,西安风雷仪表厂民用产品的生产与经营,进入了一个空前的发展阶段。手表达到153 905只,校表仪超过1500台,上缴利税550万元。

1984年起,企业在生产经营中遇到了许多困难,由于市场原因手表滞销,仪表厂地处偏远,一些技术人员流失。

2006年2月12日,国营西安风雷仪表厂正式宣告破产。

2. 工业遗产

国营西安风雷仪表厂50多年的发展历程,留下了一些有历史价值的工业遗产。

1) 总平面布局

国营西安风雷仪表厂附近自然环境保存完好,景色优美,但交通一般。厂区占地面积约2.3万平方米,全厂的建筑面积约7.7万平方米,其中厂房生产建筑面积约4.7万平方米,家属区及生活区建筑面积约3万平方米(图4-1-68)。

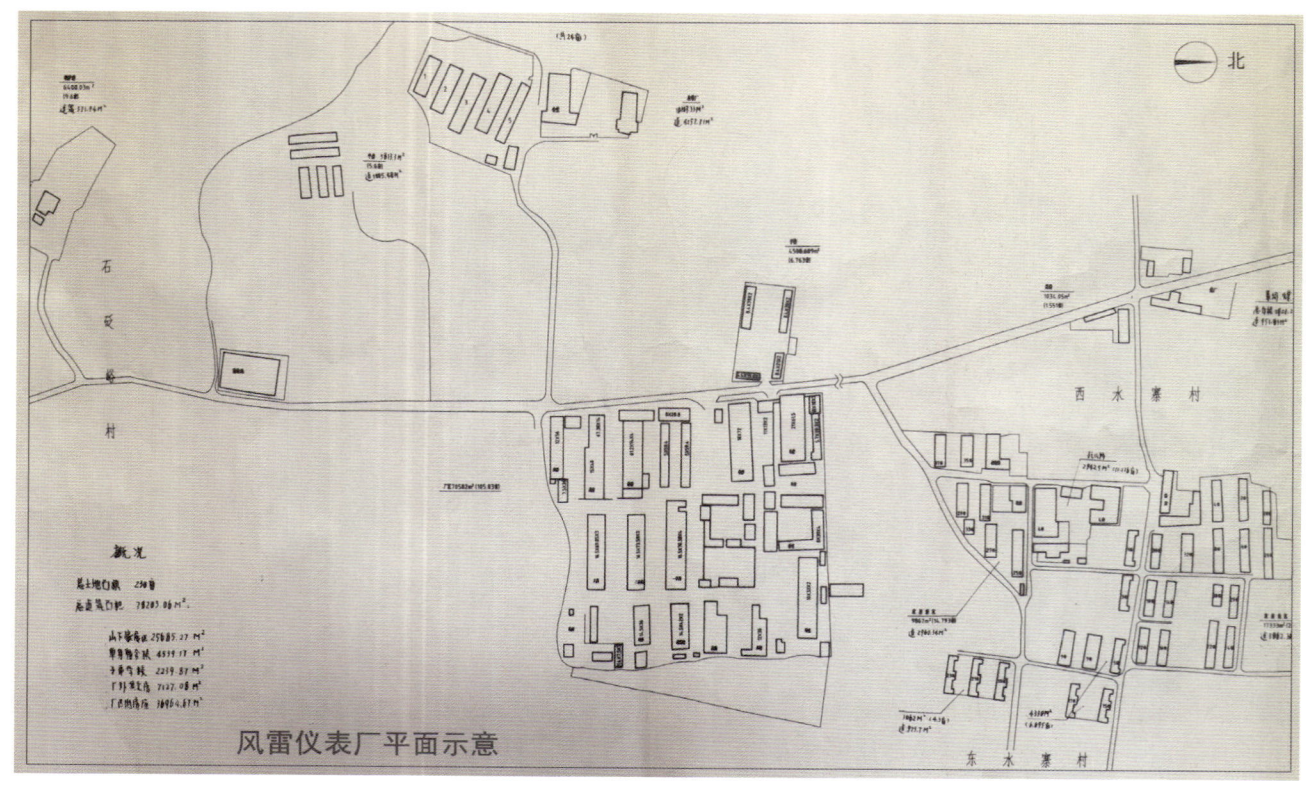

图4-1-68　西安风雷仪表厂平面示意图

2）工业建筑物遗存概况

国营西安风雷仪表厂以家属区及生活区、生产厂区组成，建筑物多始建于1965年，基本保存了60年代工业建筑的特征，以及仪表工业厂房的属性。建筑物遗存现状保存完好，生产厂区主要以装配车间、大件车间、工具车间、理化车间、机修车间、科研楼等为主。

（1）科研楼

此建筑是轻工部钟表研究所使用，建于1965年，建筑面积5415平方米，为四层混凝土框架结构，现状保存完好（图4-1-69）。

（2）装配车间

装配车间功能为该厂区的手表装配、锻件。始建于1965年，建筑为四层、建筑面积4711平方米，主体为混凝土框架结构，室内空间开阔，现状保存完好（图4-1-70）。

（3）大件车间

大件车间是冲压大件、自动车胚、动件车间，建于1965年，共四层、建筑面积3707平方米，主体为混凝土框架结构，室内空间开阔，钢制门窗，外墙为黏土砖，现状保存完好（图4-1-71）。

图4-1-69　科研楼

图4-1-70　装配车间

图4-1-71　大件车间

（4）工具车间

工具车间是静件、试制工艺车间，始建于1965年，四层厂房，建筑面积3517平方米。该车间为混凝土框架结构，外墙为黏土砖（图4-1-72）。

（5）空压站

空压站始建于1965年，单层钢筋混凝土结构，主体结构保存完好（图4-1-73）。

图4-1-72　工具车间

第4章 陕西省工业遗产案例实录

（6）理化车间

理化车间是产品制造的重要生产区域，零件实施电镀等化学及物理工艺的车间，建筑面积1568平方米，钢筋混凝土框架结构，电镀工艺区域6米净高，单层，其余部分4.5米净高，二层。原设备已转让（图4-1-74）。

（7）木工房

木工房是厂区建设木工用房，为单层平房，建筑面积306平方米，框架结构，木桁架屋顶（图4-1-75）。

图4-1-73 空压站

图4-1-74 理化车间

图4-1-75 木工房

（8）机修车间

机修车间是仪表厂的重要组成部分，用于厂内机器维修，建于1965年，建筑面积1314平方米，单层厂房，局部二层办公，混凝土框架结构，室内净高12米，梁下净高8.8米，现状保存完整（图4-1-76）。

（9）住宅楼、宿舍楼

风雷仪表厂生活区中的住宅楼、宿舍楼也有一定遗存，但已被废弃，保存状况较差（图4-1-77，图4-1-78）。

3．非物质遗产

现存有1990年编写的厂志《轻工业志·资料长篇·国营西安风雷仪表厂（1965—1989年）》，以及较多建厂以后记录生产活动的文字文献资料（图4-1-79）。

图4-1-76　机修车间

图4-1-77　西安风雷仪表厂生活区住宅楼

图4-1-78　西安风雷仪表厂宿舍楼

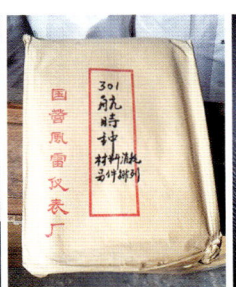

图4-1-79　西安风雷仪表厂厂志及文字资料

4．工业遗产的价值

（1）西安地区钟表工业发展历程的物质见证

国营西安风雷仪表厂是轻工部兴建的大型仪表厂，从兴建、隆盛到衰败，见证了轻工部级唯一生产军工仪表工业的发展历程。

（2）20世纪60年代工业建筑的时代风貌及文化遗存

国营西安风雷仪表厂是为数不多的能体现20世纪60年代工业风貌的建筑。建筑物附着着年代文化信息，保存的厂志及其他文献资料体现了当时社会人文状况。现存国营西安风雷仪表厂工业遗产对于研究1960年代工业建筑的状态有一定的史料价值。

5．保护建议

建议重点保护厂志等文献资料及以下6处体现工厂文化特征的工业遗产：

（1）科研楼；

（2）装配车间；

（3）大件车间；

（4）工具车间；

（5）理化车间；

（6）机修车间。

4.1.10　西安蝴蝶手表厂

西安蝴蝶手表厂位于陕西省西安市长安区局连对甲字1号（图4-1-80，图4-1-81）。该厂始建于1968年，原名为国营红旗手表厂，于1972年投

图4-1-80　西安蝴蝶手表厂第一主厂区大门

图4-1-81　西安蝴蝶手表厂第一主厂区局部

产,生产"延安"品牌手表。1987年,更名为西安蝴蝶手表厂,停止了"延安"牌手表的生产,转为生产各种蝴蝶手表。厂区占地面积350亩,建筑面积14万平方米。

1. 历史沿革

西安蝴蝶手表厂是根据国家轻工业部《关于成立国营红旗手表厂筹建处并颁发印章的通知》,在西安新建国营红旗手表厂,由轻工业部直接投资兴建、工厂筹建,技术力量、生产管理由上海手表厂支援,产品参照上海手表厂SS-1A型普通民用图纸生产。

1968年,根据国家轻工业部设立国营红旗手表厂的要求,厂址设在西安市长安县少陵塬畔。

1969年9月28日,首批120块延安牌17钻全钢防震手表试制成功。

1972年,国营红旗手表厂建成,同年3月转为正式生产,手表品牌是"延安"。

1987年,国营红旗手表厂更名为西安蝴蝶手表厂,停止"延安"牌手表的生产,转为生产各种蝴蝶手表,品牌有"玉兰"牌、"蝴蝶"牌等。

1988年,累计创造产值102 527万元,年平均发展速度116.5%,累计实现利税47 058万元。

1993年起西安蝴蝶手表厂陷入发展困境,受电子表及进口欧洲名表的冲击,手表销量下滑。

1994年起相继被列为市、省、国家重点扭亏、脱困企业,受到了大量政策和资金扶持。

1999年,工厂停止生产。

2001年6月,西安蝴蝶表厂正式宣告政策性破产。

2. 工业遗产

1) 总平面布局

西安蝴蝶手表厂南为秦岭山地,北为渭河断陷谷地冲积平原,附近有周代的丰镐遗址以及华严寺、兴教寺、香积寺等多座寺院。厂址交通便利,通信先进,地下水源蕴藏丰富。厂区总占地面积350亩,主要由第一主厂区、第二主厂区、生活区三部分组成。第一主厂区占地面积62亩;第二主厂区已转让给西安太阳食品有限公司(图4-1-82,图4-1-83)。

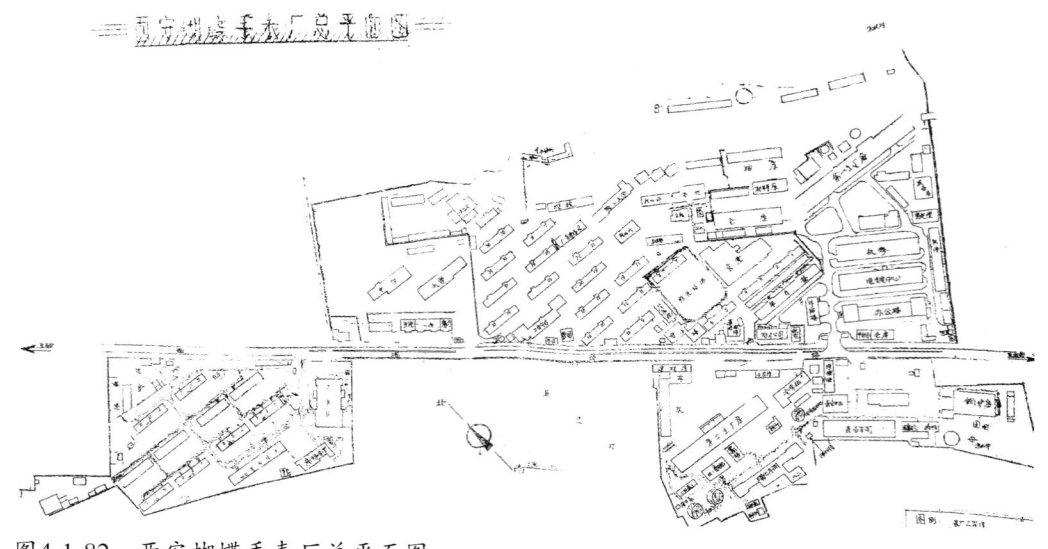

图4-1-82 西安蝴蝶手表厂总平面图

图4-1-83 西安蝴蝶手表厂第一主厂区卫星图
(卫星图来源：百度地图)

2）工业建筑物遗存概况

西安蝴蝶手表厂第一主厂区是最早建立的核心厂区，主要的工艺车间及办公楼保留在此，厂区小部分经过局部改建、扩建，基本保存其制表工业原貌特征。主要建构筑物包括外宾楼、综合办公楼、电镀中心、机修车间、主生产大楼、中央空调房及其他辅助用房等。

（1）外宾楼

外宾楼是在手表厂组建、研发及运营生产期间，用于接待外国科研专家及外国来宾，建于1969年，建筑面积861平方米，为三层混凝土框架结构（图4-1-84）。

（2）综合办公楼

综合办公楼原功能为该厂区的主办公楼，供西安蝴蝶手表厂的管理及运营人员使用。始建于1968年，后经外观改造及扩建，建筑为三层、局部二层，建筑面积约900平方米，主体为框架结构（图4-1-85）。

图4-1-84 外宾楼

图4-1-85 综合办公楼

图4-1-86 电镀中心

图4-1-87 机修车间

（3）电镀中心

电镀中心是手表制造中的重要车间，用途为手表零部件的电镀工艺。该车间厂房建于1968年，单层，建筑地面积1216平方米，为混凝土框架结构，室内木板条抹灰吊顶，外墙为黏土砖（图4-1-86）。

（4）机修车间

机修车间是手表制造机器故障维修的车间。该车间厂房建于1969年，建筑面积1112平方米，为单层框架结构，室内木板条抹灰吊顶，外墙为黏土砖（图4-1-87）。

（5）机电库

机电库建于1969年，现已停产，为钢筋混凝土排架结构，主体结构保存完好，建筑面积273平方米（图4-1-88）。

（6）主生产大楼

主生产大楼是手表厂制造的核心生产区域，为了方便工艺和用地集约，把手表制作的主要工艺，分层组织在一栋建筑中。该建筑共四层，一层为自动车间，二层为夹板车间，三层为动件车间，四层为总装车间。主生产大楼建筑面积9289平方米，为钢筋混凝土框架结构，现已停产，原设备已转让（图4-1-89）。

图4-1-88　机电库

图4-1-89　主生产大楼

图4-1-90　中央空调房

（7）中央空调房

中央空调房是厂区空调设备用房，分为东空调房和西空调房，东空调房建筑面积886平方米，西空调房建筑面积795平方米，均为框架结构（图4-1-90）。

（8）机修钳工组

机修钳工车间是手表厂的重要组成部分，建于1969年，建筑面积408平方米，单层，为砌体结构，木桁架屋顶，现状保存完整（图4-1-91）。

图4-1-91　机修钳工组

图4-1-92　热处理中心

图4-1-93　西安蝴蝶手表厂住宅楼

（9）热处理中心

热处理中心是单层厂房，建于1969年，建筑面积302平方米，为砌体结构，屋顶设置天窗，现状保存完整（图4-1-92）。

（10）住宅楼

西安蝴蝶手表厂生活区中的住宅楼也有一定保留，且多数仍在继续使用（图4-1-93）。

3. 非物质遗产

蝴蝶手表厂最开始生产的延安牌手表，是依照对口支持单位上海手表厂的SS-1机型图纸设计的。机械手表的工艺相当复杂，需要严丝合缝的配合。1970年，轻工部抽调各大表厂的技术骨干，研制出统一机心的手表SZ1（简称"统机"），彼时的红旗手表厂也派人参加了统机研制。统机的好处是统一了质量标准，便于大量投产，及后期维修更换零件，缺点是形式单一。后来有带日历的单历表、双历表，圆形表盘、方形表盘，这些都是在统机的基础上发展的。其手表大致工艺流程如图4-1-94所示。

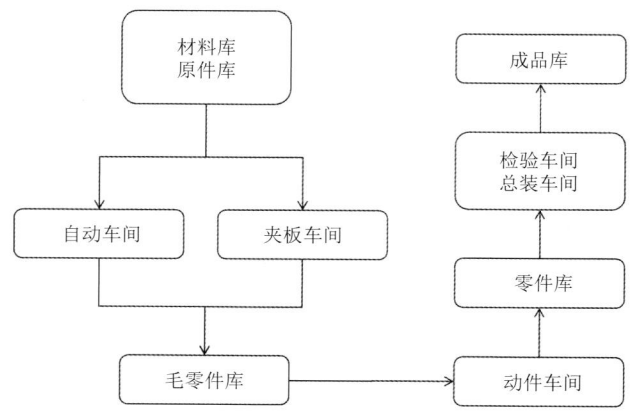

图4-1-94 蝴蝶手表生产基本流程
（资料来源：作者根据工人口述绘制）

4. 工业遗产的价值

（1）20世纪70年代轻工部高水平手表厂

1972年投产的国营红旗手表厂，由我国自行设计建设安装，是体现当时我国西部手表工业高水平、大规模（原职工2650人，建筑面积14万平方米）的手表厂之一。

（2）西部地区手表工业发展历程的完整见证

西安蝴蝶手表厂是轻工部兴建的大型手表厂，从兴建、隆盛到衰败，见证了西部国家级手表厂工业发展历程及产业转型的物质缩影。

（3）手表工业建筑的时代风貌

西安蝴蝶手表厂建筑体现当时手表工业的风貌特征。多数建筑保存着1960年代的文化气息及经济社会属性，体现了当时手表工业建筑设计的理念，现存西安蝴蝶手表厂工业遗产对于研究手表工艺和工业建筑发展演变有科学及艺术价值。

5. 保护建议

建议重点保护以下6处体现手表工业主要流程和时代文化特征的工业遗产：

（1）外宾楼；
（2）综合办公楼；
（3）机修车间；
（4）机修钳工组；
（5）热处理中心；
（6）主生产大楼。

4.2 石油工业和煤炭工业遗产

4.2.1 延长石油厂

1905年，延长石油厂在延长县成立，迄今已走过110多年的历程。延长石油厂是中国陆上石油工业的发祥地和开拓者，现已发展为陕西延长石油（集团）有限责任公司（以下简称"延长石油"）。2007年，成功跨入国家千万吨级大油田行列；2017年，排名全国第五大油田；2018年，延长石油厂入选第二批国家工业遗产保护名录。

1. 历史沿革[①]

延安油气区是中国陆上最早被认识和开发石油的地区。东汉班固（32—92年）《汉书·地理志》记载："高奴（今延安东北），有洧水，可燃。"北宋沈括（1031—1095年）所著《梦溪笔谈》道："鄜延境内有石油，旧说高奴县出脂水，即此也"，首命"石油"之名，并预言"此物后必大行于世"。比德意志人乔治·拜耳对石油的命名早了600年。

延安油气区的勘查工作始于19世纪末。1904年陕西巡抚奏请光绪皇帝拨官银8.1万两，在陕北开办"延长石油官厂"（图4-2-1），候补知县洪寅为总办。1907年洪寅聘日本技师佐藤弥市郎及

---

① 延安市地方志编纂委员会．延安地区志[M]．西安出版社，2000：320-330．

图4-2-1　清光绪三十三年（1907年）石油厂厂门（1940年代摄）

（资料来源：陕西延长石油有限责任公司高东提供）

图4-2-2　清光绪三十三年（1907年）建成的中国陆上第一座炼油厂（1930年代摄）

（资料来源：陕西延长石油有限责任公司高东提供）

技工多人，购置日本钻机，在七里村一个主要油苗露头处，钻成中国陆上第一口油井，取名"延一井"。同年9月建成中国陆上第一座炼油房（图4-2-2），开创中国陆上石油开采炼制之先河，填补了中国民族工业的一项空白。10年后，此井最高日产仍达1.25吨，至1934年枯竭，累计采油2550吨。在此期间，延一井生产出了石蜡、擦枪油等石油工业产品，为解决革命的燃眉之急作出了巨大贡献。

1935年，延长解放。延长油矿收归公有，归属于陕甘宁边区政府。抗日战争和解放战争期间，延长油矿在边区政府的支持和关怀下，克服重重困难，恢复扩大了生产。1936—1949年，共打井25口，平均年产比前26年增长1.24倍，有力地支援了前线，被誉为"功臣油矿"。1944年，毛泽东亲笔为延长石油厂厂长、边区特等劳动模范陈振夏题词："埋头苦干"。这不但是对陈振夏和延长石油人的嘉奖表彰，而且成为世世代代中国石油人的真实写照。

新中国成立后，延长石油厂改名为延长油矿。作为中国石油工业的先驱，延长油矿人才辈出，先后给玉门、大庆、四川、胜利、长庆等国家大油田输送数以千计的管理和技术人员。1959年，延长油矿工人大胆开展技术革新，改造了七里村炼油厂釜式装置，提高了成品油收率和质量。1982年8月，石油工业部和陕西省在延安召开了陕北油田工作会议，制定了"自力更生、以油养油、积极发展、量力而行"的优惠政策，为延长油矿改革发展注入了新的活力。1985年，为支援地方经济建设，七里村油田将19口生产井和部分设备无偿划拨给延长县，全国第一个县办石油企业王家川钻采公司在延长县成立。1986年底，延长油矿体制改革，七里村油田更名为延长油矿管理局七里村油矿。

1994年5月，在纪念毛泽东为延长石油厂厂长陈振夏题词"埋头苦干"50周年之际，时任国务院总理李鹏为延长油矿题词"埋头苦干，再立新功"。1996年国务院将此井确定为全国重点文物保护单位。1996年，延安炼油厂开发生产出了90号汽油，成为陕西省第一个生产高标号汽油的炼油厂。1998年，中国石油工业开始大重组、大改革，为了顺应新形势，陕西省委、省政府决定将原来属于延安市的延长油矿管理局、延炼实业集团公司和原来属于榆林地区的榆林炼油厂合并，组建为省政府直属的国有独资企业，为陕北石油持续、科学开发奠定了基础。1999年2月4日，陕西省延长石油工业集团公司在延安挂牌运营。2005年9月按照陕西省委、省政府关于《陕北石油企业重组方案》的要求新组建的石油化工企业，成立陕西省延长石油（集团）有限责任公司。

经过1998年和2005年两次重组，延长石油迈上了持续发展的快车道。2007年，原油产量突破千万吨大关；2010年，销售收入突破1000亿元；2013年，进入世界企业500强；2016年，完成油气当量1127万吨，加工原油1331万吨，生产化工品459万吨，年末总资产达到3166亿元，营业收入、财政贡献连续多年保持陕西省第一和全国地方企业前列。目前，陕西延长石油（集团）有限责任公司已发展为集石油、天然气、煤炭等多种资源高效开发、综合利用、深度转化为一体的大型能源化工企业。

2018年11月，位于延长石油所属的油田公司七里村采油厂区域内的延长石油厂入选国家工信部第二批国家工业遗产名单。

2. 工业遗产

延长石油厂入选国家工业遗产保护名录，其遗产核心项目共有7项，均在延长县七里村采油厂区域，包括：延一井、七里村炼油厂、七一井和七三井、延深探一井、延长石油三大地质教育教学实践点、延长石油厂工人何延年的窑洞和苏联专家招待所。

1）工业遗存分布

延长石油厂工业遗产的七项核心项目均位于延长县七里村采油厂区域，分别沿延河两岸呈东西向分布（图4-2-3）。具体位置依次为：

①延一井，位于延长县石油广场（原石油希望小学操场内）；

②七里村炼油厂，位于延长油田七里村采油厂厂区生产基地内；

③延长石油厂工人何延年的窑洞，位于延长县城内寨山西南麓；

④苏联专家招待所，位于七里村采油厂厂区内；

⑤七一井和七三井，分别位于七里村采油厂的厂区生产基地旁；

⑥延深探一井，位于七里村采油厂杨家沟油区内；

⑦延长石油三大地质教育教学实践点，分别位于安沟镇的油苗油砂地质点、张家滩镇的页岩地质点及董家河村的天然裂缝地质点。

2）工业遗存概况

延长石油厂工业遗产核心项目进行了多次拆除、改建和原貌恢复性翻修，目前大部分均已发生了一定变化。现遗存的主要建构筑物共四处，包括延一井、七里村炼油厂、延长石油厂工人何延年的窑洞和苏联专家招待所。

图4-2-3 延长石油厂工业遗产分布图
（地图来源：天地图）

（1）延一井

延一井是中国陆上第一口油井，1907年钻成投产，1997年因保护旧址的需要而停止生产。1985年10月，时任国务委员康世恩为其题词：中国陆上第一口油井（图4-2-4）。1996年11月，国务院公布延一井旧址为全国重点文物保护单位。1997年延一井被列为"中华之最"，2016年被命名为"中国石油学会科普教育基地"。

延一井位于延长县原石油希望小学操场内，遗址占地200平方米，平面整体呈矩形（图4-2-5），有康世恩题词"中国陆上第一口油井"纪念碑和井上抽油设备一套（图4-2-6）。

图4-2-4 康世恩题词"中国陆上第一口油井"
（资料来源：陕西延长石油有限责任公司高东提供）

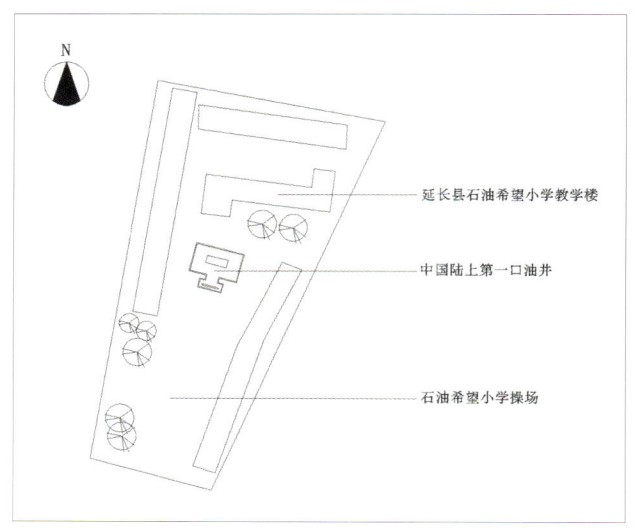

图4-2-5 延长县原石油希望小学及遗址平面示意图

图4-2-6 中国陆上第一口油井遗址现状
（资料来源：陕西延长石油有限责任公司高东提供）

目前遗址地展示着钻井时所使用的井架及炼油设备（图4-2-7）。

（2）七里村炼油厂

七里村炼油厂位于延长油田七里村采油厂厂区生产基地内，场地面积6000平方米，最早为单独釜式炼油塔。其前身是1907年9月10日清政府准建延长石油厂打成延一井之后，于同年建成的中国陆上第一座炼油房，并在1907年10月26日竣工进行生产。2003年10月29日，七里村炼油厂正式停产，完成了它长达95年的光荣历史使命，但其标志性建筑"炼油塔"常压装置经多次维修加固后作为中国炼油发展历史的见证和教育基地，现

图4-2-7 井架及炼油设备
（资料来源：陕西延长石油有限责任公司高东提供）

图4-2-8 七里村炼油厂旧址及生产装置
（资料来源：陕西延长石油有限责任公司高东提供）

在依然耸立在厂区原址（图4-2-8）。

（3）延长石油厂工人何延年的窑洞

延长石油厂工人何延年的窑洞位于延长县城内寨山西南麓，占地面积约3000平方米，有七孔土窑洞。1936年1月，毛泽东率领东征主力部队从瓦窑堡出发到达延长县城。在中共延长县委的精心安排下，毛泽东等中央领导同志在延长石油厂工人何延年的窑洞里住了4天，并在这里主持召开了著名的东征会议（图4-2-9）。1969年，延长县人民政府对该旧址进行了整修，1976年起对游客开放。1988年被确定为延长县重点文物保护单位，1996年进行了重新整修和陈列，2008年被确定为陕西省文物保护单位，成为红色革命纪念地和爱国主义教育基地。

（4）苏联专家招待所

苏联专家招待所是延长油矿为支援石油开发生产来矿工作的苏联专家修建的工作休息的场所。该招待所始建于1953年春，是根据国务院的要求，由玉门油田建筑专家朱天熹设计，延长油矿组织人力进行修建的一所独特建筑。该建筑为砖木结构，设计精巧，外观和走廊具有俄罗斯建筑风格，内部设有会客厅、寝室及会议室，房间共7间，每间单独成室又相互贯通，便于专家办公、休息、座谈和开会（图4-2-10）。它是20世纪50年代中苏友好的见证，是我国重视石油事业发展的见证，是延长油矿积极学习国外先进石油开发知识和技术的历史遗迹。2011年，延长石

图4-2-9 延长石油厂工人何延年的窑洞
（资料来源：陕西延长石油有限责任公司高东提供）

图4-2-10　修复过的苏联专家招待所

（资料来源：陕西延长石油有限责任公司高东提供）

油对苏联专家招待所进行了原貌恢复性翻修。

（5）七一井和七三井

七一井和七三井是延长石油厂油区内两口早期开发的油井，现位于七里村采油厂厂区生产基地旁。1942年和1943年七一井、七三井相继钻成产油，有力地支援了抗日战争和解放战争，为中国革命事业作出了巨大的贡献，被誉为"功臣油井"。同时也涌现出以陈振夏为代表的敢于战天斗地、自力更生的老一辈延长石油人。由于历史原因，七一井和七三井原有的油井已被填埋，仅留下井口装置，七里村采油厂于2014年进行了抢救性发掘。2017年，为了真实反映延长石油开发发展历程，充分体现延长石油在中国石油工业发展史上的历史地位，延长石油将恢复七一井和七三井列为"321"石油文化工程中的一项重要内容，作为历史文物进行保护性恢复，目前正在实施当中。

（6）延深探一井

延深探一井是一口勘探性油井，现位于延长油田七里村采油厂油区内。该井于1952年在延长县杨家沟北面石马科小沟中部部署，于1952年8月1日开钻，1954年12月27日钻至中奥陶系马家沟灰岩完钻，井深2846.63米，是当时全国最深的石油探井。对延长石油乃至整个中国石油工业发展而言，延深探一井的建设，都具有极其重要的意义，与延一井拥有同等的历史地位。因为历史原因，延深探一井原有的井口已被填埋，七里村采油厂于2014年进行了抢救性发掘。2017年，延长石油将恢复延深探一井列为采油厂"321"石油文化工程中的一项重要内容，计划将延深探一井建设成为延长石油科普教育基地的一部分，作为历史文物进行保护性恢复。

（7）延长石油三大地质教育教学实践点

位于延长油田七里村采油厂油区内，是陆相生油理论的发源地，包括张家滩页岩、董家河裂缝和安沟油苗、油砂，场地面积共7900平方米。2017年，延长石油厂将完善、提升张家滩页岩、董家河裂缝和安沟油苗、油砂列为采油厂"321"石油文化工程中的一项重要内容，计划将三大石油地质教育教学实践点设为延长石油科普教育基地的一部分，作为历史文物进行保护性恢复。

3．非物质遗产

（1）石油开采技术

百余年的勘探开发，延安油气区积累了特低渗透油田开发经验，取得令人瞩目的业绩。第一口油井见证了延安石油勘探技术从简易开采阶段到低品位油田高效开发的进步发展。

针对低渗透、低压力、低产量的"三低"，延长油气区用"三简"（简易的钻井技术、开采方式、集输模式）克"三低"。依靠"顿顿钻、裸眼井、捞油车"，因地制宜，成功实现了低品位油田的可持续开发。单井设罐、汽车集输、管道长输、间歇抽油等一整套具有延长石油特色的工艺取得了良好经济效益。油层改造工艺经历了油井爆炸、清水压裂、清水加砂压裂、冻胶压裂等发展阶段。1985年起，先后吸收、引进国内外勘探、开发技术数百项，开发水平与国内其他油气田达到同步。1998年，在川口油田面积注水取得突破，结合浅层丛式定向井开发技术，提出适合本油田实际的"反九点法"丛式井注水开发模式，并在2002年全面推广，资源利用率由60%提高到90%以上。百余年实践，积累了许多独特工艺技术，形成了一系列适合特低渗透油藏开发的配套技术。

（2）相关文献

东汉班固《汉书·地理志》记载："高奴（今延安东北），有洧水，可燃。"

北宋沈括所著《梦溪笔谈》道："鄜延境内有石油，旧说高奴县出脂水，即此也"，首次为"石油"命名，并预测"此物后必大行于世"。

清乾隆二十七年（1762年）王崇礼纂修的《延长县志》中关于石油发现和利用的记载颇详，其中收录《油井波灿》一诗赞曰"顶烟能造墨，医疮洽自烂""从此黑城子，光明长不夜"。

1923年，地质学家王竹泉、潘钟祥等完成《陕北油田地质》一文，对"三延"储油层进行了划分，并对勘探潜力进行早期评价，向"陕北贫油论"提出挑战，并为"陆相生油"理论奠定基础。

1945年，佟城调任延长石油厂七里村分厂副主任；他再一次对延长油田进行地质调查工作，写出了《延长石油地质概论》《对延长附近的旧井位置的评论》等石油专著。为延长油田的勘探开发提供了宝贵的资料。

延长油矿开展区域油气资源评价工作，预测区域资源总量，系统、客观评价了油气资源潜力，为国家和企业制定油气资源战略、勘探开发政策及发展规划提供了依据，也取得了大量的科技成果，其中《延长油区低渗—超低渗油田增储上产滚动勘探开发技术》科研成果获陕西省人民政府2003年度科学技术一等奖；《水基冻胶压裂技术开发及应用》获1998年陕西省科技进步二等奖；《子北探区长4+5、长6油层储量计算报告》获1992年中国地质矿产部银牌奖。

4．工业遗产的价值

（1）历史价值

沧桑无言的油井，锈迹斑斑的锅炉，高耸的井架，向世人诉说着它的辉煌过往，蕴含极高的历史文化内涵。延长油气区是中国石油工业的发祥地和试验田，完成了许多我国石油史上的"第一次"。

清光绪三十三年（1907年）延一井完钻出油，成为中国陆上第一口油井，随之发现中国陆上第一个油田——延长油田，结束了中国陆上不产石油的历史。同年，建成炼油房，是中国最早的炼油厂雏形。光绪三十四年（1908年），派员赴日本学习，是中国第一次专门就石油采炼派遣留学生。1920年，确定中国最早的石油产品商标，计"石马""双枪""雁塔""锦鸡"4种。1928年，组建中国人自己的钻井队伍，于次年钻成由中国人勘定井位的新一井。1930年，进行中国最早的油井爆炸增产试验，开始探索改造油层。

1949年，进行中国最早的油层酸化增产试验。1951年，进行中国最早的室内清水压裂实验。1954年，完钻的延深探一井，井深2846.63米，是全国第一口超过2000米的石油探井。1954年，试验成功干井电测，推广到全国。1958年，成立女子钻井队，是中国石油工业史上最早的女子钻井队之一。20世纪50年代，首创油田井场设罐，汽车运输的集输模式。

同时，中国陆上第一口井为抗日战争和中国革命胜利作出贡献，彪炳史册。1935年，陕北工农红军解放石油厂。当年10月，中央红军到达陕北，很多战士脚上长了冻疮。石油厂及时生产凡士林，为战士疗伤。抗日战争时期，中央军委总后勤部军工局非常重视延长石油增产，研制、加工出一系列石油产品，石油厂职工自力更生艰苦奋斗，为保障边区军民生产和工作用油作出了卓越贡献。汽油、煤油、檫枪油、石蜡、油墨等石油产品不仅满足了党中央和陕甘宁边区政府的需要，还与国民党统治区交换了大量紧缺物资。1943年，原油产量达到1279吨，实现了"增加煤油生产，保障煤油自给，并争取部分出口"的目标（摘自毛泽东《经济问题与财政问题》）。

(2) 科技价值

陆上第一口油井蕴含着延长石油勘探科技的价值。1905年成立的延长油矿经历百年石油勘探开发，逐步认识了地质规律和勘探开发致密低渗透砂岩油藏的钻采工艺技术。比起大油田，虽然延长油田原油产量甚微，但却在中国石油工业的发展中有着非常重要的历史地位。延长油田是中国油田开发的试验田，为我国的石油开采积累了宝贵的经验。长期以来，几代石油职工埋头苦干、开拓创新，逐步探索出一套符合地质规律的钻采工艺技术；压裂、酸化、钻丛式井、水平井等技术快速发展。

(3) 社会文化价值

一方面，延长石油厂为中国石油工业培养和输送大量人才，成为中国石油工业发展的摇篮。20世纪30年代，地质学家谢家荣、王竹泉、潘钟祥等多次到陕北进行地质考察，修正部分外国专家对陕北地层的片面论断。潘钟祥指出："中国含油地层之地质时代，若川若陕，均属三叠纪，在川者属海相，在陕者属陆相。"陕北石油孕育"陆相生油"理论，指导陕北乃至中国石油的开发，有力地推翻了美国技师的"中国贫油论"。20世纪30年代开始，一大批专业技术人员和管理干部走出油田，开发建设新的石油基地。1935年，陕北油田探勘处永坪事务所人员成为四川油矿探勘处创建时的骨干。1938年，玉门油矿开发初期，延长石油厂支援玉门完整顿钻两部，派调技术熟练的钻井工人18名。在玉门钻成老君庙一号井，揭开了玉门油田开发建设的序幕。新中国成立后，延长油矿先后向大庆、胜利、辽河、长庆等油田支援科技人员、管理人员和熟练工人1482人。孙越崎、严爽、张心田、董蔚翘、王尚文、黄先驯、李德生、王树芝、刘树人、秦同洛等一大批石油工业史上声名卓著的专家，都曾在延长从事开发技术工作。

另一方面，1944年5月25日，毛泽东为延长石油厂厂长陈振夏题词"埋头苦干"，这是中国石油战线最早荣获的题词。从此"埋头苦干"成为延长石油的光荣传统，并在改革开放后逐步熔铸成为"埋头苦干、开拓创新"的企业精神。延一井尽管已经枯竭，但它仍然是很多石油人"寻根问祖"的去处。因为延一井代表一种鼓舞斗志的力量，是一面指引方向的旗帜，是一个创造神话的源头。

5. 保护建议

延长石油厂作为国家级工业遗产，全国重点文物保护单位。应更加完善对其中物质与非物质文化遗产的保护措施，建议如下：

（1）根据陕西省委办公厅、省政府办公厅《关于革命文物保护利用工程的实施意见》等文件精神，建议将延长石油厂纳入延安革命纪念地管理局，进一步加强保护、开发和发展。

（2）延长石油厂厂址及其所蕴含的艰苦奋斗、埋头苦干、开拓创新等精神，是继承发扬革命传统的重要资源，建议将延长石油厂纳入革命文物重点保护利用项目，鼓励社会力量广泛参与到工业遗产保护工作中，进一步加强工业遗产的制度化。

（3）建议将延长石油厂作为陕西省石油工业红色文化传承重点工程，在现有厂址的基础上，进行改造、保护和完善，进一步提炼延长石油厂工业遗产的文化价值和历史内涵，使延长石油厂成为爱国主义和革命传统教育基地。

4.2.2 王石凹煤矿

陕煤集团铜川矿务局有限公司王石凹煤矿，位于陕西省铜川市东郊12.5千米处的鳌背山下。其最早可追溯开采时间为清朝道光前后。王石凹煤矿是国家"一五"期间156项重点工程之一，1951年在苏联的援助下，由列宁格勒设计院设计并开始筹建，1961年建成移交，是当时我国西北地区第一座最大的机械化竖井，也是西部地区唯一一个煤炭项目。王石凹煤矿是中华人民共和国煤炭工业发展的亲历者，曾被陕西省誉为陕西煤炭经济建设的"台柱子"，有"共和国煤炭工业长子"的美誉，为陕西省乃至西北地区工业发展和经济繁荣作出了重要贡献。

1. 历史沿革

1951年1月1日，我国制定实施第一个国民经济五年计划，在苏联的支持下，我国开始以156项重点工程为中心的大型工业建设，在原同泰煤矿基础上勘探设计，王石凹立井项目诞生，直属燃料工业部。

1953年，西北煤炭管理局决定，将同官、新建、新泰三个矿井合并为"同官煤矿"。

1954年，苏联阿莫·米特次、葛拉左夫、德林钦克等技术专家支援团队对王石凹立井井田开始勘探设计。

1957年12月1日，王石凹立井开工建设，仍属煤炭工业部（原燃料工业部）垂直管理。

1960年，中苏交恶，苏联专家退出建设，销毁或带走全部相关工程建设资料，后由西安煤炭设计院补充后期建设，因此，王石凹煤矿属于边设计、边建设、边开采的"三边"工程。

1961年11月20日建成投产，移交铜川矿务局，命名为"王石凹煤矿"。

1968年，矿成立"革命委员会"，改名为"反修煤矿"。1972年恢复王石凹煤矿矿名至今。

20世纪70年代，这里的生产热火朝天，生活热闹非凡。鼎盛时期的王石凹矿有职工7000多人，职工和家属共约3万人，王石凹街道区域也因矿而兴，学校、医院、食堂、商店一应俱全，其繁盛程度被誉为"小香港"。矿工和家属们用辛勤的劳动和对生活的热情，共同维系着矿区的正常运转。

1981年，矿井率先在原采煤五区使用高档普采设备。1982年，首创全国高档普采工作面最高纪录，年产原煤54.66万吨。

1983年，经陕西省煤炭工业厅批准，矿井实施深部开发战略。1996年，顺利实现由"+735"水平向"+650"水平的战场转移。矿井机械化率达到100%，整体抗灾能力增强，蝉联全国高档普采冠军。

1998年，铜川矿务局从原煤炭部交由陕西省管理，王石凹煤矿隶属于陕西省铜川矿务局。

2000年起，连续三年实现安全生产，被评为质量标准化矿井。

2004年，陕西省委、省政府决定重组发展起来的国有特大型能源化工企业，成立陕西煤业化工集团公司，铜川矿务局王石凹煤矿隶属旗下。

辉煌过后，没落悄然而至。煤炭市场的低迷、资源枯竭、成本与价格倒挂，使王石凹矿无法继续开采，产业转型成为王石凹矿的紧迫问题。

2014年，陕西陕煤集团公司为积极响应国家供给侧结构性改革举措，决定对王石凹煤矿在内的8对矿井关停。

2015年，正式提出保护工业遗产事项，并制订了九大保护措施。

2015年，王石凹煤矿完成全部回收任务，正式关井。至此也完成了它光荣的历史使命。

2016年，被铜川市授予文物保护先进单位。

2017年，陕西省政府命名王石凹煤矿为"中国文化遗产陕西省文化遗址公园"；陕西省"十三五"旅游项目规划重点工程、铜川市"十三五"规划重点工程。

2018年11月15日，王石凹煤矿列入第二批国家工业遗产名单。

2．遗存状况

1）总平面布局

王石凹煤矿工业遗址公园项目北至铜川市政公路与王石凹迎宾路交接处，南至背山沟棚户区，西至煤矸场，东至职工家属楼，以王石凹工业区为核心，总面积4000余亩，核心区占地1500余亩（图4-2-11）。

2）工业区建筑物遗存概况

（1）井下735水平采煤巷道

井下735水平采煤巷道于1959年开拓完成，回收预留2000米，最宽处不超过4.5米，高度3米，现主体保存完好（图4-2-12，图4-2-13）。

（2）主、副井筒

主、副井筒始建于1957年，为一对立井（图4-2-14，图4-2-15），井下开采原设计分三个水

图4-2-11　王石凹煤矿卫星图

图4-2-12 建矿初期735巷道

(资料来源：王石凹煤矿宣传部提供)

图4-2-13 现存735巷道

(资料来源：王石凹煤矿宣传部提供)

图4-2-14 主井筒

(资料来源：长安大学张辞凡摄)

图4-2-15 副井筒

(资料来源：长安大学张辞凡摄)

图4-2-16　苏式风格选煤楼
（资料来源：王石凹煤矿宣传部提供）

平，副井口主要用作人员、物料升入井，标高1107米，井深419米，井径5.5米。

（3）主、副绞提升室

主、副绞建设完全一致，唯一的区别是功能上不同，主绞用于提升货物，副绞用于提升人员。主、副绞提升室均始建于1957年，苏式风格，建筑面积300平方米。

（4）选煤楼

选煤楼始建于1957年，为苏式风格的标志性建筑，总面积约2400平方米，楼高23米。有三条运输皮带分散于选煤楼两边，主要承担原煤的分拣、储存及装运，是汽车、火车装载原煤的集散地，是目前西北地区唯一一座苏式选煤楼（图4-2-16）。

3）生活区建筑物遗存概况

（1）苏联专家楼

苏联专家楼为建矿初期，苏联专家援建期间的住所。其整体由青石筑成，高2层，每层10间，建筑面积约500平方米。现在楼体坚固如初，仍在使用（图4-2-17）。

图4-2-17　苏联专家楼
（资料来源：王石凹煤矿宣传部提供）

图4-2-18 苏联专家楼

(资料来源：王石凹煤矿宣传部提供)

(2) 苏式办公楼

办公楼始建于1961年，共4层，建筑面积7065平方米，每层高4.5米。充分体现了苏式建筑楼层高、房间大等风格和设计理念。

史料档案馆位于办公楼顶层，存储了1954年以来文书、会计类档案共22 084卷，科技类档案633盒，人事、机要、保密、公章、图片、证书等其他资料24项。

(3) 矿工俱乐部

矿工俱乐部始建于1963年，由钢筋、石料、水泥建成。俱乐部包括前厅、观众厅（二楼厅）、舞台、演员化妆室、演员宿舍等功能。观众厅内（包括楼座）1708席，建筑面积2980平方米。是当时历年的重要大型会议、及时宣传党的各个时期的路线方针和政策的重要场所（图4-2-18）。

(4) 苏式单边楼

苏式单边楼始建于1959年，全长450米，共5层，有400余间房间，原主要用作职工公寓（图4-2-19）。

图4-2-19 苏式单边楼

(资料来源：王石凹煤矿宣传部提供)

图4-2-20　霸王窑阶级教育馆
(资料来源：王石凹煤矿宣传部提供)

（5）霸王窑阶级教育馆

"霸王窑"为赵姓窑，建于清康熙年间，历时240多年，经历清朝、民国，后改制建成股份制"复兴煤矿"。因为窑主的残酷剥削、野蛮迫害，长期以来，窑工死伤甚多，白骨成堆，所以民间称它为"霸王窑"（图4-2-20）。20世纪70年代，由铜川矿务局改建为"霸王窑阶级教育馆"，在当时每年有近10万人次接受教育。

4）设备遗存概况

（1）主绞提升系统

主绞提升系统始建于1957年，为苏联援建，采用苏联进口的提升机型号为2JK-4X1.8，转速369转/分钟，电机型号为YR630-16/430。钢丝绳公称直径为43毫米，提升高度413米，与副绞设备的技术特征的区别是主绞630KW×2双机托动（图4-2-21）。

（2）副绞提升系统

副绞提升系统始建于1957年，是西北地区最大的绞车，滚筒直径4米，装备全部是从苏联进口，采用的提升机型号为2JK-4X1.8矿用单绳提升机，卷筒直径为4米，电机型号：JYZ800-16，转速为370转/分钟。钢丝绳公称直径为43毫米，罐笼容积为4米×1.58米×2.4米，自重4.5吨，提升高度378米，原提升速度为6.5米/秒，副绞为单机提升，一用一备（图4-2-22）。

图4-2-21　主绞提升系统
(资料来源：王石凹煤矿宣传部提供)

图4-2-22　副绞提升系统
(资料来源：王石凹煤矿宣传部提供)

（3）动力用风系统

动力用风系统始建于1957年，采用LGD-40/8型螺杆空气公称，容积流量为40立方米/分钟，最大压力为0.8兆帕，电机功率为250千瓦，现有3台压缩机，两用一备。

（4）主扇（主要通风机）

主扇始建于1957年，型号FBCDZ-No26/2×3.5，直径2600毫米，风叶运转角度：一级风叶－3度，二级风叶0度，总风量为7200立方米/分钟，反风方式为反转反风，电机功率为315千瓦×2，额定电压为6000伏（抽出式通风方式）。

（5）地面乘人绞车

地面乘人绞车始建于20世纪60年代初期，车道全长210米，坡度18°为双向行驶，每列车有两节车厢，每节车厢限载15人，载物两吨，是连接工业区和生活住宅区最重要的交通工具（图4-2-23）。

（6）污水处理系统

污水处理系统始建于1958年，处理能力为1200立方米/天（图4-2-24）。

图4-2-23　正常运转的建矿初期的绞车
（资料来源：王石凹煤矿宣传部提供）

图4-2-24　污水处理厂
（资料来源：王石凹煤矿宣传部提供）

（7）运输铁路

运输铁路始建于1936年，为陕西省政府与陇海铁路局联合兴建的咸同铁路遗迹。1957年延伸至王石凹煤矿。1963年扩建为四车道，增设客车线。

（8）火车道

现仍存9米2根建矿初期的铁轨标本，原用于早期王石凹煤矿至铜川南站运煤火车铁轨，为1903年汉阳铁厂①制造，经久耐用、抗腐蚀性高（图4-2-25）。

（9）蒸汽机车头

蒸汽机车头为1961年出厂于山西大同机车厂，1990年代初"退役"，设计速度85千米/时，牵引力250千牛，总长23.4米，总重103吨。在当时，与"上游型""解放型"等蒸汽机车共同承担了铜川矿业公司煤炭铁路运输的全部任务，服役期间为铜煤发展作出了巨大贡献，有力地促进了铜川经济建设（图4-2-26）。

3. 工业遗产价值

1）历史价值

考古资料显示，最晚到北宋年间，起源于铜川耀县的耀州窑瓷器已经开始使用煤烧造（陕西省考古研究所铜川工作站《耀州窑作坊和遗址发掘简报》，载于《考古与文物》1987年第1期）。

据《中国煤炭志》清代陕西煤炭业开采概况表中记载，清朝道光前后，私人窑主王舍娃开办了"王舍凹煤窑"（今王石凹煤矿煤田）开始批量开采煤炭；另据《陕西省同官县志》第二册卷十一《矿业志》记载，1929年，官办民营企业"同泰煤矿"（原王舍凹煤窑，今王石凹煤矿），开始规模开采煤炭，而现今的王石凹煤矿于1951年立项，1961建成，历经了半个多世纪峥嵘岁月，于2015年9月完成全部回收任务，正式关井。至此也完成了它光荣的历史使命。

（1）地位、作用

王石凹煤矿拥有陕西煤炭工业最重要的矿

图4-2-25　铁轨（运输铁路）

（资料来源：王石凹煤矿宣传部提供）

图4-2-26　20世纪60年代蒸汽机车头

（资料来源：王石凹煤矿宣传部提供）

---

① 汉阳铁厂创建于1891年，1894年建成投产，是中国近代最早的官办钢铁企业，堪称中国钢铁工业的摇篮。

井。关中地区是西北工业的重镇,铜川矿务局作为陕西早期的机械化煤矿,源源不断地供给了陕西煤炭工业的能量。同期矿井中,王石凹煤矿以年设计能力120万吨领衔陕西(表4-2-1,直到20世纪80年代建设另两口设计能力150万吨竖井,规模和开采年限均有限),是主力矿井。

表4-2-1 铜川矿务局主要矿井一览表

矿井	投产年	设计年生产能力/万吨
三里洞立井	1957	60
李家塔立井	1956	60
史家河立井	1956	30
王家河一号井	1958	45
桃园平硐	1959	90
王石凹立井	1961	120
金华山立井	1963	45
徐家沟立井	1966	45
鸭口立井	1966	60
东坡斜井	1970	45
东背塔平硐	1969	45
下石节平硐	1980	120
陈家山平硐	1981	150
崔家沟煤矿	1979	150

资料来源:王石凹宣传部提供。

王石凹煤矿是"156项重点工程"的典型代表。"156项重点工程"的开工建设,改变了旧中国工业落后的面貌,增强了我国的经济独立性。王石凹煤矿是苏联援建的西北地区唯一一家煤炭项目和少数几家能源采掘项目之一,是为数不多的"156项重点工程"能源工业的标本。

在全国"156项重点工程"新开和续建的8项煤炭工业中,王石凹煤矿以年设计生产能力120万吨居第二,仅次于续建的鹤岗兴安台二号立井,占全部项目的15%(表4-2-2)。

表4-2-2 "156项重点工程"采煤工业设计产量一览表

矿井	性质	年设计产量/万吨	比例
王石凹立井	新建	120	14.81%
双鸭山尖山二号立井(后拟以平顶山代替)	新建	90	11.11%
通化湾沟立井	新建	60	7.41%
鹤岗兴安台二号立井	续建	150	18.52%
鹤岗大陆立井(后拟以东露天代替)	续建	90	11.11%
焦作中马村立井	新建	60	7.41%
峰峰北大峪立井(原称通顺立井)	新建	120	14.81%
鸡西滴道11号竖井(后拟以山西潞安竖井代替)	新建	120	14.81%

资料来源:王石凹宣传部提供。

王石凹煤矿是政府和铁路局合办煤矿的先行者。1936年8月20日的天津《大公报》报道:"西安市用煤,多系由陇海路自晋豫两省运来高价煤,陇海线一旦发生阻碍,陕西必立感煤荒。"当年,由陕西省政府与陇海铁路局联手兴建陕西省政府陇海铁路同官煤矿理事会同官矿场,这是陕西历史上第一个由政府出资和铁路局合办的煤矿,简称"同官煤矿"。1954年,苏联援建王石凹煤矿,选址同官煤矿井田,建成移交后隶属同官煤矿(今铜川矿务局有限公司)。

王石凹煤矿是我国煤炭工业发展的亲历者。

王石凹煤矿半个多世纪的发展史，不仅是我国煤炭行业现代化发展的一个缩影，更是中华人民共和国煤炭事业发展的见证者。从新中国成立初期的人拉肩扛到半机械化的人工炮采，从1975年率先推广的高档普采到100%的全机械化的综采采煤工艺变迁，都走在了全国前列，引领了行业发展。目前保留的各个时期采煤工艺、设备、主副井提升设备等一系列工业遗产，具有煤炭行业的典型性和稀有性，不仅能够反映我国各个历史时期煤炭开采的顶级水平，更可为了解陕西省乃至国内煤炭工业的开采史提供弥足珍贵的历史证据。

王石凹煤矿提升了中国名瓷耀窑瓷器品质。据史书记载，铜川以耀州窑瓷器闻名于世，占据宋代六大名窑之一，十大窑系之一的地位。考古资料显示，不晚于北宋，耀州窑就已经成为以煤为燃料的瓷窑了，目前我国已探明的此类窑址只有八口。煤的使用，大大提高了生产效率，并改善了成品瓷器附着有草木灰痕迹和火刺的现象。

(2) 相关事件

王石凹煤矿见证了中苏友好。"156项重点工程"见证了中苏人民深厚的友谊，是我国工业化进程的先驱和奠基石。其标志性的建筑风格，是中国乃至世界社会主义计划经济时期工业建筑遗产最优秀的案例。许多老一代中国人对苏联"老大哥"长久怀有感情，陈云同志曾说："对于苏联人民给我们的援助，无论是革命战争年代给的，还是和平建设时期给的，中国人民都没忘记，也永远不会忘记。"

王石凹煤矿经历过我国工业困难期。1960年7月16日，苏联政府正式照会中国外交部并限期召回全部在华工作的苏联专家，撕毁了与中国合作的几乎所有经济合同，销毁技术图纸。20世纪60年代初期，作为当时西北地区唯一的煤炭工业项目，在资金、技术、人员紧缺的情况下，转由西安煤矿设计院修改原设计续建，仅用四年时间，就完成了从建矿到投产的火速"成长"。

王石凹煤矿经历过时局动荡。"文革"期间，时局动荡，全国发生煤荒，敢打硬仗的王石凹人再次异军突起，三年大打翻身仗，1973年，年产首次突破120万吨设计大关，义无反顾扛起了"共和国煤炭工业长子"的大旗。

2) 科技价值

(1) 建井技术领先全国

1958年，主井、风井分别创造了单行月进成井92.66米、109.44米全国纪录（《铜川报》1958年8月第8期报道）；1959年，在巷道掘进中创造了月进尺537米的全国记录。

(2) 光面爆破领先全国

1965年，试验成功了石灰岩光面爆破技术，在国内处于领先地位，并在配风巷中推广应用了先进的支护形式——金属锚杆和木锚杆支护，同时，在岩巷掘进中先后推广了16项掘进施工先进技术，并在全国煤矿快速掘进经验交流会上，介绍光面爆破经验，《煤炭工业》杂志第九期相继刊登。

(3) 采煤技术领先全国

矿井机械化率达到100%，四次蝉联全国高档普采冠军、连续5年跨入全国高档普采前茅、连续6年获全国甲级掘进队称号等一系列先进集体。1986年自行设计、制作安装了较为先进的调度模拟盘投入运行，煤炭部授予"全国煤炭先进调度室"称号。

(4) 科研成果广泛应用

1968年，矿改装国产顿巴斯-Ⅰ型割煤机为滚筒式采煤机，并在采煤五区首先使用；1970年，推广使用锚喷支护技术；1974年，推广了锚（锚杆）网（金属）混（混凝土）喷支护技术；先后共取得科技成果40余项，各类工程技术改革80余项，多项技术在全国推广使用。

（5）曾以"十大"闻名西北

①矿井规模大：井田境界为走向5.2千米，倾向2.7千米，面积28平方千米；

②生产能力大：年设计生产能力120万吨；

③井筒直径大：6米；

④矿车容量大：3吨；

⑤主副井提升绞车大：卷筒直径4米，电机630千瓦×2；

⑥选煤楼选运能力大：10 000吨/24小时；

⑦风井扇风机大：每分钟6800立方米风流；

⑧井下主排水泵大：每小时150立方米/台×3立方米；

⑨压风机能力大：每分钟40立方米压缩空气，压力0.8兆帕；

⑩办公楼面积大：建筑面积7065平方米，单间层高4.5米。

3）社会价值

（1）一个矿井改变了一座城市

铜川因煤而兴，先矿后市。"一五"期间，以王石凹煤矿为模板，铜川的煤矿如雨后春笋般建立起来，陈家山、下石节、玉华等大小煤矿最多时达到100多个。据统计，1958年撤县设市以来，铜川累计生产原煤6亿多吨。20世纪60年代，在岗职工7800多人，职工家属5万余人，企业自建了医院、学校等民生机构，兴办了服务矿山建设的石灰厂、石子厂、硫磺厂、荆靶厂、纸箱厂、瓷砖厂等小型工厂，组建家属生产队开展"三产"解决职工家属的生活需求，保证了当地的人居生活，更多地承担了地方的社会责任。由于王石凹煤矿对于文化建设和组织建设的重视，屡获全国煤炭系统"文明单位"、全国煤炭工业"双十佳煤矿"、"行业二级安全高效矿井"、全国企业文化建设"先进单位"、国家级"安全质量标准化矿井"、全国先进工会等荣誉称号。1966年，铜川成为当时除西安市以外全省唯一的省辖市，重工业成为铜川经济发展的基调，也带给这座西北小城无限荣耀。

（2）一片煤矿支撑地方产业发展

作为当时西北地区唯一的煤炭工业项目和少数能源采掘项目，仅用四年时间，就完成了从建矿到投产的火速"成长"。王石凹煤矿是包括电力、制造、国防、航空、航天、教育等这些重点建设项目的关键配套项目，1955年煤炭工业部设立铜川矿务局，以满足陕西军民能源需求。20世纪80年代，铜川煤炭产量一度占到陕西的70%，在煤炭工业的带动下，水泥和铝产量年年增长，成为西北地区重要的能源建材基地，保证了充足的能源供给，促进了西部地区经济的发展，有力地促进了城市化进程，成为当时我国煤矿建设的模板，也奠定了西北地区乃至我国工业发展坚实的基础。2004年，陕西省委、省政府决定重组国有特大型能源化工企业，成立陕西煤业化工集团公司，铜川矿务局王石凹煤矿也就成为世界500强企业陕煤集团旗下最具有代表性的矿井。

（3）一首歌、一部小说传遍全国

1963年，全国掀起了向雷锋学习的高潮。《唱支山歌给党听》就是在这次高潮中产生的一首优秀歌曲。它的词作者正是企业职工姚晓舟（笔名蕉萍）。作曲家朱践耳将其谱成山歌风味的独唱曲，经农奴出身的藏族歌手才旦卓玛演绎，很快流传全国，几十年久唱不衰，也让全国人民了解了孕育这首经典之作的革命圣地——铜川。

《平凡的世界》是时任铜川矿务局宣传部副部长、著名作家路遥以王石凹煤矿生活为创作背景，以真实的矿区职工人物为原型完成的一部百万字长篇巨著，是一部现实主义小说，也是小说化的家族史。1991年3月《平凡的世界》获中国第三届茅盾文学奖，作品轰动全国，影响了几代人，让作为故事的创作地"铜城"（即铜川矿务局）一时间成为社会关注焦点。2015年，同名改编的电视剧在北京卫视、东方卫视首播后，再次掀起波澜，让铜川矿务局这个名字再次传遍全国。习近平总书记在参加全国两会上海代表团讨论时，对《平凡的世界》提出赞扬。如今剧中许多人物原型依然可见，生活在他们热爱的"铜城"矿区。

4）艺术价值

（1）煤炭工业典型风貌

高耸的井架、硬挺的绞轮机、轰鸣的蒸汽火车、千折百转的洗选煤车间以及各式提升和通风设备，折射出新中国煤炭工业的整体风貌。

（2）苏式风格建筑

矿区保存完好的办公大楼、干部公房、专家楼、单边楼、选煤楼、职工宿舍楼等苏式建筑，体现了特殊年代中苏人民友好往来的独特审美品味。

（3）自然文化交融

王石凹煤矿位于陕西省铜川市东郊的鳌背山下，周围有丰富的山川河流自然和文化景观资源，与工业景观相互呼应，形成了古今文化交相辉映、人文自然和谐并存的格局。

（4）文艺汇聚之所

积淀深厚的矿区文化氛围，迸发出文艺的活力，文学、书画、影视作品层出不穷。《平凡的世界》《魔幻巷道》《从拾柴到采煤》《矿长的上午》《昨夜箫声》，均以王石凹煤矿为创作基地；陕西金石书画院等十余家书画采风团体及个人，争相深入矿区获取灵感创作佳作；电视剧《太阳人》，电视剧《女囚》，西安电影制片厂摄制的《山道弯弯》都在此取景。

职工文艺创作队伍中，有百余人次在省、市及国家级报刊发表过作品，从中走出了李祥云、黄卫平等一批享誉文坛的矿山作家，多次获得国家级和煤炭系统的各种荣誉。

4．保护情况

（1）保护与利用现状

在中共中央办公厅、国务院办公厅《关于实施中华优秀传统文化传承发展工程的意见》的指导下，在《"156项工程"工业遗产保护倡议书》的促进下，王石凹煤矿的前途得到各级领导的重视。2016年，陕西省省长胡和平批示："要学习借鉴国内外的成功经验，做好王石凹工业遗址旅游项目建设，实现二产向三产转变，煤炭开采向文化旅游业转变。"

陕西省人民政府、陕煤化集团大力支持工业遗产的有效保护和合理利用。2017年5月，陕西省文物局印发了《关于开展省级文化遗址公园建设工作的通知》，明确工业遗址保护要求，并拨付保护资金。目前，关于遗址公园的建设工作仍在进行中。

（1）王石凹煤矿遗址保护规划

2020年，王石凹煤矿工业遗址保护规划以"西北煤炭工业活化石"为核心定位，具备教

图4-2-27　王石凹煤矿工业遗址保护规划总图

育、展陈、研究的功能，并发展以工业遗址公园为核心的旅游综合体，涵盖吃、住、行、游、购、娱全产业链，旨在探索资源枯竭型矿区产业如何成功转型，成为工业遗产旅游的标杆、青少年爱国主义教育基地。

保护规划范围包括地上地下两层范围，整体空间布局为"两个空间四大板块十二大分区"。地上地下两个空间主题各不相同，地上为煤矿文化动态体验空间，地下为煤矿精神静心感受空间。两大板块特色鲜明、主题突出、紧密相关，全面阐释了王石凹矿区综合服务、游览特色、休闲娱乐几大功能，两个空间内又包括不同的旅游功能分区，整体形成王石凹矿区层次分明、主题突出、内涵丰富的旅游空间布局（图4-2-27）。

（2）相关保障措施

组织保障：成立文物保护工作小组，本着"原状保护、最少干预"的原则进行施工，确保苏式建筑群和工业设备等一系列工业遗产的完整性。

制度保障：制定了《文物工作制度》《用火用电安全管理制度》等规章制度和各项应急预案，确保文物工作有序进行。

资金保障：王石凹煤矿工业遗址公园项目开发总投资为10亿元，分为以王石凹为主导开发的基础和公共服务设施投资和以吸引公司、私人为主导的招商引资投资两部分。其中，王石凹矿投资9亿元，招商引资投资1亿元。

舆论支持：以采集和征集的实物、图片和视频材料为基础，制作完成了时长47分钟的王石凹矿历史发展宣传片《我们的记忆》，利用近200张图片和31块牌板，制作完成了反映王石凹矿54年的发展历程的历史文化长幅画卷《傲背山·札》，在矿区引起强烈反响，大力宣传了工业遗产的历史意义和保存价值，并得到了各级领导的高度重视和职工家属的大力支持。

（2）保护建议

王石凹煤矿应以"完整保护、分类整理、合理开发"为原则，保护具有王石凹煤矿地域特色的矿区文化景观、苏式风格建筑群和矿区工业遗存，整理相关影像资料，合理开发利用。建议重点保护以下9处体现煤炭工业时代特色、主要流程和生产特征的工业遗产：

（1）井下735水平采煤巷道；
（2）主、副井筒；
（3）主、副绞提升室；
（4）选煤楼；
（5）苏联专家楼；
（6）苏式办公楼；
（7）矿工俱乐部；
（8）苏式单边楼；
（9）霸王窑。

4.3 纺织工业遗产

4.3.1 申新纱厂

申新纱厂旧址位于陕西省宝鸡市金台区，前身为汉口市申新第四纺织厂，现保存有文物建筑4处，分别为窑洞车间、薄壳车间、申新纱厂办公楼和乐农别墅。其旧址于2017年被国家工信部正式公布为第一批国家工业遗产，2018年被列入爱国主义教育基地，2019年被列入第八批全国重点文物保护单位名单。

1. 历史沿革

1938年8月，日军逼近武汉，国民政府下令各工厂迁至后方生产，汉口市申新第四纺织厂将2万枚纱锭、400台布机、3000千瓦发电机组及部分漂染设备迁至陕西宝鸡，1939年在宝鸡十里铺建厂，同年4月纱场工程首先破土动工，砖木结构，双落水平房，8月建成，可装纱锭6000余枚，称为第一纺纱工场。在原动及发电设备尚未完工投运之前，临时采用蒸汽木炭引擎和旧汽车引擎作为动力，于8月9日开出第一台细纱机，到年底实开纱锭1648枚，当年生产16支、21支棉纱390件。

1940年，为避免日机轰炸，开始建设窑洞工场，安装纺纱机器。在长乐塬脚下，依北崖自东向西共挖窑洞24孔，由6条东西向的横洞将其连接起来，形成网络，并作为洞与洞之间的运输通道，窑洞深处有直通地面的通气天井3眼，用3台鼓风机排气，加速空气循环。1941年春，窑洞工场竣工，共安装2万枚纱锭的前纺设备和1.1万枚细纱机；1月5日，3000千瓦透平发电机正式运行；4月19日，窑洞工场陆续开车生产，命名为第二纺纱工场，连同第一纺纱工场，共开纱锭1.6万枚，每月产纱640余件,生产工人增加到2500余人。窑洞工场的建设,为战时发展纺织工业开辟了先例。

抗战期间,宝鸡申新纱厂在大后方发展成为举足轻重的企业集团。纺织厂开设了福新面粉厂、宏文造纸厂、申新铁工厂等分厂,并在上海、西安、兰州、天水设立了办事处;在三原、泾阳、渭南、咸阳、汉中、东泉店、耀县等地设立了采购部,还在宝鸡设立了管理陕、甘、川三省供销业务的总管理处,在抗战后方坚持生产,源源不断地供应军需民用,成为当时内迁工厂组织完善的民族工业的典型之一。

新中国成立以后,政府贷款扶持,发展生产,进行社会主义改造,实行公私合营,企业名称和隶属关系多次变化。1951年11月公私合营后,定名为"新秦企业有限公司申四宝鸡纺织印染厂"。新秦企业有限公司属陕西省工业厅领导,该厂由新秦企业有限公司领导;1953年5月13日,经董事会决定改名为公私合营新秦企业有限公司宝鸡纺织厂;1958年1月,新秦企业公司撤销,该厂直属陕西省工业厅领导,更名为新秦纺织厂,同年4月交西北纺织管理局领导;1966年12月取消定息,企业性质变更为全民所有制,改名为"国营陕西第十二棉纺织厂",属陕西棉纺织公司领导;① 2000年,陕棉十二厂资产重组,改为陕西大荣纺织有限责任公司所有,目前仍在运营生产。

申新纱厂旧址于2016年被宝鸡市金台区人民政府公布为宝鸡市文物保护单位;2017年被国家工信部正式公布为第一批国家工业遗产;2018年7月,被陕西省人民政府公布为第七批省文物保护单位;2018年9月,被列入爱国主义教育基地;2019年10月,被列入第八批全国重点文物保护单位名单。

2. 工业遗产

1)总平面布局

宝鸡申新纱厂位于宝鸡市中心以东的斗鸡台,南临陇海铁路,南距渭河约1.7千米,北靠长乐塬,地势北高南低,占地面积约1.5平方千米(图4-3-1)。现存旧址内有四处文物建筑,包括建厂初期建造完成的窑洞工厂、办公楼、乐农别墅以及新中国成立后兴建的薄壳车间,还保留了部分职工宿舍区。其中生产建筑位于地势平坦的塬下,临近陇海铁路线;生活用房主要布置在高一级台塬上,通过三条道路与塬下联系,整个厂区结合自然地势,功能分区较为明确。

2)工业建筑物遗存概况

申新纱厂现存工业建筑遗产包括窑洞车间、薄壳车间、办公楼与乐农别墅4处。

(1)窑洞工厂

1940年8月至1941年2月在长乐塬脚下修建窑洞工场,窑洞依北崖由西向东依次排列,共24孔,建筑面积约4388平方米,洞内有六条横洞东西贯通,形成网络,既可做洞与洞之间的运输通道,也可流通空气(图4-3-2,图4-3-3)。洞深处有直通地面的通气天井三眼,最深一孔约37米。

13号、15号、17号与19号洞形制、大小相仿。13号洞后端有砖砌圆形通气天井一座,直径1.8米,高约37米。17号洞后端横洞内有砖砌长方形通气天井一座,长宽各约2米,高未知。19号窑洞分前、后两段,前段深18米,洞口宽1.92米,

---

① 陕西省政协文史资料委员会,陕西第十二棉纺织厂. 宝鸡申新纺织厂史[M],西安:陕西人民出版社,1992.

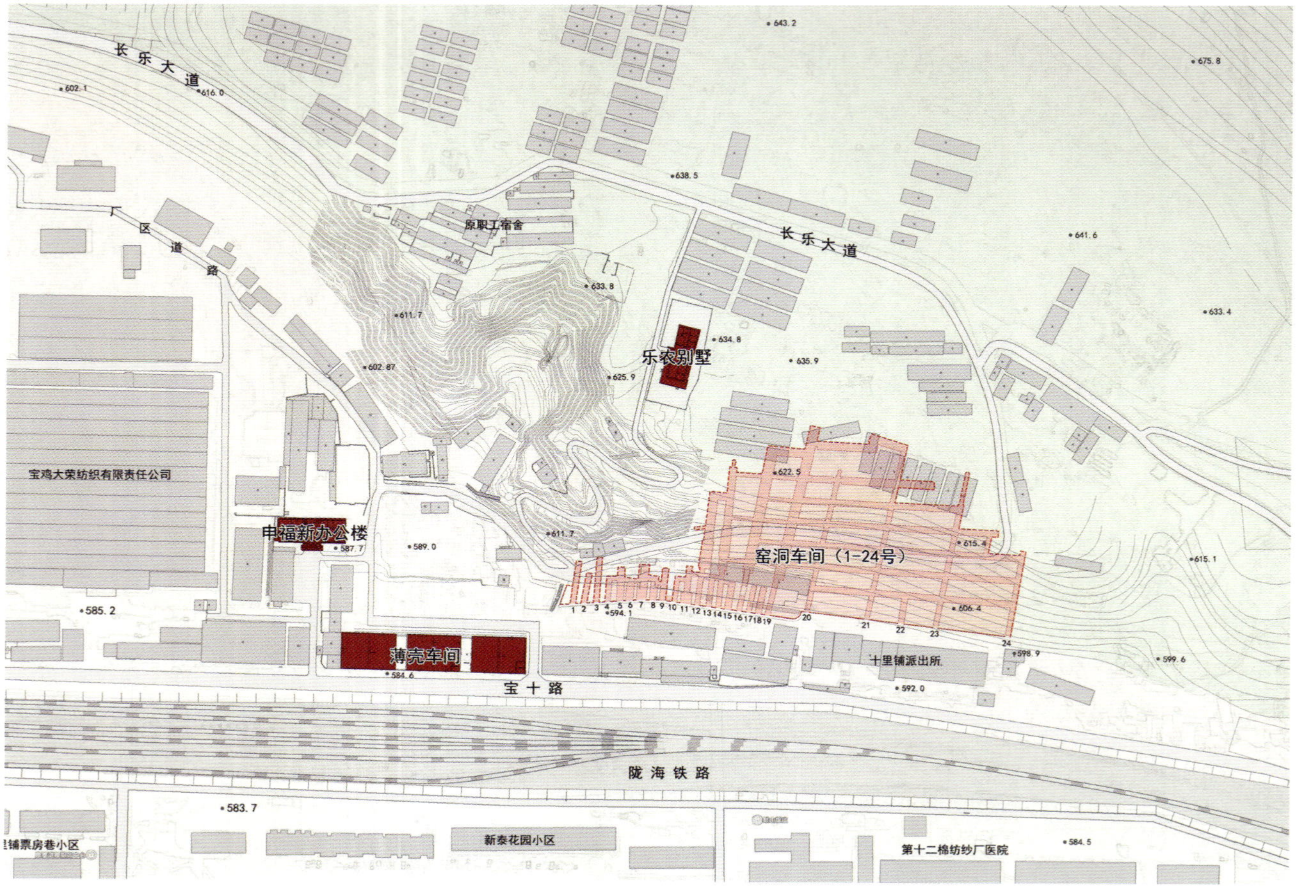

图4-3-1　宝鸡申新纱厂总平面图

图4-3-2　窑洞车间历史旧貌
（资料来源：萧尹. 陕西省政协文史资料委员会，陕西第十二棉纺厂. 宝鸡申新纺织厂史[M]，1992）

图4-3-3　窑洞车间内部

高2.9米，洞壁厚0.48米，整体用手工青砖砌筑，白石灰黏合，洞顶为纵向砌筑券顶，后段深约100米，宽4.5米，高5米，两侧共有东西向横洞六组与其他窑洞相通。

（2）薄壳车间

薄壳车间是新中国成立初期采用薄壳技术修建的厂房，车间坐北朝南，有三组车间共计六间厂房组成。每间车间进深15米，面阔20米，面积约300平方米。每间车间设门4处，每两间厂房中间设有门连接。厂房墙体为370毫米厚砖砌体结构，东西边墙高度约6米，分别设有四个砖柱；南北山墙最高处约8.5米，分别设两个砖柱；顶部为双曲拱形结构，主拱跨度为14.5米、矢高2.6米，副拱跨度约2米、矢高0.55米，每间厂房共设此拱10组，在副拱方向相连形成整体大跨度屋面（图4-3-4，图4-3-5）。

图4-3-5　薄壳车间内部

图4-3-4　薄壳车间外观

（3）申新纱厂办公楼

办公楼是厂区内设计与施工都非常精良的一座单体建筑，始建于1942年，由建筑师王秉忱设计，为砖木结构带地下室的两层楼房。建筑高9.5米，东西长37.5米，南北进深13米，建筑面积975平方米。平面为集中式内廊布局，一层设有厂长室、会客室、文书室、会计课、总务课和接待室等，二层设有经理室、会客室、秘书室及文卷室，平面两端还有客房及餐室等。二层正对楼梯是大厅，设有4.8米高的玻璃窗，室内宽敞明亮，是举行宴会的地方。

办公楼屋顶为双坡单瓦屋面，以女儿墙掩护，外墙砌清水砖墙，水泥嵌缝，入口处用磨砖圆角，建筑造型简洁明快（图4-3-6）。

图4-3-6　办公楼入口

图4-3-7　乐农别墅外观

（4）乐农别墅

乐农别墅位于厂区北侧土塬上的一处平地，也是由建筑师王秉忱设计，始建于1943年2月，以民族资本家荣德生的号命名为"乐农别墅"。建筑整体坐北朝南，为一幢两层青砖砌筑的砖木结构别墅，北面建有双坡屋裙房，平面呈"L"形。别墅主楼平面呈"十"字形，于西、南、北三面分别设有入口大门。南面设有青砖砌筑月台，别墅南、北两院均为花园，青砖砌筑围墙，围合成一独立的庭院。建筑东西长21.82米，南北宽35.73米，别墅主楼高10.16米，北侧裙房高4.56米，院落总占地面积约1450平方米，建筑总面积约770平方米。其主要功能设施有卧室、客厅、衣帽间、阳光室、洗澡堂、厨房、笼箱间和洗手间等，水、电、暖、电话一应俱全（图4-3-7）。

3．非物质遗产

申新纱厂现存《宝鸡申新纺织厂史》1部。

4．工业遗产的价值

（1）历史价值

宝鸡申新纱厂旧址是宝鸡市唯一的红色工业遗产，是当年支援西北抗战的工业生产线，为前线输送了大量的战时物资，为粉碎日军对华的经济封锁起到很大的作用。同时，宝鸡申新纱厂旧址作为宝鸡近代工业发源地，它的成立与发展也见证了陕西地区现代工业从无到有的过程，改变了陕西省乃至西北地区经济发展落后的面貌，为带动周边经济发展提供了重要支持，是西北地区抗日战争时期近现代工业发展的重要实物资料，也是宝鸡"工合"运动的见证者。

（2）社会文化价值

宝鸡申新纱厂旧址所蕴含的历史信息为研究民族工业史、抗战经济史、近代纺织工业发展史提供重要的实物资料，同时具有历史研究价值和爱国主义教育的社会价值，该旧址所承载的文化内涵及企业精神也为全国爱国主义基地建设和优秀工业企业精神的发扬提供了依托。

（3）科学与艺术价值

宝鸡申新纱厂窑洞工场的选址及设计是特定时期特定情况下的产物，是全国唯一的、规模宏大的窑洞生产车间。薄壳车间顶部大跨度薄壳双曲拱形结构，在当时物资极度短缺的情况下，该工艺一定程度上解决了木结构所不能达到的跨度问题，既解决了当时材料短缺问题，又提供了大跨度厂房，为工业发展提供了空间条件。此种双向拱形薄壳结构当时在国内比较罕见，对研究当时工业建筑的发展具有一定的科学价值。

5. 保护建议

建议重点保护以下4处保存较为完好的工业遗产，并应逐步修缮现存的职工宿舍区建筑。

(1) 窑洞车间；

(2) 薄壳车间；

(3) 申新纱厂办公楼；

(4) 乐农别墅。

4.3.2 西北国棉三厂

西北国棉三厂位于陕西省西安市灞桥区纺织城西街189号，是"一五"计划时期国家计划安排的限额以上重点建设项目之一，1953年动工，1954年基本建成。厂区工业建筑遗存整体性较强，保留有完整的空间格局，主厂房、办公楼基本保持原貌，局部有破损，目前已全面停产，所有生产设备均已转移。

1. 历史沿革

(1) 西安纺织城历史发展概况

西安纺织城位于西安市东郊灞桥区，建于20世纪50年代，是西安工业布局的重要组成部分，也是我国当时重要的纺织品生产基地，由苏联专家帮助建设。五家纺织企业自北向南并列排布，连成一片，遗存分布比较集中，核心区面积约5.3平方千米（图4-3-8）。五个纺织企业依次为西北第一印染厂、西北国棉三厂、西北国棉四厂、西北国棉五厂、西北国棉六厂，均为"一五"计划时期国家安排的限额以上重点建设项目，于1953—1956年陆续建设，集中各方力量，均在两年内建设完成，充分体现了"一五"的建设速度。

因为各厂几乎同时建设，又有着相同的建设背景和要求，所以纺织城各厂区之间具有极大的相似性。几乎每个工厂都有着相同的厂区平面布局，主厂房均为锯齿形车间，除柱间距和跨数等

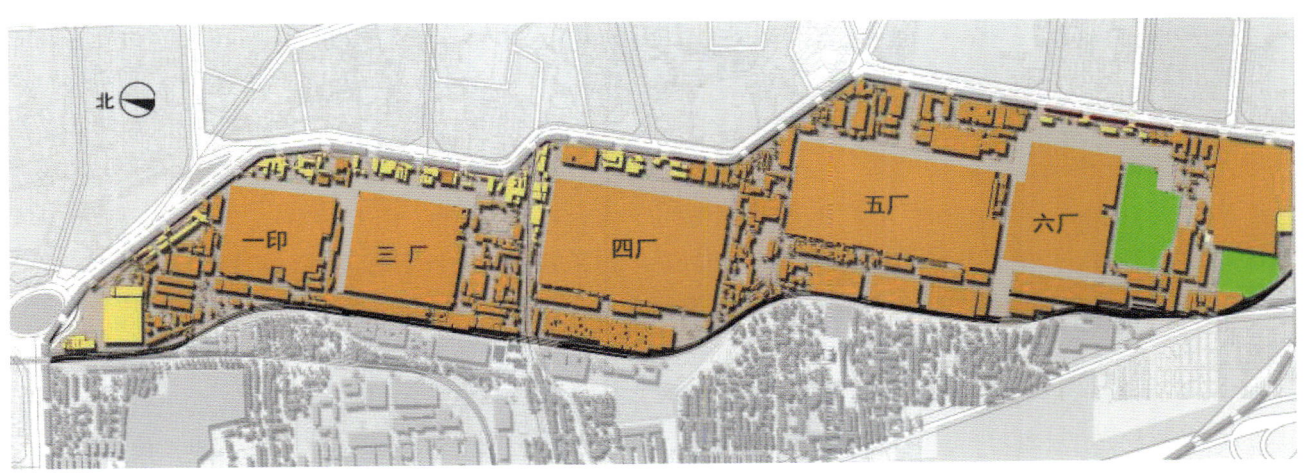

图4-3-8 纺织城地区工业遗存分布

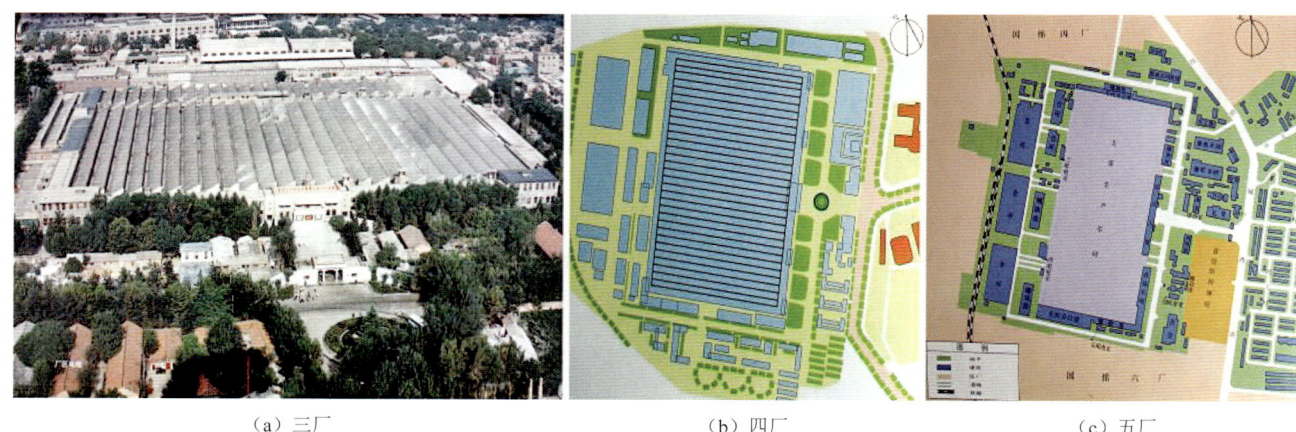

（a）三厂　　　　　　　　　　（b）四厂　　　　　　　　　　（c）五厂

图4-3-9　纺织城厂区平面图

（资料来源：陈洋，金鑫.西安工业建筑遗产保护与再利用研究[M].北京：中国建筑工业出版社，2011.）

有一些差别外，其建筑形式、结构等也基本相同（图4-3-9）。

西安纺织城建成后，除六厂受1959—1961年三年困难时期影响外，各厂均迅速收回了国家建厂的全部投资。

改革开放后的20世纪80—90年代早期，是各厂平稳发展、不断创造佳绩的时期，棉纱市场供不应求。如国棉三厂年产棉纱8000吨左右，棉布4000万米；国棉五厂50%以上产品出口到世界30多个国家和地区，多次受到国家、纺织总局的表彰和奖励，江泽民总书记、朱镕基总理等党和国家领导人曾到该厂视察。

20世纪90年代后期，各厂陆续出现落后亏损的现象。国棉三厂、四厂、六厂、西北一印于1998年被央属企业华诚投资管理有限公司以承债方式兼并，组建了陕西唐华纺织印染集团有限责任公司。2008年唐华集团破产，此时共有在册职工、离退休人员合计4.2万人。在破产启动之前，西北一印已全面停产10年；国棉六厂部分停产；国棉三厂多年来亏损严重，随时面临全面停产的威胁；国棉四厂尚可维持生产经营周转，但计入还原债务利息后，亏损严重，生存艰难。1997年，陕西五环（集团）实业有限责任公司在国棉五厂基础上登记成立，仍在生产经营中，现有资产6.7亿元，员工7630余人。

西安纺织城在半个多世纪里，历经几代纺织工人的创造性劳动，为国民经济建设做出了巨大贡献。如国棉四厂在大多数年份里每年向国家上缴的利税均在3000万元以上，最高时超过5000万元；截至2010年，四厂（图4-3-10）累计创造工业总产值97亿元，实现利润6.5亿元，上缴税金8.8亿元。1957—2007年的50年间，国棉六厂（图4-3-11）共生产棉纱近60万吨，创造工业产值30多亿元，实现利润3亿元。

目前，西安纺织城内国棉四厂与国棉六厂的厂区已被拆除，西北一印的厂区被改造为西安半坡国际艺术区，国棉三厂厂区闲置，仅国棉五厂仍在继续生产。

图4-3-10 西北国棉四厂建厂初期的织布车间

（资料来源：西北国棉四厂提供）

图4-3-11 西北国棉六厂大门

（资料来源：西北国棉六厂提供）

图4-3-12 国棉三厂刚落成时的生产区全貌

（资料来源：西北国棉三厂提供）

（2）国棉三厂历史沿革

1952年，根据国家第一个五年计划的战略部署，陕西纺织工业基地的建设方位确定，决定在此建设西北国棉五厂（图4-3-12、图4-3-13）。此处地质为硬性黄土覆盖；地势高，无洪水威胁；地下水量丰富，水质好且温度低，符合纺织厂空调用水要求。

1953年3月，中央财经委员会和纺织工业部批准了基本投资计划书，总投资3804.9985万元，

图4-3-13 国棉三厂建厂初期办公楼

（资料来源：西北国棉三厂提供）

征地1042.448亩，生产规模为：纱绽50 560枚，布机1548台，生产品种主要以21支、23支中档纱及23S×21S中平布为主，年产棉纱约8000吨，棉布4000万米。8月，西北纺织管理局根据企业投资来源调整西北各棉纺织厂名次时，将西北国棉五厂筹建处改为西北国棉三厂筹建处。

1954年9月底，土建工程基本完成，各项质量指标全部达到国家标准；12月15日举行开工典礼。

建厂初期，国棉三厂拥有的机器均为20世纪50年代国产标准设备。1955年4月，国棉三厂生产的纱、布采用"骊山牌"商标。

1960年，被评为全国、省、市红旗厂，职工业余文工团自演节目《友谊之花》参加全国职工文艺汇演，受到刘少奇、朱德等党和国家领导人的接见。

1979年，国棉三厂被授予"大庆式企业"称号。

改革开放后，国棉三厂已先后开发130多个新产品，其中19个分别荣获纺织工业部和陕西省优秀新产品奖、国家银质奖。

1998年，并入陕西唐华纺织印染集团有限责任公司，2008年唐华集团破产。

2．工业遗产

（1）总平面布局

西北国棉三厂全厂占地总面积69.5万平方米，其中生产区占地16万平方米。生产区近似正方形，以主厂房为中心，四周围绕布置办公楼与附属用房（图4-3-14）。

图4-3-14 西北国棉三厂生产区总平面图

（卫星图来源：百度地图）

图4-3-15 2007年国棉三厂主厂房立面

（2）工业建筑物遗存概况

国棉三厂主要工业建筑物遗存包括主厂房与办公楼，建于20世纪50年代。两者合二为一进行设计，正立面具有明显的中国传统特色。西边为锯齿形主厂房，东边正立面为平屋顶办公楼。二层中央出挑平台作为主入口，窗户上方有简化的额枋装饰，出挑平台外有中式栏板式栏杆，基座有中国传统雕花（图4-3-15）。

主厂房为混凝土排架结构，建筑面积约为3.6万平方米，根据工艺流程被划分为清花、并条、纺纱、经纬、穿扣、织布、整理等七个车间。各车间均有空间设备，全部装于厂房大梁下，采用下风口送风，保证车间的温湿度和充分的新鲜空气。除织布车间及整理车间外，都设有运输吊轨，减轻工人劳动强度。目前，国棉三厂已全面停产，主厂房年久失修，有一定破损（图4-3-16），内部所有生产设备均已转移。

图4-3-16 西北国棉三厂主厂房（2021年）

图4-3-17 半坡国际艺术区保存的西北国棉三厂织布机

（3）设备遗存概况

现存1511G型织布机保存较完整（图4-3-17）。该织布机使用于20世纪50年代末，主要功能为以梭子为引纬器将纬纱引入梭口的"织机"。目前设备以展品形式保存在半坡国际艺术区（西北一印）主厂房内，供来往游客参观。

3．工业遗产的价值

（1）历史价值

20世纪50年代初，当时的西安东郊灞桥区一带地面宽广、村落较少、水源丰富、水质适宜。该地区还西通市区，北邻发电厂，距陇海铁路仅3千米，而且附近各县盛产棉花，因此，在这里建设棉纺织厂便成了最佳的选择。而在随后的几十年中，纺织城成为国内重要的纺织工业发展基地之一，也是西北地区最大的纺织工业基地，以国棉三厂、国棉五厂、西北一印为代表的五座大型纺织印染企业为支柱，以西北电建四公司、纺织科研所等10余家大中型国有企业为主体的现代工业集群。蓬勃发展的纺织城尽享计划经济体制的各种便利，为国家经济发展作出了重大贡献。

直到20世纪80年代，纺织城依然显示出其优势惯性。每年两千万的利润，高于西安当时工资平均水平的收入。也正是因为有了纺织城，陕西的纺织工业总产值几乎占到全省工业总产值的14.5％，多年来一直是全省第一大行业和第一利税大户、创汇大户。

（2）社会价值

从20世纪50年代开始，纺织城就汇聚了全国各地的工人，这里有《创业史》里的徐改霞，有劳动模范，有板寸头、招手停、早晨打铃上工、白铁皮饭盒、公共澡堂，还有露天电影，昔日的繁华使这里曾被誉为西安的"小香港"。纺织城对于西安具有特殊的意义，曾经引领城市的时代潮流，至今还流传有很多它的特征词。例如，西安人习惯上把从事纺织工作的女性称呼为"纱女"，纺织城至今已有四代纺织女工为纺织行业作出了贡献；还有如"单身楼""公社""三班倒"等都源于纺织城。

（3）建筑价值

国棉三厂主厂房和办公楼有中国传统建筑特色，是中国传统建筑文化在工业建筑上的典型代表，具有重要的历史、社会、美学等方面的价值。

4．保护建议

建议重点保护主厂房和办公楼这2处体现纺织工业主要特征的西北国棉三厂的建筑物遗存。

4.3.3 西北国棉五厂

国棉五厂位于陕西省西安市灞桥区纺织城西街158号，是"一五"计划时期国家计划安排的限额以上重点建设项目之一，1955年动工，1956年基本建成。厂区工业建筑遗存整体性较强，保留有完整的空间格局，主厂房、办公楼等建筑遗存大多保持原貌，局部有破损。目前西北国棉五厂是纺织城地区唯一一座仍在原址进行生产的纺织企业。

1. 历史沿革

1954年10月1日，经西北纺织管理局批准成立"国营西北第五棉纺织厂筹建处"，开始搜集整理地形、地貌、地质、气象、水文、交通、能源等资料，提出勘测报告。12月21日纺织工业部确定建厂方案，计划总投资4168.5万元，纱锭83 072枚，织机3712台，生产中、低档纯棉产品。全部建设工程，主要由纺织工业部公司承担，与同龄厂北京三棉、石家庄三棉、郑州四棉共用一份图纸。

1955年5月，第一项土建工程——仓库动工兴建，7月主厂房破土动工。

1956年9月各道工序开始试生产，1957年5月正式接受国家生产任务，同年12月29日举行开工典礼。建厂初期，时任国务院副总理的陈云来厂视察。改革开放以后，江泽民同志和朱镕基同志也曾到该厂视察工作。

1977年，获得"全国工业学大庆先进单位"和"全国纺织工业科研技革先进单位"；1978年被纺织工业部授予"大庆式企业标兵"；1979年被国务院授予"全国先进企业"称号。

20世纪80年代，先后多次引进日本、比利时、意大利等国的先进生产设备和仪器。

1984年12月，与多家企业合资创办秦联棉织实业股份有限公司，是陕西省纺织工业系统开办的第一个中外合资企业。

1997年3月，在原西北五棉的基础上，改制正式成立大型一类纺织企业——五环（集团）实业有限责任公司，目前仍在生产经营中。

图4-3-18　西北国棉五厂生产区总平面图
（卫星图来源：百度地图）

2. 工业遗产

（1）总平面布局

国棉五厂总建筑面积约18.9万平方米，其中生产区9.9万平方米，生活区9万平方米。生产区中以主厂房为中心，四周围绕布置办公楼与附属用房（图4-3-18）。

（2）工业建筑物遗存概况

国棉五厂的全部建设工程的设计由纺织工业部设计公司承担，主要建筑遗存包括主厂房、办公楼、库房等，均建于20世纪50年代，按七级地震设防（表4-3-1）。

主厂房为单层锯齿形装配式钢筋混凝土排架结构，柱间距6m×7.8m，梁底标高4.8m，屋顶锯齿为预制三角形屋架，与大梁用电焊连接，上铺预制混凝土板及保温层，屋面为波形石棉瓦。生产辅助车间分设在主厂房四周，构成整体。

3座库房沿铁路专用线布置，靠近清花车间，为钢筋混凝土结构，原为一座成品库、两座原棉库。生产区道路为环形，便于产品的运输。

目前国棉五厂仍在生产，上述工业建筑物遗存均保存完整，但近年来生产能力下降，部分区域年久失修，建筑部件破损。

表4-3-1　国棉五厂主要建筑物遗存统计表

序号	建筑名称	建成时间	建筑结构	层数	建筑面积/㎡	保存情况	现状照片
1	主厂房	1956年	钢筋混凝土排架结构	1	73 800	建筑保存情况一般，仍在使用	
2	办公楼	1958年	钢混结构	2	2037	建筑保存情况一般，仍在使用	
3	库房1	1956年	砖混结构	1	5118	建筑保存情况一般，仍在使用	
4	库房2	1956年	砖混结构	1	5118	建筑保存情况一般，仍在使用	
5	库房3	1956年	砖混结构	1	5118	建筑保存情况一般，仍在使用	

（3）设备遗存概况

国棉五厂设备使用始于1957年，建厂初期的部分设备仍存，但由于未达到设计产能，目前部分设备处于封存状态。同时，厂内各个时期生产设备均保存较为完整，多数设备仍处于生产中，是研究我国棉纺行业发展的重要实证。目前，厂内主要设备有圆盘抓包机、豪猪开棉机、混棉机等（表4-3-2）。

表4-3-2　国棉五厂主要设备遗存统计表

序号	名称	年代	现存状况	序号	名称	年代	现存状况
1	圆盘抓包机A002A	1984	在用	20	梳棉机A186C	1978	停用
2	圆盘抓包机A002C	1979	在用	21	梳棉机A186C	1982	停用
3	豪猪开棉机1031	1957	停用	22	梳棉机A186C	1981	停用
4	混棉机A006B	1988	在用	23	梳棉机A186Z	1978	在用
5	混棉机A006C	1982	在用	24	梳棉机A186D	1993	停用

续上表

序号	名称	年代	现存状况	序号	名称	年代	现存状况
6	混棉机A035	1984	在用	25	梳棉机A186D	1987	在用
7	豪猪开棉机A036	1989	在用	26	梳棉机A186M	1976	停用
8	豪猪开棉机A036	1979	在用	27	梳棉机A186F	1990	停用
9	棉箱A092	1986	在用	28	并条机RSB-1	1994	停用
10	成卷机A076C	1986	在用	29	条并卷机HL-100	1993	停用
11	成卷机1071	1957	停用	30	精梳机VC-300	1993	停用
12	混棉机1011	1957	停用	31	气流纺纱机BD/200RCE	1999	停用
13	梳棉机A186A	1978	在用	32	精梳机FA201D	1991	停用
14	梳棉机A186A	1979	在用	33	精梳机FA201C	1984	停用
15	梳棉机A186A	1981	在用	34	条卷机FA191B	1984	停用
16	梳棉机A186A	1978	停用	35	并条机FA272F/C	1985	停用
17	梳棉机A186C	1982	在用	36	千条机FA311	1993	封存9台
18	梳棉机A186C	1981	在用	37	粗纱机FA454 E/C	1985	封存22台
19	梳棉机A186C	1979	停用				

3. 非物质遗产

西北国棉五厂的棉纺织主要生产流程为：清棉→梳棉→（精梳）→并条→粗纱→细纱→络筒→整经→浆纱→穿经（结经）→织布→整理→打包入库（图4-3-19）。

4. 工业遗产的价值

（1）历史价值

纺织城现有纺织企业生产建筑，均为20世纪50年代由苏联进行设计建造，见证了新中国成立初期纺织业的兴衰与发展。目前国棉四厂与国棉六厂已经拆除，国棉五厂停产，西北一印已被改造，西北国棉五厂是纺织城地区唯一一座仍在原址进行生产的纺织企业，具有重要的历史价值。

清梳车间的清棉、梳棉工序

并粗车间

细纱车间

准备车间

井捻车间

织造车间

整理车间

图4-3-19 西北国棉五厂主要生产工序及车间

（资料来源：西北国棉五厂提供）

（2）科技价值

我国是纺织产业大国，西北国棉五厂的生产工艺代表了当时国内先进水平。目前传统棉、毛、麻、绢纺纱工艺相互交融，设备、技术和工艺流程等逐渐趋向一体化。纺纱领域的纤维集聚向多元化发展，织造领域的织物结构向多维化发展，非织造领域的材料成网加固向复合化发展，纺织加工工艺整体呈现高效、低耗、绿色化。西北国棉五厂产品不断跟随市场需求进行调整，与陕西省纺织科学研究院进行紧密的科研协作，极大地推动了产学研一体化进程。

（3）文化价值

西北国棉五厂从开始筹建到运营生产，经历了艰苦的创业过程和不断革新的发展过程。由此产生的企业文化、理念和精神是社会的宝贵财富，属于非物质工业遗产的重要内容，如艰苦奋斗、包容并蓄、精益求精、改革创新、诚信务实等。这些特质可以从工厂史迹中找到，也可以在与工人交谈及社会口碑中体会到。这些工业建筑成为居民心中对社区认同的象征，它们的兴衰牵动着这里每一个人的心，对它的改造更新就是对工业建筑产生的历史、文化价值的重新认同和回归。

5. 保护建议

建议重点保护以下体现纺织工业主要特征的西北国棉五厂的建筑物遗存：

（1）主厂房；

（2）办公楼；

（3）3座库房。

4.4 冶金工业遗产

4.4.1 中钢厂（旧厂区）

中钢集团西安重机有限公司（以下简称"中钢厂"）的旧厂区位于西安市莲湖区，枣园路与汉城北路交汇处。厂区的南边紧邻西安市城西客运站，东边与陕西延长石油厂区相接，西边为雅卓花园住宅小区，北边有陇海铁路线经过。中钢厂旧厂区东西宽约520米，南北长约1100米，工厂占地面积48万平方米（图4-4-1）。该区域位于莲

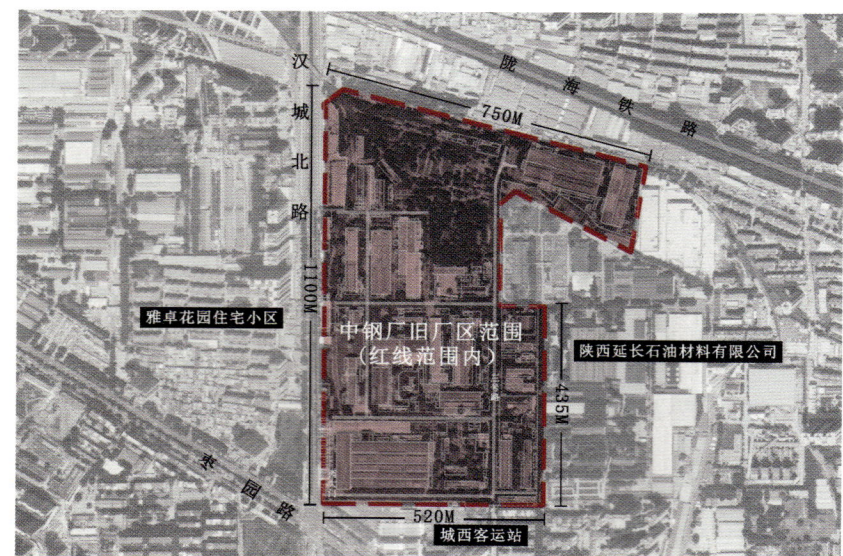

图4-4-1 中钢厂旧厂区范围

（资料来源：赵炎鹏.场所记忆——王莽九庙与现代工业遗产保护研究初探[D].西安建筑科技大学，2019.）

湖区土门发展板块，是西安市中心城区与西侧沣东新城的过渡区域。

中钢厂，最早的名称为"西安冶金机械修造厂"，后改名为"西安冶金机械厂"，是冶金工业部直属的大型骨干机械制造企业，有木型、铸钢、铸铁、锻造、金属结构、热处理、电镀、机械加工、装配等14个生产车间。近几年来，西安冶金机械厂通过改革、开放、搞活，生产经营有了较大发展。在提高企业素质、坚持技术进步、积极开发新产品方面，也取得了显著成绩。

1. 历史沿革

1958年7月1日，冶金工业部决定新建西安冶金机械厂，厂址定在西安市西郊汉城北路。总体工艺设计由北京黑色冶金设计总院负责，各车间的设计由西北工业建筑设计院负责，陕西省建筑第一公司第一工程处承建。同年年底，该厂改名为西安冶金机械修造厂。经过一年多的建设，于1959年部分投产，1960年一期工程完工，铸钢、锻压、结构、金工等车间部分投产。当时陕西省最大的炼钢电炉——该厂的5吨电炉于1960年1月1日出钢。

1961年，为了贯彻"调整、巩固、充实、提高"的方针，该厂生产的产品由成台转向备件，并停建了部分项目，精简了人员。当时该厂已完成建设的车间分别为金工车间、铸钢车间、铸铁车间、锻压车间，还建有一些辅助设施。

1964年，国家启动"三线"建设，该厂开始续建，主要是铸钢车间的改造和配套设施的完善。

1965年，该厂试制成功皮格尔轧辊，填补了国内该项生产的空白。

1966年，冶金工业部决定将西安冶金机械修造厂与五二厂合并，名称改为"五二厂"，西安冶金机械修造厂为总厂。1968年西安冶金机械修造厂开工建设二金工车间，并于两年后竣工。

1969年，冶金工业部决定将西安冶金机械修造厂从五二厂中分出，恢复原建制名称。一年后西安冶金机械厂开始建设热处理车间，并于1971年建成。

1972—1978年，西安冶金机械厂生产得到发展，机加工产品产量由6000多吨上升到10 000多吨，产值由1700多万元增加到2700多万元。

1979年，在国民经济调整中，西安冶金机械厂面临机械行业不景气的局面，机加工产品产量及利润大幅度下降，在这种情况下，该厂积极调整产品结构，努力挖掘企业潜力，注重产量质量，推动了生产发展。先后有平面二次包络蜗轮副、炉卷轧机、耐热钢卷筒、大型液压缸、全液压矮身泥炮等十几种产品分别获国家、冶金工业部和陕西省科技奖、优秀产品奖等。

1993年，冶金专用设备制造企业受市场影响，该厂效益下滑。1998年，冶金机械业困难仍很严重，该厂转换经营机制，进一步完善了经营分厂的委托法人机制，继续推行下岗分流减员增效，全年下岗262人。

2001年实施"债转股"改制，成立西安冶金机械有限公司。

2005年加入中国中钢集团公司。

2006年3月，西安市政府出台了《西安市工业发展和结构调整行动方案》以及《西安市二环内及二环沿线工业企业搬迁改造实施办法》等文件，开始实施工业企业搬迁，中钢厂列入了搬迁企业行列。

2014年10月中钢厂停产搬迁，结束了旧厂区56年的生产状态，为国家冶金行业以及西安市经济发展作出巨大贡献的中钢厂旧厂区完成了其历史使命。

2．中钢厂旧厂区工业遗产

（1）总平面布局

厂区总体布局合理（图4-4-2），铸钢车间区、办公区、加工车间区、成品库等区分明显。该厂道路交通以车行道路为主，还存在运输轨道，该厂内的交通便捷。北侧有汉城北路从此经过，对外交通方便。该厂常年绿树成荫，四季花香，环境整洁优美。

（2）工业建筑物遗存概况

中钢厂旧厂区按功能可分为：金工车间区（包括一金工车间、二金工车间、三金工车间）、铸钢车间区（包括大铸钢车间、小铸钢车间）、结构车间区（包括大结构车间、小结构车间）、电气车间区、动力车间区、锻压车间区、热处理车间区、木型车间区、供应库房区以及办公区等。不同区域内的工业建筑保存状况不同（表4-4-1）。

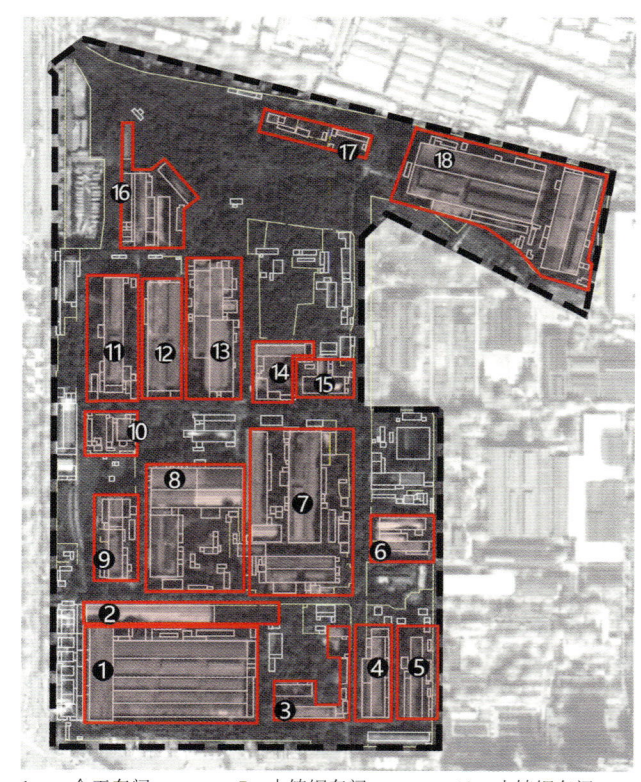

1——一金工车间；　　7——大铸钢车间；　　13——小铸钢车间；
2——成品库；　　　　8——二金工车间；　　14——车队检修厂；
3——厂办公楼区；　　9——热处理车间区；　15——木型车间；
4——电气车间区；　　10——蒸汽站；　　　　16——供应库房；
5——三金工车间；　　11——锻压车间区；　　17——印刷厂；
6——动力车间区；　　12——小结构车间；　　18——大结构车间

图4-4-2　中钢厂旧厂总平面图

表4-4-1　中钢厂（旧厂区）主要建筑物遗存统计表

序号	建筑名称	建成时间	建筑结构	保存状况	建筑基本情况	现状照片
1	一金工车间	1958年	钢筋混凝土排架钢屋架结构	地面保存情况良好，并未遭到大面积的破坏；无设备遗存	一金工车间长约210米，宽约120米，占地面积约2.48万平方米，由南北向连续的五跨厂房和东西向横着的一跨厂房组成。厂房内部空间宽敞高大无阻隔。南北向连续的五跨过去作为机械加工的主要区域，东西向横着的一跨作为最终总装配的区域，并有一条铁轨贯穿其中。该车间最东侧的辅房原为会议室及车间办公室	

续上表

序号	建筑名称	建成时间	建筑结构	保存状况	建筑基本情况	现状照片
2	二金工车间	1968年	钢筋混凝土排架钢屋架结构	整体现存情况良好；无设备遗存	二金工车间由东西走向的一间大厂房和南北走向的一间小厂房组成，占地面积约9500平方米。东西走向的大厂房长约120米，宽约54米，内部结构由80根立柱支撑。南北走向的小厂房长约85米，宽约36米，内部结构由56根立柱支撑	
3	三金工车间	1958年	钢筋混凝土排架钢屋架结构	地面未遭到严重破坏，但堆砌了较多的建筑垃圾；无设备遗存	三金工车间位于厂区东南角，原为中钢厂工具车间使用。厂房呈南北走向，长约107米，宽约18米，占地面积约1600平方米，整体呈南北走向，内部结构由42根立柱支撑	
4	大铸钢车间	1958年	钢筋混凝土排架钢屋架结构	结构现状保存良好；无设备遗存	大铸钢车间由造型、冶炼、清铲三个工段组成，三个工段分别设置在三间厂房中。造型厂房主要负责砂型箱体的制作，占地面积约3240平方米，内部结构由87根立柱支撑；主要功能为砂型箱体的制作；清铲厂房占地面积约3500平方米，内部结构由67根立柱支撑，主要功能为铸件的砂子清理以及切割工作	
5	小铸钢车间	20世纪60年代	钢筋混凝土排架钢屋架结构	厂房内地面毁坏较为严重，局部玻璃有破损，厂房前部的三层配房空间及墙体保存良好；无设备遗存	小铸钢车间整体呈南北走势。南北向长约169米，东西向宽约47米，占地面积约7540平方米，厂房最高处约15米，内部结构由122根立柱支撑。小铸钢车间外部自然环境较好，很多植物已渗透进废弃的厂房内	

续上表

序号	建筑名称	建成时间	建筑结构	保存状况	建筑基本情况	现状照片
6	大结构车间	1986年	钢筋混凝土排架钢屋架结构	厂房内部的地面保存情况良好，存在少量因拆除设备而遗存下来的浅坑；无设备遗存	大结构车间由东西走向的一间大厂房和南北走向的一间小厂房组成。东西走向的大厂房长约170米，南北宽约74米，占地面积约1.2万平方米，内部结构由117根立柱支撑。南北向小厂房长约131米，宽约47米，占地面积约6200平方米。该车间主要功能为焊接结构件毛坯	
7	小结构车间	20世纪70年代初	钢筋混凝土排架钢屋架结构、辅房采用砖混结构	厂房内部的地面保存情况良好；无设备遗存	小结构车间由东西走向的厂房和前部的辅房组成。东西走向的大厂房长约144米，宽约42米，占地面积约6100平方米，内部结构由84根立柱支撑。辅房长约30米，宽约3.6米，占地110平方米。辅房采用上下两层，每层高度为4.2米	
8	电气车间区	20世纪70年代	钢筋混凝土排架钢屋架结构	内部的地面、墙体以及窗户保存情况良好，光线较为昏暗；无设备遗存	电气车间区南北向长约107米，东西向宽约17米，由主车间和辅房组成，占地面积约1850平方米，厂房最高处约11.5米，内部结构由44根立柱支撑	
9	动力车间区	1958年	钢筋混凝土排架钢屋架结构	现存状况总体情况良好，厂房内部的地面及窗户未遭到破坏，但整体的光线较为昏暗；无设备遗存	动力车间区位于厂区三号路东侧一个独立的院落内，长约60米，宽约40米，占地面积约2150平方米。厂房最高处约12米，内部结构由72根立柱支撑，厂房建筑材料主要为红砖、混凝土、木板、铁架、玻璃等	
10	锻压车间区	20世纪60年代	钢筋混凝土排架钢屋架结构	厂房内部的地面遭到了较大程度的破坏，屋顶保存情况良好，辅房的结构、墙体及空间保存情况较好；无设备遗存	锻压车间区整体呈南北走向。长约152米，宽约28米，由一间主厂房和三部分的辅房组成，占地面积约4250平方米。厂房最高处约19米，内部结构由71根立柱支撑。厂房建筑材料主要为红砖、混凝土、钢筋、铁架、玻璃等。锻压车间的主要工作是锻造设备、锻造工艺、锻造模具以及锻件热处理、检测等	

续上表

序号	建筑名称	建成时间	建筑结构	保存状况	建筑基本情况	现状照片
11	热处理车间区	1970年	钢筋混凝土排架钢屋架结构	由远洋集团进行改造,在保留了厂房原有结构的基础上,屋顶及外墙部分已被全部拆除	热处理车间区整体呈南北走向,长约106米,宽约26米,由一间主厂房和四个角的辅房组成,占地面积约2850平方米。厂房最高处约21米,内部结构由46根立柱支撑。热处理车间是机械制造中的重要一环,通过改变工件内部的显微组织,或改变工件表面的化学成分,赋予或改善工件的使用性能	
12	木型车间	20世纪60年代末	砖柱木屋盖结构	厂房的屋顶保存情况良好,未遭到破坏。无设备遗存	木型车间由一间东西走向的较大厂房和一间南北走向的小厂房构成。东西走向大厂房长约56米,宽约22米,南北走向小厂房长约25米,宽约16米,共占地面积约1635平方米。厂房内部结构由42根砖砌立柱支撑	
13	厂办公楼区	20世纪70年代	砖混结构	该建筑整体保存状况良好。建筑结构、外表皮以及内部空间基本未遭到破坏,门窗破损较为严重,无设备遗存	厂办区由一栋三层办公楼、展览馆和厂办小车班组成,占地面积约1540平方米,建筑面积约4650平方米,层高约4.2米。三层的办公楼主要分为质检和行政两部分,小车班一层为车库,二层为办公用房	
14	供应库房区	库房建于1958年;办公用房建于1980年	砖混排架木屋架结构	该库房的结构及内部空间未遭到破坏,木质屋盖因年久失修已出现大面积破损,整体保存状况良好	供应库房区主要由一栋三层办公用房以及七间库房组成。占地面积约7460平方米,库房多为排架木屋架结构。主要工作是存放由火车拉来的各种原材料,再供应到各个车间进行机械设备的加工等	

续上表

序号	建筑名称	建成时间	建筑结构	保存状况	建筑基本情况	现状照片
15	成品库	1958年	钢筋混凝土排架钢屋架结构	该库房整体保存状况良好,内部的地面均为土质地面,墙面、门窗、屋顶等均未遭到破坏;无设备遗存	成品库是为保证成品的安全存放、便于产品识别和存取,避免堆放混淆而设置的存储库,是生产领域转向销售领域的物流供应链的连接处。成品库目前分为有屋盖和露天两大段。东西向总长约251米,宽约24米,占地面积约6024平方米,内部结构由100根立柱支撑	
16	蒸汽站	20世纪70年代	厂房部分为钢筋混凝土排架钢屋架结构;辅房部分为砖混结构	该建筑门窗绝大多数已破损,屋顶、墙身均有不同程度损坏,室内屋架部分保留完好,地面凹凸不平;无设备遗存	蒸汽站主要任务是向全厂进行供热,提供生产、生活及采暖所需的蒸汽、热水等。整个蒸汽站由一间小厂房、两排辅房、一个围合形成的院落以及一个输煤皮带间构成,占地面积约2500平方米	
17	车队检修厂	20世纪80年代	砖混结构	该厂房二层建筑的地面、墙体、门窗、屋顶等均未遭到破坏,一层平房门窗损毁严重;无设备遗存	车队检修厂主要由一座二层办公建筑、一排单层平房以及一个围合而成的院子组成,占地面积约4620平方米	
18	印刷厂	20世纪80年代	砖混结构	该厂房门窗、隔墙、楼梯等保存情况良好。建筑现存状况总体情况良好;无设备遗存	印刷厂主要负责厂区内各种期刊和文件的设计,打样、制版、印刷以及装订,占地面积约2400平方米	

资料来源:赵炎鹏.场所记忆:王莽九庙与现代工业遗产保护研究初探[D].西安建筑科技大学,2019.

(3)工业构筑物及植物遗存概况

中钢厂旧厂区现存构筑物主要包括厂区专用铁轨、烟囱、晾水池、管道等(图4-4-3,图4-4-4,表4-4-2)。此外,厂区内苗圃与植物的保存情况也较为良好。

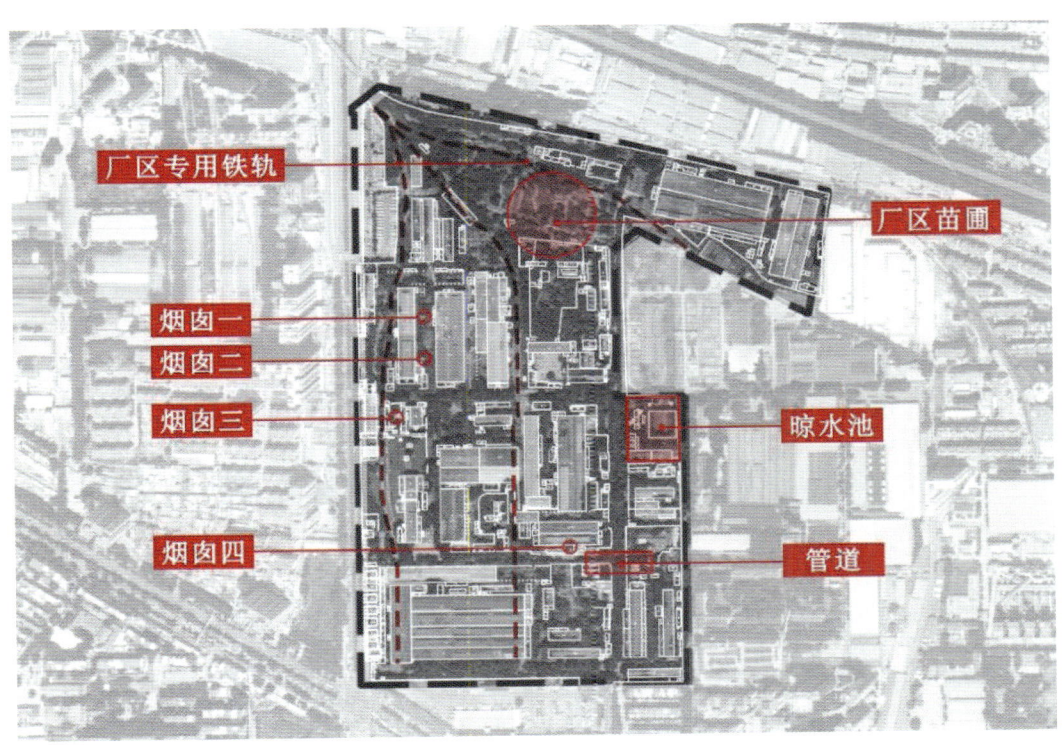

图4-4-3 工业构筑物及苗圃分布
（资料来源：赵炎鹏.场所记忆——王莽九庙与现代工业遗产保护研究初探[D].西安建筑科技大学，2019.）

图4-4-4 工业构筑物及苗圃鸟瞰图
（资料来源：赵炎鹏.场所记忆——王莽九庙与现代工业遗产保护研究初探[D].西安建筑科技大学，2019.）

表4-4-2 中钢厂（旧厂区）工业构筑物及植物遗存统计表

序号	名称	用途	保存状况	基本情况	现状照片
1	厂区专用铁轨	主要负责厂区内焦煤、钢材、板材等原材料以及生产组装完毕的各种大型机械的运输任务	大部分铁轨保存情况良好，主要轨道较为完整，只有一小部分路段铁轨严重损坏	厂区范围内专用铁轨的长度总和约2740米，宽度为1.435米。共三条线路：一号线经过库房区西边，途经锻压车间西侧、蒸汽站西侧、热处理车间西侧，最后进入成品库以及一金工车间装配工段的厂房内；二号线经过库房区东边，途经小铸钢车间、二金工车间和大铸钢车间中部，最后进入一金工车间机加工工段的厂房内；三号线经过厂区的苗圃，最后沿着大结构车间的南边前进	  
2	晾水池	主要负责对厂区内的工业用水进行循环冷却	晾水池保存良好，基本构件仍完整存在	厂区内的晾水池位于大铸钢车间的东侧，动力车间的北侧，占地面积约2400平方米	
3	管道		大部分均已拆除	厂区内建厂初期的管道仍有少部分留存	
4	苗圃及树木	美化环境、乘凉等等	厂区内的绿植蓬勃生长，因缺乏管理造成落叶甚多	厂区内的树木见证了厂区的发展历程，树龄长的已近60年，短的也有一二十年	

资料来源：赵炎鹏.场所记忆：王莽九庙与现代工业遗产保护研究初探[D].西安建筑科技大学，2019.

3. 中钢厂旧厂区非物质遗产

（1）历史记忆

中钢厂旧厂区现存的不仅是一栋栋老厂房，更代表了几代人的历史记忆（图4-4-5，图4-4-6）。中钢厂档案室里及部分工人手里仍保存着曾经的中钢厂照片。

图4-4-5　大铸钢车间冶炼工段厂房内的"刀山火海"

（资料来源：中钢厂档案室提供）

图4-4-6　一金工车间核心生产设备

（资料来源：中钢厂档案室提供）

（2）相关文献

期刊《冶金设备》先后于1983年、1990年刊登文章：《西安冶金机械厂概况》及《西安冶金机械厂》，记录中钢厂的辉煌事迹。

4．工业遗产的价值

（1）历史价值

中钢厂是很多人难以忘怀的历史记忆，见证了一个时代冶金业的兴衰发展。产品行销全国，并远销罗马尼亚、新加坡、菲律宾、日本、美国等7个国家，以信守合同和质量上乘为国家赢得了信誉。该厂曾多次超额完成国家任务，对推动我国冶金事业的发展作出了重要贡献。

（2）科学价值

中钢厂负责设计制造的我国第一台1000吨全液压废钢剪切机，在上钢五厂安装投入运行，性能良好，可以改善工人劳动条件，提高废钢处理的工作效率。

中钢厂是国内首家制造宝钢升降装置的工厂，在20世纪六七十年代宝钢升降装置属国家科研项目，该装置以前均为进口。

自1958年建厂以来，已制造了冶金设备和备件20余万吨，并积累了丰富的制造经验，具备制造成台（套）大型冶金设备及大型工矿备件的能力。且该厂已取得科技成果48项，企业已同国内近30个科研、设计院所和高等院校建立了合作关系，还与联邦德国、卢森堡、日本、美国等国家的十几个公司进行了技术合作。

5．保护建议

建议重点保护以下体现冶金工业主要流程和生产特征的中钢厂旧厂区的建筑物遗存：

（1）金工车间区；

（2）铸钢车间区；

（3）结构车间区；

（4）电气车间区；

（5）动力车间区；

（6）热处理车间区；

（7）木型车间区；

（8）厂办公楼区；

（9）供应库房。

对于其他工业构筑物、植物以及非物质文化遗产，再开发过程中有条件的也应尽量保护。

4.4.2 宁强八一铜矿厂

陕西宁强县八一铜矿厂于1968年由解放军某部队建厂，位于陕西省汉中宁强县燕子砭镇，铜矿的矿产开采依附于这个镇上最大的一座山，山顶上建有一个巨大的转播塔，半山腰上一片比较平整的区域修建有大片的建筑，居住着矿上的工人和他们的家属。该矿已将主要生产转移到勉县，在燕子砭原有矿区的生产活动逐年减少。陕西宁强县八一铜矿厂是"三线"建设时期陕西省典型的代表，1970年正式投产，主营矿山采掘、选矿，属军管企业；1975年被移交陕西省重工业厅主管。八一铜矿因为资源趋于枯竭，现在生产能力较低，主要建、构筑物和设备保存较为完整。

1．历史沿革

1967年4月，在宁强燕子砭镇筹建八一铜矿厂。

1970年10月，八一铜矿厂竣工投产，总投资2000万元。

1978年，移交陕西省冶金厅直管。1986年1月改由陕西省有色金属管理局领导。

20世纪80年代后期，该矿资源逐步枯竭。1993年，企业年亏损达到1000万元，濒临倒闭。

2000年，由中国有色金属工业总公司西安分公司、陕西八一铜矿、陕西八一铜矿职工持股会三方，共同出资组建汉中八一锌业有限责任公司。

2005年末，公司资产规模达到8.3亿元，实现销售收入10.2479亿元，利税1.039亿元。

2005年，公司被陕西诚信建设办公室评为陕西省十佳"诚信经营示范单位"。

2．工业遗产

（1）总平面布局

宁强八一铜矿厂在20年代70年代初建矿时期的原貌基本得到保留，其中绝大多数的建筑物和设备仍在使用。厂区顺应地形分布，占地面积约11.7万平方米，生产区和主要厂房多分布在山脚下，办公区、生活区则沿道路分布（图4-4-7）。

（2）工业建筑物遗存概况

宁强八一铜矿20世纪70年代初期建矿时期建设的大多数建筑物仍在使用，其中脱水车间厂房、磨浮车间厂房、火力发电厂厂房及烟囱、碎矿车间厂房、职工医院、宿舍楼等建筑物具有一定的时代典型性（表4-4-3）。

图4-4-7　宁强八一铜矿厂卫星图
（卫星图来源：天地图卫星影像）

表4-4-3 宁强八一铜矿厂主要建筑物遗存统计表

序号	建筑名称	建成时间	建筑结构	保存状况	建筑现存照片
1	脱水车间厂房	1970年代	砖混结构	厂房的整体现存情况良好,仍在使用中	
2	磨浮车间厂房	1970年代	砖混结构	车间的整体现存情况良好	
3	火力发电厂厂房及烟囱	1960年代	砖混结构	厂房的整体现存情况良好	
4	碎矿车间厂房	1970年代	砖混结构	厂房整体情况良好,仍在使用中	
5	职工医院	1970年代	砖混结构	整体情况良好,仍在使用中	
6	宿舍楼	1970年代	砖混结构	整体情况良好	

（3）设备遗存概况

宁强八一铜矿厂在20世纪70年代初建矿时期的机器设备保存较好,除了少数更新的设备和报废的设备外,多数设备仍处于生产状态中。该厂整体老旧机器设备保存也较完整（表4-4-4）。

表4-4-4 宁强八一铜矿厂主要设备遗存统计表

序号	名称	位置	保存状况	主要功能介绍	图片
1	液压圆锥破碎机	破碎机厂房	良好	用于原料的破碎	
2	中型圆锥破碎机	破碎机厂房	良好	用于原料的破碎	—
3	圆锥球磨机	圆锥球磨车间	良好	圆锥球磨机是物料被破碎之后，再进行粉碎的关键设备，是选矿生产中常见的一种球磨机	—
4	格子型球磨机	球磨车间	良好	格子型球磨机是物料被破碎之后再进行粉碎的关键设备，用来粉磨各种矿石及其他物料	—
5	棒磨机	球磨车间	良好	棒磨机一般是采用湿式溢流型，可作为一级开路磨矿使用，广泛用在人工石砂、选矿厂、化工厂电力部门的一级磨矿	—
6	中心传动浓缩机	球磨车间外	良好	中心传动式浓缩机，主要用于选矿过程中湿选精矿的脱水处理系，作脱水第一阶段浓缩之用	
7	周边传动浓缩机	球磨车间外	良好	周边传动式浓缩机主要由圆形浓缩池和耙式刮泥机两大部分组成，浓缩池里悬浮于矿浆中的固体颗粒在重力作用下沉降，上部则成为澄清水，使固液得以分离	
8	真空内滤机	车间	良好	真空过滤机是一种以真空负压为推动力实现固液分离的设备，真空负压的作用下，悬浮液中的液体透过过滤介质（滤布）被抽走，而固体颗粒则被介质所截留，从而实现液体和固体的分离，目前仍在使用	
9	真空外滤机	车间	良好	真空过滤机是一种以真空负压为推动力实现固液分离的设备，真空负压的作用下，悬浮液中的液体透过过滤介质（滤布）被抽走，而固体颗粒则被介质所截留，从而实现液体和固体的分离，目前仍在使用	

3. 非物质遗产

铜矿种类繁多，比较常见的有黄铜矿、斑铜矿、辉铜矿、硫化铜、氧化铜等。辉铜矿矿石是目前铜矿的主要来源，选矿生产的主要工艺流程如图4-4-8所示。不同铜矿选矿工艺流程大同小异。

4. 工业遗产的价值

（1）科学价值

八一铜矿厂区破碎机、卸矿平台、过滤机、脱水车间厂房等主要设备和建筑物保存完整且仍处于运行状态，是对矿区选矿及运输生产工艺流程的有效延续。

（2）历史价值

宁强县八一铜矿厂由解放军某部队建厂，属军管企业，是"三线"建设时期陕西省典型的代表和历史见证。一方面是燕子砭镇发展历史的重要节点，较好地保留了建厂时期的风貌建筑和主要设备；另一方面代表了当地居民和矿区人民独有的历史记忆。

5. 保护建议

建议重点保护以下体现生产工艺流程的具有典型特征的建、构筑物和设备，相关其他建构筑物在有条件的情况下也应尽量保护。

（1）脱水车间厂房；

（2）磨浮车间厂房；

（3）火力发电厂厂房及烟囱；

（4）碎矿车间厂房；

（5）宿舍楼。

4.4.3 陕西航空硬质合金工具公司

陕西航空硬质合金工具公司位于汉中市勉县武侯北路，是"三线"建设时期的代表企业之一。1969年，由专业化工厂开始筹建，即汉中航空通用工具厂（国营险峰机械厂）。先后隶属于三机部、中国航空工业集团公司。目前，该企业

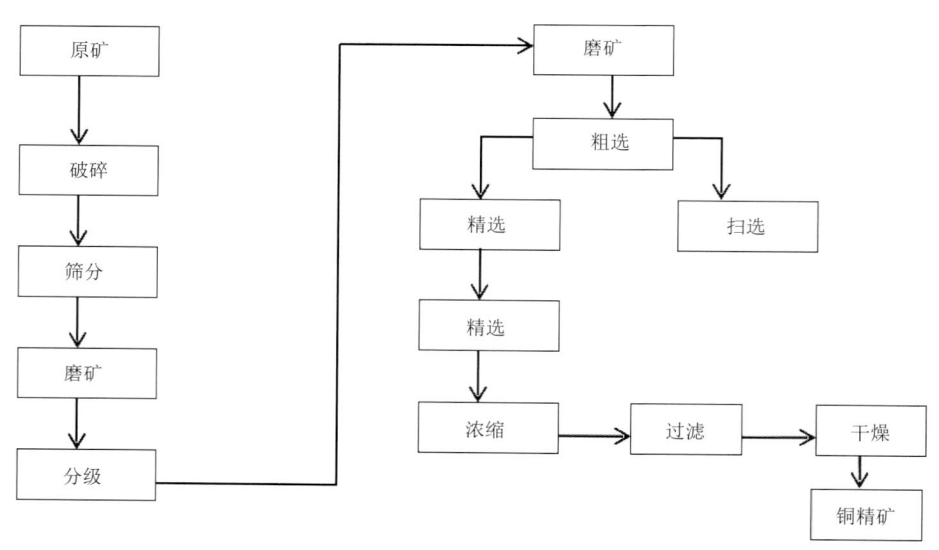

图4-4-8 铜矿选矿浮选工艺流程

是国内唯一一家集硬质合金等粉末冶金、硬质合金刀具、精密量具、科研、生产、贸易为一体的国有大型企业。

1. 历史沿革

1969年建厂，代号三一四七厂。1982年，更名为"航空硬质合金工具厂"。

1986年，陕硬公司被国务院批准为"机电产品出口基地企业"；同年，取得国家二级计量合格企业证书。

1993年，被授予"自营进出口权"。

1995年，通过了ISO 9001质量体系认证。

1998年，取得了CE认证。

2005年，取得了三级保密认证证书。2006年，取得了武器装备科研生产许可证。

2008年，陕西航空硬质合金工具公司，隶属中国航空工业集团公司。

2. 工业遗产

（1）总平面布局

陕西航空硬质合金工具公司厂区占地面积约5万平方米，其中主要建构筑物依地势而建。厂区入口为办公区，西侧为主要生活区，东侧为生产区和各类型的生产厂房和工艺车间（图4-4-9）。

图4-4-9　陕西硬质合金工具公司卫星图
（卫星图来源：天地图卫星影像）

（2）工业建筑物遗存概况

陕西航空硬质合金工具公司的主要生产厂房始建于1970年代，设计结构大多为混凝土框架，面积一般在1200平方米左右，建筑保存状况一般。同时，因2008年"5·12"地震影响，多数建筑物已报废，部分仍在使用，主要包括量具厂房、粉末冶金厂房、装备厂房、机加厂房、氢氧站充瓶间、锅炉房、5#厂房、厂外浴池、职工宿舍、职工医院等（表4-4-5）。

表4-4-5 陕西航空硬质合金工具公司主要建筑物遗存统计表

序号	建筑名称	建成时间	建筑结构	保存状况	建筑现存照片
1	量具厂房	1970年代	砖混结构	厂房的整体保存情况一般，已作报废	
2	粉末冶金厂房	1970年代	砖混结构	厂房的整体保存情况一般，仍在使用	
3	装备厂房	1970年代	砖混结构	厂房的整体保存情况一般，已作报废	
4	机加厂房	1970年代	砖混结构	厂房的整体保存情况一般，已作报废	
5	氢氧站充瓶间	1970年代	砖混结构	厂房的整体保存情况一般，已停止使用	

续上表

序号	建筑名称	建成时间	建筑结构	保存状况	建筑现存照片
6	厂区锅炉房	1970年代	砖混结构	厂房的整体保存情况一般，仍在使用	
7	厂外浴池	1980年代	砖混结构	整体保存情况一般，仍在使用	
8	5#厂房	1970年代	砖混结构	厂房的整体保存情况一般，已作报废	—
9	职工宿舍	—	砖混结构	整体保存情况一般，仍在使用	
10	职工医院	—	砖混结构	整体保存情况较好，仍在使用	

（3）设备遗存概况

陕西航空硬质合金工具公司有8处主要机器设备和生产线均为20世纪70年代初或70年代末生产的机器设备，大多数处于使用状态（表4-4-6）。

表4-4-6 陕西航空硬质合金工具公司主要设备遗存统计表

序号	名称	位置	保存状况	主要功能介绍	照片
1	热处理生产线	21分厂	良好	常用零件45#钢，20Cr、40Cr钢等调质钢种的传动轴，半轴、曲轴、拨差、弹簧等调质钢种的热处理	

续上表

序号	名称	位置	保存状况	主要功能介绍	照片
2	硬质合金烧结生产线	22分厂	良好	在真空条件下加热，进行真空脱蜡烧结过程，可以排除杂质，提高烧结纯度，改善粘结相的润湿性，促进反应	
3	动力保证生产线-1	32分厂	良好	—	
4	动力保证生产线-2	32分厂	良好		
5	复杂刀具初加工生产线	42分厂	良好	复杂刀具加工	—
6	复杂刀具精加工生产线	42分厂	良好		
7	精密量具初加工生产线	量具公司	良好	精密量具加工	

3．非物质遗产

硬质合金等粉末冶金、硬质合金刀具、精密量具、科研、生产加工流程（图4-4-10）和生产线都是重要的非物质文化遗产。

4．工业遗产的价值

陕西航空硬质合金工具公司是国内唯一一家集硬质合金等粉末冶金、硬质合金刀具、精密量具、科研、生产、贸易为一体的国有大型企业。陕硬公司生产的刀具、精密量具和粉末冶金三大类产品，构成了以硬质合金刀具为主体，精密量具、粉末冶金为两翼的产品结构体系，开拓能力强、配套供货好、实用范围广、发展空间大。

该企业填补了国内焊接式硬质合金螺旋立铣刀的生产空白，陕硬公司为航空、航天、汽车、

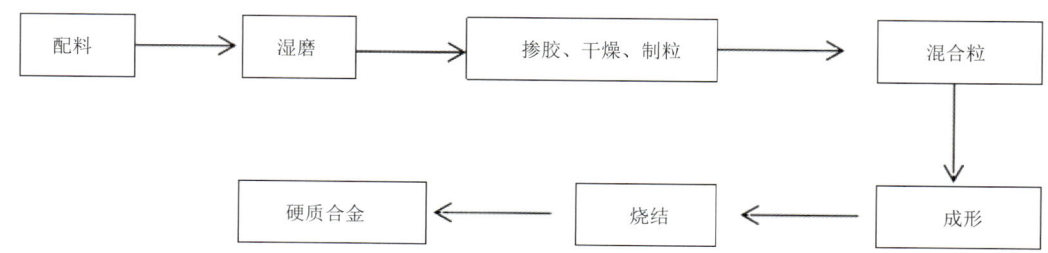

图4-4-10　硬质合金的生产工艺流程图

重型机械等行业的重点工程，设计、研制、生产过多种专门切削难加工材料、复杂型面和高精度加工表面的硬质合金特种刀具及高速钢复杂刀具，填补了国内焊接式硬质合金螺旋立铣刀的生产空白，替代了上百种进口数控加工刀具，引起了国内机械加工业的关注，深受中国刀具协会及有关专家的好评。

5．保护建议

建议重点保护以下体现生产工艺流程的具有典型特征的建构筑物和设备，相关其他建构筑物在有条件的情况下也应尽量保护。

（1）量具厂房；

（2）粉末冶金厂房；

（3）装备厂房、机加厂房；

（4）锅炉房、宿舍、浴室、医院。

4.5 水工业和电力工业遗产

4.5.1 西安市第一自来水厂

西安市第一自来水厂，位于西安市西门外环城西路南段，城墙西南角，西北工业大学北侧（图4-5-1）。1936年，陕西省建设厅在此开工筹建西京自来水厂，后因抗日战争爆发停工；1951年，西安市建设局在此重建；1952年，水厂正式投产开放供水；2001年，为避免城墙内地表水位下降，水厂停止供水。西安市第一自来水厂是新中国成立后修建的首批且唯一保留完整的自来水供水厂，它拥有新中国成立后最早的城市供水水源井、西安第一座现代供水设施，是西安市水源文化的有力见证者。

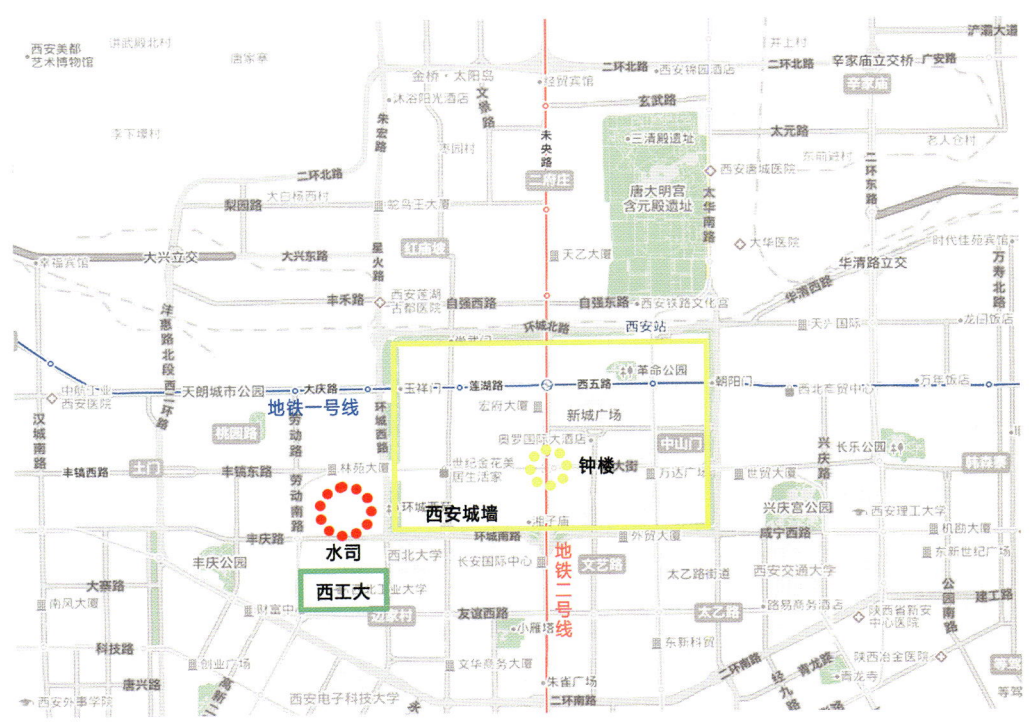

图4-5-1 水厂的城市区位图

图4-5-2 刚建成的水塔全景
（资料来源：西安市第一自来水厂提供）

1．历史沿革

民国时期，西安市民饮水困难，曾引发一系列严重的社会问题，为争水斗殴、水价纠纷等现象时有发生。

1936年，陕西省政府提议建造西京自来水厂；同年10月，选定厂址，位于西门外南火巷附近，占地68.5亩，开工建设深井3眼、蓄水池1座、水塔1座（图4-5-2）、出水间1座、办公室宿舍及化验室平房4幢等工程。

1952年1月，原果园西墙内，1号井开钻；同年2月，北院南墙内，2号井开钻；同年4月，果园东墙内，3号井开钻；同年8月，2号、3号井竣工；同年10月，水厂正式投产向市民供水，国庆节当日上午，城内骡马市、东二道巷、尚俭路三个售水站和新安市场同时放水，群众们自发在水站敲锣打鼓、热烈欢庆（图4-5-3）；同年12月，因钻井事故延期的1号井竣工。

1953年1月，水厂更名为"西安市自来水厂"，占地83.8亩。

1954—1955年，为配合新建工业的紧急需求，水厂在水司北院对西城河西岸征地约4.4亩，钻4号井，但因水质污染问题（含砷量超标），此井井水需与其他井水混合稀释，勉强使用；同年7月，在水司南墙外100米处，征地3.1亩，钻7号井，在工段内近北墙处，钻6号浅井，但由于井深过浅，无水而废。

1956年，自来水公司成立，水厂被分为南北两区，北区为原水厂生产区，改称为"第一水厂"，占地29.6亩；南区为公司管理区，占地54.2亩。

2001年，为避免城墙内地表水位下降，"第一水厂"停止供水。

(a) 国庆节供水时群众在骡马市水站取水情景

(b) 开始供水时居民还未装上水管，用架子车从水站装水

(c) 东二道巷水站居民排队取水

图4-5-3 1952年国庆节供水的场景
（资料来源：西安市第一自来水厂提供）

废弃前的水厂，辖西关、丰镐路两个工段；东五路、翠华路、劳动路三座加压站（全为串联加压站）；红庙坡、龙首村两眼补压井。原水厂共有水井12眼，其中深井11眼、土浅井1口，出水能力为1.4万立方米/日，主要作用是转输来自西郊第三水厂和西北郊第五水厂的水，加压并供给城区和南郊。

西关工段位于"第一水厂"内，即占地29.6亩的北部生产区，主要作用是将丰镐路工段自西郊转输来的水，向城区南半部和南郊加压转输。原工段内有深井4眼、泵房2座、方形水库1座（容量5000立方米）、25米高水塔1座（容量250立方米）、圆形水库2座（容量共3000立方米），配备加氯机2台、变压器3台（总容量1680千伏安）。供电局"网六"及"西二"两路供电，互为备用，电压均为10千伏。

2．工业遗产

1）总平面布局

西安市第一自来水厂占地83.8亩，其中北部生产区（"第一水厂"旧址）占地29.6亩，南部办公区占地54.2亩。厂区西南部，为水厂的家属区，解决员工的住宿需求（图4-5-4）。

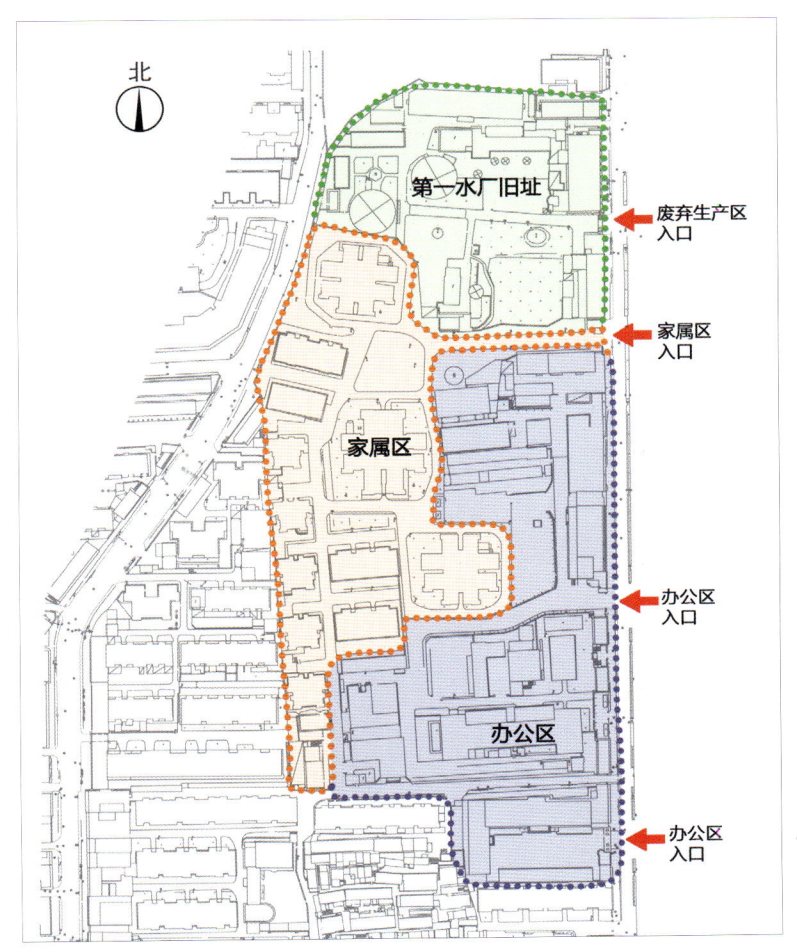

图4-5-4　水厂的总平面示意图

2）工业建筑物遗存概况

西安市第一自来水厂经过半个多世纪的发展，厂内建筑物的功能已与初建时发生了变化，其中的建筑物遗存主要包括机器房（原泵房）、闸门管理班（原营业所）、公安处（原南宿舍）、管网运行部（原小办公楼）、部室办公室（原化验室平房）以及城区管网所（原大办公楼）（图4-5-5）。

（1）机器房（原泵房）

机器房位于水厂北部生产区，建于1951年。1952年10月1日，水厂正式投产时，即为此泵房开放供水。水厂原有泵房两座，现仅存一座。泵房保存完好，为一层砖混结构，内装输水泵4台，输水能力共972立方米/时，现为家属区西关高层住宅楼的专用加压泵房（图4-5-6）。

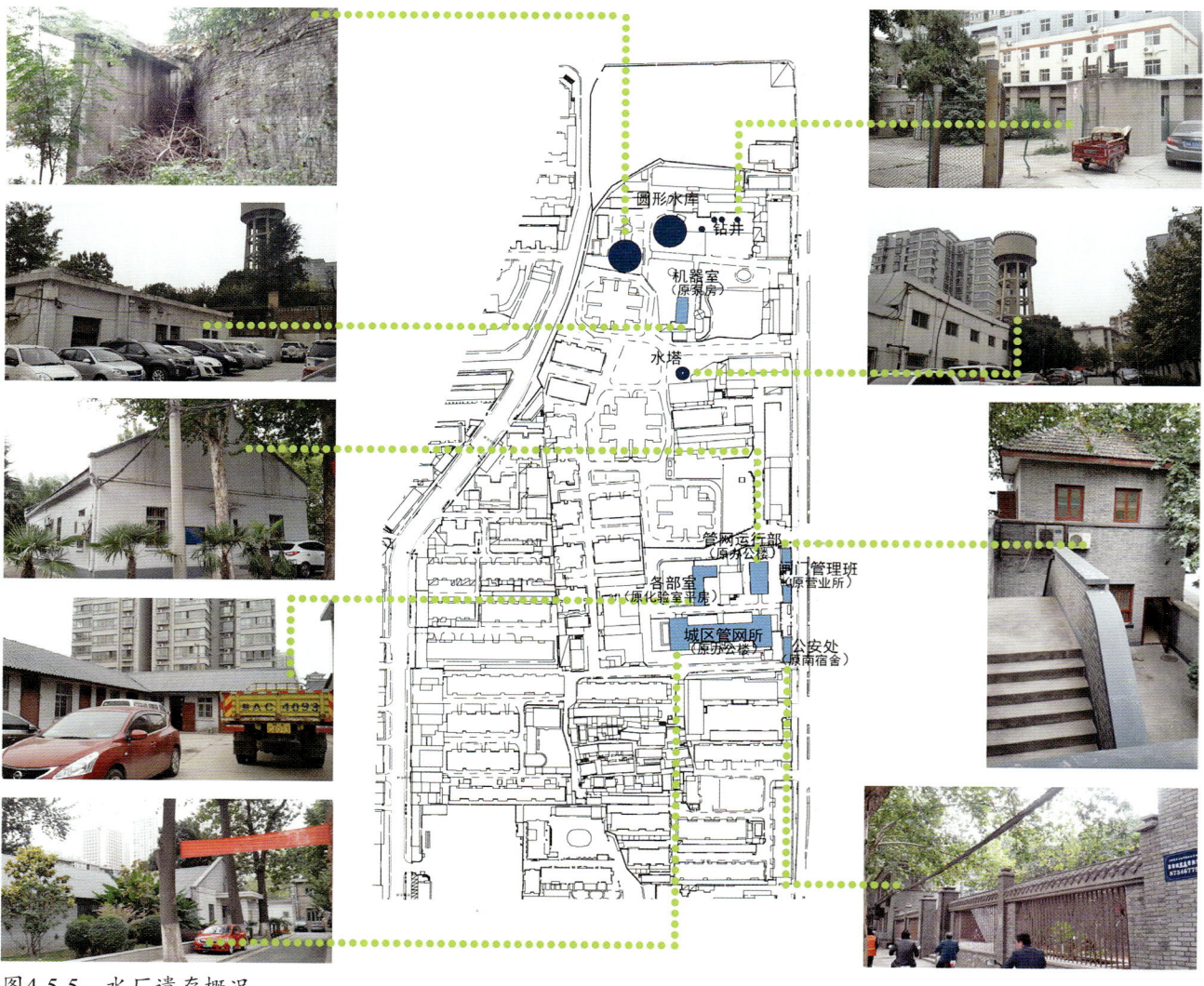

图4-5-5　水厂遗存概况

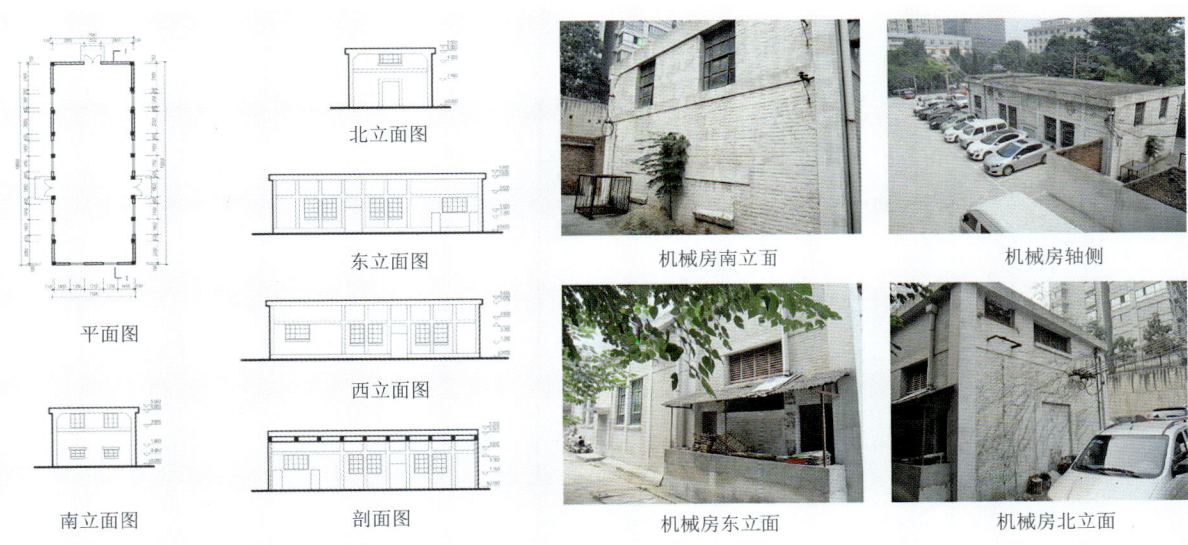

图4-5-6 机器房（原泵房）

（2）闸门管理班（原营业所）

闸门管理班位于水厂南部办公区东侧沿街面，建于1950年代。目前保存完好，为两层砖混结构，立面曾翻新，两建筑相连；西面有高差，地平至建筑二楼位置（图4-5-7）。

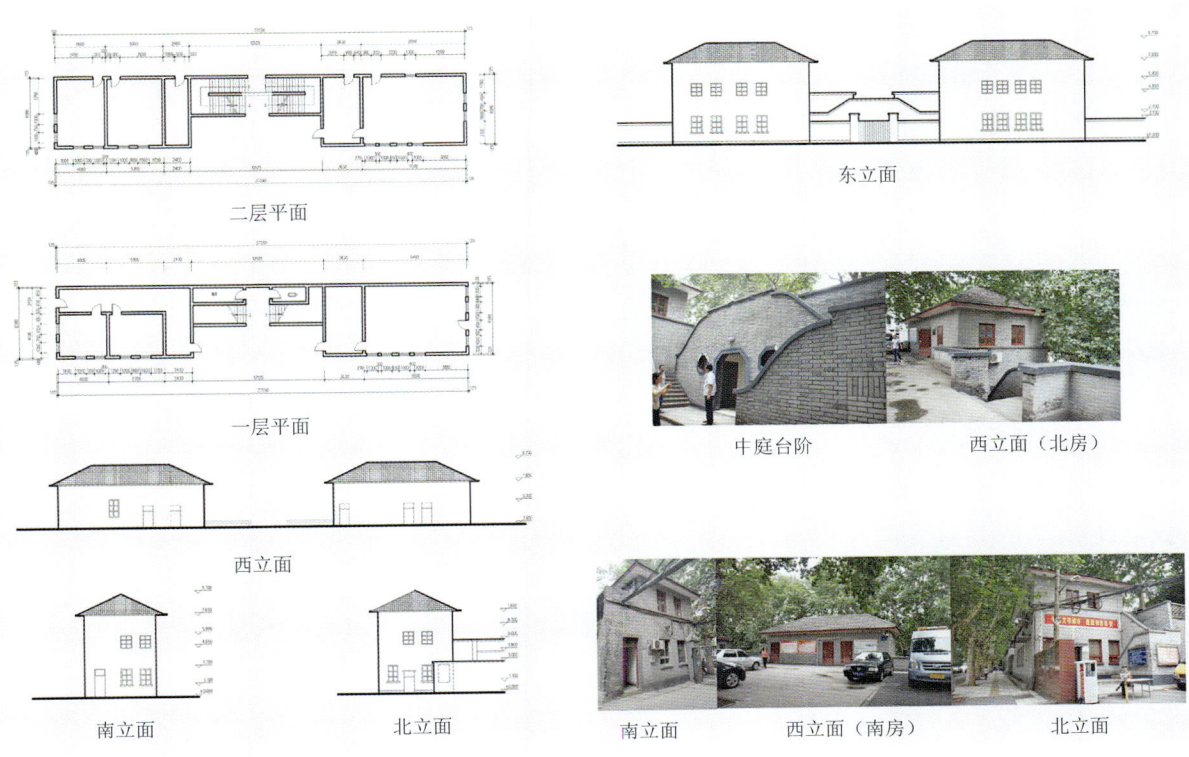

图4-5-7 闸门管理班（原营业所）

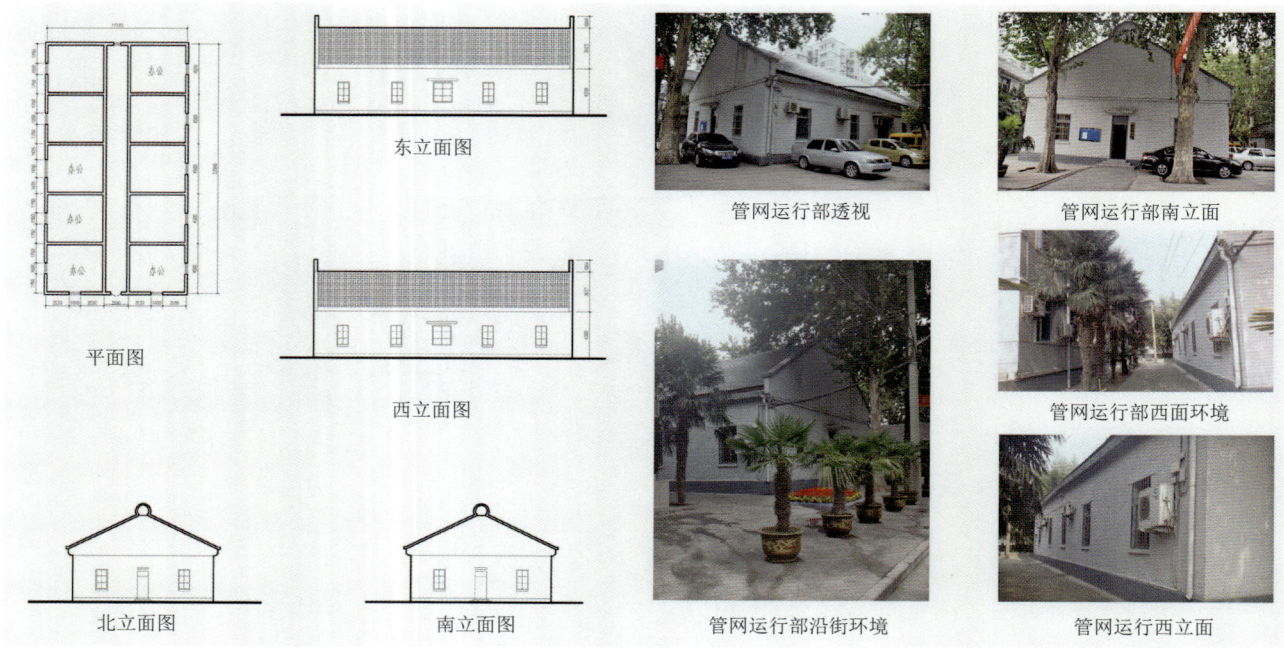

图4-5-8 管网运行部（原小办公楼）

（3）公安处（原南宿舍）

公安处位于水厂南部办公区，建于1950年代。目前保存完好，为两层砖混结构，立面曾翻新，与闸门管理班为一组建筑。

（4）管网运行部（原小办公楼）

管网运行部位于水厂南部办公区东北部，建于1950年代。目前保存完好，为一层砖混结构，立面重新粉刷。入口处有两棵对称种植的树木，与临路相望的城区管网所呼应；东面与公安处相对，中间留有小广场，建筑四周有植物环绕（图4-5-8）。

（5）城区管网所（原大办公楼）

城区管网所位于水厂南部办公区，建于1950年代。目前保存完好，为一层砖混结构，北部立面有部分翻新。两个入口处皆为对称种植树木，沿街设绿化，南面设有活动场地和乒乓球台（图4-5-9）。

（6）部室办公室（原化验室平房）

部室办公室位于水厂南部办公区，建于1950年代。目前保存完好，立面重新粉刷，为一层砖混结构，6间平房（图4-5-10）。

3）工业构筑物遗存概况

西安市第一自来水厂的构筑物遗存主要包括圆形水库（消水池）、钻井与水塔。

（1）圆形水库（消水池）

圆形水库位于水厂北部生产区，共2个，分别建于1951年和1956年。目前，水库已被损坏，由于废弃已久，水库顶长满杂草，被家属区居民作为耕种用地（图4-5-11）。

（2）钻井（吸水井）

钻井位于水厂北部生产区，共4眼，分别建于1936年和1951年，日产水4500立方米。目前，钻

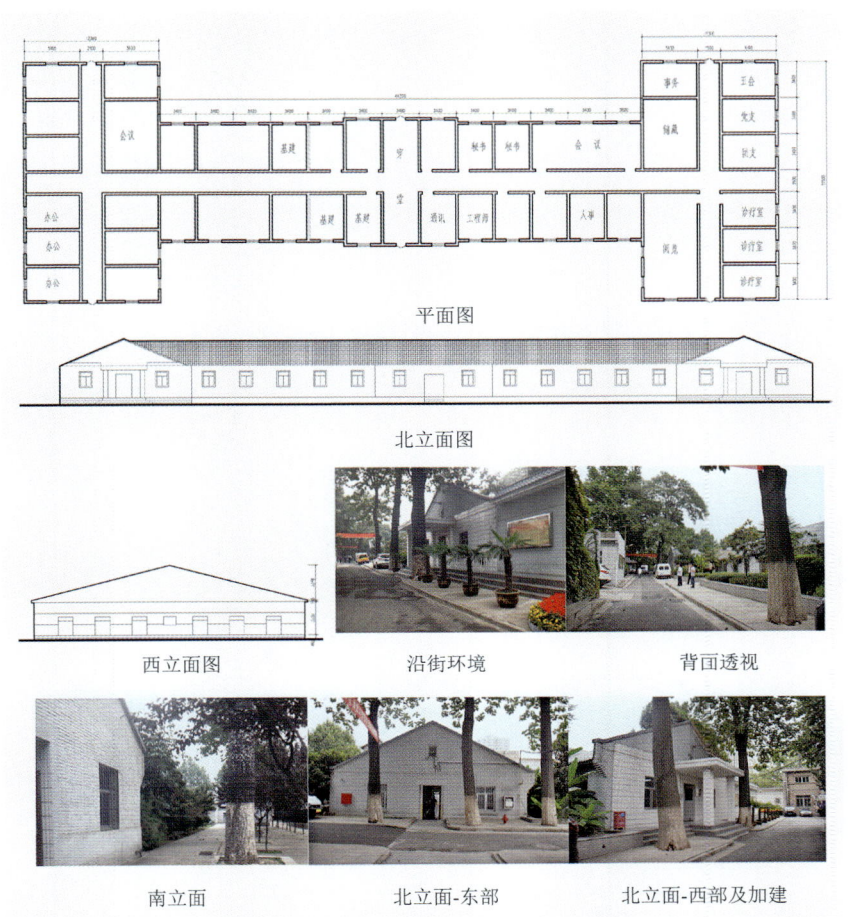

图4-5-9 城区管网所(原大办公楼)

图4-5-10 部室办公室(原化验室平房)

图4-5-11 圆形水库(消水池)

井保存完好，虽废弃已久，但仍保持原状。

(3) 水塔

水塔位于水厂家属区高层东部，建造于1951年，高25米，容量250立方米，是西安市第一座水塔，造型简洁，形态优美。目前，水塔保存完好，现为家属区校表专用（图4-5-12）。

4）厂内绿化景观概况

水厂内拥有大量的植被绿化，经过几十年的生长，已具有一定的规模，厂内植物类型丰富，分布范围广，形成了良好的植生环境和景观（图4-5-13）。

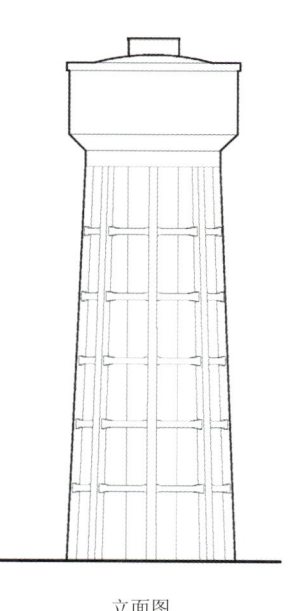
立面图
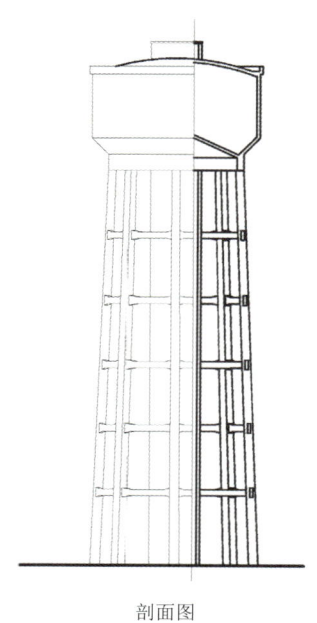
剖面图

仰视水塔

塔身细部

框架细部

图4-5-12　水塔

北部生产区的绿化

南部办公区的绿化

办公区内的行道树

办公区内植被景观

图4-5-13 水厂的绿化景观

3. 非物质遗产

水厂的非物质遗产包括与历史相关的厂史厂志、人物事迹、机构组织；与生产相关的工艺流程、供水量；与管理相关的规章制度、企业精神和企业文化等。

（1）工艺流程

厂区遗留下来的圆形水库（消水池）、钻井（吸水井）、泵房和水塔等设施是西安市早期供水工艺活的教科书，直观地向人们展示西安市供水业的早期基本工艺流程（图4-5-14）。

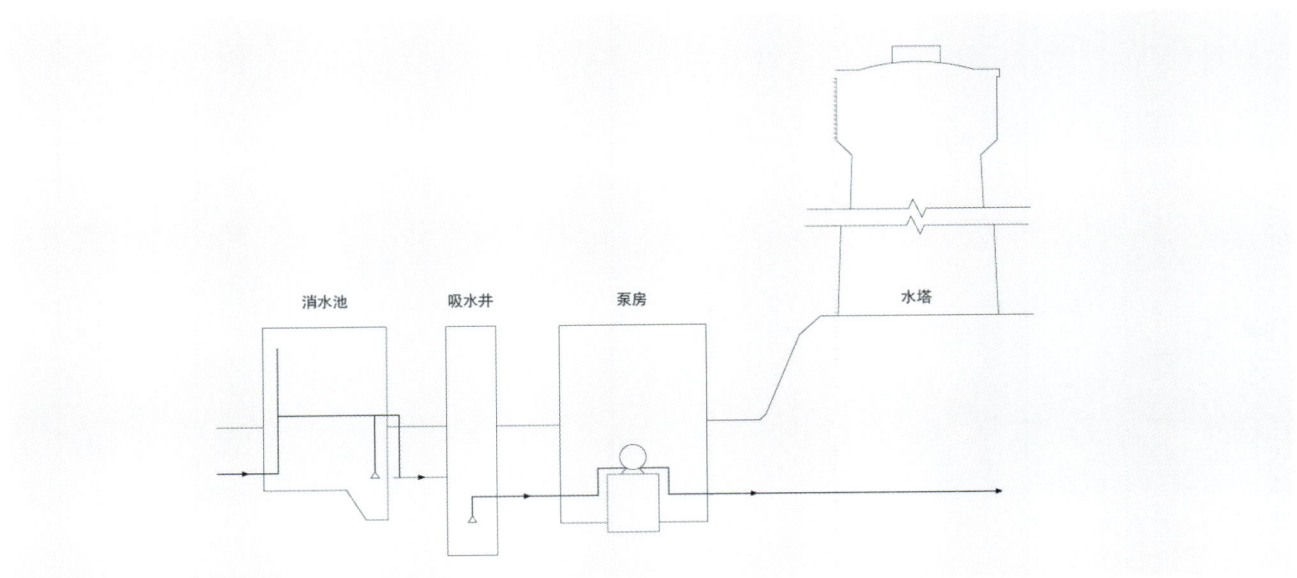

图4-5-14 水厂工艺流程示意图
（资料来源：作者根据西安市第一自来水厂提供资料改绘）

老水厂水源为地表水，工艺流程为：原水→沉砂池→加药→混合池→反应池→沉淀池→一级泵站→虹吸滤池（南厂新、旧）→加氯→清水池→二级泵站→城市管网。

改造后水源为地下水，原水塔具有输水功能，工艺流程较为简单，主要包括：原水→过滤→混合加氯消毒→泵站加压→城市管网。

（2）相关文献

水厂保留了大量厂区的建设图纸、影像照片与印刷品等，展现了与工业生产密切相关的西安供水文化（图4-5-15）。

4. 工业遗产的价值

（1）产业价值

从1952年10月，水厂建厂投产到2001年水厂

图4-5-15　水厂文化资料
（资料来源：西安市第一自来水厂提供）

  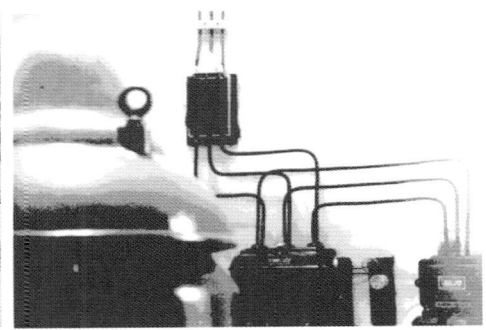

老泵房三号泵及配电盘　　运转工在老泵房开启闸门　　运转工分泵油开关　　值班电工在推闸

运转工在开启一号闸门　　化验师在化验室检查水质　　泵

图4-5-16　水厂的早期供水设备

（资料来源：西安市第一自来水厂提供）

停止供水，西安市的供水事业在科学理论与生产工艺等各方面有了明显的发展与进步，西安市第一自来水厂的供水设备和工艺完成了勇于探索、承前启后的历史使命，具有不可替代的供水产业研究价值（图4-5-16）。

（2）历史与文化价值

西安市第一自来水厂是1949年后我国修建的第一批自来水供水厂，拥有完备的图纸资料、文件资料、实物以及建造过程记录等，是目前唯一保留完整的水厂。经过多年的发展，水厂拥有新中国成立后最早的城市供水水源井、西安第一座现代供水设施，解决了当时西安城1万吨/日供水量，结束了西安市民打井取水的吃水历史，因此，水厂在西安水源文化发展史上具有独特的历史地位和文化价值。

（3）建筑价值

家属区水塔简洁优美的造型、办公区厂房（现城区管网所、管网运行部和闸门管理班等）的建筑细部与优良装饰，均代表了新中国成立初期西安工业建筑的风格与形象，具有强烈的地区标识性，展现了工业时代特有的建筑审美风格，具有一定的建筑价值。

5. 保护建议

西安市第一自来水厂具备良好的城市区位，交通便利，景观宜人，承载了西安丰富的水源文化记忆。厂内的工业遗产结构完整、质量完好，空间灵活性高，具有较大的更新改造、再利用潜力与价值。建议重点保护以下4处体现主要供水工艺流程与水厂特征的工业遗产：

（1）圆形水库（消水池）；

（2）钻井（吸水井）；

（3）泵房；

（4）水塔。

在再开发过程中，对于机器房（原泵房）、闸门管理班（原营业所）、公安处（原南宿舍）、管网运行部（原小办公楼）、部室办公室（原化验室平房）、城区管网所（原大办公楼），以及绿化景观植被、文化资料等有关遗产，有条件的也应尽量保护。

4.5.2 西安市第一污水处理厂

西安市第一污水处理厂位于西安市大兴西路19号，地处西安市二环外的西北方位，北望汉长安城，南接大兴西路及连霍高速高架桥（图4-5-17）。其建立之初位于城市郊野，现在已被城市扩张并入。该厂1958年建成并投入使用，是西安市第一座污水处理厂，也是新中国成立初期第一批建设的城市污水处理厂之一，见证了西安乃至全国污水处理的发展历程。

1. 历史沿革

西安市第一污水处理厂原名西安市污水处理厂，是"一五"规划期间，苏联对我国工业领域援建的"156项重点工程"项目中的附属项目，是我国第一批兴建的现代污水处理厂。

该厂始建于1956年，1958年投产后，日处理能力4万吨/日。

1963年，该厂进行第一次扩建，日处理能力提高到6万吨/日，污水为一级机械处理，污泥进行中温消化，自然干化脱水。

1976年，进行第二次扩建，处理能力达到12万吨/日，污水为二级生物处理，污泥经中温消化后进行机械脱水。

1998年，西安市污水处理厂利用丹麦政府

图4-5-17 西安市第一污水处理厂区位图

（资料来源：百度地图）

贷款，引进丹麦克鲁格公司工艺技术进行设备改造，改扩建之后，整个厂区占地面积达143亩，主要接纳西安市环城西路以西、三桥皂河以东、南至大环河以北约140多家工厂（包括机械、电子、纺织、化工、印刷、制药、冶金、食品加工厂、制革、屠宰等行业）的工业废水和近50万居民的生活污水，污水汇流面积25平方千米，设计处理能力为12万吨/日。

2001年6月，全部工程结束并进入调试、运行，处理规模16万吨/日，主要处理西安市西郊地区的工业废水和生活污水，工业废水占总处理量的70%，生活污水占30%，每天可提供6万吨的回用水，用于西郊地区工业用水及市政杂用水，为缺水的西安市开辟了第二水源。

2. 工业遗产

（1）总平面布局

西安市第一污水处理厂厂区占地面积约143亩，南部主要为办公区与生活区，中部与北部为生产区。厂区内保存有1956—1999年不同时期建造的各类建筑物。其中1956年建厂和1976年第二次扩建的建造范围集中于厂区中部东侧，主要保存有消化池、初次浓缩池（初浓池）、浴室、锅炉房、烟囱等5组建、构筑物（图4-5-18）。消化池及初浓池因为下埋的要求，其设计场地均高出整个厂区2.5米以上，形成台地。这种高低错落的地形保留至今（图4-5-19）。

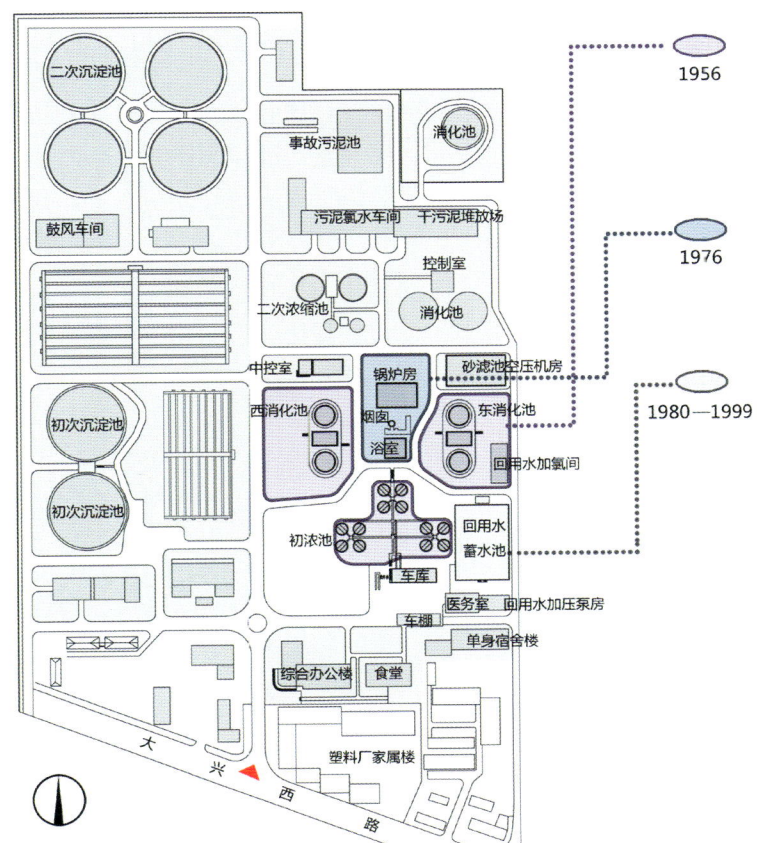

图4-5-18 西安市第一污水处理厂现状总平面图

图4-5-19 消化池及初浓池部分的地面抬起

（2）工业建筑物遗存概况

西安市第一污水处理厂1956年所建的建筑物包括消化池、消化池控制室、初浓池等功能使用主体以及泵房、修理间、变电室等小型辅助功能用房，在历次改扩建中，仅修理间、变电室用房被拆除，整个污水处理的主体建筑物以及其周边地貌环境未受破坏而保留至今，是1950年代所建污水处理厂中保留最完整的遗存区。一起留存下来的还有1977年第二次扩建时所建的浴室、锅炉房等，这些年代久远的建筑物虽已废弃不用，但都完好地保存了下来（表4-5-1）。

表4-5-1 西安市第一污水处理厂主要建筑物遗存统计表

序号	建筑名称	建设年代	建筑结构	建筑层数	现状照片	备注
1	东、西消化池的控制室	1956年	砖混结构	两层，包含地下室		1977年因污泥处理系统整体调停而停止使用
2	锅炉房	1977年	大跨砖混结构	单层		1977年第二次扩建时所建，承担给厂区供暖和给扩建消化池加热的功能，2002年因工艺调停而停止使用。屋顶有气楼式天窗
3	浴室	1977年	砖混结构	单层		1977年第二次扩建时所建，给厂内工人服务，2002年因工艺调停而停止使用

（3）工业构筑物与其他附属设施遗存概况

西安市第一污水处理厂还遗存有消化池、初浓池、烟囱等构筑物及废弃的管道架、沟渠等附属设施（表4-5-2）。

表4-5-2 西安市第一污水处理厂主要工业构筑物及其他附属设施遗存统计表

序号	建筑名称	建设年代	现状照片	备注
1	东、西消化池	1956年		主体埋入地面以下，在地上部分仅露出混凝土池盖部分。1977年因污泥处理系统整体调停而停止使用

续上表

序号	建筑名称	建设年代	现状照片	备注
2	初浓池	1956年		12个直径为8米的圆形初浓池，分为3组、每组4个。初浓池最初设计功能为一级处理系统沉淀池。1977年改扩建时改为初沉污泥浓缩池，2002年改造时因工艺调停而停止使用
3	烟囱	1977年		砖砌烟囱高约40米，接近地面的直径约8米，外围有钢制爬梯
4	其他附属设施	1956—1977年		废弃的管道架、沟渠等遗存

（4）设备遗存概况

西安市第一污水处理厂内还保存有一些1956—1977年引入的机械设备（图4-5-20）。

3．非物质遗产

1）污水处理流程

西安市污水处理厂的污水处理流程如下（图4-5-21）：

（1）污水进入水厂后，先经过粗格栅间，通过两套背耙式粗格栅将污水中粗大的漂浮物拦截，保护水泵不受损害（格栅为镀锌条，有足够的刚度和强度，避免被大型漂浮物碰弯）。

（2）污水经提升泵房后进入细格栅间，将细小漂浮物拦截（在城市污水中有大量小型漂浮物，如塑料袋、树叶、菜渣等，它们很容易穿过粗格栅到处理构筑物里，漂浮在水面上，影响景观和曝气系统）。

（3）分离后的垃圾用螺旋型的脱水机脱水，由压渣泵送至地面。

图4-5-20　西安市第一污水处理厂遗存的机械设备

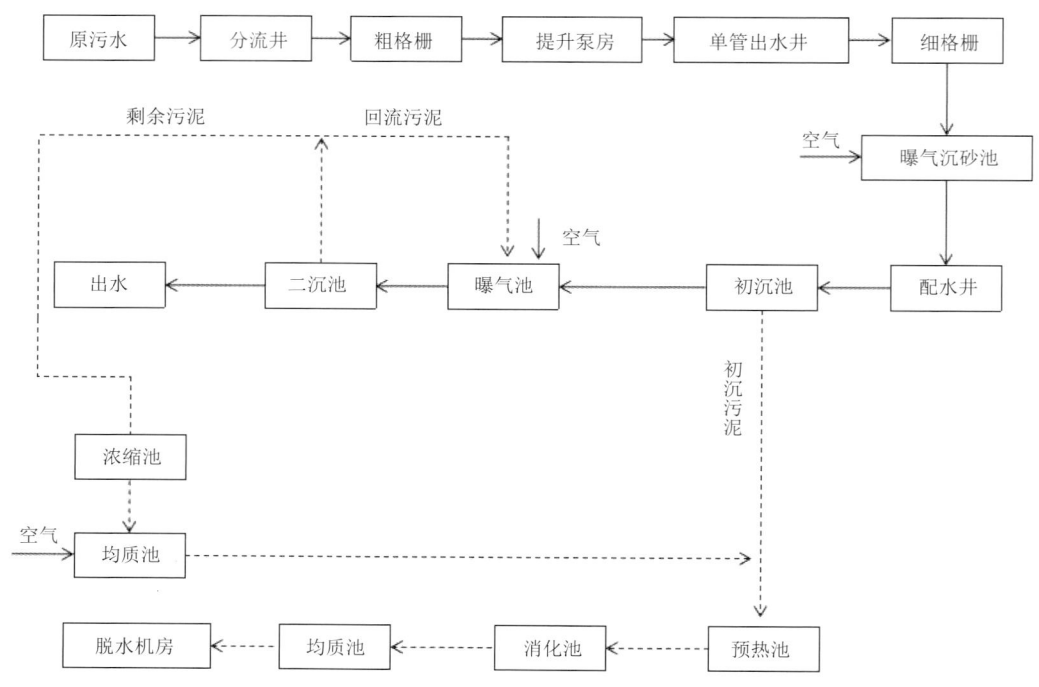

图4-5-21 西安市第一污水处理厂污水处理流程
（资料来源：西安市第一污水处理厂提供）

（4）污水继续流到曝气沉砂池，粒径大于0.2毫米的砂粒将被去除，以达到保护机械和管道免受磨损，减轻沉淀池负担的目的（在曝气的作用下，可以取得较为纯净的砂粒，有机物只占5%左右）。

2）资料手稿

西安市第一污水处理厂1956年建厂至今的一些文字图纸档案资料依旧保存完好。如1956年的技术交底设计资料手稿仍在，显示该污水厂1956年设计的最大流量为1000公升/秒（3600立方米/时），1956年设计的出水明渠的最大流量678公升/秒（2441立方米/时）。1956年在设计之初考虑一级机械处理，但未严格定义污水负荷量。

1958年向西安市建设局请示派员参加指导竣工验收的文件。各年运行报表也较为完整，如1960年的资料显示该厂当年日处理量通常为4万平方米；1961年11月运行报表则显示，该月计划水量120万平方米，实际处理136.16万平方米，完成率为113.47%。

4. 工业遗产的价值

（1）历史价值——国内第一批现代城市污水处理厂

新中国成立之前，我国只有几个由外国租界留下来的日处理量甚小的污水处理厂，主要集中于上海。"一五"计划期间（1953—1957年），西安市第一污水处理厂作为苏联援建的"156项重点工程"项目的附属项目,与北京、天津、上海等几座大城市的污水处理厂一起成为我国第一批现代污水处理厂。因此,西安市第一污水处理厂遗址区是"一五"计划污水处理起步的见证人,同时也记录着苏联援建中国的跨国友谊。从这个角度而言,西安市污水处理厂的历史价值不言而喻。

（2）科学技术价值——见证污水处理工艺的变革

西安市污水处理厂的工艺由1950年代的一级机械处理,到1970年代二次扩建后的二级生物处理,再到21世纪初从丹麦引入的二级生物处理技术,污水处理工艺不断发展革新,而消化池、初浓池等构筑物随着职能的转变被废弃,见证记录了这一历史过程。而且,这些建、构筑物本体及图纸等也是新中国成立初期建造水平和技艺的直接反映。所以,这些工业遗存不仅具有历史价值,且具有科学价值。

（3）社会文化价值——水循环利用的可持续发展道路

水是城市的血液,是人类社会发展不可或缺和不可替代的资源,对于一个城市而言至关重要。但是随着科技和经济发展、工业化程度和人们生活水平的提高,工业废水和生活污水量大大增加。如果这些污、废水不经处理就直接排入大自然,对江河湖海等水体会产生不同程度的污染,继而威胁人类的健康和生存环境。而经过污水处理厂处理的污、废水回用不仅可以降低其对环境的污染,还可以减少城市对天然水体的取水量,缓解水资源危机,所以污水处理是一个城市给排水非常重要的一环,是循环再利用和节水的重要措施,其在城市中的职能地位不言而喻。在过去的半个世纪里,西安市污水处理厂对防治城市环境污染、保障人民生活和促进工农业生产起到了不小的作用。而在未来,西安市第一污水处理厂与国内其他污水处理厂一起继续承担缓解水资源危机的重担,为新型城镇化中约1亿农业转移人口落户城镇协调解决用水问题。

（4）稀有性

目前,在全国范围内,和其他几座"一五"计划时期建设的污水处理厂相比,西安市污水处理厂内保留着最为完整的历史建、构筑物,包括消化池、初浓池、浴室、锅炉房、烟囱共5组遗存。且这5组建、构筑物不但主体没有受到破坏,其周边环境及历史格局也保留了下来。甚至在文物周边,还保存着不少附属的管道沟渠,而档案室里则保存着图文资料等信息,包括建设文件、设计图纸等珍贵史料。

（5）群体价值[①]

首先,在"一五"计划期间,西安市由于获得了苏联援建的156个重点工程中的17个项目而成为接受项目最多的城市。西安市第一污水处理厂作为其中的附属项目,与其他17个项目具有历史关联性。其次,就西安的市政而言,给排水设施是一个举足轻重的系统,西安市于1953年建立西安市自来水厂,于1956年建立西安市第一污水处理厂,二者几乎同时建立,一个负担着城市的给水,一个负责城市的排水。从这个角度,西安市污水处理厂遗址与西安市自来水厂遗址具有关联性。因此,立足于城市层面的整体观思考,西安市污水处理厂对于西安市工业遗产的整体保护工

---

① 青木信夫,徐苏斌,张蕾,等. 中国工业建筑遗产[M]. 北京:清华大学出版社. 2013.

作具有不小的群体价值。

5. 保护建议

从宏观来看，西安市污水处理厂包括消化池、初浓池、烟囱、锅炉房等工业感鲜明的建、构筑物，因此这些建、构筑物组成的群落极具工业特色之美。加之遗址区内绿化景观较好，这些建、构筑物掩映在繁茂蓬勃的花草树木中，让整个遗址区散发出别样的风韵。从微观来看，对于每一个单体建、构筑物，其锈迹侵蚀的铁质构配件，苔痕斑驳的混凝土外表皮，再加上周边杂草丛生，一起传达出一种极富岁月痕迹及工业时代的历史沧桑感。所以整个遗址区都可以作为展览区而被展示。对遗址区改造再利用后，可以通过展品、展板、模型、电影等各个渠道增加与污水处理相关的科普知识，如水设施发展史、水处理工艺等。人们在此游览，不仅可以获得从视觉到心里的触动，还可以增加知识，认识水的重要性及污水处理的重要性，从而自发地去节约用水。因此，对于西安市污水处理厂闲置遗址区的再利用，一方面可以保护工业遗存，另一方面可以取得经济、文化教育等社会影响价值。

4.5.3 石泉水电厂

石泉水电厂（现石泉水电站），位于汉江干流石泉县上游1千米处，1975年修建完成，工程由北京水电勘测设计院设计，最初设计坝高120米，装机容量60万千瓦，以发电为主，兼有防洪、灌溉、航运等任务（图4-5-22）。

1. 历史沿革

1958年，水利部、黄河西北工程局和陕西省抽调人员组成石泉水电工程局。同年，中共陕西省委、省人民委员会决定修建，工程由北京水电勘测设计院设计。

1962年，因经济困难，工程停建。

1970年，经国务院批准重新开工。

1973年，开始发电。

1975年，竣工验收。

近年来，该厂紧盯年度经营考核目标，将安全生产、提质增效、攻坚盈利等各项工作融入日

图4-5-22　20世纪80年代的石泉水电厂
（资料来源：石泉水电站提供）

常生产经营，不断提升管理水平，夯实安全生产基础，提升经济运行水平，充分利用汛期洪水资源增发电量，年累计发电量达到100%。

2．工业遗产

（1）总平面布局

石泉水电厂枢纽工程由拦河坝、变电站、航运过坝设施、拦鱼泄水设施等建筑物组成（图4-5-23）。

（2）工业建筑物遗存概况

石泉水电厂由北京水电勘测设计院设计，水库总库容为4.70亿立方米，调节库容2.90亿立方米（图4-5-24）。坝型为混凝土空腹重力坝，长

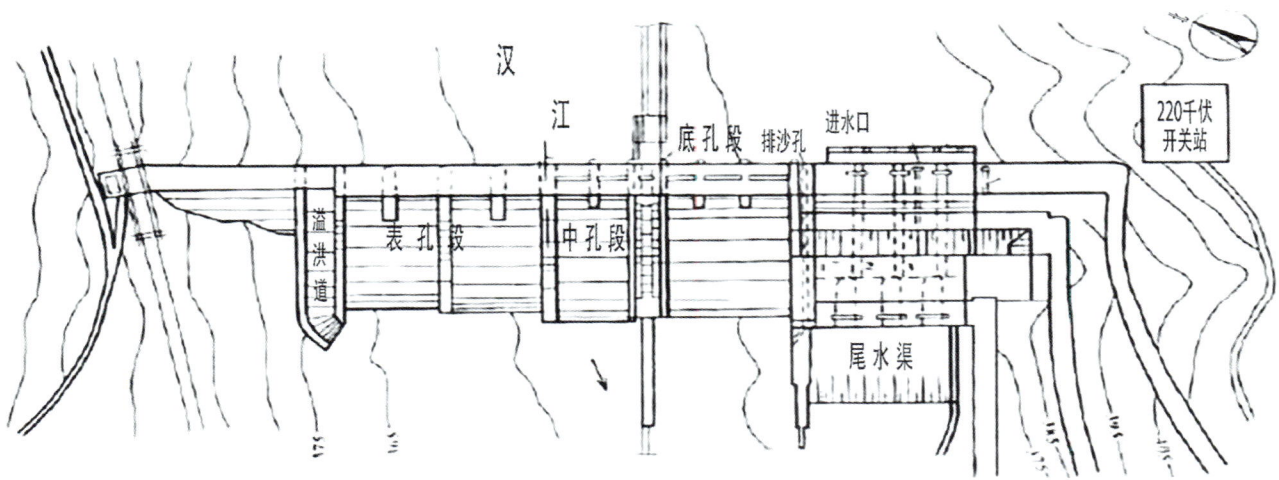

图4-5-23　石泉水电厂总平面图
（资料来源：石泉水电站提供）

图4-5-24　石泉水电厂现状

353米，高65米，该坝按百年一遇的洪水设计。装设12道泄洪闸门（4个大表孔、1个小表孔、5个中孔、1大1小底孔），保证通过21 500立方米/秒洪水的安全泄洪。站房采用的是坝后式半封闭结构，内装3台机组，单机容量4.5万千瓦（高水位可发5万千瓦）[1]。建厂至今30余年，经过多次改建、修缮，目前仍基本保存其原貌特征。

石泉水电厂是陕西第一座中型水力发电厂，是陕西电网的主要调峰电厂，对关中电网的调频、调峰起到了重要作用。水电厂扩机工程属陕西省"九五"重点建设项目，是"二十项兴陕项目"工程之一。

3. 保护建议

石泉水电厂自建厂以来，在保证陕西电网的安全和稳定运行，保证陕南山区工业、农业和交通运输事业的迅速发展等方面作出了巨大贡献。保护石泉水电厂对延续历史记忆、塑造精神文化有着极其重要的作用，故建议在后续的保护和开发过程中，维持其原有的结构和功能，做到"应保尽保"。

4.6 食品工业遗产

4.6.1 定边盐场

定边盐湖群是陕西省唯一的湖盐产区，西与宁夏盐池县接壤，北与内蒙古鄂尔多斯市鄂托克前旗相连（图4-6-1）。三五九旅曾在定边盐湖建设定边盐场，定边盐场所属苟池盐湖及盐田、三五九旅打盐和住宿遗址等一批见证其厚重红色历史和辉煌发展历程的工业遗址和工业文物，于2019年被确定为国家第三批工业遗产。资料显

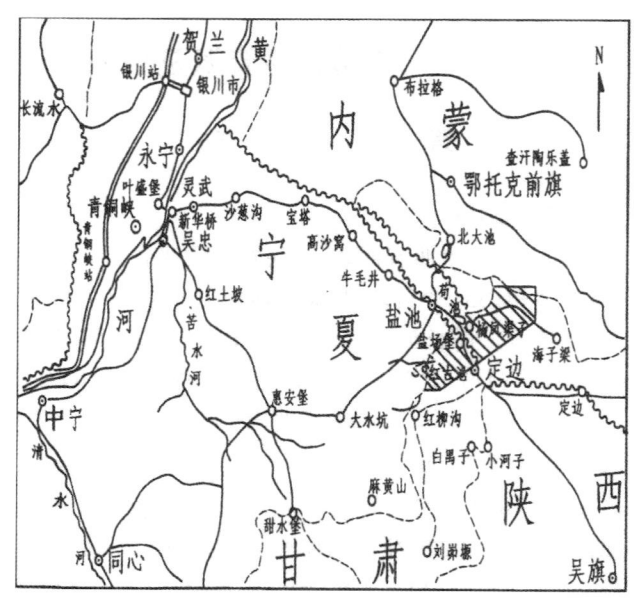

图4-6-1 定边盐湖区位图

（资料来源：王永胜.定边盐湖[M].陕内资图.2007.）

示，仍在生产的盐湖有苟池、花马池、滥泥池、莲花池、公布井、明水湖、敖包池、波罗池，共计8个。盐湖群总面积1600平方千米，地理坐标为东经107°15′—108°，北纬370°30′—370°52′，汇水面积1867平方千米，区内所属大小盐湖比较规律地分布在一条西南至东北走向60千米长的弧线上（图4-6-2）。

1934年，中国共产党在陕甘边区革命根据地建立了第一个苏维埃政府，同时成立陕甘边区盐场堡盐场（延长石油炼化公司定边盐化工有限公司前身），将食盐等物资运入边区，以解军民生活所需。1941年，为防止盐湖西边外来洪水冲毁4000余亩盐田，三五九旅直属队等8个单位共2850人，人工修筑了一条长3000米、顶宽3米、高3米的拦洪大坝。当年产盐70余万驮，有力支援了抗

---

[1] 石泉县地方志编纂委员会. 石泉县志 [M]. 西安：陕西人民出版社，2018.

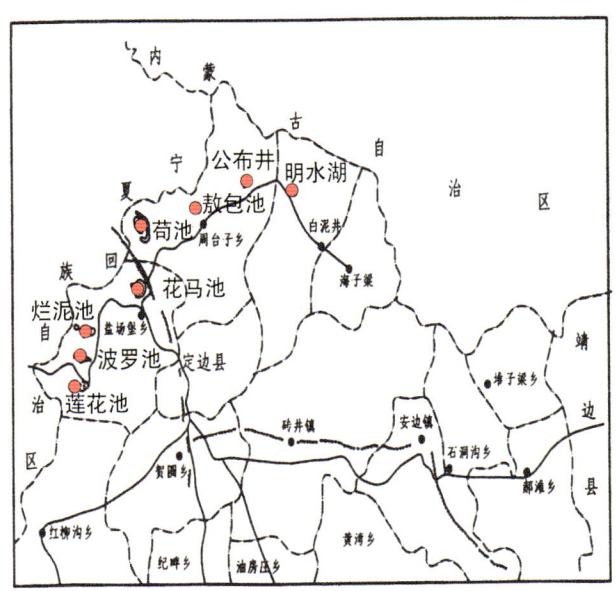

图4-6-2 定边盐湖分布图
（资料来源：王永胜.定边盐湖[M].陕内资图.2007.）

日战争。

1. 历史沿革[①]

苟池盐湖开采始于汉代，距今约有2000余年历史。据史书记载，西秦已有盐湖，汉代开始产盐，当时，属少数民族地区，故称"戎盐"，也称"青盐"。其特点是粒大、色青、茬硬、味咸。

民国时期产盐以花马池、苟池为主，滥泥池、莲花池次之。

1934年，中国共产党在陕甘宁边区革命根据地建立了第一个苏维埃政府。同时成立了陕甘宁边区盐场堡盐场（今延长石油炼化公司定边盐化工有限公司前身），将食盐等物资运入边区，解决军民所需。

1936年6月，定边、盐池两县先后解放，盐务归苏区管理。

1940年5月，三五九旅四支队驻盐场堡采盐，军民于花马池、苟池、滥泥池、莲花池、波罗池等盐湖筑盐坝1094块，打井108眼。

1941年，为了防止盐湖西边外来洪水冲毁4000余亩盐田，保障打盐大生产运动顺利进行，三五九旅直属队等8个单位人工修筑了一条长3000米的拦洪大坝。同年，盐产量70余万驮，有力地支援了抗日战争。毛泽东指出，"定边盐池是陕甘宁边区经济□心""盐湖是中央第一财政"，并题赠三边公署专员、盐场负责人罗成德"不怕困难"。

1960年，将原"三边盐务局"改为地方国营定边盐化厂，统一管理盐湖。

2001年，改制为定边县长城盐化有限责任公司。2011年9月，定边盐场归延长石油定边盐化工有限公司管理。

2. 工业遗产

1）总平面布局

定边盐场工业遗产主要包括盐湖盐田和建筑物遗存两类。盐湖盐田主要有苟池、花马池等8处（图4-6-3）。建筑物遗存包括定边盐场所属苟池盐湖及盐田、三五九旅窑洞遗址、三五九旅盐湖拦洪坝遗址、定边盐化厂办公楼遗址等。

2）盐湖盐田概况

定边盐湖群包括大小十四个盐湖，其中生产盐湖有苟池、花马池、滥泥池、莲花池、公布井、明水湖、敖包池、波罗池，共计8个。苟池盐湖是开采最早、储量最大的盐湖之一，1940—1943年，三五九旅即在苟池盐湖打盐支援抗战。

（1）苟池盐湖（三五九旅打盐盐田）

苟池盐湖即三五九旅打盐的盐田所在地，开

[①] 王永胜.定边盐湖[M].陕内资图，2007.

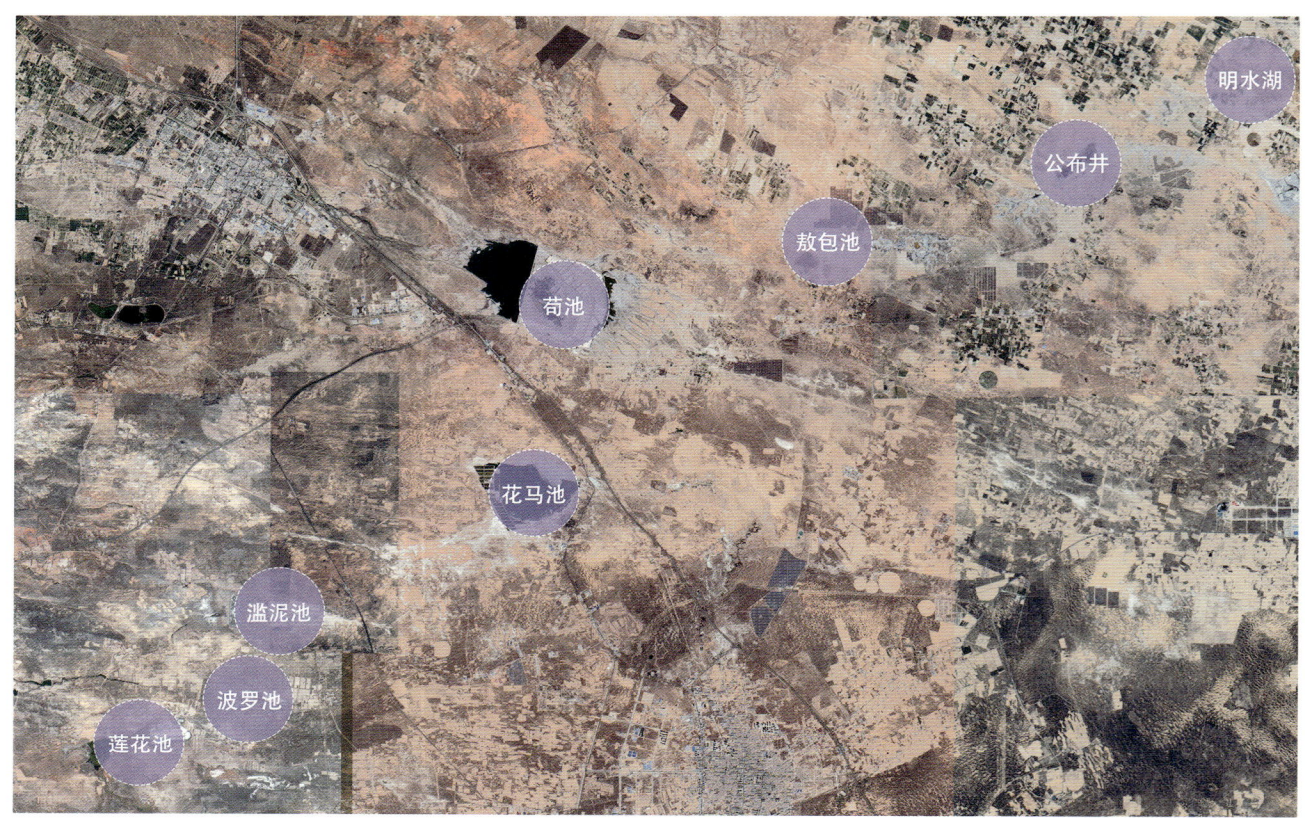

图4-6-3 定边盐湖主要产盐池分布卫星图

采始于汉代,距今约有2000年历史。1940—1943年打盐大生产运动中,为支援边区财政和抗日战争,三五九旅四支队2000余名指战员在此打盐。现面积约14平方千米(图4-6-4)。1988年,经陕西省煤田遥感公司对苟池盐湖盐类储量进行普查,探明各类盐储量为723.90万吨,是定边长盐公司重要的原盐生产基地。苟池固液相矿床属小型矿床,埋藏不深,适宜于水溶法开采。

(2)花马池

花马池开湖2000余年,是历史上记载最多,也是定边盐湖群的首席代表。湖盆面积6.78平方

图4-6-4 三五九旅打盐盐田遗址
(资料来源:延长石油集团提供)

千米，水域0.63平方千米，是定边盐湖群中第二大湖。已探明各类盐资源总储量为742.95万吨。

花马池开采历史悠久，始于秦汉，昌于唐宋，盛于明清。特别是在1940—1943年打盐大生产运动中，为支援边区财政和抗日战争，三五九旅2000余名指战员在此打盐。毛主席曾称誉"盐湖是中央第一财政"。

花马池盐湖所产之盐在历史上称为"白盐""花盐""老湖盐"，色白、粒大、质优、保鲜效果好，是食用盐和腌制盐的精品原料。花马池盐湖的生产与管理历史上一直由官方直接运作，盐民打盐官方收购或凭引发盐，盐民收盐本。1942年边区组织盐业生产合作社，以盐场堡为中心建立盐业中心区，将当时盐业生产推向高潮，为革命作出贡献。1949年后将由于战争而破坏、荒芜的盐田整饬维修，逐渐恢复生产，并由各级盐务机关管理、生产，负责供应当地及销区食盐任务。

（3）滥泥池

滥泥池位于花马池西南8千米处，由于其盐湖四周泥泞陷人而得名。滥泥池盐湖开采始于唐代，距今已有1300余年历史，是继花马池、苟池之后定边盐湖区的又一个历史悠久而形成固体矿床储量的盐湖。过去一直是以大湖采捞，自然成盐，直到20世纪40年代才逐步由盐民在三边盐务局领导下修建盐田生产。

据《嘉庆定边县志》记载，"滥泥池，在大池西南十六里，周广十六里，东九里属定边，西七里属甘肃灵州。"可见在明、清时滥泥池的湖盆面积是很大的，可以与花马池相媲美。从清末到民初，滥泥池一直是定边盐区的重要产盐湖之一。

（4）莲花池

莲花池开发于明代万历初年，距今已有450余年历史，因其与周围各池如众星捧月，历史上曾称为"连环池"，后以谐音称为"莲花池"。

（5）波罗池

波罗池因形似陕北农家使用的笸箩而得名，在今波罗池村南三里，距莲花池三里，历史上产盐颇丰，且盐粒大、色白、荏硬，与滥泥池所产之盐共称"浪盐"，很有名气。边区时期曾压坝筑子筑盐田生产，新中国成立初期被荒废。每年雨水充足时，大湖凝盐，为当地居民采收，自由销售、食用。

（6）敖包池

敖包池因湖边周台子村北有历史上蒙古族祭祀的敖包而得名，据测定共有液态盐储量143万吨。由于历史上属于蒙民管辖的盐湖，产量不稳，故由蒙民转包给流动来湖的汉民畦坝筑田。因不能统一规划，各自为政，导致盐田结构不合理，大小极不规则，入池卤水浓度不稳定，产盐量也很不稳定。

（7）公布井

历史上曾有一蒙古族牧民贡布在此扎一伙场放牧牲畜，为解决畜牧饮水，打一口井，后来辗转住下许多汉民，就自然形成一个村子，这个村就叫公布井（村人、畜饮水全依赖此井水）。现此村仍在，故该村地域内盐湖亦被称公布井湖。

公布井年产盐最高达1800吨，湖盆面积2.57平方千米，是20世纪70年代新开发的盐湖，结构较为合理，平均年产量均在800吨以上，总矿产储量为270万吨。20世纪80年代又在湖西南方向开辟湖沙窝湖，修筑盐田。

（8）明水湖

明水湖盐湖位于白泥井乡境内，总面积4.78平方千米，总储量为297.91万吨。该湖水面宽，矿化度低，日晒时间长，故产量较低。1984年因洪水淹了全湖，盐田缩减所剩不足一半，产量大大减少。该地域在历史上为蒙族牧民居住的放牧区，湖周水草丰盛，是块天然的好牧场①。

3）建筑物遗存概况

（1）三五九旅窑洞遗址

1940—1943年间的打盐大生产运动中，为支援边区财政和抗日战争，三五九旅四支队2000余名指战员在此打盐。在此开展打盐大生产运动中，战士们自己在湖边明长城上动手挖土窑洞175个，可以说是"割草铺地为床，垒土筑灶为炊"。其遗址保留至今，占地面积约6600平方米（图4-6-5）。

（2）三五九旅盐湖拦洪坝遗址

1941年，为了防止苟池盐湖西边外来洪水冲毁4000余亩盐田，保障打盐大生产运动顺利进行，三五九旅直属队等8个单位共2850人发扬不怕困难、连续作战的革命精神，人工修筑了一条长3000

图4-6-5　定边盐场三五九旅指战员窑洞遗址
（资料来源：延长石油集团提供）

图4-6-6　三五九旅修建盐田拦洪坝
（资料来源：延长石油集团提供）

图4-6-7　定边盐化厂办公楼遗址
（资料来源：延长石油集团提供）

米、顶宽3米、高3米的拦洪大坝（图4-6-6）。后经定边盐化工司扩建加固，至今仍在使用。

（3）定边盐化厂办公楼遗址

该办公楼建成于1975年，双层平屋顶，建筑面积650平方米（图4-6-7）。曾作为定边盐化厂生产经营工作指挥中心，现为定边盐场厂史教育基地，按照国家工业遗产保护利用政策规定予以修缮保护利用。

4）其他遗存概况

定边盐场中还遗存有陕甘宁边区使用的盐罐和秤砣，均带陕甘宁边区定边盐场字样（图4-6-

---

① 韩彦慧. 定边天然盐湖群 [OL]. 定边之窗，http://www.zgdb.gov.cn/gm/2093.htm.

图4-6-8 边区盐场当年使用的秤砣
（资料来源：延长石油集团提供）

图4-6-9 陕甘宁边区政府集体食堂专用的存盐器
皿——盐罐
（资料来源：延长石油集团提供）

8，图4-6-9）。1934年，中国共产党在陕甘边区革命根据地建立了第一个苏维埃政府。定边盐场将食盐等物资运入边区，解决军民所需，这两件文物正是当时盐业交易活动的见证。

3. 非物质遗产

1）毛泽东为定边盐田精神题词

1941年，陕甘宁边区盐场产盐70余万驮，有力地支援了抗战。毛泽东指出，"定边盐池是陕甘宁边区经济中心""盐湖是中央第一财政"，并题赠三边公署专员、盐场负责人罗成德"不怕困难"（图4-6-10）。这也成为了定边盐场精神的高度凝练，具有极高的精神价值。

2）我国历代盐务制度

盐税是历代封建王朝财政收入的重要来源，为确保盐利，均实行了严格的管理制度。如汉代，食盐实行官营、专卖，严禁私营，产盐地皆设盐官。《旧唐书·食货志》记载："先天二年（713年）九月，强循除豳州刺史，充盐池使，此即盐州池也。"定边盐场自汉代开始有开采记录，是历代盐务制度的执行场所，累积了相关的历史文化信息，两千余年的定边湖盐开采史，对中国湖盐文化历史的研究具有重要历史意义。

3）制盐工艺流程

定边盐场的制盐工艺较为多样，不同盐池、不同时期的制盐技术及相关副产物的生产工艺都在发生着变革，相关工艺技术的知识累积下来，形成了丰富的制盐工艺文化遗产，具有一定历史价值。

定边盐湖开采工艺按其矿产资源的贮存条件决定其开采方式，大致可分为三种类型，即东部各盐湖为一类，西南部盐湖为一类，中部的苟池、花马池又为一类。

图4-6-10 毛泽东题赠盐场负责人罗成德"不怕困难"
（资料来源：延长石油集团提供）

(1) 西南盐湖生产工艺

西南部盐湖生产工艺如莲花池，莲花池盐湖开采始于明朝万历年间，盐田化生产始于1974年，当年共建盐田108亩，其工艺方式为：由卤坑抽取20°Be（波美度）左右的不饱和卤水（因卤水浓度本身低）灌入盐田自然蒸发，使卤水由不饱和到饱和，直至结晶生成，人工活茬、捞耙洗涤打捞、人力车运积小坨，淋卤验收后再积大坨，适当留苦卤，再加新卤进行下次生产。其生产周期一般为15～20天，年产原盐500吨左右。①

(2) 中部与东部盐湖生产工艺

中部盐湖苟池、花马池盐湖是定边盐湖中最大的两个盐湖，占定盐总产量的90%以上，两湖的开采工艺基本相近。其中花马池盐湖入池卤水浓度达27～30°Be，生产期主要集中在每年阳历5月初至9月底，旺产期在每年的伏天，每茬盐5～7天，由于其卤水浓度高，结晶时间短，原盐结构松软，水分含量高，可溶性杂质含量大，盐的堆比重也很低，主要成分氯化钠含量初验83%左右（图4-6-11）。而苟池卤水水质较高，故结晶上水深，生产周期长，盐田单位面积产量高。

东部盐湖的工艺基本与中部盐湖一致，但受限于自然灾害、盐田结构、卤水浓度等原因，盐湖发展受到了很大限制。敖包池盐湖的历史沿革见前述苟池盐湖之沿革，盐田结构不十分合理，大小也不规则，入池卤水浓度不稳定，盐质也不稳定。

4. 工业遗产的价值

(1) 红色价值

定边盐湖内的定边盐场是中国西北革命根据地的开创者刘志丹、习仲勋于1934年创立的第一个红色盐场——陕甘宁边区盐场堡盐场，见证了中国革命从弱小走向胜利的伟大进程。同时，定边盐场的三五九旅打盐和住宿遗址等工业遗产是抗日战争时期陕甘宁边区艰苦奋斗、投身革命的历史见证，具有极高的革命历史价值。

(2) 历史文化价值

盐业在中国历史上有着重要的地位，据历史学家钱穆考证，黄帝与蚩尤的坂泉之战即是为了争夺盐池的战争。定边盐湖地处古代边疆地区，史书上记载，两秦已有盐湖，汉代开始产盐。在两千多年的产盐历史中，见证了古代西北地区的政治、军事、经济、交通、文化，是我国盐业历史、制度、文化及相关历史信息的重要见证。

(3) 科技价值

我国西北地区从新生代以来，有两个较大的成盐期。其一，从始新世至上新世，以渐新世为主要时期，普遍发育石膏、天青石等盐类；其

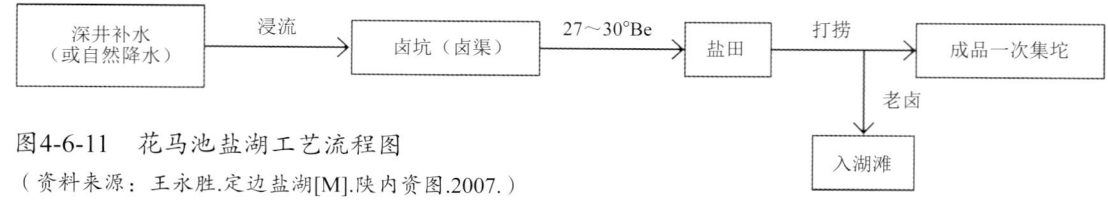

图4-6-11 花马池盐湖工艺流程图
（资料来源：王永胜.定边盐湖[M].陕内资图.2007.）

---

① 王永胜.定边盐湖[M].陕内资图，2007.

二，从上更新世晚期至全新世中晚期，广泛发育着天然碱、芒硝和食盐等盐类。定边盐湖就属于第二个成盐期所形成的盐湖。

5．保护建议

随着我国工业遗产保护工作的深入开展，其中的定边盐场已经列入国家工业遗产保护名录，然而定边盐湖的历史价值仍值得更深入地挖掘，其在中国制盐工业历史当中的价值应当更细致地梳理，因而建议保护以下内容：

（1）主要的生产盐湖（苟池、花马池、滥泥池、莲花池、公布井、明水湖、敖包池、波罗池）；

（2）地方相关历史文献；

（3）历代制盐工艺；

（4）边区盐场当年使用的秤砣等相关文物。

4.6.2 宝鸡西凤酒厂（酿酒旧址）

宝鸡西凤酒厂位于陕西省宝鸡市凤翔县柳林镇，自建成后使用至今，已经成为西北地区规模最大的国家名酒制造基地。其中西凤酒酿酒旧址由新中国成立初期的老制酒车间、1#、2#、3#老酒库及12座清代至民国时期的老酒海组成。由该旧址生产的西凤酒曾四次荣获国际大奖，并荣获第一、二、四、五届"国家名酒"称号，西凤酒由此与贵州茅台酒、泸州曲酒、山西汾酒并称为"中国四大名酒"，为中国白酒四大香型之一的"凤香型"和"中国四大老牌名酒"地位的确立作出了突出贡献。西凤酒的酿制技艺也被录入"陕西省第一批非物质文化遗产名录"。

西凤酒酿酒旧址较为完整地保存了传统制酒工艺、流程及由此而形成的建筑布局、空间形制、结构特征和建造工艺等特征，是传承西凤酒酿制技艺和西凤酒悠久历史文化的重要载体，是中国白酒业从手工作坊、工场手工业到机器工业发展阶段的重要见证，也是我国民族工业奋斗历程的历史缩影，具有非常重要的历史、艺术、科学价值及社会文化价值。该旧址于2018年被列入第七批陕西省文物保护单位。

1．历史沿革

西凤酒厂西北依山，雍水向南经柳林镇汇合于渭河，所处区域土地肥沃、水资源丰富，加之适宜的气候条件，造就了西凤酒酿造的独特资源条件。西凤酒厂有悠久的制酒历史，其传统工艺一脉相承、传承至今。新中国成立后，西凤酒厂整合柳林镇及其周边小作坊式的传统模式，建立社会化大生产的制酒工业企业。[1]

1956年，在周恩来总理的亲切关怀下，在老作坊的基础上扩大生产规模，创立国营陕西省西凤酒厂。

1980年，西凤酒厂进行第一次扩建，产能提升至3000余吨。

1985年，西凤酒厂进行第二次扩建，产能再扩大7000吨。

1993年，晋升为国家大型一档企业。

1999年，在原厂基础上，联合其他5家企业共同发起成立陕西西凤酒股份有限公司。

2008年，更名为陕西西凤酒集团股份有限公司。

2009—2010年，经历两次增资扩股，企业拥有雄厚的资产和先进设备。企业技术领先、工艺精湛、质量稳定，成为国家名酒生产的大型一档企业，是西北地区规模最大的名酒制作企业。企

---

[1] 西凤酒厂志编纂委员会. 西凤酒厂志[Z]. 内部发行，1993.

业先后获得"国家原产地域保护产品""中国驰名商标""中华老字号"等荣誉，是该领域的代表型企业，也是所在地市的领先支柱产业。

2. 工业遗产

1）总平面布局

西凤酒酿酒旧址位于现陕西西凤酒集团股份有限公司厂区西北部，该旧址由新中国成立初期的老制酒车间和1#、2#、3#老酒库组成，占地面积约3700平方米。同时，在1#、2#、3#老酒库中保存有清代和民国时期老酒海12座。（图4-6-12）

2）工业建筑物遗存概况

西凤酒厂酿酒旧址中，工业建筑遗存包括老

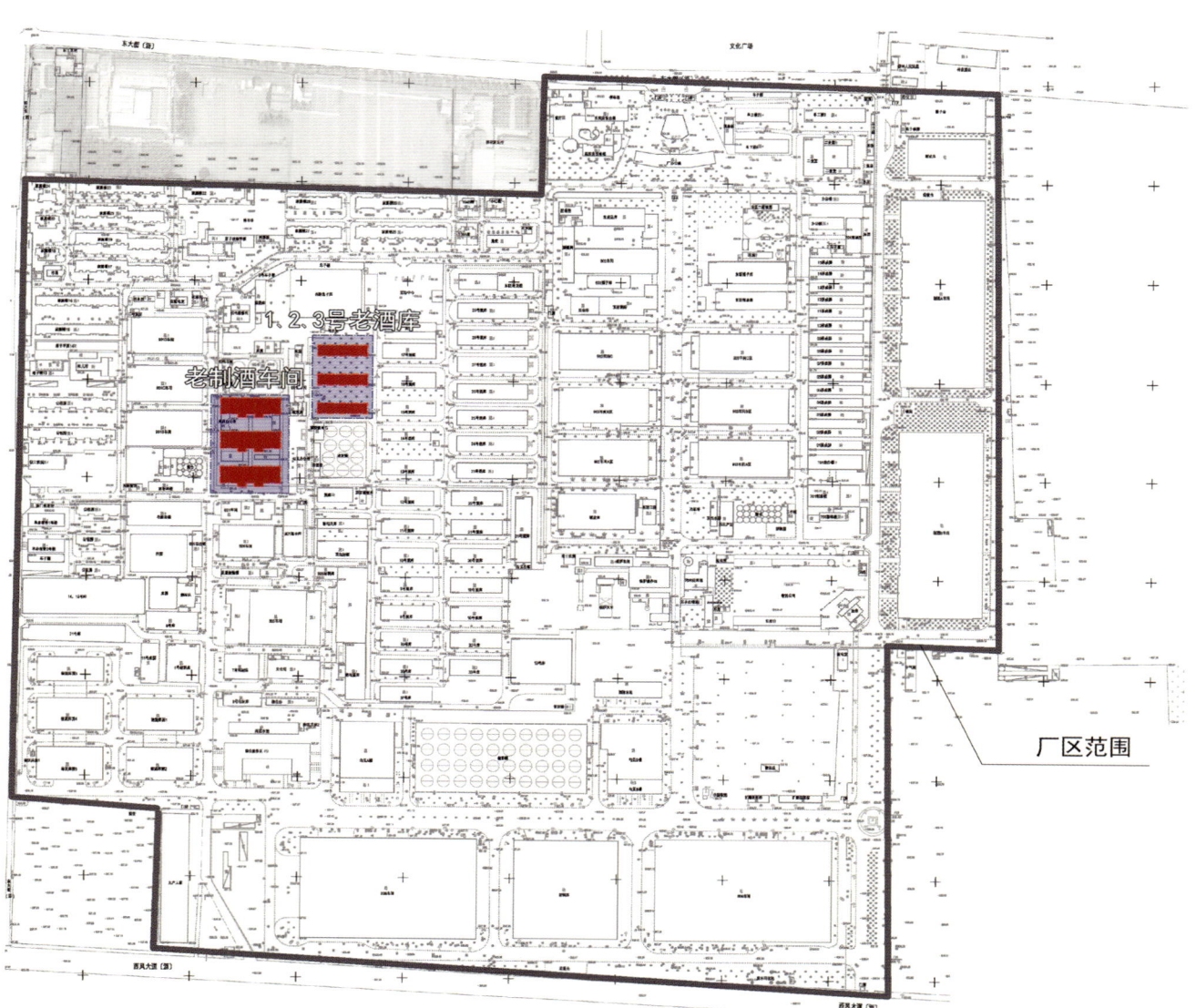

图4-6-12 西凤酒厂（酿酒旧址）总平面图

制酒车间及老酒库两类。

（1）老制酒车间

自1957年5月建成以来，老制酒车间一直作为西凤酒制酒车间使用，建立之初主要靠人拉风箱，燃煤烧天锅蒸酒。1958年，人拉风箱改为吸风灶，提高了热能利用率。1970年，建成了龙门架航行天车，将制酒工人从繁重的体力劳动中解放出来，有效地提高了劳动生产率。1979年，投入了两台4吨蒸汽锅炉，改用蒸汽管道输气蒸馏。并对航行式单吊梁天车驱动装置进行了改造。

1983年，为适应机械化操作的需要对老制酒车间进行了改造，将老制酒车间窖池改造为通用窖池，车间主要生产工具，如接酒钵、海子车、酒笼、花壶（观察酒度）仍在使用。同时，在老制酒车间增加了更衣室（图4-6-13、图4-6-14、图4-6-15）。

图4-6-13　老制酒车间建筑旧址

图4-6-14　老制酒车间内部结构与设备

图4-6-15 储料仓库、研磨车间建筑旧址

（2）1#、2#、3#老酒库

自1957年5月建成以来，老酒库一直作为存放酒海的酒库使用至今。期间对1#、2#老酒库屋面瓦件进行了更换，对3#酒库进行了室内吊顶处理（图4-6-16）。

3）设备遗存概况

目前，宝鸡西凤酒厂仍存老酒海12座，其中清代及民国时期的老酒海11座。自1957年12月移入老酒库以来，只进行过储存、抽取、勾调之用，期间对老酒海四周的井字形木架进行了加固处理，老酒海未有任何改动，一直使用至今（图4-6-17）。

3．非物质遗产

1）西凤酒酿酒工艺

西凤酒是我国白酒四大名酒之一，柳林镇独特的地域环境和资源条件赋予了西凤酒独特的酿

图4-6-16 老酒库建筑旧址

（资料来源：陕西省文化遗产研究院 李天一提供）

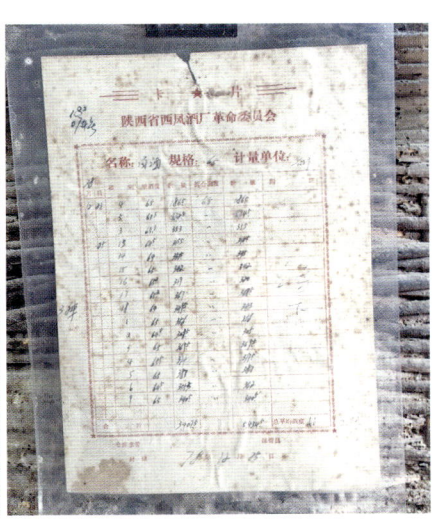

图4-6-17 老酒海

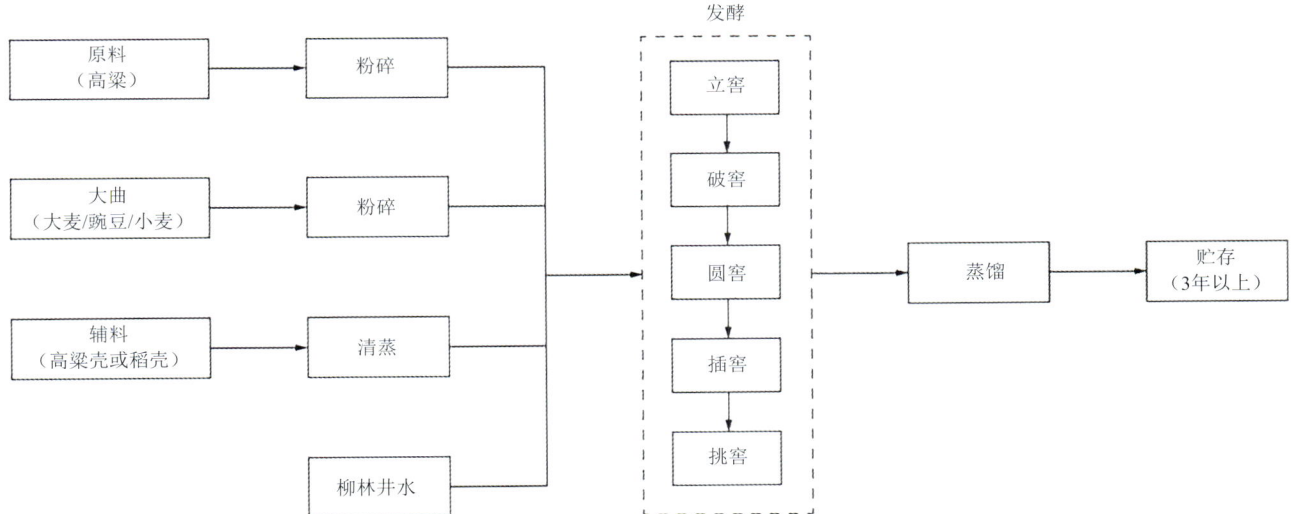

图4-6-18 西凤酒酿酒工艺流程图

酒技艺特征，是凤香型白酒的鼻祖和典型代表。数千年来一脉相承，从未中断，经过历代工匠的创新改进，工艺流程不断完善精熟，走向科学、缜密、系统、完整。

西凤酒酿制以优质高粱为原料，用大麦、豌豆、小麦制曲，用高粱壳或稻壳为辅料，配以天赋甘美的柳林井水，采用土窖发酵法，蒸馏得酒后，还需在酒海贮存3年以上（图4-6-18）。

2）老酒海制造技艺

西凤酒的储酒工艺是西凤酒形成极具酒品特色的最为关键的步骤之一，老酒海的储酒方法和制造技艺古老而独特。西凤酒酿酒旧址里保存着12座从清朝、民国时期留存下来的老酒海，自1957年进入工厂老酒库内，从未移动。老酒海用秦岭山中的荆条编制，内壁以猪血、鹿血、蛋清、蜂蜡、石灰等多种有机物调和作为黏合剂并糊以上百层麻苟纸、白棉布，后用蛋清、蜂蜡、熟菜籽油等以一定比例涂擦、晾干而成，做工极其考究，这种保留下来的储酒容器的传统制造技艺是极为珍贵的非物质文化遗产，具有极高的历史和科学价值。

3）厂史厂志

现存1993年由西凤酒厂志编撰委员会编撰的《西凤酒厂志》1部。

4. 工业遗产的价值

（1）历史价值

西凤酒酿酒旧址遗存类型丰富，保留了能够完整体现传统制酒、储酒等西凤酒酿制技艺与流程的传统车间、老酒库和老酒海等珍贵历史遗存。西凤酒的酿造传统可追溯至殷商，距今已有3000多年的历史，文化底蕴深厚，留下了许多相关的典故。作为传承发展西凤酒酿制技艺和西凤酒悠久历史文化的重要载体，它见证了酒业生产从手工作坊、工场手工业到机器工业生产阶段的历史进程，真实地记录并传承了柳林镇地区数千年来的白酒酿造技艺，是西凤酒酿制技艺的重要历史遗存，也是中国酒文化数千年来绵延不断、生生不息、一脉相承的重要代表性实证，具有突出的历史文化价值。

（2）科学价值

西凤酒厂酿酒旧址生产出的西凤酒多次荣获国际大奖和"国家名酒"称号，与贵州茅台酒、泸州曲酒、山西汾酒并称为"中国四大名酒"，创立了独特的凤香酒型，形成了我国四大名酒的完整香型体系。其中自清代至民国时期保存下来的老酒海使用特殊的传统工艺，做工极其精细考究。由于采用这种独特的储存方式，完成了去陈除杂、熟化增香的复杂过程，确保了西凤酒醇厚丰满、香味协调、绵甜爽净、回味悠长的特质，是古代劳动人民的天才创造和智慧结晶。这对研究西凤酒酿造历史、酿造工艺、储酒工艺具有非常重要的科学价值。

（3）社会文化价值

西凤酒酿酒旧址地处陕西宝鸡凤翔县柳林镇，它是新中国成立以来，该地区最早建立、规模最大的酒业生产企业。历经手工生产至机器化生产的发展进程，保留下丰富和较为完整的实物遗存，不仅成为该地区历史悠久的酒文化的珍贵例证，也是陕西省乃至我国民族工业奋斗历程的历史缩影。保存着完好传统工艺流程的西凤酒酿酒旧址是普及造酒工业知识、了解近代工业文化的空间载体，具有极高历史价值、科学价值。通过保护这些重要的历史遗存，使之成为公众可以进入参观的公共空间，获得了新的展示功能和含义，可以成为民族工业文化传承和爱国主义教育的重要基地，对挖掘工业遗产的文化底蕴、进而发挥社会文化价值具有重要意义。

5. 保护建议

建议重点保护以下3处体现西凤酒酿制技艺和生产特征的工业遗产：

（1）老制酒车间；

（2）1#、2#、3#老酒库及内部保存的12座老酒海；

（3）西凤酒所代表的古雍州传统制酒工艺技能的非物质文化遗产。

4.6.3 白水杜康酒厂

白水杜康酒产于陕西渭南市白水县。被誉为"酒林元老"的杜康美酒，为我国久负盛名的历史名酒，是中华民族的珍贵遗产，杜康酒艺被录入"陕西省第一批非物质文化遗产名录"。白水杜康酒厂位于白水县大杨乡康家卫村，厂区占地面积约5万平方米，建筑面积约1万平方米。

1. 历史沿革

"杜康酒"因酒祖杜康始造而得名，千百年来广为流传，闻名遐迩。

1972年，日本首相田中角荣访华之后，周恩来总理曾提出"复兴杜康，为国争光"。在陕西省、市地各级政府的支持下，于1973年在杜康原酿酒老作坊处扩建了"陕西省杜康酒厂"，后因不能适应市场发展需求而衰落，被三九公司收购。

为了发掘继承杜康酒的传统工艺，使历史名酒重放异彩。1976年，陕西省白水杜康酒厂在杜康当年酿酒遗址杜康沟畔重建。

1984年，白水杜康酒被评为全国优秀旅游产品，获"景泰蓝"奖杯；同年，在轻工部全国酒类质量大赛中获铜牌奖；1985年，被评为陕西省优质产品；1990年，获全国轻工产品博览会金奖殊荣；1991年，获北京国际博览会金奖荣衔。2000年，获"陕西名牌"称号。

2002年，改制为陕西白水杜康酒业有限责任公司。

2007年，杜康酒艺被录入陕西省第一批非物质文化遗产名录；同年，白水杜康太空酒被首都历史博物馆收藏。

2008年11月7日，"神舟七号"载人飞船搭载的白水杜康酒曲在西安顺利交接，这再次表明了白水杜康酿酒新技术进入一个新的历史时期。

2010年，荣获"亚洲名优品牌奖"与"全国质量、服务、信誉AAAAA级企业（品牌）"。

2017年，三期工程开建，该项目工程完工后，公司将形成年产3万吨优质原酒的生产规模。

2. 工业遗产

杜康酒厂为"非物质文化遗产示范基地"，企业整体为县域中小学生传统文化演习基地，也是渭南师范学院实习基地。从建厂到现在，杜康酒厂在40余年的发展历程中留下了大量工业遗产。

1）总平面布局

白水杜康酒厂建设在杜康沟畔，和杜康原址一脉相承。酒厂在1980年代以前主要是按照计划经济模式建设，将现代建筑与杜康传统工艺相结合。厂区整体布局合理，西南部为厂区大门和办公区，北部为酿造区，东部为加工区（图4-6-19）。此外，位于厂区西北约200米的杜康墓、杜康亭、杜康庙是陕西省省级文物保护单位。

2）建筑物遗存概况

白水杜康酒厂的建筑物遗存主要包括两大类：一是位于厂区以西的杜康古窖以及杜康墓、

图4-6-19 白水杜康酒厂厂区及杜康庙、杜康亭、杜康墓范围

（卫星图来源：百度地图）

杜康庙、杜康亭等纪念酿酒始祖杜康的建筑；二是位于厂区内的工业建筑，多为20世纪70年代建厂时建造。

（1）纪念酿酒始祖杜康的建筑遗存

杜康墓、杜康庙、杜康亭、杜康古窑等建筑是杜康酒厂的重要组成部分，是杜康酒文化的重要物质载体。

清代《白水县志》载："邑杜公，讳康，字仲宁，汉时人，生于县之康家卫村。""县城西北十五里处，建有杜康庙，庙左侧有墓，墓侧有遗槽颇大，传为杜康造酒所遗。"杜康墓墓冢为圆丘形，高5米，占地面积240平方米。冢前有1987年所立"酿酒先师杜康之墓"碑。墓冢外有两重砖砌花墙。2008年，杜康墓被列入陕西省第五批文物保护单位（图4-6-20）。

墓旁有杜康庙（图4-6-21），相传为明万历十三年（1585年）知县毛应诗所建，清康熙四十八年（1709年）重修，1950年被毁，1981年修复；现杜康庙为前殿后窑式，前殿为三间，进深一间，有回廊环绕。庙内供奉有杜康像（图4-6-22）。

庙下河岸有泉名杜康泉，相传杜康即用此泉水造酒，泉水清澈，至冬不竭。泉上建亭，亭前立"上皇古泉"碑（图4-6-23）。另有窑洞两孔，为白水杜康酿酒古窑遗址。

图4-6-20　杜康墓
（资料来源：白水杜康酒厂提供）

图4-6-21　杜康庙
（资料来源：白水杜康酒厂提供）

图4-6-22　杜康像
（资料来源：白水杜康酒厂提供）

图4-6-23　杜康泉
（资料来源：白水杜康酒厂提供）

(2) 1970年代建造的工业建筑遗存

白水杜康酒厂1976年建厂时所建厂区大门、酿造车间、制酒车间、储酒池等建筑仍然保存较为完整（表4-6-1）。

表4-6-1 白水杜康酒厂主要建筑物遗存统计表

序号	建筑名称	建造时间	建筑结构	建筑层数	建筑面积/㎡	保存情况	现状照片
1	厂区大门	1970年代	砖混仿古结构	一层	/	完整	
2	酿造车间	1975年	砖混结构	一层	约1000	完整	
3	制酒车间	1975年	砖混结构	一层	约1000	完整	
4	储酒池	1975年	排架结构	一层	约150	完整	

3. 非物质遗产

(1) 杜康酒酿制工艺流程

杜康酒酿制工艺是历史最古老、最珍贵的文化遗产，是中华五千年的曲酒酿制之源。其工艺独特，用料考究，酿制精良。随着社会精神文明、物质生活水平的提高，白酒在中国社会交往与文明传承中，起着越来越独特的作用。2007年，杜康酒艺被录入陕西省第一批非物质文化遗产名录，遗产传承人为酒厂职工李英俊先生与杨志宏先生。

杜康酒酿制工艺主要包含以下流程（图4-6-24）：肥泥老窖→固态续槽发酵→清蒸清吊→自

肥泥老窖

固态续槽发酵

低温入窖，缓慢发酵

图4-6-24 杜康酒酿制工艺流程
（资料来源：白水杜康酒厂提供）

图4-6-25　杜康庙会

（资料来源：https://ss1.bdstatic.com/70cFuXSh_Q1YnxGkpoWK1HF6hhy/it/u=1938149445,3009545490&fm=15&gp=0.jpg）

温养曲→低温入窖→缓慢发酵。

（2）杜康庙会

杜康庙会自古有之，为当地群众纪念杜康的民俗活动，是"渭北三大庙会"之一，沿袭久远，至今仍存（图4-6-25）。庙会既是祭祀杜康神灵的祭神会，又是评酒、卖酒的交易会。清《白水县志》记载：正月二十一日，男女老少携祭品到杜康庙集会祭祀，旧日的庙会热闹非凡，有乐户、大戏、社火数家助兴，当地群众与周边各县、外地酒家均来祭祀，视此日为赛酒盛事。经乡绅群众品评，选出当年庙会贡酒前三名，张榜公布，褒扬勉励。庙会结束，各家酒坊均要带泉水返乡用于制曲，这一赛酒习俗，被誉为古时最早的民间评酒会。

4. 工业遗产的价值

（1）历史价值

杜康是我国酿酒行业的发明者和创始人。白水县是杜康酒发源地、杜康的生卒地。陕西白水杜康酒厂是在老作坊基础上继承、发展、延续杜康酒，于1975年元月，遵照周恩来总理"复兴杜康，为国争光"的指示，在原古作坊基础上建设而成，属地方国有企业。1976年，《中国新闻》、香港《大公报》首次刊登：失传千年的杜康酒在陕西省白水县获得新生。企业经过波澜壮阔、潮起潮落的发展，成为陕西地区继西凤酒之后的第二大白酒企业。

杜康酿酒窖池，使用古作坊窖泥，老窖发酵池经年不断使用，窖泥中自然形成的总酸、总酯、有机物质等十分丰富，数百种微生物提供了绵甜、净爽的风格。杜康古窖始终保持纯手工工艺，具有极高文化价值，被誉为世界上最古老的酒。其中，6号储酒库，采用传统手法封藏，国槐酒海、原始容器、建档标记，被视为镇厂之宝；7号储酒库，为企业历年优质原酒之标本，容器古老神秘，文化厚重。

（2）科技价值

杜康酒目前为规模化、工业化生产，为陕西省同行业第二，技术水平先进，工艺采用古今结合的做法，逐步实现制曲、酿酒半机械化。由人工蒸锅蒸酒变成锅炉管道蒸汽蒸酒，同时建立专业的技术检测人员队伍和检测设备，提高了白酒品质，减少劳动强度，提高工作效率，带动相关产业建设和发展。酿酒采取续渣、混蒸混烧老五甑的传统工艺,由传统的师徒教学变成工厂工人社会化和规模化学习技能,培养了一批批具有酿酒技能的技术人才。

杜康酒曲窖泥先后搭载神舟系列飞船,进行微重力试验和强紫外线照射,在中国科学院微生物研究所的大力支持下,杜康酒酒厂经过几年的试验、培育和艰辛努力,开创了白酒技术创新之先河,收到良好的社会效益和经济效益。

（3）社会价值

白水杜康酒厂是当地传统文化的代表,是学校学生进行传统文化的教育基地,同时每年正月廿一日举办传统古文化节,搭台唱戏,品酒赛烹,热闹非凡。并先后数次进行了全国白酒行业代表公祭酒祖杜康活动,肃穆庄重,规模空前,为弘扬白酒文化起到了承前启后的作用。昔日车间酒库严禁进入,在人们心中形成神秘奥妙的模样。在市场经济下,客户游客允许进入车间酒库,观赏古老酿酒工艺、陈储酒海、酒缸,品尝陈年老酒,这使酒库成了来厂参观的向往之地。

5.保护情况

加强白水杜康酒厂相关文化空间的研究和挖掘整理,恢复其原生态景观和迹象,有重点、有步骤、分阶段实施项目保护势在必行。

（1）保护与利用现状

杜康墓已被列入第五批陕西省文物保护单位,公司也派有专人长期看管杜康墓与杜康庙。酒厂在重要区域设立石刻简介,针对每年数以万计的经销商、来宾、游客前来参观,还配备了专人讲解宣传,有力增强了遗产影响力。

（2）保护建议

建议重点保护以下4处体现制酒工业历史文化、主要流程和生产特征的工业遗产:

①杜康墓、杜康庙;

②厂区大门;

③酿造、制酒车间;

④储酒池。

4.6.4 长武县酒厂

长武县酒厂现称金醇古酒厂、金醇古酒业有限公司,位于陕西省咸阳市长武县城醇古街,其生产的白酒品质优良,是地方酒业的代表。新中国成立之前,长武境内以私营烧坊为主。1949年后,为了继承长武自周秦以来酿酒业的传统,使这一历史瑰宝重放异彩,最初将县内几家私营酒厂进行了公私合营,转为国营酒厂;1975年扩建,完善生产设施,扩大生产能力;1998年改制为现今的陕西金醇古酒业有限责任公司（图4-6-26）。

1.历史沿革

1941年,全县有10处私营烧坊酿制白酒。

1956年,由当地两大酿酒作坊（分别位于今酒厂生产区两侧）合建长武县酒厂。

图4-6-26 长武县酒厂（今金醇古酒厂）厂区大门

1975年,在合建酒厂基础上扩建,更名为"地方国营陕西省长武县酒厂"。

1985年和1988年,其产品鹁鸪牌醇古大曲、万寿春酒分别荣获陕西省优质产品称号。

1998年5月,转制为今陕西金醇古酒有限责任公司。

2000年荣获中国酒业二十世纪之星金奖。

2002年度荣获陕西省、咸阳市质量管理先进单位,咸阳市重合同守信用企业、国企改革先进单位、思想政治工作先进单位、职工技术创新优胜单位、模范职工之家等荣誉。

2003年企业产品荣获咸阳市旅游名酒。

2．工业遗产

长武县酒厂经过60多年的发展历程,留下了一些有历史价值的工业遗产。

1）总平面布局

长武县酒厂位于地处长武县城边缘区域,过去旁边多为农地,如今已被住宅用地包围,交通较为便利。目前厂区占地面积约4.1万平方米,总建筑面积约1.1万平方米（图4-6-27）。

图4-6-27　长武县酒厂厂区平面图

图例
1—粮库;
2—办公楼;
3—停用车间;
4—浴室、餐厅;
5—包装车间、检验;
6—酒海;
7—蒸馏车间;
8—动力车间（锅炉房）;
9—烟囱;
10—制曲车间;
11—存曲车间、酒窖;
12—酒窖

2）工业建筑物遗存概况

长武县酒厂主要包括生产区和办公区，建筑物多始建于1975年，基本保存了20世纪70年代的工业建筑特征以及酿酒工业厂房的属性。建筑物遗存现状保存完好，生产区中主要以蒸馏车间、制曲车间、酒海车间、酒窖、动力车间、后勤楼（浴室、食堂）等为主。

（1）蒸馏车间

此建筑是为蒸馏提取原浆酒使用。建于1975年，建筑面积937.1平方米，单层钢桁架结构，U形混凝土楼板，现状保存完好，仍在使用，内部设施设备已更新替换（图4-6-28）。

（2）酒海车间

酒海车间主要用于原浆酒的储存，以及完成

图4-6-28　蒸馏车间

图4-6-29　酒海车间

提亮、老熟、融合风味物质等工序。该车间始建于1975年，建筑为单层，建筑面积288.5平方米，主体青砖砌体、外墙木桁架结构，室内空间开阔，现状保存完好。车间内有20世纪50年代建厂初期流传下来的老酒海，单个酒海容量5吨左右（图4-6-29）。

（3）酒窖

酒窖功能为储存年份酒。始建于20世纪80年代后，建筑为单层，建筑面积355平方米，红砖砌体外墙，屋顶为木铁三角桁架结构，屋顶结构外露，较有特点。木质门窗，仍保留传统麻纸糊窗工艺，内墙以黄土覆盖，地面最初为土地，后铺设青砖，古朴大方，现状保存完好，仍作为酒窖使用（图4-6-30）。

图4-6-30　酒窖

(4) 制曲车间

用于制作酒曲，始建于1975年，单层厂房，建筑面积1411平方米，外墙保持青砖外表（图4-6-31）。

(5) 动力车间

动力车间（锅炉房）具有为蒸馏酿酒提供热蒸汽、给员工提供洗浴热水等功能，始建于1975年，青砖砌体外墙，单层，主体结构保存完好，屋顶进行过加固。因近年环保要求，改用天然气作为动力，现已处于废弃状态。烟囱位于动力车间南部，高30米，结构完整，挺拔高耸，保存情况良好，过去曾是该县城最高地标建筑（图4-6-32）。

(6) 后勤楼

后勤楼作为员工餐厅和浴室的场所，整体建筑保存完好，始建于1975年，青砖砌体外墙，单层，建筑面积698.7平方米。为营造良好的员工休憩空间，室外环境进行了一定的景观布置（图4-6-33）。

图4-6-31 制曲车间

图4-6-32 动力车间及烟囱

图4-6-33 后勤楼

（7）停用车间

停用车间共有5处，过去曾作为制曲、存粮等工序的车间，随着厂区生产管理的调整而暂时停用，保存状况良好，建筑面积在260~600平方米，保持初始的红砖或青砖砌体外墙（图4-6-34）。

3）文物概况

长武县酒厂随着对自身历史文化发掘传承工作的重视，已经开展了一些文物整理保护的工作，除仍在使用的新中国成立前老酒海，还在厂区改造过程中发现了民国时期的石质井圈和铸铁酒甑等文物（图4-6-35，图4-6-36）。

3．非物质文化

（1）地方酒业历史文化

长武地区酿酒行业历史久远。《诗经·豳风·七月》中就有"为此春酒"的记载。秦代长武一带用通济泉水酿出"玄酒"，名气很大。相传秦公子扶苏和大将蒙恬在此筑城，以觚爵盛酒设祭，时有鹑鸟闻酒香而飞落觚上，时人以为吉祥，即取鹑觚为县名。

图4-6-34　停用车间

图4-6-35　石质井圈

图4-6-36　铸铁酒甑与老酒坛

汉唐时代，鹑觚成为丝绸古道的重要驿站，酿酒业得到发展，烧坊林立，城北沟内通济泉，水质清甜，适宜酿酒。地产高粱、大麦、豌豆，受土壤和温差作用，品质优良。民间酒质上乘，堪称一绝，曾作为贡品进献朝廷。许多文墨骚客有识之士，醉眼诗肠，把酒赞誉："丰年欣有象，市见醉颜陀。"佳句华章，脍炙人口。

清初，全县酒坊增加二十多处，各具特色、相沿不衰。陕甘总督左宗棠率军西征，军帐驻防县城，饮酒赋诗盛赞："鹑觚佳酿味偏长，胜过陈绍杏花香。古玄至今犹风尚，兵士违律沽醪酿。三军宿营忙植树，百姓箪食迎壶浆。边陲可期完战果，乱平凯歌还朝堂。"

新中国成立后，县内几家私营酒厂进行了公私合营，建立国营长武县酒厂，将该地区历史悠久的传统酒文化继续发扬光大。其生产的白酒品质优良，成为地方酒业的代表。

（2）长武酒厂酿酒工艺

长武县酒厂在继承长武自周秦以来酿酒业传统的基础上，历经改进、完善，形成了独特的酿酒技艺特征（图4-6-37）。其代表性产品鹑觚牌醇古大曲、万寿春酒也成为陕西省的优质产品，长期作为咸阳市政府招待用酒。

4．工业遗产的价值

（1）历史价值

长武县酒厂可谓地区酿酒工业发展历程的物质见证，其旧址内遗存类型较为丰富，保留了由民国乃至明清、甚至更早时期就在当地传承至今的酿酒工艺技术，包括蒸馏车间、制曲车间、酒海车间、洒窖、动力车间等在内的生产建筑。作为当时咸阳市地方国有酿酒企业的杰出代表和硕果仅存的酿酒工业遗产，这些珍贵的历史遗存是地方酿酒文化和产业逐步发展变化的历史见证，在咸阳地区具有独特性，具有重要的历史价值。

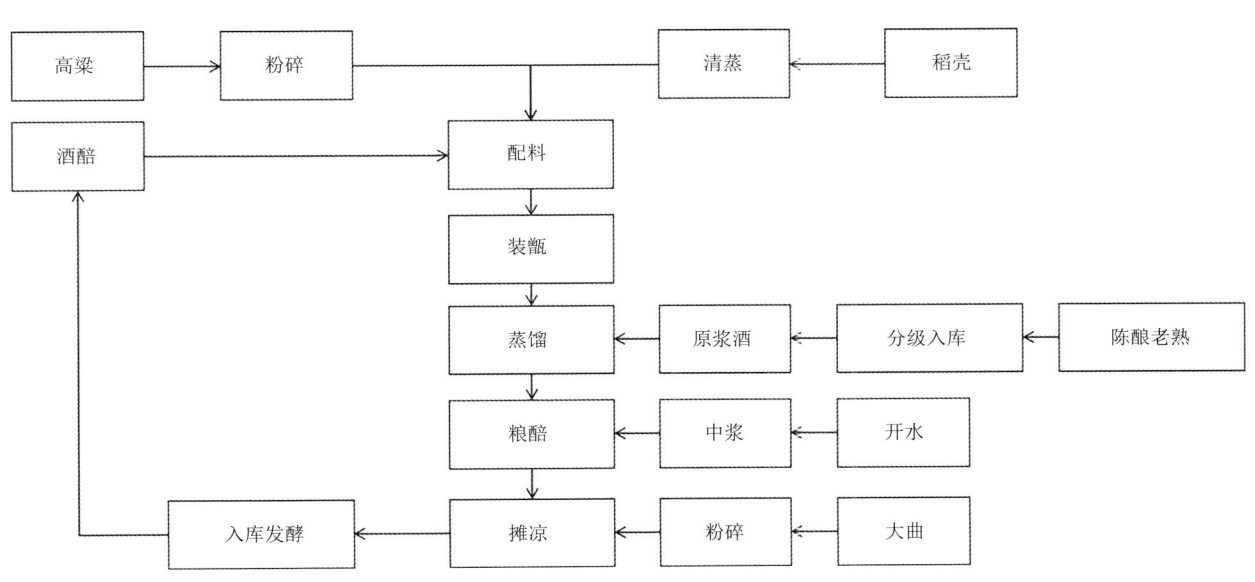

图4-6-37　长武酒厂原浆酒酿制工艺流程图

（2）科学价值

长武县酒厂作为地方白酒的代表性企业，其主要产品——鹝觚牌醇古大曲、万寿春酒分别于1985年和1988年荣获陕西省优质产品称号，并深受各界赞誉和喜爱。其保留下来的传统酿酒、储酒技艺也对研究具有浓郁地方特色的酿酒文化和工艺具有重要的科学价值。

（3）社会文化价值

长武县酒厂是当地在新中国成立后规模最为集中的酒业生产企业，是该地区酒文化的珍贵例证。其保留了较为完整的工业建筑，是20世纪70年代工业时代风貌的体现，是当地工业发展历程的缩影。作为酿酒文化与技术的非遗传承载体，长武县酒厂的历史遗存是传统酒业文化和我国工业文化传承传播的一个重要窗口，通过保存与保护，可以发挥重要的社会文化价值。

4. 保护建议

建议重点保护以下能够体现长武县酒厂酿酒技艺和完整生产格局的工业遗产，并对文物加快发掘整理与保护：

（1）蒸馏、制曲、存曲、酒海、动力车间等生产建筑；

（2）酒窖；

（3）停用车间（5栋）；

（4）后勤楼（浴室、餐厅）；

（5）其他相关文物。

4.6.5 陕西丹凤葡萄酒厂

陕西丹凤葡萄酒厂位于商洛市丹凤县中心街26号，地处秦岭东段南麓，冬无严寒，夏无酷暑，山岭连绵，水秀流长，为丹凤葡萄酒的主要酿制原料龙眼、葡萄的生长提供最佳环境。因此，早在1911年意大利传教士安西曼与徒弟华国文便在此地创办了"陕西省龙驹寨美利葡萄酒公司"，即今丹凤葡萄酒厂的前身，并发展至今，成为中国葡萄酒行业工业化生产葡萄酒最早的两个百年企业之一，也是中国第一家葡萄酒出口企业，中国第一瓶干型葡萄酒的诞生地。"丹凤葡萄酒酿造技艺"也于2011年被录入陕西省第三批非物质文化遗产名录。

1. 历史沿革

1911年，意大利传教士安西曼与华国文，在龙驹寨开办中国西北最大的葡萄酒厂——陕西省龙驹寨美利葡萄酒公司，即今丹凤葡萄酒厂之前身，生产"共和牌"葡萄酒。

1916年，"陕西省龙驹寨美利葡萄酒公司"更名为"协记美利酿酒公司"；1924年，更名为"大芳葡萄酒酿造公司"。

1951年，丹凤县公私合营成立工农葡萄酒厂，生产"工农牌"葡萄酒。

1952年，转为地方国营工农葡萄酒厂。

1964年，核准龙驹寨"丹江牌"葡萄酒商标。

1984年，成立陕西省葡萄及葡萄酒协会。

1985年，设立丹凤县葡萄管理局及葡萄科学研究所，为全国首个葡萄管理局；同年，中共中央总书记胡耀邦来丹凤视察，品尝丹凤葡萄酒，并题词"立足本地资源，着眼普遍富裕"。

1986年，从法国、阿根廷引进国际先进生产及发酵设备；干红葡萄酒在法国获得合格证，出口法国。

1987年，丹凤葡萄酒在法国奥朗日博览会上获金奖，并于当年出口日本、比利时、澳大利亚等国。1988年，丹凤传统葡萄酒获中国首届食品博览会金奖；五味香、干红、干白、龙眼、野红葡萄酒获银奖；桃红、新鲜葡萄酒获铜奖。

2007年，在丹凤葡萄酒厂基础上设立陕西丹凤葡萄酒有限公司。

2009年，全国人大常委会副委员长韩启德到丹凤葡萄酒厂视察，并题词"百年丹凤"。

2011年，丹凤葡萄酒厂葡萄酒酿造技艺被列入陕西省第三批非物质文化遗产名录。

2012年，丹凤葡萄获农业部颁发的中华人民共和国农产品地理标志登记证书。

2013年，丹凤葡萄酒厂注册的"凤凰图形"商标获陕西省著名商标，丹凤葡萄酒产品获陕西省名牌产品。

2017年，由丹凤葡萄酒厂酿造的"彩妹牌"甜红葡萄酒夺得法国国际葡萄酒大赛金奖。

2018年，被中华人民共和国人力资源和社会保障部、中国轻工业联合会、中华全国手工业合作总社联合授予"全国轻工业行业先进集体"。

2．工业遗产

1）总平面布局

丹凤葡萄酒厂占地4.39万平方米，建筑面积1.6万平方米（图4-6-38，图4-6-39）。现址始建

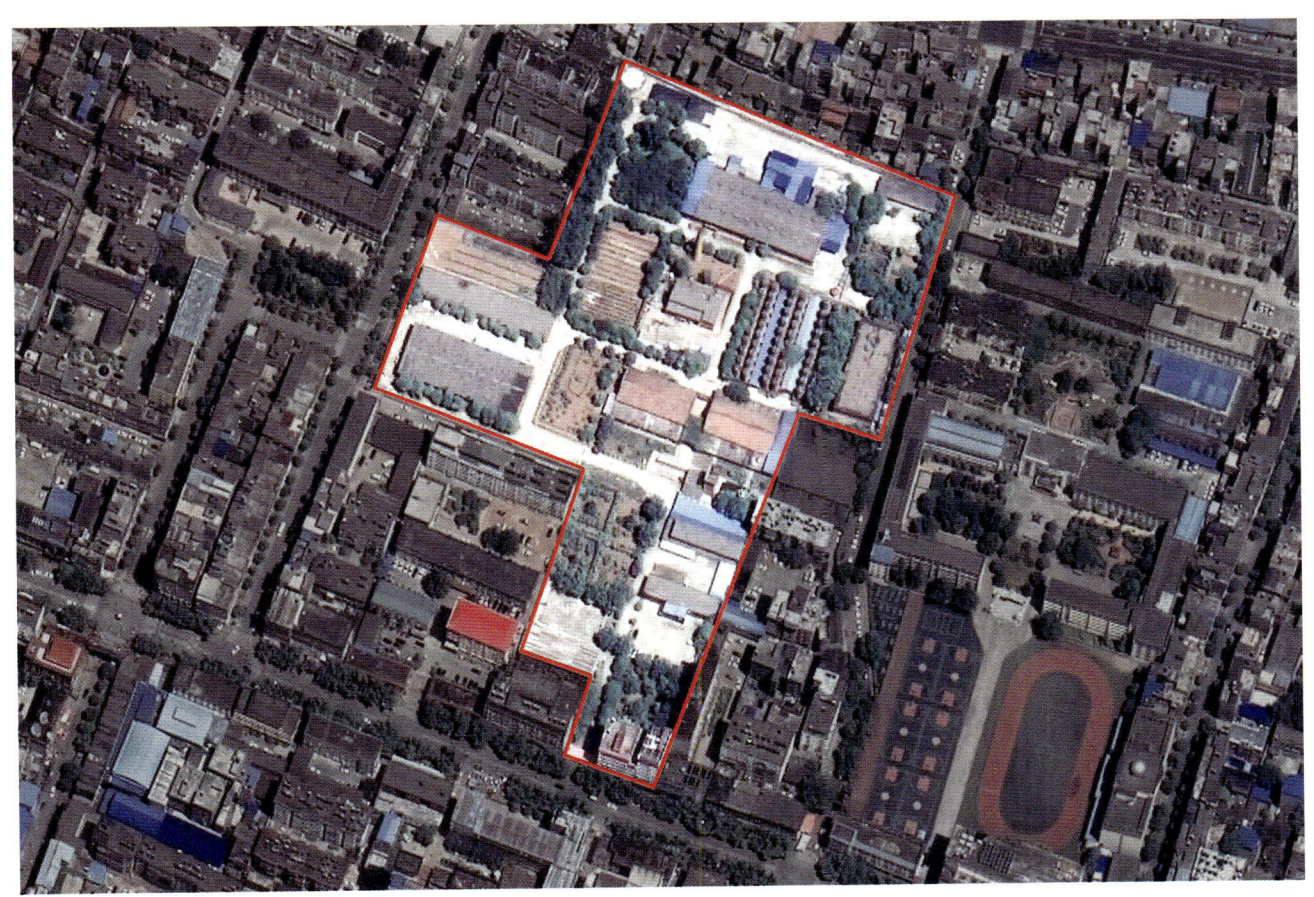

图4-6-38　丹凤葡萄酒厂卫星图

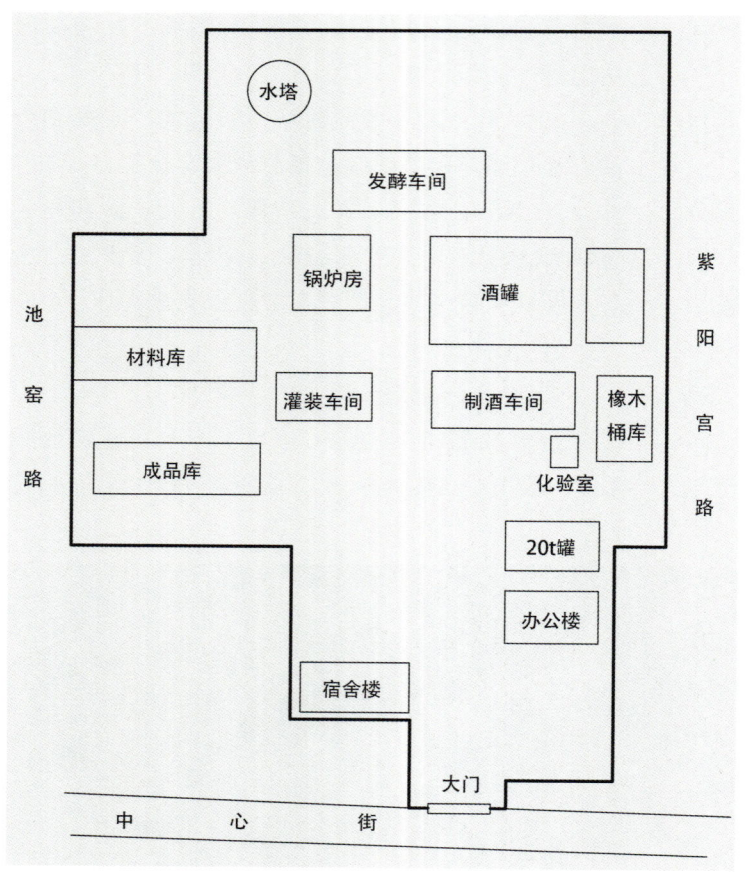

图4-6-39　丹凤葡萄酒厂总平面图
（资料来源：陕西丹凤葡萄酒厂提供）

于20世纪50年代初期，主要建筑物建于20世纪60—70年代，经过半个多世纪的发展，厂内建筑物已经与周边环境融为一体。其厂房设计建设充分利用了当地的阶梯式地形，由高至低分布着原料预处理到成品生产的各个工序，符合工业设计发展的要求（图4-6-40）。

2）工业建筑物遗存概况

丹凤葡萄酒厂主要工业建筑物遗存包括发酵车间、橡木桶库、灌装车间与锅炉房4处（表4-6-2），均建于20世纪70年代中后期，并在不同时期有所修复，但一直处于使用状态，原有建筑风貌保存良好。

图4-6-40　丹凤葡萄酒厂厂区现状全貌
（资料来源：陕西丹凤葡萄酒厂提供）

表4-6-2　丹凤葡萄酒厂主要建筑物遗存统计表

序号	建筑名称	建造时间	建筑结构	建筑层数	建筑面积/m²	保存情况	现状照片
1	发酵车间	20世纪70年代中后期	砖木混合	1层	约1000	保存完整仍在使用	
2	橡木桶库	20世纪70年代中后期	砖木混合	1层	约600	保存完整仍在使用	
3	灌装车间	20世纪70年代中后期	砖木混合	1层	约840	保存完整仍在使用	
4	锅炉房	20世纪70年代中后期	砖木混合	2层	约300	保存完整仍在使用	

3）设备及其他遗存概况

（1）橡木酒桶

酒厂至今保存有历史酿酒使用过的橡木酒桶（图4-6-41），其中有1915年中英橡木桶商行生产的橡木酒桶180个，以及法国进口橡木桶100个。

（2）卧式发酵罐

1985年，法国法布里公司和丹凤县互相派员考察，从法国进口的29吨卧式发酵罐至今仍有保存（图4-6-42）。

图4-6-41　百年橡木桶

（资料来源：陕西丹凤葡萄酒厂提供）

图 4-6-42 卧式发酵罐
（资料来源：陕西丹凤葡萄酒厂提供）

（3）历史酒标

丹凤葡萄酒近百年的发展史中，曾以共和牌、蜜蜂牌、四皓牌、渊明牌、工农牌、丹江牌、天韵牌、龙驹牌等商标品牌延续和发展（图4-6-43），这些也是陕西省最早的工业化商品品牌，在全国尤其是西北地区拥有较高的知名度。

3. 非物质遗产

丹凤葡萄酒在安西曼传授的意大利酿造技艺基础上，经过几代人不断传承、改进、完善，形成"原料独特、配方独特、工艺独特"的酿造技艺（图4-6-44），并于2011年被列入"陕西省第三批

1911年酒标

1915年酒标

1924年酒标

1951年酒标

图 4-6-43 丹凤葡萄酒厂历史酒标
（资料来源：陕西丹凤葡萄酒厂提供）

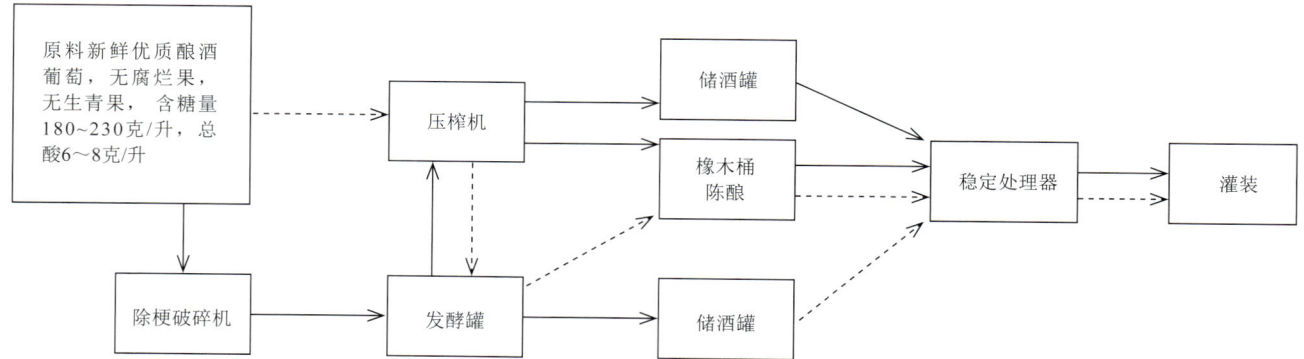

图 4-6-44 丹凤葡萄酒酿酒工艺流程简图
（资料来源：作者根据陕西丹凤葡萄酒厂提供资料绘制）

非物质文化遗产"。2012年，具酿酒技术40余年的刘龙富同志，被认定为丹凤葡萄酒酿造技艺第三代传承人。

4．工业遗产的价值

（1）历史文化价值

据历史记载，丹凤葡萄酒纯正、甘香、适口，远近驰名，是过往龙驹寨的客商"住必饮，行必带"的地方名产佳酿，留下了"路过龙驹寨，喝酒忘吃菜"的口碑赞语。

丹凤葡萄酒厂是中国最早仅存的两个百年葡萄酒酿造厂家之一，是陕西省最早的工业化品牌，是我国最早实行国际标准化生产葡萄酒的百年企业，在全国尤其是西北地区拥有较高的知名度，其所酿造的葡萄酒多次荣获国内外博览会奖项。著名作家贾平凹曾题词"史载中华称三老，位列神州号五霸"。

（2）科学技术价值

通过长期的生产实践，在继承意大利传统酿造技术的同时，形成了丹凤传统葡萄酒酿造技艺，酿造出的丹凤传统葡萄酒具有鲜明的地方特色。

丹凤葡萄酒厂在1984年聘请留法博士李华，主持产品开发，同年研发出了丹凤干红、干白葡萄酒，为国内首创，该产品在1987年2月的法国奥朗日博览会上获得"产品质量合格证书"；干白葡萄酒于1988年获国家营养食品协会金鹤奖称号，获第二届北京国际博览会金奖。

5．保护建议

建议重点保护以下4处体现葡萄酒酿造工业主要流程和时代文化特征的工业遗产：

（1）发酵车间；

（2）橡木桶库和百年橡木桶；

（3）灌装车间；

（4）锅炉房。

4.6.6 潼关酱菜厂

潼关酱菜厂，又名潼关县酱菜食品厂，位于潼关县城和平路北段，相传创始于清康熙年间潼关石桥西的酱菜店铺"万新合"酱园，已有三百多年的历史。1956年，由十几家私人酱园公私合营成立的国营酱菜食品加工企业，是目前潼关唯一规模生产酱菜的厂家。2011年，被商务部认定为"中华老字号"。

1．历史沿革

清康熙年间，姚三才的曾祖父在潼关石桥西经营酱菜店铺，名为"万新合"酱园，制出的酱菜味道鲜美，生意兴隆。由于经营有方，规模不断扩大，至清嘉庆八年（1803年），资本发展成万余两白银，专卖酱笋酱菜，相继增设"万盛合""万顺合"等十多家分号酱园。分布于潼关、华阴、渭南、西安、咸阳和汉中等地。经营酱笋、八宝酱菜、酱瓜、糖蒜、面酱和豆酱等酱货，尤以酱笋和八宝酱菜最负盛名。

1956年，国家对私人工商业进行社会主义改造，十几家私人酱园公私合营成立国营酱菜食品加工企业；1958年，潼关酱菜厂转为全民所有制企业。

1980年，对酱菜品牌"潼关牌"进行了重新注册。

1982年，另成立以糕点糖果为主的副食品加工厂；原副食品加工厂正式改名为"潼关县酱菜厂"，酱缸5000余口，年产酱菜600吨，酱油醋300吨，产值25万元。

1990年，政府为了把潼关酱菜做强做大，对副食品加工厂和县酱菜厂进行合并，成立了潼关县酱菜食品厂。

1998年，为贯彻落实陕西省委、省政府"两个决定"精神，潼关县酱菜食品厂改制为股份合作制企业，50名员工全员入股上岗，成立了企业董事会和监事会。

2000年，在国家商标局重新进行了商标注册。"潼冠牌"注册商标现已深入人心。

2003年，获得陕西中华老字号企业。

2011年，被商务部认定为中华老字号企业，潼关酱笋被质检总局批准为国家地理标志保护产品。

2. 工业遗产

从建厂到现在，受到各方面发展制约，厂区范围与原先老厂区相比有所缩小，现厂区工业遗产相对较少。

1）总平面布局

潼关酱菜厂紧靠陇海铁路和"210"国道，郑西高铁穿城而过，地理位置非常优越，交通、通信便利。厂区占地面积1.5万平方米，建筑面积约0.5万平方米。整个厂区范围除办公区、原料储存区及生产加工区外，其余大部分空间均为露天的大酱腌制区（图4-6-45、图4-6-46）。

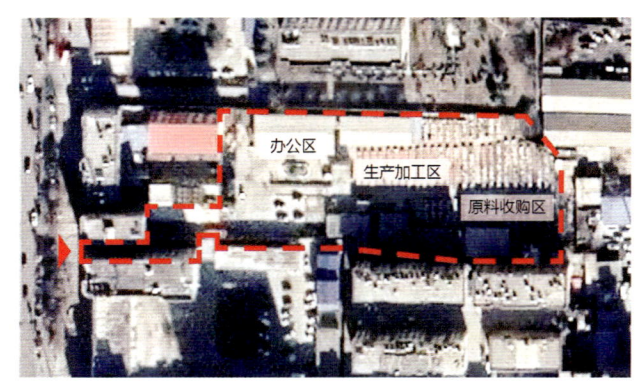

图4-6-45　潼关酱菜厂卫星图

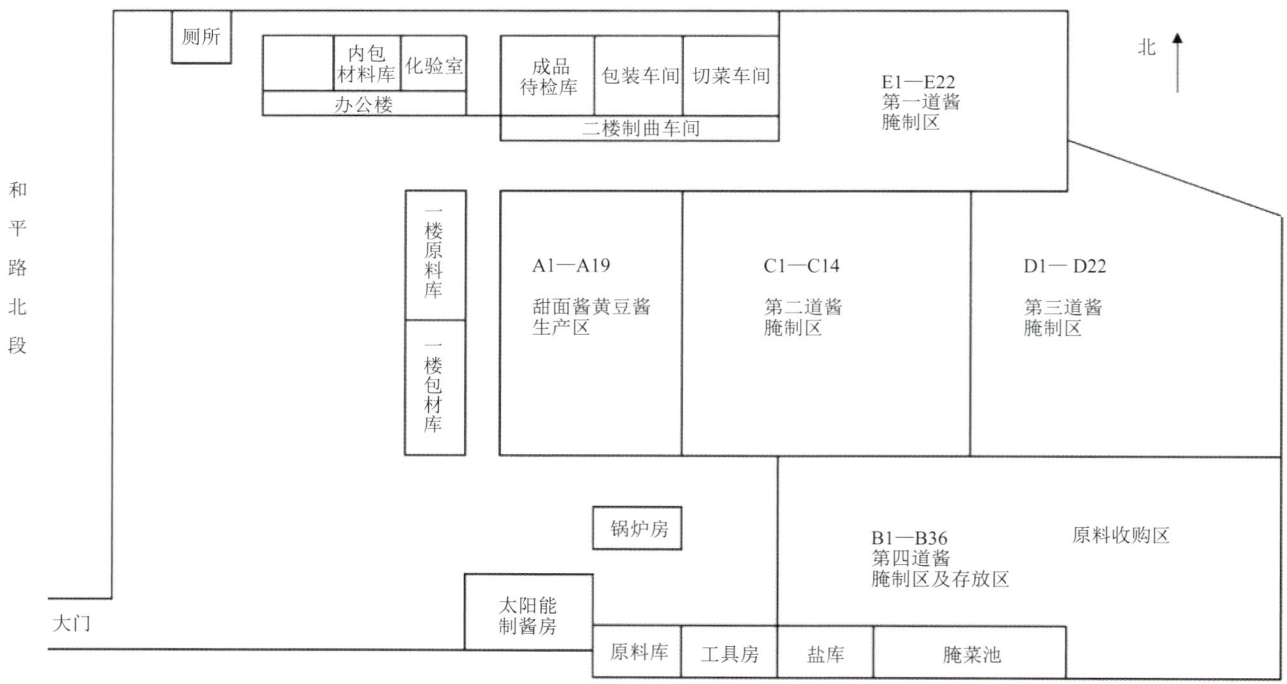

图4-6-46　潼关酱菜厂厂区平面图

（资料来源：潼关酱菜厂提供）

2）工业建筑物遗存概况

潼关酱菜厂厂区内主要建筑物遗存包括生产加工厂房和原料收购厂房。

（1）生产加工厂房

生产加工厂房是潼关酱菜厂最主要的建筑之一，建于1980年，面积约为1000平方米，为两层砖混结构建筑（图4-6-47、图4-6-48）。经过改建更新，车间整体保存完整。

（2）原料收购厂房

原材料收购厂房主要功能为存放采购的莴笋，厂房建造于1978年，面积约为70平方米，采用传统储存建筑风格，三面墙体围合，结合10根水泥柱，形成开敞式厂房空间，内部设有数处下沉方形坑，便于保持良好通风，坑内注水放入莴

图4-6-47　生产加工厂房
（资料来源：潼关酱菜厂提供）

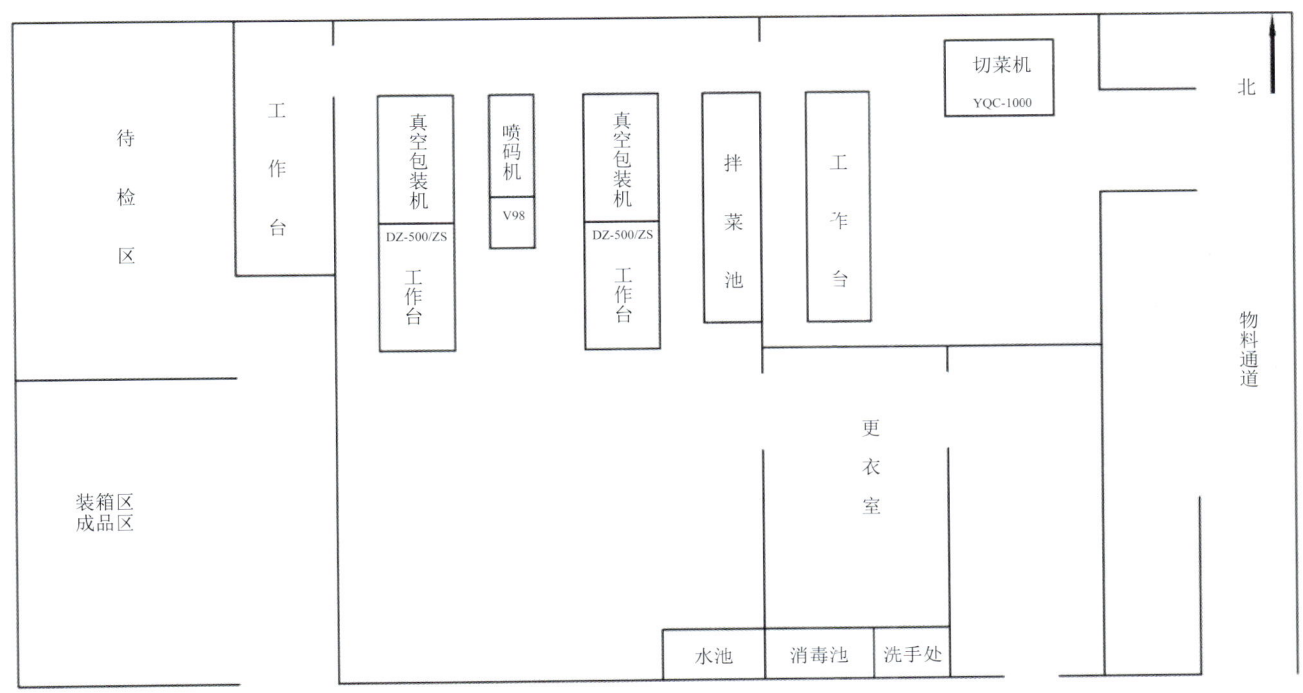

图4-6-48　潼关酱菜厂生产车间设施设备布局图
（资料来源：潼关酱菜厂提供）

图4-6-49　原材料收购厂房
（资料来源：潼关酱菜厂提供）

笋有利于长时间储存（图4-6-49）。

（3）大酱制作区

潼关酱菜厂目前大酱制作区仍然保留天然酿晒的方法，大酱制作区为露天场地，位于厂区东侧，场地布置200余个陶瓷盆缸（图4-6-50）。经过太阳长时间暴晒，用搅拌棍不定时搅拌，最后生产出纯天然的大酱产品。

3）传统工具遗存概况

潼关酱菜厂腌制酱菜工具主要有压制板凳和大酱搅拌棍及漏网（图4-6-51）。

图4-6-50　制酱场地
（资料来源：潼关酱菜厂提供）

图4-6-51　酱菜工具
（资料来源：潼关酱菜厂提供）

压制板凳　　　　　　大酱搅拌棍及漏网

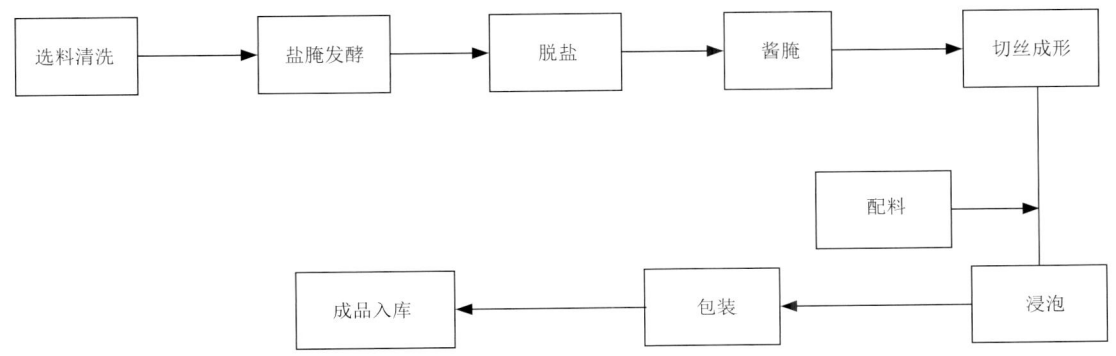

图4-6-52　酱腌菜工艺流程
（资料来源：潼关酱菜厂提供）

3．非物质遗产

酱腌菜的基本工艺流程为：选料清洗→盐腌发酵→脱盐→酱腌→切丝成形→浸泡→包装→成品入库（图4-6-52）。其中，腌制过程采用传统工具，盐腌发酵、酱腌、配料是最重要的工序。

4．价值评估

1）历史价值

潼关酱菜创始于清朝康熙年间，至今已有300多年的历史，形成了独有的地方特殊风味。潼关酱菜厂生产正宗酱菜已有50多年历史，是目前潼关县上规模生产酱菜的厂家之一，因独特的制酱工艺，拥有极高的历史价值。随着时代的不断变化，传统的工艺技术渐渐消失。近年来，国家对非物质遗产的重视程度越来越高，潼关酱菜厂所生产的"潼冠牌"酱菜以其质优价廉、热情周到的服务在广大消费者心目中享有很高的声誉。在酱菜传统手工艺传承过程中，潼关酱菜产业的发展对于弘扬酱菜文化、研究酱业发展历史、探索潼关近代经济商贸流通和酱菜发展的演变过程有很重要的历史价值。

2）文化价值

（1）潼关酱菜地域种植文化

腌制潼关酱菜选用"潼洛川"的蔬菜作为原料，得天独厚的条件使出产的蔬菜最适宜腌制，"潼洛川"位于老潼关城南门外（今秦东镇南街）。城区肥源丰富，川道避风朝阳，气温适宜，另外川道有潼河水流，水利资源好且无污染。除此之外，这一带土质好，属白锦土，土层疏松，同时潼河发源于秦岭山区，沿途沟壑纵横，水中各种物质微量元素丰富，营养全面，是酱菜原材料生产的绝佳地带。

（2）潼关酱菜腌制工艺文化

酱菜系普通产品，各地皆有，但潼关酱菜具有地方特殊风味，色泽红黄鲜润，味道酥、脆、香、甜，素有"十里放香"之称。这里面关键的腌制步骤就是四次面酱腌制。腌制工艺十分讲究，进入第四道酱是拔出笋内杂味、苦味，保持原状笋发硬，进入第三道酱是吸收面酱中余留的各种营养成分，增加色泽。这时笋已无其他杂味，进入第二道酱是吸收面酱中的多种营养成分和酱香味，增加色泽，笋坯已有七八成，进入第一批新面酱中是吸收新面酱中的大量营养，酱香和光泽已成成品。

3）社会价值

潼关酱菜历史悠久，产品优良，风味独特，驰名中外，外地兄弟行业都到潼关学习酱菜腌制技术。酱园过去属私人经营，为了个人生意兴隆，技术上互相保密，从不外传。1956后，公私合营后，潼关酱菜行业由个体变为国营，技术逐渐为广大工人所掌握。潼关酱菜厂为外地培训了许多技术人员，促进了传统食品工业的社会交流。在计划经济时期，潼关酱菜厂在对外交流方面做了很多工作，为全国酱菜业发展作出了一定的社会贡献。

5. 保护建议

保护地方特色的酱菜制品，不仅可以改善蔬菜原有的不良风味，而且大大提高了其营养价值，使酱腌菜制品不仅成为蔬菜不足时的补助品，而且成为人们生活中必不可少的一种方便食品，深受人们喜爱。因此要提高对酱菜产业的关注度，保护并支持传统产业发展。建议在保护潼关酱菜的原料生产基地的基础上，优化酱菜的生产工艺技术，继承并创新发展。同时，潼关酱菜厂的研酱技术作为非物质文化遗产，需要进一步进行技艺的传承保护和延续：一方面保护传统的手工制作方法与配方，另一方面挖掘酱菜文化、酱菜技艺。

4.7 化学工业遗产

4.7.1 石泉栲胶厂

石泉栲胶厂位于陕西省安康市石泉县城关镇，始建于1942年，占地约8万平方米，房屋建筑面积约1.7万平方米。2003年，成立陕西省东力栲胶化工有限公司，现已更名为陕西石泉国兰科技有限公司。石泉栲胶厂曾拥有栲胶、单宁酸、精细化工产品3条生产线，具备年产栲胶3000吨、单宁酸200吨、精细化工产品150吨的能力。名优产品有橡碗、杨梅皮、红根皮、槲树皮栲胶和五倍子单宁酸、磺化单宁、脱硫剂、宁龙固色剂、油田泥浆稀释剂等3大类10多种[①]（图4-7-1）。

1. 历史沿革

1942年（抗日战争时期），进口栲胶中断，国内栲胶奇缺，许多制革厂无鞣革原料。留美银行家、企业家周苍伯与殷励成和重庆华中化工厂厂长秦秉长（留德化学工程师），合资兴办栲胶厂，定名为华中化工厂石泉分厂，职工50人，年产栲胶50余吨。

抗战胜利后，国外栲胶大量涌入，国产栲胶无力竞争，工厂倒闭。

1950年，陕西省工业厅接管原栲胶厂。

图4-7-1 石泉栲胶厂老照片
（资料来源：石泉栲胶厂提供）

---

① 石泉县地方志编纂委员会. 石泉县志[M]. 西安：陕西人民出版社，2018.

1951年恢复生产，命名为"陕西省第二化工厂"。1952年，职工44人，产栲胶83.59吨。

1953年，归属国家林业部，改名为国营石泉植物鞣料厂，以后隶属关系几经改变。1962年，改名为"陕西省石泉栲胶厂"。

1985年，移交给石泉县人民政府管理。

1990年，企业开始亏损，栲胶由1995年1154吨下降到1998年194吨，减幅98.3%。

1998年，成都栲胶厂租赁栲胶车间，组建"陕西石泉川锋林产化学品有限责任公司"，聘用栲胶厂70余人。

1999年，石泉县栲胶厂部分职工组建环宇化工实业有限责任公司，租赁栲胶厂生产线经营。

2003年，栲胶厂改制，退出国有企业序列。同年12月，成立陕西省东力栲胶化工有限公司，整体收购县栲胶厂生产线。2006年，代尚平独资购买全部股份，公司名称不变。

2009年，取得安康市乡镇企业"龙头企业"称号，属陕西省资源综合利用认定企业，享受增值税即征即退政策。

2．工业遗产

1）总平面布局

石泉栲胶厂厂区占地约8万平方米，主要由办公区和生产区组成，办公区主要位于厂区的北侧，生产区主要分布于厂区的东侧和南侧（图4-7-2）。

图4-7-2　石泉栲胶厂卫星图

2）工业建筑物遗存概况

石泉栲胶厂建厂时的部分设备已被拆除，但多数建构筑物保存完整，能够代表和反映当时本地区该领域的生产情况。经过数次修缮和改扩建，仍在使用，包括办公楼、生产厂房等（表4-7-1）。目前，部分老厂房正进行更新改造。

表4-7-1　石泉栲胶厂主要建筑物遗存统计表

建筑名称	建造时间	结构类型	占地面积/m²	功能	保存情况	照片
办公楼	1950年代	砖混结构	420	管理人员办公用房	完整	
生产厂房	1950年代	钢结构	2700	栲胶生产用房	部分	

3. 非物质遗产

1）部分栲胶技术指标

石泉栲胶厂建厂至今生产了橡碗栲胶、槲树皮栲胶、红根栲胶、杨梅皮栲胶、混合栲胶等优良产品（表4-7-2）。其中橡碗栲胶于1980年荣获陕西省优质产品，在国内同类产品中信誉较高；槲树皮栲胶于1985年荣获陕西省优质产品，是该厂的传统产品，独家生产，获得广泛好评。

表4-7-2　橡碗栲胶、槲树皮栲胶技术指标

品种	水分	不溶物	非单宁	单宁	沉淀	总色度
橡碗栲胶	9.5%	1.4%	29.6%	69.0%	0.9%	26.5%
槲树皮栲胶	9.5%	2.3%	27.6%	70.1%	1.2%	26.1%

2）栲胶生产工艺流程

栲胶是通过物理的（粉碎、浸提、浓缩等）和化学的（化学处理）方法从富含单宁的植物原料中提取而得的，其工艺流程如图4-7-3所示。

4. 工业遗产的价值

石泉栲胶厂的工业遗产价值主要体现在以下三个方面。

其一，石泉栲胶厂是我国第一个生产栲胶的厂家，被誉为中国"栲胶之母"，故石泉栲胶厂的建立填补了我国栲胶生产的空白。

其二，石泉栲胶厂成立于抗日战争时期，解决了当时进口栲胶中断、国内栲胶奇缺的困境。

其三，"五四牌"橡碗栲胶、"五一牌"槲皮栲胶、红根栲胶等优质产品的生产奠定了石泉县乃至全国栲胶产业发展的基础。

5. 工业遗产的保护

积极贯彻"应保尽保""积极保护"的理念，建议重点保护能够体现栲胶生产工业主要流程和生产特点的厂房，对于其他有关遗产，如办公楼、锅炉房等再开发过程中有条件的也应尽量保护。

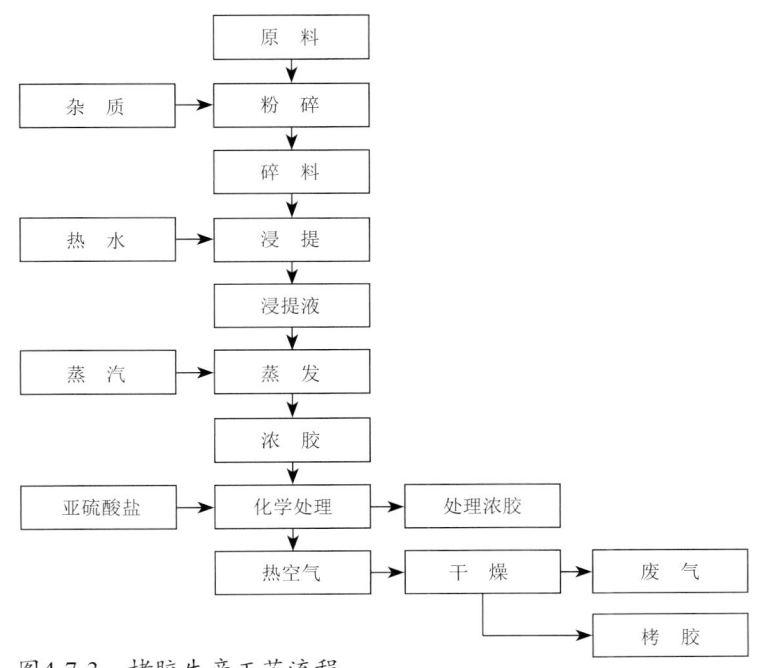

图4-7-3 栲胶生产工艺流程

4.7.2 汉中橡胶总厂

汉中橡胶总厂位于汉中市汉台区铺镇，由1956年铺镇街上几家个体工商户在合作化运动的推动下组成。1985年更名为"汉中市橡胶厂"，1993年更名为"陕西省汉中橡胶总厂"。该企业对当地的经济发展以及人员就业都具有巨大的推动作用，是当时陕西省同行业的骨干企业。厂区内大部分建筑和设备保存完整。

1. 历史沿革

1956年，成立制鞋皮革生产合作社。

1973年，产品由布鞋转为布面胶鞋，填补了汉中地区半胶鞋生产的空白（图4-7-4）。

1985年5月，更名为"汉中市橡胶厂"，隶属汉中市轻工业局。

1993年，更名为"陕西省汉中橡胶总厂"。

2010年春季停产。

图4-7-4 汉中橡胶厂第一台炼胶机旧照

2. 工业遗产

（1）总平面布局

汉中橡胶总厂厂区占地面积约3万平方米。厂东区为办公生活区，主要有住宅楼、办公楼、食堂等；厂西区紧邻南大街为生产区，包括煤场、锅炉房、生产车间、厂房等（图4-7-5）。

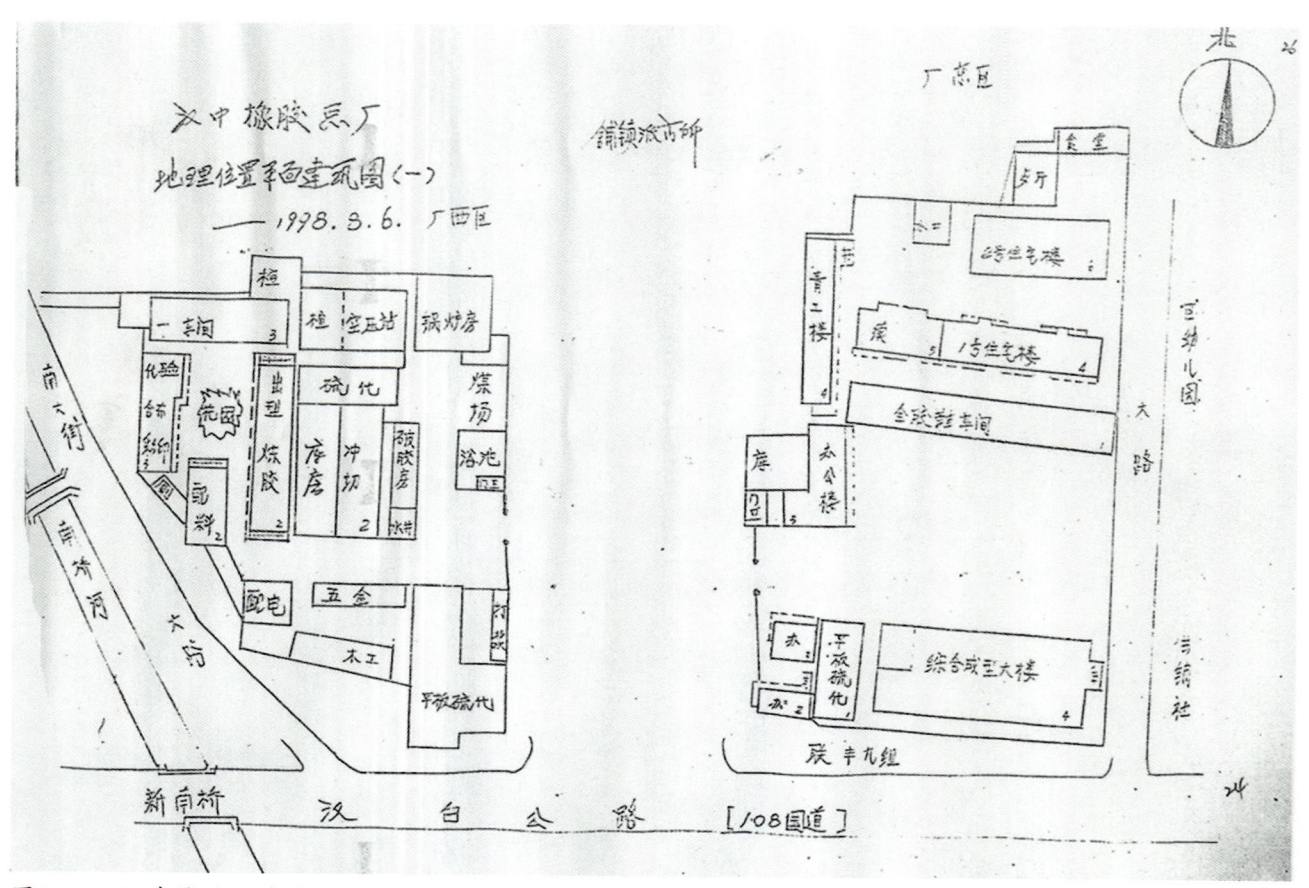

图4-7-5　汉中橡胶厂总平面图

（2）工业建筑物遗存概况

汉中橡胶总厂目前所保留的建筑物基本都是20世纪70—80年代所建。1970年代前老建筑大部分已拆除，1970年代后修建的建筑，除烟囱和水塔在汶川地震中损毁外，整体保存状况较完整。建筑物主要包括厂房、办公楼、库房等，保存一般，目前仍在使用（表4-7-3）。

表4-7-3　汉中橡胶总厂主要建筑物遗存统计表

序号	建筑名称	建成时间	建筑结构	保存状况	建筑现存照片
1	办公大楼	1990年代	砖混结构	整体保存情况良好，仍在使用	

续上表

序号	建筑名称	建成时间	建筑结构	保存状况	建筑现存照片
2	库房	1970年代	砖混结构	整体保存情况一般，仍在使用	
3	综合厂房	1990年代	砖混结构	整体保存情况一般，仍在使用	
4	厂房	1970年代	砖混结构	整体保存情况一般，仍在使用	

（3）设备遗存概况

汉中橡胶总厂的塑胶车间生产线目前仍然保存较完整，通过领料、配料、拌料、烘干、炼胶机台加工处理等步骤实现炼胶生产（图4-7-6）。

该厂现存的机器设备大部分为1980年代所购买的设备，除了部分设备已被处理外，其余设备保存完好，处于闲置状态。其中有一台刨床为1930年代美国所生产（表4-7-4）。

图4-7-6　塑胶车间生产线

表4-7-4　汉中橡胶总厂主要设备遗存统计表

序号	名称	位置	保存状况	数量	主要功能介绍
1	B65刨床	机修车间	良好	1	刨床是用刨刀对工件的平面、沟槽或成型表面进行刨削的直线运动机床
2	C620车床	机修车间	一般	2	车床主要是用车刀对旋转的工件进行车削加工
3	硫化罐	成型车间	良好	9	主要用于轮胎、三角带、同步带、橡胶管及其他橡胶制品的硫化
4	成型粘合流水线	成型车间	良好	7	—
5	大底冲切联线	冲片车间	良好	4	—
6	海绵冲切联线	冲片车间	良好	2	用于多种橡胶海绵冲切加工
7	滤胶机	冲片车间	良好	5	滤胶机是利用螺杆推挤、输送作用，把胶料再生胶中的杂质清除掉的机械
8	锅炉	锅炉房	良好	1	—
9	CP-25型冲片机	化验室	良好	1	供橡胶厂及科研单位进行拉力试验前冲切标准橡胶试片用
10	QP-16型切片机	化验室	良好	1	切片机是切制薄而均匀组织片的机械
11	MP-260A型磨片机	化验室	良好	1	磨片机是橡胶厂磨制橡胶试片到一定厚度供其他试验设备进行试验
12	MH-74型磨片机	化验室	良好	1	—
13	PY-74型疲劳机	化验室	良好	1	测定材料在室温状态下的拉伸、压缩或拉、压交变负荷的疲劳性能试验的机器

3．非物质遗产

塑胶生产工艺流程是一个复杂的过程，通过上模、配料和机器处理等过程实现塑胶生产（图4-7-7）。

4．工业遗产的价值

汉中橡胶厂建厂时期的建、构筑物和设备遗存丰富，至今留存有20世纪30年代美国生产的刨床等珍贵设备，反映了20世纪50—80年代国家大建设时期的历史风貌，作为地区遗存具有一定的代表性。同时该企业填补了汉中地区半胶鞋生产的空白，形成了"兰箭牌"（旧）商标和"汉象牌"（新）商

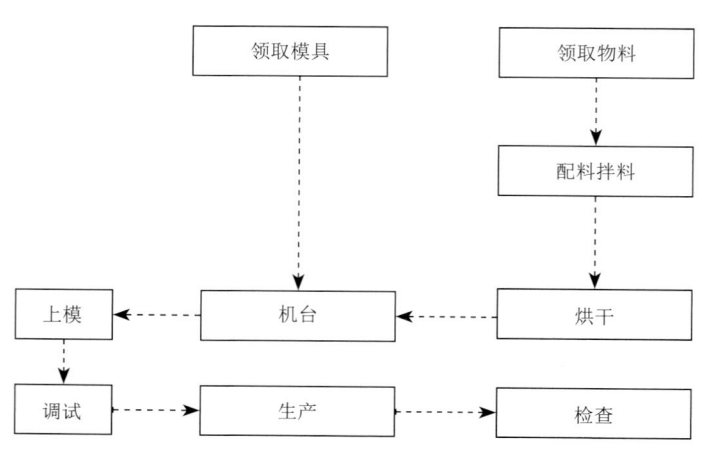

图4-7-7　塑胶生产工艺流程图

标，具有一定的历史价值。

5. 保护建议

建议重点保护以下体现塑胶生产工艺流程的具有典型特征的建、构筑物和设备，相关其他建构筑物在有条件的情况下也应尽量保护。

（1）炼胶、硫化车间；

（2）库房；

（3）综合厂房；

（4）塑胶车间生产线。

4.7.3 陕西略阳磷肥厂

陕西略阳磷肥厂位于陕西省汉中市略阳县横现河镇，是秦岭南麓和巴山接壤处，建于"三线"建设时期，于1974年建成投产，宝成铁路、略康公路纵横其间，交通便利。《中国化工报》曾报道略阳磷肥厂有"花园式工厂"和"陕南化工一枝花"之美誉，曾拥有一个注册品牌"菱花牌"商标。目前略阳磷肥厂建筑和设备保存情况良好，大部分仍在使用中。

1. 历史沿革

1969年，中国人民解放军某工程筹建工厂，即后字203部队五七磷肥厂。

1974年建成试车投产，磷肥航车1974年投入使用，对生产的磷肥翻堆达到熟化。当时生产的磷肥多数供应部队的马场需求，为部队的建设和发展作出了突出的贡献。

1975年，由部队将工厂移交陕西省燃料化学工业局。

目前，该厂基本处于半停产状态。

2. 工业遗产

（1）总平面布局

略阳磷肥厂建在一座山坡上，厂大门前嘉陵江滚滚流过。厂区沿路和地形顺势分布，生产区位于北部，占地面积约6.55万平方米；生活区位于南部，占地面积约5万余平方米（图4-7-8）。

图4-7-8 略阳磷肥厂卫星图

(2) 工业建筑物遗存概况

略阳磷肥厂中建于20世纪60年代末70年代初的大量建筑物保存完好,多数仍在发挥作用,当时完全由部队修建。受2008年"5·12"地震影响,部分建筑物受损成为危房。化验室大楼、多栋家属楼、铁路专用线、招待所、俱乐部等建筑物为20世纪70—80年代所建(表4-7-5)。

表4-7-5 陕西略阳磷肥厂主要建筑物遗存统计表

序号	建筑名称	建成时间	建筑结构	保存状况	建筑现存照片
1	办公大楼	1970年代	砖混结构	整体保存情况一般,停止使用;因地震部分损坏,加固后可使用	
2	化验室	1970年代	砖混结构	整体保存情况良好,仍在使用	
3	将军楼	1970年代	砖混结构	整体保存情况良好,仍在使用	
4	家属楼	1970年代	砖混结构	整体保存情况良好,仍在使用	
5	硫酸料库	1980年代	砖混结构	整体保存情况一般,已停止使用	
6	俱乐部	1970年代	砖混结构	整体保存情况良好,仍在使用	

(3) 设备遗存概况

略阳磷肥厂多数机器设备为20世纪70—80年代产品，保存完好，基本上仍在使用（表4-7-6）。

表4-7-6　陕西略阳磷肥厂主要设备遗存统计表

序号	名称	位置	保存状况	数量	主要功能介绍	照片
1	硫酸生产设备	厂区内	良好	1	硫酸的生产加工	
2	大型航车	料库内	良好	4	原料运输	
3	铁路专用线	厂区内	良好	1	原料运输	
4	硫酸储存罐	厂区内	良好	5	硫酸的储存	

3. 非物质遗产

硫酸的生产工艺包括硫铁矿焙烧、炉气净化、气体的干燥、二氧化硫的转化、三氧化硫的吸收等过程（图4-7-9）。

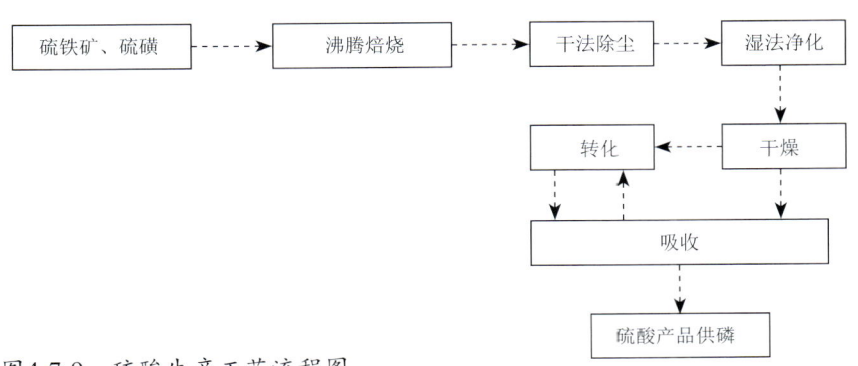

图4-7-9　硫酸生产工艺流程图

4. 工业遗产的价值

略阳磷肥厂是"三线"建设时期的重点化肥与农药制造企业，为汉中地区的工业建设和发展作出了突出的贡献。其遗存的生产设备和保存完好的20世纪中后期建筑物具有一定历史价值。

5. 保护建议

建议重点保护以下体现生产工艺流程的具有典型特征的建构筑物和设备，相关其他建构筑物在有条件情况下也应尽量保护。

（1）将军楼；

（2）硫酸料库；

（3）化验室；

（4）俱乐部；

（5）硫酸生产设备、硫酸储存罐。

4.8 其他工业遗产

4.8.1 陈炉陶瓷厂

陈炉镇得名于"陶炉陈列"，陈炉窑场是古耀州窑的继承和延续，是耀州窑的重要组成部分。陈炉窑将耀州窑的炉火传承至今已有1300余年，创烧于唐代，宋代达到鼎盛时期，金、元后逐渐衰落，明代断烧。陈炉镇被誉为"东方古瓷镇"，是闻名古今的陶瓷重镇。镇中几乎家家户户都可制作陶瓷，陈炉陶瓷厂即依托陈炉镇建立。2006年，陈炉窑址被列为第六批全国重点文物保护单位。

陈炉陶瓷厂位于铜川市陈炉古镇的中心地区，创建于1958年8月，是中型集体企业，西北地区最大的日用瓷生产厂家，也是中国耀州窑唯一正宗的复制厂家。总厂下设9个独立法人企业，经营体系集生产日用陶瓷器、美术瓷、民间工艺瓷、各种规格的炉材炉具及陶瓷泥料、釉料、水泥、煤碳为一体，是耀瓷生产的最大基地。陈炉陶瓷厂依托陈炉、融于陈炉，可以说陈炉镇整体都是陈炉陶瓷厂。

1. 历史沿革

1955—1956年，随着国家对资本主义工商业、手工业者的社会主义改造和公私合营运动的开展，陈炉镇个体陶瓷生产者相继成立了7个陶瓷生产合作社和2个工农社。7个陶业合作社归属市手工业联社主管。

1958年9月，陈炉7个陶业合作社合并成为大集体企业"铜川市城关公社陈炉耐火材料厂"，归属公社领导。生产耐火砖、电瓷夹线板等，获利颇丰。

1959年9月，陈炉耐火材料厂更名为"铜川市陈炉陶瓷合作工厂"，生产各类日用陶瓷器；是年，陈炉陶瓷厂鸭口煤矿建成投产。

1961年6月，陈炉正式通电，从而结束了手工搅轮拉坯、牲口耙泥、手工磨料的历史；同年，厂内穆家咀试制组迁往六面窑，扩为细瓷车间，开创了细瓷生产的历史。

1961—1964年，陈炉陶瓷合作工厂开始进行大规模拆迁扩建工程。先后建起了十五面窑、十二面窑和十面窑、球磨机房、机修车间、变电站。兴建大型马蹄窑瓷窑30多座，在沙梁料场集中修建耙泥池10余处，布局合理，生产设施基本完善，开创了陶业发展的新局面。

1967年，更名为"铜川市东方红陶瓷厂"。1972年7月21日，更名为"铜川市陈炉陶瓷厂"。

1977年，耀州青瓷试制恢复工作顺利完成，基本上达到了宋代水平。

1980年，厂办陶瓷研究所成立，开始对化妆土的配方进行调整，以求解决碗类产品严重的"脱皮"问题，至1984年6月获得成功并通过技术鉴定。

1982年，耀瓷传世珍品倒流壶复制成功。

1984年，陈炉陶瓷厂实行统一领导，分厂独立经营。

1986年始，陈炉陶瓷厂小规模基建开始活跃，至1987年底，先后完成六面窑改造40立方米倒焰窑建设、八面窑的兴建等项目。厂区面貌发生了很大的变化。

1989年，陈炉陶瓷厂更名为"陕西铜川中国耀州窑陈炉陶瓷厂"。

1992年3月，崔鹊开办首家个体陶瓷生产家庭作坊。之后，个体经营快速发展。

1997年，进一步完善生产设施，更名为"中国耀州窑美术瓷厂"。

1999年，陈炉陶瓷厂将原一分厂、三分厂、泥料厂合并为陈陶一分厂；二分厂、釉料厂、匣钵分厂合并为二分厂；其他仍维持原有机构，经营管理仍为独立法人体制。

2002年6月，申请世界文化遗产保护。

2006年，陈炉窑址被列为第六批全国重点文物保护单位。

2007年，在铜川市就业局的支持下，建成了"铜川市陶瓷培训基地"，增加5立方米梭式窑两台，增加陶瓷设备及设施，全面对十五面窑改造维修。

2011年，在中国陶协举办的"大地奖"活动中，陈炉陶瓷厂参展作品获一银、一铜。

2018年，大部分场地租赁给企业或者个体经营者，只留下少许办公区域和一个车间。

2．工业遗产

（1）总平面布局

陶瓷厂厂区面积约14万平方米，建筑面积3.4万平方米，大部分场地现租赁给企业或者个体经营者（图4-8-1）。

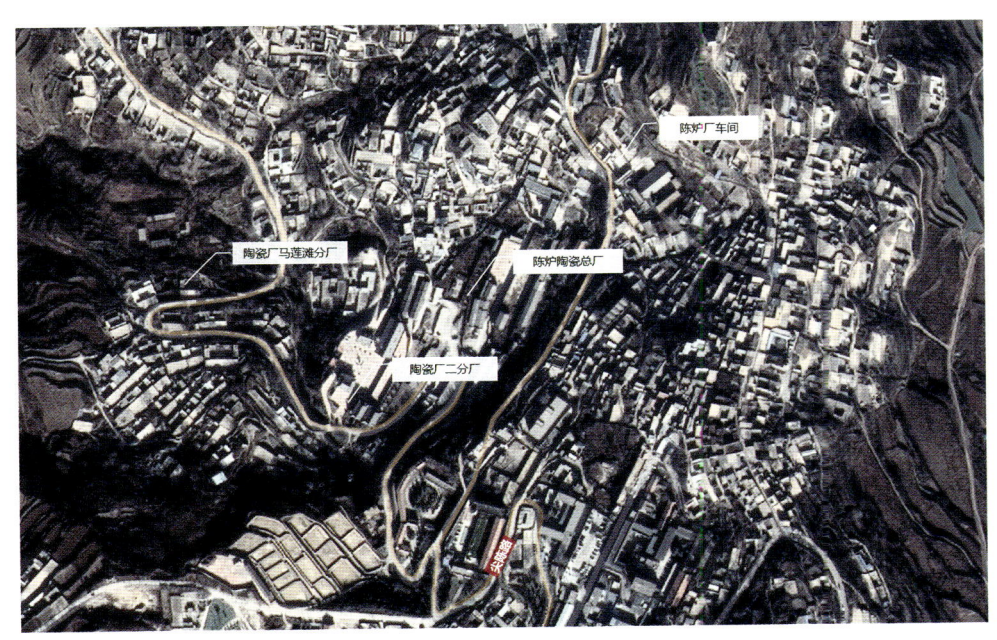

图4-8-1　陈炉陶瓷厂卫星图

（2）工业建筑物遗存概况

陈炉陶瓷厂现存主要工业遗产建筑包括2座办公楼、1座展览馆、1座车间和1座八面窑作坊，建造时间均为20世纪50年代前后，现今依然质量完好，除八面窑外，其余建筑仍在使用（表4-8-1）。

表4-8-1　陈炉陶瓷厂主要建筑物遗存概况表

序号	建筑名称	建造时间	建筑结构	建筑层数	建筑面积/㎡	保存情况	现状照片
1	陈炉陶瓷厂办公楼1	20世纪50年代	砖混结构	2层	502	保存完整	
2	陈炉陶瓷厂办公楼2	20世纪50年代	砖混结构	2层	302	保存完整	
3	陈炉陶瓷厂展览馆	20世纪中期	砖混结构	3层	1494	保存完整	
4	陈炉陶瓷厂车间	20世纪中期	桁架结构	1层	8129	保存良好	
5	八面窑	20世纪50—60年代	砖混	2层	3146	保存良好	

（3）工业构筑物遗存概况

陈炉陶瓷厂中仍保存若干烟囱，高度多为40米，其中一根建于1980年代的烟囱，高48米，现为闲置状态（图4-8-2）。

3．非物质遗产

（1）工艺流程

陈炉陶瓷厂对耀州瓷的工艺研究极具前沿性。早在1977年便顺利完成耀州青瓷试制恢复工作，其仿制品基本上达到了宋代水平。1980年，陶瓷研究所开始对化妆土的配方进行调整，以求解决碗类产品严重的"脱皮"问题，1981年时已

图4-8-2　烟囱
（资料来源：长安大学张辞凡摄）

图4-8-3 耀州青瓷倒流水壶
（资料来源：陈炉陶瓷厂官网）

初见成效。1982年耀瓷传世珍品倒流壶复制成功（图4-8-3）。1985年陈炉陶瓷厂研究所在省考古所黄堡工作站同志的帮助下，进行黄堡窑金元时期青白玉瓷的试制和研究。

在制作工艺上，陈炉陶瓷厂最早遵循传统制瓷技艺，主要体现在原料的采集、去杂，配料的储备及揉泥等流程中。一件陶瓷制作成品完成要经过采料、组方、粉碎、过萝、调釉、陈腐、熟泥、揉泥、手拉坯、修坯、粉碎、和料、制笼、坑笼、手工装饰装窑、合钵、放火窑、封窗门、烧窑等工序（图4-8-4）。陶瓷烧制的过程需要在窑炉内完成，施釉的坯体只有在经受住烈焰的烧制后才能化身为瓷。

（2）相关文献

陈炉镇亦属耀州治、同官县（今之铜川市）辖，在县东南三十里的半山上，当时为同官县之大镇。县工商志云："镇民俱陶业，而以农为副业，陶场南北三里，东西绵延五里，炉火杂陈，彻夜明朗，故有'炉山不夜'之称，为同官县'八景'之一。业陶居民，计可分为瓷户、窑户、行户、贩户四类……所制瓷器，窑分三行：碗窑、瓮窑、黑窑。分地制作，各不相侵，即镇民所谓'三行'不乱是也。"（张维，1983）

陈炉古镇以盛产独具风格与特色的刻花和印花青瓷，成为北方青瓷的代表，进而又成为耀州窑系的中心窑场和代表。繁盛时还有立地坡村、

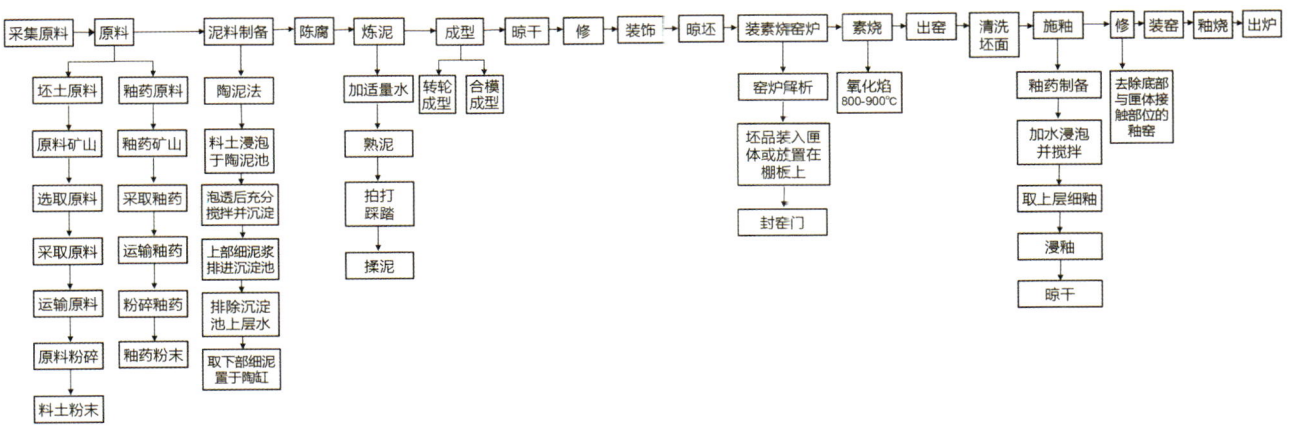

图4-8-4 陶瓷制作工艺流程
（资料来源：宋金林.耀州窑陶瓷传统制瓷技艺传承与创新研究[D]陕西科技大学，2018.）

上店村、黄堡镇、玉华村等窑场，沿漆河依次排列，绵延百里（张静，义学，2012）。

耀州窑地处陕西省铜川市，是我国西北地区重要的陶瓷生产窑口。悠久的制瓷历史、独特的地理条件和丰厚的民间文化滋养成就了耀州窑辉煌灿烂的陶瓷艺术与文化，使其成为我国重要的非物质文化遗产（牟晓琳，2020）。

4. 工业遗产的价值

（1）历史价值

陈炉窑是耀州窑的重要组成部分，是耀州窑后期烧瓷的中心窑场。2006年，陈炉窑址被列为第六批全国重点文物保护单位，纳入耀州窑遗址保护范畴一并加以保护管理。

陈炉镇烧造陶瓷的历史可以追溯到金代，兴盛于明清时期，发展成"郁郁千家烟火迷"的壮观景象，有"炉火不夜"之奇观。其陶瓷艺术代代相传，风格独特，具有极高的艺术成就和价值。陈炉制瓷规模宏大，品种丰富。元代以后，产品畅销晋、豫、内蒙、甘、陕等广大地区。除烧造瓷器外，明代秦王府还曾在陈炉镇立地坡村设有琉璃厂，专供秦王府修造之用。陈炉陶瓷厂就是传承历史的见证。

（2）文化价值

耀州窑陶瓷经过坯料的制备、釉药的配制、成型、施釉、干燥、烧成等多道工序，传统制瓷技艺工序的使用，既体现古代制陶人智慧的火花，同时也体现耀瓷工艺在不断革新中所承载的文化价值。陶瓷是火与土相互成就的绝美艺术与智慧结晶。千年来工匠们不断探索怎样的火才能成就最好的泥的形态，最终铸就令人惊艳的绝美瓷器。

（3）艺术价值

在长期的生产实践中，陈炉镇的工匠们创造了各种各样的装饰手法，在瓷件上因型施艺，久而久之演进成为一种艺术。如绘画装饰，有的酷似泼墨山水，有的流畅自如、花纹神采飞扬。尤其是半个菊花头的绘制，工匠把对美的理解，凝练在出神的几笔之中。又如题字装饰，字体的夸张变态与器物用途相结合，表达民众的心里愿望："香""福""寿""取之不尽""闻香下马""梦见周公""喜庆有余""四季平安""常春富贵"等内容的题写很普遍。民谚口语、古诗也常常融入画面，是民众真情的流露，给人以淳朴、亲切的感觉和诗情画意的享受。装饰手法还有拨花装饰、堆贴装饰等，装饰的题材也更见丰富，但无论是花卉翎毛、山水人物，还是民间传说、生活小景，艺人们广阔的取材视野无不兼具吉祥喜庆之意和美好的祝愿，因而为人民群众所喜闻乐见。例如：借蝠寓福，画鹿喻禄；游鱼兆"吉祥有余"，莲花盼"连生贵子"；猛虎能除邪镇宅，凤竹示高风亮节；视龙凤为吉祥，更把喜鹊当作报喜的使者。

（4）经济价值

在市场大环境的影响下，艺术品的市场已经跃居成为新一轮的商机，市场潜力巨大。耀州窑不论是古陶瓷还是当今的陶瓷艺术品，其经济价值都有很大的提升空间。耀州窑文化的吸引力带来了更大的商机，促进了当地的经济发展，也让人们更有动力继续从事耀州窑文化的工作，满怀热情地将耀州窑这项珍贵的文明传承下去。

5. 保护情况

陈炉陶瓷厂因陈炉镇而生，现在又化整为零，归于陈炉镇。所以，对陶瓷厂的保护与利用就是对陈炉的保护与利用。

(1) 陈炉保护利用现状

陈炉古镇先后编制了《陈炉古镇旅游发展总体规划》《陈炉文化旅游名镇建设规划》和《陈炉古镇生态博物馆保护利用规划》。《陈炉古镇旅游发展总体规划》中将旅游空间总体分区布局设计为"一心三带、三街七片":"一心"指综合旅游服务中心(文昌阁);"三带"包括盆帮腰际交通景观带、文昌阁到双碑村主干道景观带、水系景观带;"三街"包括休闲时尚创意街(上街)、商贸行政综合街、民俗文化娱乐街;"七片"含有民俗文化广场休闲活动区、传统民居及陶瓷工坊体验区、窑炉民俗旅游居住区、马科生态民俗养生区、西堡休闲康体活动区、生态农业观赏游憩区、外围景观修复涵养区(含第二服务区)(图4-8-5)。该规划为古镇文化旅游绘制了美好的发展蓝图。

"三街"中的民俗文化娱乐街即在陈炉陶瓷厂区,包括下八面窑、五面窑、堆料场、六面窑、上十五面窑、下十五面窑、上八面窑、七面窑及周边相关配套区域。现状情况是陈炉陶瓷厂已基本停产,下十五面窑、七面窑被租赁用作生产工业陶瓷产品,上八面窑系陶瓷生产培训基

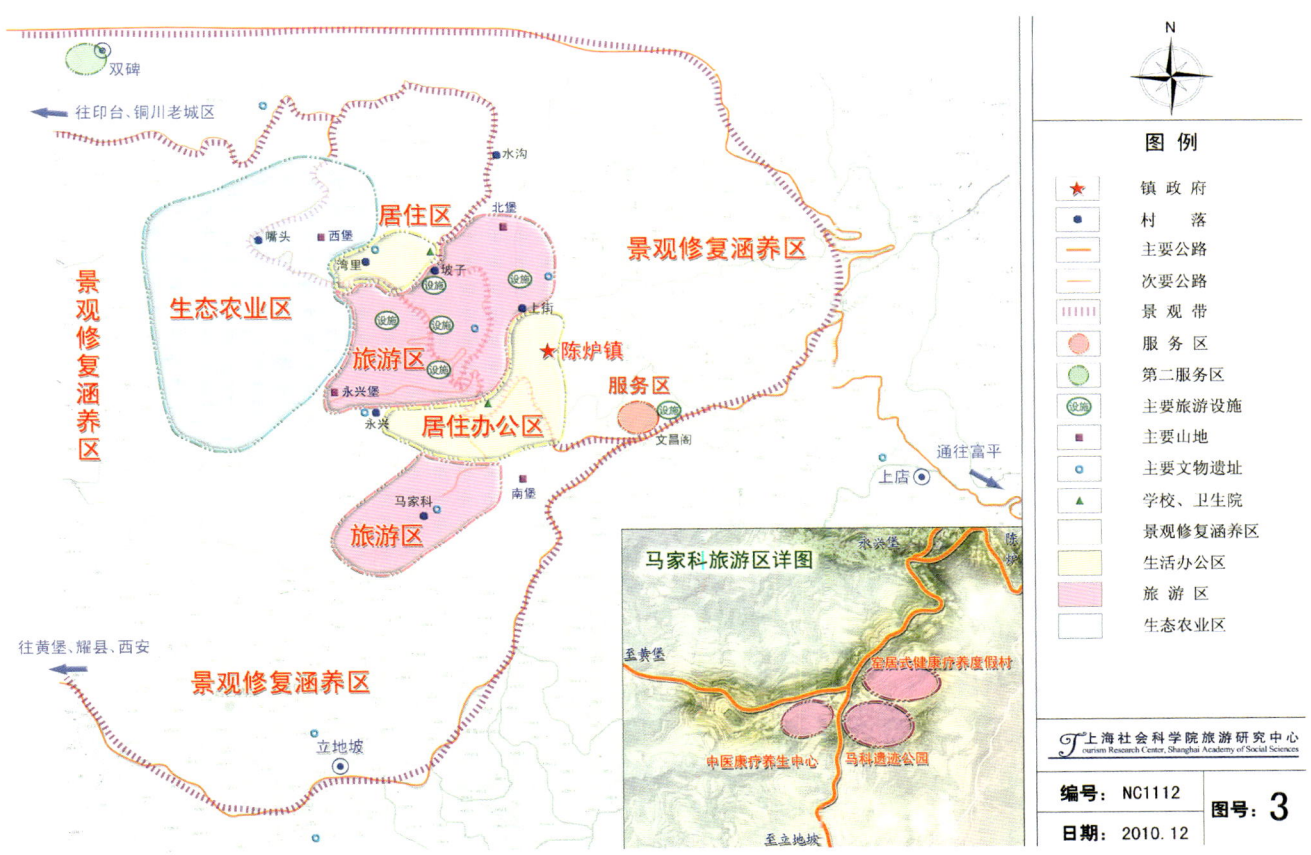

图4-8-5 陈炉古镇旅游发展总体规划总平面示意图
(资料来源:上海社会科学院旅游研究中心提供)

图4-8-6 1956年建设中的耀县水泥厂
（资料来源：https://item.btime.com/4161efb8la89gaq3mkkl3aji1sp）

图4-8-7 建厂初期大门
（资料来源：https://item.btime.com/4161efb8la89gaq3mkkl3aji1sp）

地。建设目标是利用陶瓷炉窑、工场、堆料场及废弃地，建设富有陈炉民俗特色的休闲娱乐集聚街区。根据其资源特点及空间形态，休闲娱乐集聚街区规划了三大功能项目：饮食民俗功能项目、民俗工艺商品功能项目、民俗娱乐文化功能项目。

（2）陈炉古镇保护利用建议

应加强陈炉古镇基础设施建设，提高宣传力度，加强传统制瓷工艺的传承；同时开发其旅游资源。最终建成以陶瓷文化为核心，集陶瓷生产遗迹保护与展示、陶瓷工艺传承与体验、陶瓷产品生产与研发、特色民俗展示与展演、艺术家创作与教学、城市休闲与旅游度假等功能于一体的特色古镇。

4.8.2 耀县水泥厂

陕西省耀县水泥厂位于铜川市耀州区药王大道，是国家"一五"计划期间156项重点工程之一，由苏联援建，采用德意志民主共和国技术建设三条日产700吨湿法水泥旋窑生产线，设计年产能为69.7万吨，号称"亚洲一号"，是陕西省首家上市的建材企业。

1. 历史沿革

1956年5月，经国务院批准立项，正式筹建。

1957年7月，正式开工建设（图4-8-6，图4-8-7）。

1959年11月，1#、2#、3#窑相继建成投产。

1974年，扩建了4#窑及配套工程，1977年10月建成投产（图4-8-8）。

1987年，耀县水泥厂日产2000吨新型干法水泥生产线（5#窑）破土动工。

1991年，水泥厂基本建成（图4-8-9）。

1996年，设立了陕西秦岭水泥股份有限公司。

1999年，"秦岭水泥"股票成功在上海证券交易所挂牌上市，成为陕西省首家上市建材企业、铜川唯一一家上市公司。

图4-8-8 最早的四台窑（已拆除）
（资料来源：http://www.yxsnc.com/show.asp?id=698）

图4-8-9　5号窑和6号窑
（资料来源：http://www.yxsnc.com/show.asp?id=698）

2005年，陕西省耀县水泥厂划归铜川市管理。2006年，我国西部地区首条日产5000吨新型干法水泥熟料生产线建成投产，这是实现打造西部水泥航母的重要一步，也是陕西省"一线两带"建设的重点工程。同年，国家发改委、国土资源部、人民银行正式将企业列入"区域性大型水泥企业"之列。

2007年，被列为全国重点支持的60家水泥企业之一，被陕西省政府指定为全省八大支柱产业重点骨干企业之一。同年，全省最大的年产200万吨水泥粉磨项目建成投产。至此，企业年水泥生产能力达到500万吨，规模达到了历史巅峰。

2008年5月，依据国家相关文件精神，响应淘汰落后产能的有关要求，将4条湿法生产线正式关停。同年9月，拆除了回转窑、烟囱、煤磨及原料泥浆搅拌池等部分设备、设施，保留了原料磨坊、联合储库、水泥磨坊等主要建筑物及其中生产设备。

2. 工业遗产

（1）总平面布局

陕西省耀县水泥厂历史悠久，如今水泥厂工业遗产由生产区和工人村两部分组成，总占地面积约770亩，其中生产区450亩，工人村320亩（图4-8-10）。现原料磨机及厂房、工人俱乐部、国家

图4-8-10　耀县水泥厂卫星图

图4-8-11 耀县水泥厂全景
（资料来源：http://www.sohu.com/a/116143120_459630）

水泥档案室、原材料联合储库及设备、水泥磨机及厂房、老水泥包装站台、火车自备专用线等主要设备及建构筑物都依然有所保留（图4-8-11）。

（2）工业建筑物遗存概况

耀县水泥厂主要遗存建筑物包括原料磨坊、工人俱乐部、工人村西部平房、国家水泥档案室、专家院、空压机厂房、水泥磨机及厂房、机修厂房、原材料联合储库、水泥库、老水泥包装站台等，总体保存良好，部分仍在使用（表4-8-2）。

表4-8-2 耀县水泥厂主要建筑遗存概况表

序号	建筑名称	建造时间	建筑结构	建筑层数	建筑面积/㎡	保存情况	现状照片	备注
1	原料磨坊	1957年	砖混结构	3层	1059	保存良好		厂房高度12米，平屋面；厂房内保留有2.8米×13米圈流磨机4台，由原德意志民主共和国制造
2	工人俱乐部	始建于1957年，扩建于1973年	砖混结构	3层	约6000	保存良好		前厅位于最南端，为三层砖混结构，平屋面；舞台位于最北端，宽18米，进深12米，坡顶，瓦屋面，檐口高度11.1米，屋顶高14.7米。两侧为二层建筑，平屋面；一层为办公、候场，二层为广播、会议室，两侧总宽16.8米，进深14米，高度为7.5米

续上表

序号	建筑名称	建造时间	建筑结构	建筑层数	建筑面积/㎡	保存情况	现状照片	备 注
3	工人村西部平房	1957—1958年	砖木结构	1层	9086	保存完整，仍在使用		工人村西部平房位于耀县水泥厂工人村西部，坐北朝南。平房为一层砖木结构、坡顶、瓦屋面；四纵七横，共28栋。每栋东西长41.6米，南北宽7.8米，建筑面积324.5平方米
4	国家水泥档案室	1969年	砖混结构	1层	约1000	保存完整		原名"503室"，位于水泥厂工人村东南角，坐东朝西。由档案保管室和办公室两部分组成。档案保管室分南、北两部分，一层砖混结构，中间由连廊连接，坡顶。档案保管室均东西长32.3米，南北宽12.3米。办公室及连廊为一层砖混结构、平屋面，阔4间。南北长14.3米，东西宽7.4米
5	专家院	1957年	砖木结构	1层	497	保存完整，仍在使用		院内平房一座，为一层砖木结构，坡顶瓦屋面，檐口高3.27米，屋顶高6.27米，东西长41.38米，南北宽12.01米。共有房屋18间，东西各有出入口一个。南边中间原有出入门厅
6	空压机厂房	1957年	砖混结构	1层	578	保存良好		空压机厂房长38.5米，宽15米，高度12米，平屋面；厂房内保留有空压机5台
7	水泥磨坊	1957年	砖混结构	1层，局部2层	1760	保存良好		厂房为单层，局部二层，平顶，长55米，宽32米，高度18米
8	机修厂房	1957年	砖混结构	1层	2626	保存良好		厂房为平顶，长121米，宽21.7米，高度7.5米，局部高度4.3米；厂房内保留有1台单梁行式吊车

续上表

序号	建筑名称	建造时间	建筑结构	建筑层数	建筑面积/㎡	保存情况	现状照片	备 注
9	原料联合储库	1957年	框架结构钢屋架	1层	9216	保存良好		储库为单层建筑，长288米、宽32米，高27米；内有桥式吊车5台
10	水泥库	1957年	混凝土结构	—	—	保存良好		水泥库形状为圆柱形，直径10米，高26米，共有16座
11	老水泥包装站台	1957年	混凝土结构	1层，局部2层	10692	保存良好		包装站台长277米、宽38.6米；分为南、北站台
12	原料卸料坑	1957年	框架结构	1层	1320	保存良好		原料卸料坑长120米，宽11米，地平面以下形状为倒梯形。地面上建筑高9.5米，内有卸料机2台

（3）设备遗存概况

耀县水泥厂的厂房内至今仍存的设备有磨头传动设备、空压机、水泥磨机、吊车、原料磨、原料卸料机等（表4-8-3）。

表4-8-3 耀县水泥厂主要设备遗存统计表

序号	名称	保存状况	现状照片	备 注
1	圈流磨机	良好		位于原料厂房内
2	空压机	良好	—	位于空压机厂房内，现仍存5台，为我国制造
3	水泥磨机	良好		位于水泥磨坊内

续上表

序号	名称	保存状况	现状照片	备注
4	吊车	良好	联合储库新式吊车	机修厂房内保留有1台单梁行式吊车；原料联合储库内保存有桥式吊车5台
5	原料磨	良好		位于原料联合储库内
6	原料卸料机	良好		位于原料卸料坑内

此外，始建于1957年的耀县水泥厂火车自备专用线仍保存较为完好，共计5条，南北走向，总长2518.6米（图4-8-12）。1970年代与1990年代使用的水泥专用罐也保存较多（图4-8-13，图4-8-14）。

图4-8-12　耀县水泥厂火车专用线

图4-8-13　1970年代散装水泥专用罐

图4-8-14　1990年代水泥专用罐

3．工业遗产的价值

（1）历史价值

陕西省耀县水泥厂虽然诞生于新中国成立初期，但从设计到装备都是高起点，其设施设备都是国内当时最新科技，是我国水泥行业的代表。耀县水泥厂翻开了我国建材工业历史崭新的一页，同时也义不容辞地担负起共和国建设排头兵的重任，成为我国建材工业的骄子。耀县水泥厂艰苦卓绝的创业史，见证了我国水泥工业的新生及成长，具有深远的意义。

工人俱乐部等建筑是耀县水泥厂工人生活、娱乐、招待专家、保管档案等资料的不可缺少的场所，作用十分重要，其建筑设计具有一定的代表性，留下了深刻的历史印记。之后国家建设的许多大型水泥厂（如山西大同水泥厂等）的后勤设施布局都参照耀县水泥厂工人村的图纸建造，具有一定的示范效应。

（2）科技价值

陕西省耀县水泥厂是国家"一五"计划期间156项重点工程之一，是当时国内生产规模最大、工艺技术水平最高的水泥厂。1#、2#、3#窑主机设备从原民主德国进口，相关设备的运行和维护状况得到同行业大型水泥企业专家很高的评价。可以说没有耀县水泥厂，就没有铜川在全国的知名度。耀县水泥厂工人俱乐部等建筑整体布局功能合理，具有深远的纪念意义。

（3）社会价值

耀县水泥厂在一定时期内按照国有企业的模式管理，在管理模式上具有先进性。工人俱乐部由厂工会成立专门机构管理。平房为职工及家属居住区域，由厂后勤专门机构管理。专家招待所由厂部办公室直接管理。国家水泥档案馆由国家和耀县水泥厂共同管理。由于耀县水泥厂工业遗产是与工业相关的生活、活动场所，其管理人员由厂统一调配，管理人员的社会保障和福利与职工同标准执行。

耀县水泥厂工业遗产，原属于企业辅助的生活、活动场所，在当时相当长一段时间内，具有一定的社会影响力。特别是工人俱乐部，设有体育、音乐、书画、阅览等小组，汇集了各项文体娱乐活动，目前俱乐部仍是退休职工的集聚地。工人村平房的格局与风格，备受住户的青睐，现在有些退休职工还很留恋,仍想回迁平房居住。经过几十年的变迁,水泥厂工业建筑记录了水泥厂的风雨,反映了一定时期社会生活,具有一定代表性。

（4）艺术价值

耀县水泥厂工业遗产,受当时历史影响,由民主德国援建,因为建厂初期,大量技术工人来自东北,所以其建筑设计具有明显东北风格。工人村平房和专家招待所居住取暖模仿东北大炕,后改成火墙,设计独特、效果良好。工人俱乐部的设计理念,从内部布局到外观形象,均具有超前意识,到20世纪90年代也不觉得落伍、逊色。国家水泥档案馆设计严密、庄重,显示出建筑及其功能的重要性。

4. 保护情况

（1）保护与利用现状

为了巩固和深化老工业基地振兴成果,统筹推进全国老工业基地调整改造工作,国家发展改革委于2013年出台了《全国老工业基地调整改造规划（2013—2022年）》。该规划所界定的老工业基地主要是指依托"一五""二五"和"三线"建设时期国家重点工业项目形成的、工业企业较为集中的城市特定区域,涵盖全国27个省、120个城市。耀县水泥厂为国家"一五"期间布局建设的重点项目。

从20世纪50年代建厂到2020年,耀县水泥厂走过了不断发展壮大的六十多年。这六十多年,耀县水泥厂不断改革,充分彰显了"艰苦奋斗、敢打硬仗、无私奉献、改革进取"的耀水精神,为当地经济社会发展作出了重要贡献。近年,耀县水泥厂"一体两翼"发展战略已迈出坚实的步伐,积极打造现代新型企业,力争为社会作出

新的贡献。此外,耀县水泥厂顺应"全域旅游、全景铜川"的发展战略,扎实推进以工业遗产旅游为主导的现代服务业,规划了以打造原生态工人文化生活体验为主要内容的工人村工业遗产旅游项目。目前初步建成了水泥创意产品展室、厂史展室、书画展室、摄影展室等。完成了国家"一五"期间156项重点工程的文物申报工作。耀水工人村工人文化体验区初具雏形。

耀县水泥厂工业遗产开发工业旅游项目及社区基础设施改造项目是利用20世纪50年代建设的工业遗存开发工业旅游,发展现代服务业,建设工业旅游主题园及工人文化生活体验地。厂区内的主要建筑遗存工人俱乐部、工人村平房、专家招待所、水泥档案室于2016年被列为工业遗产保护建筑。该项目利用工业遗产的保护与发展,以达到改善老工业区的居住环境和基础设施、丰富和完善当地旅游的功能和内涵、创新老工业企业发展模式、提升发展质量的目的,与国家老工业基地改造政策的要求和支持方向保持高度一致。

（2）保护建议

建议根据工业遗产资源现状和内在规律进行科学保护利用,形成各具特色、相辅相成的工业文化资源整体优势。对一些跨区域的重点工业遗产资源保护利用,进行专项规划,把以耀县水泥厂为代表的老建筑群列为相应级别的文物保护单位,同时将其区域纳入整体城市建设规划,统筹布局。在不改变整体风貌和布局的前提下,把耀县水泥厂纳入全域旅游规划,为进一步合理利用和保护好这些工业遗产资源打好基础。

4.8.3 马腾空粮库

马腾空粮库位于西安市雁塔区马腾空,距市

图4-8-15　马腾空粮库卫星图

1. 历史沿革

西安市计委和陕西省西安市革命委员会粮食局于1972年5月11日下发《1972年粮食基建投资计划的联合通知》，根据陕西省革委会计委和商业局战备储粮规划要求，下达在马腾空修建容量1000万斤粮食的地下仓库基建任务（图4-8-16）。同年10月26日，陕西省西安市革命委员会粮食局批准修建容量1000万斤战备地下储库，投资12万元，征用44.08亩的土地。

1975年12月27日，西安市计委下达马腾空战备仓扩建2000万千克仓容的任务，并投资52万元。计划总容量储粮5000万千克，储油60万千克。并建日产15万千克面粉加工厂一座，征地111.64亩。

1979年12月，陕西省革命委员会民政局批准

区5公里，坐落于风光秀丽的少陵塬上，占地200亩，生产、生活设施齐全，交通便利，是西安市人民政府授予的标准"园林化单位"，被喻为典型的花园式仓库（图4-8-15）。

该库始建于20世纪70年代初，被国家人民防空办公室和原国家粮食部命名为"7212工程处"，是贯彻落实毛泽东主席"深挖洞，广积粮，备战备荒为人民"的指示精神，凭借土塬沟壑、挖山打洞而建的一个大型地下粮库，属陕西省、西安市人防和兰州军区的重点人防工程，距今已有近50年历史，现已逐渐发展成为一个以粮食购销为主的大型粮食仓储企业，地下仓储粮规模属亚洲乃至世界地区之首，储藏量9.8万吨。1993年被国家粮食储备局正式认定为"陕西西安马腾空国家粮食储备库"，1998年被国家粮食储备局和原国内贸易部认定为"大型二级企业"。

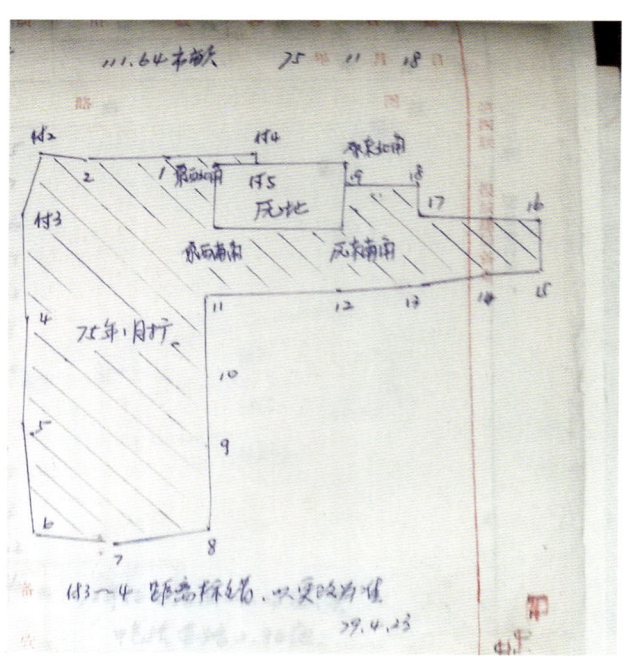

图4-8-16　1975年扩建西安市郊区粮食科战备库平面图
（资料来源：马腾空粮库办公室.科技档案(JJ.4.1-7).马腾空粮库[A].1989(10).）

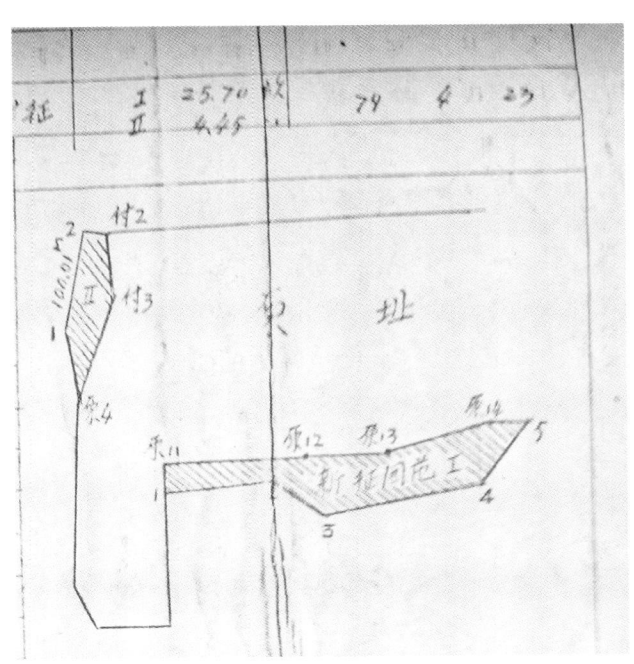

图4-8-17 1979年西安市郊区马腾空粮库平面示意图
（资料来源：马腾空粮库办公室.科技档案(JJ.4.1-7).马腾空粮库[A].1989(10).）

马腾空粮库征用曲江池公社缪家庄大队22.33亩土地（图4-8-17），其中包括郊区马腾空粮库扩建面粉楼、土园仓及生产设施（建筑面积5268平方米）。

1980年7月，马腾空粮库征用等驾坡公社韩北二队水地1.29亩修建职工住宅。同年11月，为解决马腾空粮库出入道路，征用等驾坡公社马腾空大队土地9.13亩修建道路。1972—1980年，修建马腾空粮库，共征地189.766亩。

1982年建成并投产的库属面粉厂，经1995年改造，并采用瑞士布勒公司90年代先进的设备机组，年产2.3万吨面粉，主要产品有特制粉、上白粉、标准粉和"神驹"牌系列小包装专用面粉。

1987年6月，马腾空粮库职工人数增多，为解决职工住宿问题，增建3600平方米住宅。另外为解决知青就业问题，修建220平方米的挂面加工厂。

1993年6月，国家粮食储备局命名西安市马腾空粮食仓库为"陕西西安马腾空国家粮食储备库"。

1996年组建库属"西安乐游园矿泉水有限公司"，已达到日生产瓶装矿泉水500件、桶装2000大桶的规模。

1998年2月，陕西西安马腾空国家粮食储备库被国内贸易部确认为国家大型非工业企业。

2．马腾空粮仓工业遗产

（1）总平面布局

西安市马腾空粮库地处东郊少陵塬上，海拔高度430～580米，地势相对较高，能免受洪涝灾害干扰。其道路交通以公路为主，有西安至鸣犊省级公路从此经过，交通方便。

该粮库为花园式仓库，常年有草，四季花香，环境整洁优美。全库占地面积200亩，库区布局合理，储粮区、生活区、加工区、营业区等区分清晰。现有地下仓48栋、房式仓1栋，储藏量9.8万吨，其中以地下仓为主。

（2）工业建构筑物遗存概况

目前，马腾空粮仓主要遗存建筑物为制粉车间与地下仓（表4-8-4）。

表4-8-4　马腾空粮库主要建筑物遗存统计表

建筑名称	建筑结构	建筑概况	建筑保存状况	现状照片
制粉车间	框架结构	该车间面积约为1067m²。1979年建成，该车间以及仓库担负国家粮食储存和东郊地区数十万群众的面粉供应	停产	剖面图
地下仓	砌体结构	1972年，根据陕西省革委会计委和商业局战备储粮规划要求，在马腾空修建容量一千万斤粮食的地下仓库。这是西安地区一座大型地下粮食仓库，兼设面粉加工生产	良好	地下仓库通道

资料来源：马腾空粮库办公室.科技档案(JJ.4.1-7).马腾空粮库[A].1989(10).

3. 马腾空粮仓非物质遗产

1）地下仓的结构设计

地下仓修建充分利用原有地理优势，南北高、中间低，向南北扩建修造，落差达30米以上。仓顶与仓内最高点相平，下底直径10米左右，上面直径达18米，总高约28米，为喇叭仓结构（图4-8-18）。地下仓的防潮层下底与仓墙、仓顶均为三油二毡外贴干砖，这样不仅增加了牢固强度，也使防潮、防水性能加强。

（1）入粮方法：粮食入仓主要采用从上口自流入仓的方法，入仓机械化程度达到100%。

（2）出粮方法：地下仓出粮时大部分粮食依靠从出粮口自流出粮的

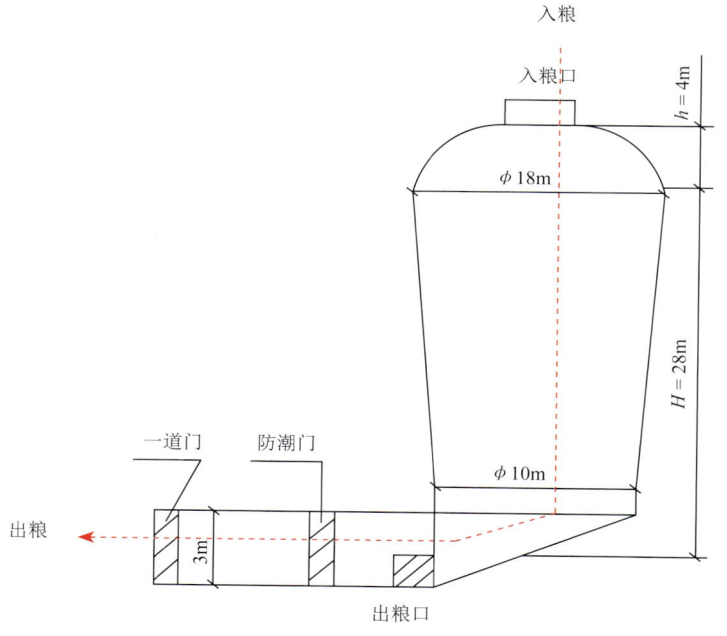

图4-8-18　地下仓的结构示意图

（资料来源：仇国斌.地下仓安全储粮技术[J].西部粮油科技，2002(4):56-58.）

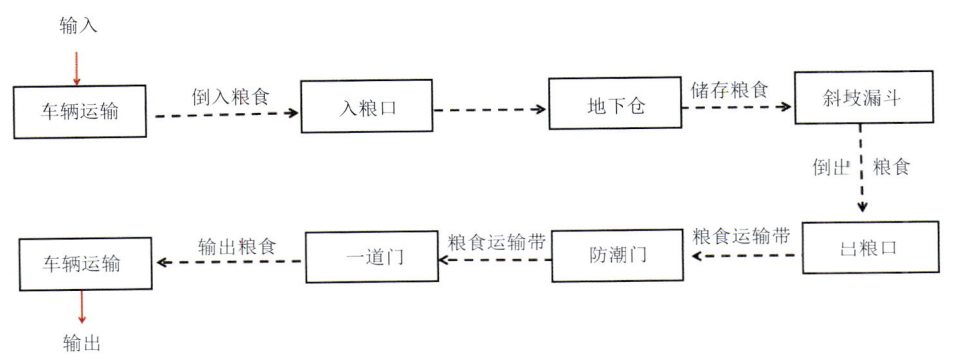

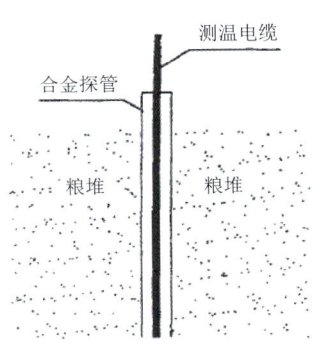

图4-8-19　地下仓的粮食运输过程图

图4-8-20　粮情测温装置

（资料来源：仇国斌.地下仓安全储粮技术[J].西部粮油科技，2002(4):56-58.）

方法，由仓底输送机带走，剩余的15%～20%的粮食由清仓机械或人工完成出粮[①]（图4-8-19）。

2）检测装置的设计、安装

地下粮仓的测温电缆采用垂直吊装或深层风力扦样器，等粮食进满后，将测温电缆沿合金碳管深入粮堆内部进行测温（图4-8-20）。该库采用微机测温，仅30秒便可检测全部的2500个数据，并可显示打印38种三维、二维粮情曲线，供保粮人员研究。

3）仓库输送机机械化工艺

马腾空粮库机械化工艺分为两部分：入仓机械化工艺和出仓机械化工艺（图4-8-21，图4-8-22）。入仓机械化工艺由卸粮机、平板输送机、坡式输送机、清杂机、平板输送机组成；出仓机械化工艺由平板输送机、坡式输送机组成。

4）制粉车间工艺流程

马腾空粮库的制粉车间已停产20多年，主要工艺鲜有人知，但留下了珍贵的生产工艺流程图

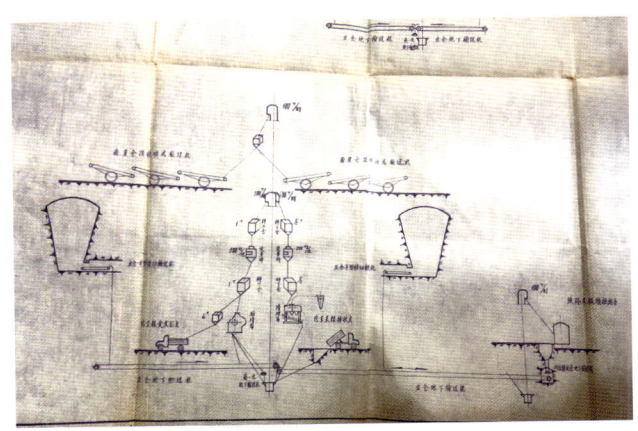

图4-8-21　仓库输送机机械化工艺流程图1

（资料来源：马腾空粮库办公室.科技档案(JJ.4.1-7).马腾空粮库[A].1989(10).）

纸。其制粉机械由振动筛、去石机、洗麦机、润麦仓、擦麦机等组成（图4-8-23）。

5）相关文献

2002年，《西部粮油科技》刊登了一篇关于马腾空粮仓安全储粮技术的论文，宣传其具有极强的科学性的地下仓储设备，总结了地下仓通风

[①] 仇国斌. 地下仓安全储粮技术 [J]. 西部粮油科技，2002（4）：56-58.

与密闭的措施，并肯定了地下仓储粮的优越性。（仇国斌，2002年）

1996年，《经贸世界》期刊上发表了一篇名为《飞马腾空 日新月异》的文章，该文章主要记录了马腾空粮仓的发展历程。（吴光让，1995年）

4. 工业遗产的价值

（1）历史价值

随着社会的发展，许多新型的现代化粮仓正在不断涌现，施工方法以机械化为主，而马腾空粮库这种地下圆筒仓只能由人工挖掘施工才能建成。随着人工成本的不断提高，地下仓这种古老的仓型已不可能有再建的机会。马腾空粮仓保留了古老的地下仓型，因而成为研究地下仓建造工艺的珍贵实物资料。

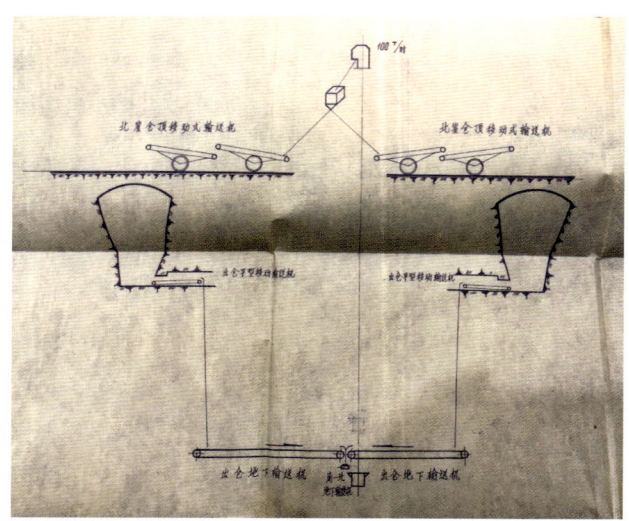

图4-8-22　仓库输送机机械化工艺流程图2
（资料来源：马腾空粮库办公室.科技档案(JJ.4.1-7).马腾空粮库[A].1989(10).）

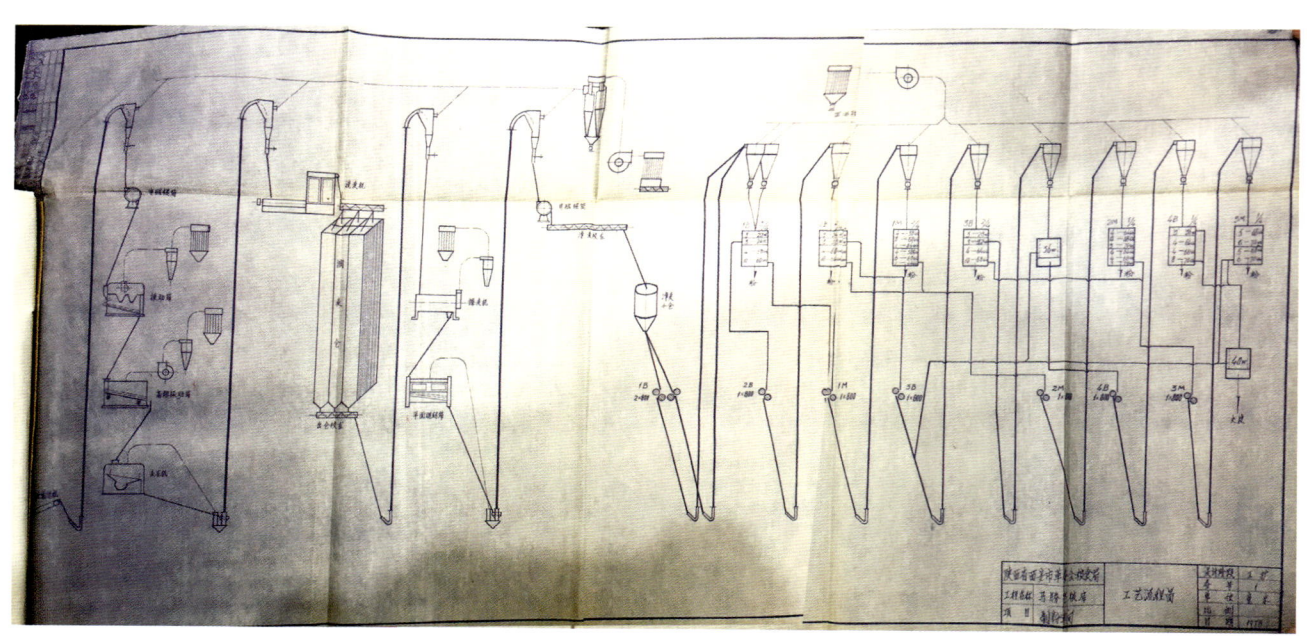

图4-8-23　制粉车间工艺流程
（资料来源：马腾空粮库办公室.科技档案(JJ.4.1-7).马腾空粮库[A].1989(10).）

（2）社会与文化价值

马腾空粮库作为贯彻落实毛主席的"深挖洞，广积粮，备战备荒为人民"的指示精神，凭借土塬沟壑、挖山打洞而建的一个大型地下粮库，它的储粮规模属西北地区之首，并且是陕西省、西安市和兰州军区的重点粮食购销、调存、加工等为一体的国家大型粮食流通企业。

马腾空粮库是我国、特别是西北地区粮食储存文化的杰出代表，是一处难得可开展爱惜粮食、节约粮食活动的教育基地，是一处绝好的展示中华民族、特别是陕西关中地区农耕文明发展史的舞台，是一处普及健康饮食知识的良好阵地。

5. 保护建议

建议重点保护以下体现粮食地下储存主要流程和储存特征的工业遗产，对于其他有关的物质和非物质遗产，再开发过程中有条件的也应尽量保护。

（1）制粉车间；

（2）地下仓。

第 5 章

陕西省工业遗产的保护与利用

5.1 相关法规及政策

5.1.1 国家工业遗产相关法规及政策

我国目前对工业遗产的保护现状是在《中华人民共和国文物保护法》《中华人民共和国非物质文化遗产法》等法律法规的框架下对工业遗产进行保护，但上述法律的规定和约束重点均不在工业遗产上。2006年，国家文物局下发了《国家文物局关于加强工业遗产保护的通知》，首次明确提出了加强工业遗产保护的要求。2018年11月，工业和信息化部印发《国家工业遗产管理暂行办法》，对开展国家工业遗产保护利用及相关管理工作进行了明确规定。

5.1.2 陕西工业遗产保护与再利用建议

（1）加大舆论宣传力度。大力宣传工业遗产的价值与作用，要让全社会认识到，工业遗产体现埋头苦干、自力更生、艰苦奋斗的中华民族文化精髓，是前辈先烈坚定的信念、顽强的意志和敢于担当、勇于牺牲、无私奉献精神的集中体现，是强国精神的一部分。不保护和利用好工业遗产就愧对前辈先烈。促使全社会提高对工业遗产的认识和重视，从而形成保护工业遗产的良好社会氛围，推进陕西省工业遗产的管理、保护和利用工作。

（2）建立省工业遗产保护联席会议制度。适时召开全省工业遗产保护利用工作专题会议，对工业遗产保护利用事项进行专题研究。尽快建立工业遗产保护利用联席会议制度，定期研究推进工业遗产保护利用工作。

（3）加快推进全省工业遗产再普查工作。组织开展工业遗产普查，深化工业遗产普查范围，有步骤地开展工业遗产的调查，了解现状，开展评估、认定、保护与利用等各项基础研究工作，登记建档，分类研究。全面廓清陕西省工业遗产遗存详细情况，知悉工业遗产"家底"。省、市、县分级建立工业遗产名录。

（4）出台专项文件。尽快调研编制《陕西省工业遗产管理办法》，提早启动陕西省工业遗产认定工作。抓紧研究制定陕西省工业遗产保护利用规划。加快启动陕西省工业遗产保护立法工作。

（5）加快实施一批工业遗产保护利用示范项目。优先重点支持一批示范项目，如铜川王石凹煤矿、西安幸福林带"156项重大工程"工业遗产博物苑、西安"大华·1935"、宝鸡申新纱厂长乐塬"十里荣耀"、延安延长石油厂等，切实发挥示范引领作用。

（6）安排专项扶持基金。由省财政安排工业遗产保护利用专项扶持资金，对重点项目实施专项扶持，有效推动全省工业遗产保护与再利用工作持续健康发展。

（7）筹建陕西工业遗产博物馆。按照重大文化项目支持有关企业和投资主体，积极研究筹建陕西工业遗产博物馆。

5.2 登录情况

目前，陕西省登录的工业遗产主要被收录在国家工业遗产认定名单、中国工业遗产保护名录、国家级与省级重点文物保护单位、中华老字号之中，其中如大华纱厂、王石凹煤矿等重要工业遗产在多项名录中均有收录。

5.2.1 国家工业遗产认定名单

工业遗产是工业文化的重要载体，记录了我国工业发展不同阶段的重要信息，见证了国家和工业发展的历史进程，具有重要的历史价值、科技价值、社会文化价值和艺术价值。我国工业和信息化部分别于2017、2018、2019年确定了第一批、第二批和第三批国家工业遗产名单，共收录陕西省工业遗产6项。其中第一批仅宝鸡申新纱厂1项，第二批包括王石凹煤矿与延长石油厂2项，第三批包括红光沟航天六院旧址、定边盐场与中科院国家授时中心蒲城长短波授时台3项。

1. 宝鸡申新纱厂（第一批国家工业遗产认定名单，2017）

2017年12月，宝鸡申新纱厂入选国家工信部第一批国家工业遗产名单；2019年，被认定为第八批全国重点文物保护单位。遗产位于宝鸡市金台区，核心物项为窑洞车间、薄壳工厂、申福新办公室、乐农别墅、1921年织布机、1940年代电影放映机。

2. 王石凹煤矿（第二批国家工业遗产认定名单，2018）

2018年11月，王石凹煤矿入选国家工信部第二批国家工业遗产名单；同年，被认定为第七批陕西省文物保护单位。遗产位于铜川市印台区，核心物项为井下735水平采煤巷道、动力用风系统、主扇（主要通风机）、主副井筒、主绞提升室、主绞提升系统、副绞提升室、副绞提升系统、地面乘人绞车、污水处理系统、运输系统、蒸汽机车头、选煤楼、苏联专家楼、办公楼、矿工俱乐部、苏式单边楼、史楼档案馆、革命阶段教育馆——霸王窑、火车道、钻井。

3. 延长石油厂（第二批国家工业遗产认定名单，2018）

2018年11月，延长石油厂入选国家工信部第二批国家工业遗产名单。遗产位于延安市延长县，核心物项为延一井、七里村炼油厂、七一井和七三井、延深探一井、延长石油三大石油地质教育教学实践点、延长石油厂工人何延年的窑洞、苏联专家招待所。

4. 红光沟航天六院旧址（第三批国家工业遗产认定名单，2019）

2019年12月，红光沟航天六院旧址（067基地）入选国家工信部第三批国家工业遗产名单。遗产位于宝鸡市凤县，核心物项为科研楼、机要室、行政后勤楼、力学试验室、"厕所"试验室、201洞、小泵试验室、张贵田院士之家、科研区1号2号专家楼、红光工人俱乐部、指挥部办公楼、大礼堂、招待所；红光沟航天六院旧址分体分布手绘图等历史档案及口述历史材料。

5. 定边盐场（第三批国家工业遗产认定名单，2019）

2019年12月，定边盐场入选国家工信部第三批国家工业遗产名单。遗产位于榆林市定边县，核心物项为苟池盐湖及盐田、三五九旅打盐盐田和住宿遗址、三五九旅盐湖拦坝遗址、定边盐化厂办公楼遗址、盐罐（带陕甘宁边区定边盐场字样）、秤砣（带陕甘宁边区定边盐场字样）。

6. 中科院国家授时中心蒲城长短波授时台（第三批国家工业遗产认定名单，2019）

2019年12月，中科院国家授时中心蒲城长短波授时台入选国家工信部第三批国家工业遗产名单。遗产位于渭南市蒲城县，核心物项为金帜山短波授时台发播大厅、杨庄长波授时台地下发播大厅，短波发射机及辅助设备、长波发射机及辅助设备，四塔倒锥形长波发射天线。

5.2.2 中国工业遗产保护名录

我国正处于社会转型期，城市化进程不断加快，大批曾为我国近代化、现代化作出重大贡献的老工业企业面临改组、搬迁，其设备、产品也不断在淘汰更新。中国科学技术协会调研宣传（科协调宣）部自2010年起，连续三年委托中国城市规划学会进行工业遗产研究，对12个城市的工业遗产进行了调研、评价；2013年，调宣部委托中国城市规划学会等单位进行《城市工业遗产保护名录研究》，继续开展深入研究。为唤起公众对工业遗产保护的关注、支撑科学决策、传承和发展城市文化，2018年和2019年，由中国科协调宣部主办、中国科协创新战略研究院和中国城市规划学会承办，分别公布了"中国工业遗产保护名录"第一批和第二批工业遗产名单。其中涉及陕西工业遗产共计5项，其中第一批包括宝成铁路、延长油矿与大华纱厂3项，第二批包括陇秦豫海铁路与王石凹煤矿2项。

1．宝成铁路（第一批中国工业遗产保护名录，2018）

所在地：陕西、四川；

始建年代：1952；

主要遗存：线路、桥梁、隧洞、车站等；秦岭展线；机车。

2．延长油矿（第一批中国工业遗产保护名录，2018）

所在地：陕西省延长县城西门桥小学院内；

始建年代：1907；

主要遗存：中国大陆第一口油井——延一井及抽油机等设备。

3．大华纱厂（大华·1935、大华工业遗产博物馆）（第一批中国工业遗产保护名录，2018）

所在地：陕西省西安市新城区太华南路251号；

始建年代：1935；

主要遗存：老南门，厂房、库房、锅炉房；纺织设备、发电设备、蒸汽管道，公馆、老院子等。

4．陇秦豫海铁路（陇海铁路）（第二批中国工业遗产保护名录，2019）

所在地：江苏、安徽、河南、陕西、甘肃；

始建年代：1904；

陕西段主要遗存：华阴站、渭南站、零口站、临潼站、潼关段潼河桥（仅余桥墩）、17号隧道通风孔等；档案室。

5．王石凹煤矿（第二批中国工业遗产保护名录，2019）

所在地：陕西省铜川市印台区王石凹街道；

始建年代：1957；

主要遗存：炮采、高档普采、综采设备、主副井提升设备等，包括副井及其绞车房、主井绞车房、绞车道，主井、煤仓、选煤楼，735水平巷道、动力送风系统、井下735变电所；选煤楼、铁路专用线、蒸汽机车；办公大楼、苏联专家楼、矿工俱乐部、千米单身宿舍楼生活区；史料档案馆。

5.2.3 文物保护单位

文物保护单位是我国对确定纳入保护对象的不可移动文物的统称，并对文物保护单位本体及周围一定范围实施重点保护的区域。其中虽无工业遗产的专项评定，但却包含了工业遗产的内容。目前，国家级与省级重点文物保护单位中涉及陕西工业遗产的共计14项。

全国重点文物保护单位是由国务院所属的文物行政部门（国家文物局），对不可移动文物所核定的最高保护级别。陕西省现存工业遗产中被确立为全国重点文物保护单位的仅陈炉窑址1项。

陕西省文物保护单位由陕西省人民政府公布，截至第七批共包括省内工业遗产13项。其中第七批陕西省文物保护单位中收录了茶坊陕甘宁边区机器厂旧址、陕甘宁边区农具厂旧址、石疙瘩陕甘宁边区被服厂旧址、石疙瘩陕甘宁边区丰足火柴厂旧址、刘河湾红军兵工厂旧址、冯家岔中央印刷厂旧址、十里堡兵工厂旧址、魏家岔中央印刷厂旧址8项位于延安市的红色工业遗产旧址。

1. 陈炉窑址（第六批全国重点文物保护单位，2006）

陈炉窑是耀州窑的重要组成部分，是耀州窑后期烧瓷的中心窑场。耀州窑陈炉窑址2006年被列为第六批全国重点文物保护单位，纳入耀州窑遗址保护范畴一并保护。

陈炉镇烧造陶瓷的历史可以追溯到金代，兴盛于明清时期，发展成"郁郁千家烟火迷"的壮观景象，古时有"炉火不夜"之奇观。其陶瓷艺术代代相传，风格独特，具有极高的艺术成就和价值。陈炉制瓷规模宏大、品种丰富，元代以后，产品畅销晋、豫、蒙、甘、陕等地区，除烧造瓷器外，明代秦王府还曾在陈炉镇立地坡设有琉璃厂，专供秦王府修造之用。

2. 秦川机床厂毛泽东塑像（第五批陕西省文物保护单位，2008）

秦川机床厂毛泽东塑像建于1968年，位于宝鸡市渭滨区姜谭路西段。塑像由铁水浇铸，重达53吨。塑像高9米，底座高7.1米，分别寓意着中国共产党第九次代表大会和党的生日。古铜色的塑像外表厚重而稳健，主席双脚并立，目视东方，右手与视线平行，同样直指东方，左手背于身后，手中拿着的军帽上一颗红色五星闪闪发亮，身穿的大衣衣角微微翻起，整个塑像似沐浴在和煦的春风中，颇具动感。

"文化大革命"时期，各地掀起塑造毛主席雕像潮流，以表达对领袖的崇敬之情。正是在这一背景下，秦川机床厂工人开始了铸像工作。秦川机床厂工程师杨启攸于1968年8月15日至12月26日亲自参与了毛泽东塑像的铸造和吊装工作。

3. 大华纱厂旧址（第六批陕西省文物保护单位，2014）

大华纱厂旧址位于西安市未央区太华南路251号，始建于1935年，为抗战内迁企业。因系石家庄大兴纺织厂出资筹建，当时厂名为大兴二厂，是西北地区历史上建立最早、规模和影响较大的现代机器棉纺织企业。1936年建成投产，更名大华纱厂，生产规模为12 000枚，自动布机320台，职工760人。主要设备自外国进口，当时国内工艺先进，装备精良。抗战期间，所有产品供应军需，支持抗战。1939—1942年，曾三次遭日本侵略者飞机轰炸。新中国成立以后，大华纺织厂经过军事管制、社会主义改造、公私合营及国营等时期。1951年起扩充设备，此后三十余年，经历较大改造6次。1966年更名"国棉十一厂"。1986年末，纱锭56 424枚，织机1112台，职工4949人。企业已于2008年10月宣布政策性破产。

4. 西北一印旧址（第六批陕西省文物保护单位，2014）

西北一印旧址位于西安市灞桥区纺织城街办坊西街238号，是国家"一五"期间中国自行设计和建造的第一座现代化印染厂，也是当时亚洲最大的印染厂。全厂占地248 600平方米，建筑面积66 830平方米，职工2900人。厂房为1956年筹建、1960年投产，为毗邻的西北国棉三厂、四厂、五厂、六厂产品漂染、印花。西北一印在中国现代印染行业中占有极为重要的地位。从1960年至1980年代末生产近30年，其高峰期为60年代及80年代，产品遍及苏联、古巴、越南、东欧等30多个国家和地区，在国内外享有极高的声誉。西北一印是陕西近现代轻纺工业中的骄傲，具有极高的工业文化遗产价值。该厂旧址是研究中国20世纪50年代经济中心西移、经济飞速发展的实物资料，是中国纺织印染企业在近代发展中的一个缩影。

5. 宝成铁路略阳段遗址（第六批陕西省文物保护单位，2014）

宝成铁路略阳段遗址位于汉中市略阳县徐家坪镇大地边村，该段遗址建于1956年，全长3.8千米，有4个隧道，最长隧道1200米，有两座高架桥梁。"蜀道之难，难于上青天"，略阳处于蜀道艰险路段，1958年，随着宝成铁路的建成通车，蜀道不再难。宝成铁路在我国近代史、交通史上具有重大的历史意义。

6. 镇坪南江水电站（第六批陕西省文物保护单位，2014）

镇坪县南江水电站建设于20世纪70年代，位于安康市镇坪县白家乡新庄村，包括渡槽、溢流坝、进水、冲沙闸、隧洞、渠道、前池、管道、厂房等设施，其中渡槽为双拱式垮桥，长118.5米，宽23.6米，为南江水电站的主体建筑之一。

7. 西凤酒酿酒旧址（第七批陕西省文物保护单位，2018）

西凤酒酿酒旧址位于宝鸡市凤翔县柳林镇，建设时间为1919—1960年，是中国西北地区规模最大的国家名酒制造地，被列入"陕西省第一批非物质文化遗产"名录。其前身由原柳林镇"复兴生"和"兴盛生"两个私人酿酒作坊公私合营而来。西凤酒历史悠久，生产工艺独特，老式作坊、车间、库房、酒海等文化遗产保存较为完整。

8. 茶坊陕甘宁边区机器厂旧址（第七批陕西省文物保护单位，2018）

茶坊陕甘宁边区机器厂旧址位于延安市安塞区沿河湾镇茶坊村。机器厂前身是随中央红军长征到达陕北的红军兵工厂。当时仅有工人21名，生产工具只有老虎钳子2把、锉子4把、风箱1个。1935年11月，红军兵工厂和西北苏区的兵工队伍合并，组建了兵工厂。其间，厂址多次搬迁，先后制造了大批造船用具、车床、铣床、刨床和钻床、砂轮机、掷弹筒等。1942年底，边区机器厂改建为工艺实习厂，下辖一分厂（机器制造）、三分厂（弹药）、四分厂（化工）。一分厂于1942年底成功地制造了60毫米口径的掷弹筒，射程比日军50毫米掷弹筒远200米。到1943年，这种掷弹筒最高月产量达到120门。边区机器厂为我军兵工事业的发展作出了不可磨灭的贡献。边区机器厂在安塞茶坊村的旧址，现保存有部分土窑洞和石砌机房。美国记者斯诺在1936年8月底曾参观了这个工厂，并在《红星照耀中国》作了记述。

9. 陕甘宁边区农具厂旧址（第七批陕西省文物保护单位，2018）

陕甘宁边区农具厂旧址位于延安市宝塔区枣

园镇温家岭村，建设时间为1939—1946年。陕甘宁边区农具厂成立于1939年2月，7月正式投产。建厂初期，以铸造犁铧等农具为主。从1940年3月起，改为以制造农业机械为主。在大生产运动中，该厂的翻砂股股长赵占魁是边区特等劳动模范，边区大规模地开展了"赵占魁运动"，促进了大生产运动的深入开展。1943年初，该厂改建为留守兵团兵工厂，保证了前方的需要。1946年10月，陕甘宁边区农具厂迁往子长县十里铺，改名为工艺实习三厂，并分出工艺实习四厂。1947年3月后，工艺实习三厂和实习四厂改为战时编制，转战陕北。该厂为陕甘宁边区和晋绥边区的军工生产作出了重要贡献。1949年7月，该厂迁入西安，后改建为西安农业机械厂。

10．石疙瘩陕甘宁边区被服厂旧址（第七批陕西省文物保护单位，2018）

石疙瘩陕甘宁边区被服厂旧址位于延安市宝塔区河庄坪镇石疙瘩村，建设时间为1945—1947年。

11．石疙瘩陕甘宁边区丰足火柴厂旧址（第七批陕西省文物保护单位，2018）

石疙瘩陕甘宁边区丰足火柴厂旧址位于延安市宝塔区河庄坪镇石疙瘩村，建设时间为1945—1947年。1944年3月，在延安北郊的狄青牢村成立了陕甘宁边区火柴厂，属于八路军公营企业，全厂20多人。1945年初，火柴厂迁至石疙瘩村。火柴厂为中共七大生产了献礼火柴，火柴盒上的纪念火花正面是毛泽东头像（杨廷宾木刻），背面是毛泽东"深入群众，不尚空谈"的题词。1946年，火柴厂迁到延安东川的拐峁村。1947年，火柴厂迁往砖窑湾西梁村生产。转战陕北时，火柴厂工人掩埋了机器，投入解放战场。但是火柴厂的工人，每人都称得上是一个火柴生产小厂，因为他们身带火柴生产余下的材料，行军打仗之余的休息时间就蘸晾火柴、糊盒包装，直到用完火柴材料为止。1948年延安光复后，7月1日，火柴厂又在砖窑湾恢复了生产，并在山西购买了蘸头机，火柴的质量和产量大幅度提高。1949年，由于扩大了生产，砖窑湾周边糊火柴盒的人少，经贾拓夫指示，火柴厂迁回延安东关黑龙沟。糊火柴盒是延安市民的一项有偿劳动，许多家庭都为火柴厂糊盒（糊40只盒可换一盒火柴）。火柴通常每盒装50根火柴。由于火柴盒一则费料，二则糊盒费功，厂里又没糊盒工，调整机器，改为每盒装100根火柴。由于火柴盒一时供应不上，市面销售的火柴就用秤称。许多年，延安都用散根火柴。1949年，陕甘宁边区火柴厂交延安行署，更名延安丰足火柴厂。

12．刘河湾红军兵工厂旧址（第七批陕西省文物保护单位，2018）

刘河湾红军兵工厂旧址位于延安市吴起县洛源街道办刘河湾村，建设时间为1936年。1936年5月，中央红军在吴起县洛源乡刘河湾村设兵工厂。1937年1月迁至延安。遗址现存土窑洞9孔、石砌岗楼1座。

13．冯家岔中央印刷厂旧址（第七批陕西省文物保护单位，2018）

冯家岔中央印刷厂旧址位于延安市子长县史家畔乡冯家岔村，建设时间为1947年。1946年11月，中央印刷厂开始在子长县冯家岔筹建战时印刷厂。1947年初，总厂迁往冯家岔。同年3月14日，中央印刷厂留守清凉山的同志在印刷完《解放日报》第2118号后，撤离延安。3月16日开始，《解放日报》改为四开两版，在冯家岔印刷出版。3月27日，中央印刷厂印完了最后一期《解放日报》（第2130号）。随后，一部分同志随廖承志东渡黄河，前往华北。另一部分同志则带着一台圆盘印刷机和一台石印机，在范长江带领下，随中共中央机关转战陕北，并负责印刷《参考消息》和"战报"。中央印刷厂旧址坐北向南，共有上下两排19孔砖窑，上排7孔窑洞、下排12孔窑洞。上排窑洞的院子是下排窑洞的堖畔，下排窑洞的院子已被该村淤泥坝淤积。当年，工作人员住在上排7孔窑洞，下排12孔窑洞是生产工作区。整个旧址占地面积864平方米。

14. 十里堡兵工厂旧址（第七批陕西省文物保护单位，2018）

十里堡兵工厂旧址位于延安市子长县栾家坪乡十里铺村，建设时间为1943—1947年。1935年10月，中央红军到达陕北后，红军兵工厂与陕北红十五军团兵工厂在瓦窑堡城外十里堡建立红军兵工厂，隶属红军总供给部，后迁吴起镇，再迁延安附近的柳树店。

15. 魏家岔中央印刷厂旧址（第七批陕西省文物保护单位，2018）

魏家岔中央印刷厂旧址位于延安市子长县杨家园则镇魏家岔村，建设时间为1947年。

16. 洋县引酉工程长坝引水枢纽（第七批陕西省文物保护单位，2018）

洋县引酉工程长坝引水枢纽位于汉中市洋县茅坪镇长坝村，建设时间为现代。洋县引酉工程（又称茅坪堰），是汉中地区有史以来最大的人工水利枢纽工程之一，被誉为"陕西红旗渠"、当时陕西省八大水利工程之一。1944年9月，陕西省水利局第二测量设计队编制《灙水河灌溉工程计划书》时，曾对酉水河的开发利用进行过勘测比较。1958年，陕西省水利厅设计院提出了《胥水—酉水丘陵区水利规划报告》。1958年冬，洋县人民委员会决定成立"茅坪堰（即引酉工程）司令部"，组织水利技术人员勘测设计，准备动工，因财力物力有限而未动工。1968年，水利电力部第三工程局勘测设计队提出了《酉水河梯级开发报告》。1970年，引酉工程第二次上马，地、县水利局再次对酉水河的开发利用进行勘测规划，又因工程艰巨、财力不足而停工。1975年秋，县委、县政府制定了《洋县农业翻身规划》，将引酉工程列为洋县农业翻身的三大工程之一，决定再次上马。1975年11月7日，县政府决定成立"洋县引酉工程指挥部"，全县调动5000名民工，编成酉水、城关、汉江、谢村、华阳五个民兵营，43个民兵连，开始破土动工。1987年10月，引酉灌溉一期工程进行了竣工验收，正式交付使用。

5.2.4 中华老字号

中华老字号是指历史悠久，拥有世代传承的产品、技艺或服务，具有鲜明的中华民族传统文化背景和深厚的文化底蕴，取得社会广泛认同，形成良好信誉的品牌。目前，中华老字号由国家商务部认定，并授予牌匾和证书。2006年和2010年，分别公布了第一批和第二批"中华老字号"名录，收录陕西省老字号8项。其中第一批收录1项，第二批收录7项。

1. 西凤酒（第一批"中华老字号"，2006）

西凤酒是中国凤香型白酒的代表。西凤酒醇香典雅、甘润挺爽、诸味协调、尾净悠长，风格独树一帜。其"不上头、不干喉、回味愉快"，被世人称为"三绝"，誉为"酒中凤凰"。

陕西省西凤酒厂于1956年在周恩来总理的亲切关怀下创建。1999年10月以陕西省西凤酒厂生产经营性净资产为核心，联合其他企业法人和社会法人组建的公司制企业，成立陕西西凤酒股份有限公司。2010年，股份公司进行了改制重组，实现了股权多元化。目前股份公司占地面积86.8万平方米，员工近3000人，其中，国家级白酒评委5人，省级白酒评委15人，高级酿酒师26人，年产能约10万吨，是西北地区规模最大的国家名酒制造商。

西凤酒传统酿制技艺被列入"陕西省第一批非物质文化遗产"名录，西凤酒品牌被商务部认定为中华老字号。2014年9月，经中国酒类品牌价值评议组委会评测，西凤酒品牌价值为330.88亿元，位居中国白酒类品牌价值排行榜第5位，雄居中国北方酒类品牌价值榜首，由此连续六年入选中国白酒品牌前八强。

2. 太白酒（第二批"中华老字号"，2010）

陕西省太白酒厂于1956年公私合营建立，位于秦岭主峰太白山下，渭水之南的眉县金渠镇，自然环境优美，水质甘甜爽口，土地肥沃，气候宜人，交通便利，酿酒条件得天独厚。主导产品太白牌太白酒始于商周，盛于唐宋，成名于太白山，闻名于唐李白。据当地出土文物考证，已有6000多年历史，是我国最古老的酒种之一。该产品选用优质高粱为原料，大麦、豌豆制曲做糖化发酵剂，配以土暗窖固态续渣分层发酵，采用混蒸混烧传统老六甑工艺精心酿制，酒海贮存、自然老熟，科学勾兑而成。其品质清亮透明，醇香秀雅，醇厚丰满，甘润挺爽，诸味谐调，尾净悠长。

长期以来，一直有杜康发明造酒（距今约4000年）、仪狄发明造酒（距今约5100年）之说。实际上，太白酒生产地眉县在6000年前炎黄时期就已经产生了人工谷物酒，考古新发现明确地证实了这一点：1983年10月，在炎帝部落活动的重要地域——宝鸡地区眉县杨家村出土了一套新石器时代的陶器，计有五只小杯，四只高脚杯和一只陶葫芦。考古专家鉴定确认：这批古陶器为酒具无疑，器物为泥质红陶，烧成温度约900℃，有5800~6000年历史（见《宝鸡报》1998年9月1日周末文化版）。它是目前我国乃至世界出土的最古老的酒器，是中华酒文化的瑰宝，它为研究我国乃至世界酒的起源提供了可靠的物证，为探讨中华原始酒文化找到珍贵的标本。太白酒经过数千年的孕育，在西周时期已经诞生。清代，眉县的酒业迅速发展，仅金渠、齐镇一带就有大小作坊30多家，太白酒数量增多，质量也大大提高。据《陕西省志·轻工业志》载：清代，当时太白酒也闻名全国。据《眉县志》载：1937年8月19日，西京（今西安）"万寿酒店"代理人郝晓春向省建设厅申请注册"太白酒"商标。

1956年春，在仅存的太泉、溢成海、福长号、德盛茂、裕德海、义永丰六家私人酿酒作坊基础上，组成公私合营眉县太泉酒厂。1964年收归宝鸡专区接管，改名为地方国营宝鸡专区太白酒厂；1963年9月移交眉县，改名为地方国营眉县太白酒厂；1991年2月经陕西省工商局、轻工业厅批准，更名为"陕西省太白酒厂"；2006年5月成功对企业进行了股份制改造，组建了陕西省太白酒业有限责任公司；2009年8月与全国白酒行业前三名的华泽集团以增资扩股的方式牵手合作。现有职工1300多人，总资产4亿多元，年产太白酒系列产品3万吨，销售收入4亿元，占地420余亩，建筑面积97 304平方米，拥有白酒生产、科研检测先进仪器设备和雄厚的技术力量，是国家酿酒行业中型国有企业。

3. 白水杜康酒（第二批"中华老字号"，2010）

陕西白水县是酒圣杜康的故乡，也是中华白酒的发源地。白水杜康汲取甘美的杜康矿泉水，承袭古老的酿酒遗方，采用当地盛产的优质小麦、大麦、豌豆做曲，提供酿酒发酵、生香剂，选用优质高粱为原料，经混蒸混烧、续渣发酵、甑桶蒸馏、看花断酒、窖藏老熟、精心勾兑、灌装而成。该产品清亮透明、芳香幽雅、酒体丰满、醇甜爽净、诸味协调、回味悠长、风格突出。

陕西白水杜康酒业有限责任公司，是由原陕西杜康酒厂改制组建的新型股份制企业。企业经过二十多年的发展，现已成为设备精良、工艺先进、颇具竞争实力的现代白酒生产企业。总占地面积25.34万平方米，总资产4638.2万元，员工238人，其中各类技术管理人员59人，大、中专以上文化程度人员达40%以上，共有五大生产车间，厂房35座合3.25万平方米，年生产能力达5000吨。

白水杜康酒酿造技艺于2008年被陕西省文化厅授予陕西省非物质文化遗产；随后被商务部认定为中华老字号。

4. "朱鹮""大咸德"调味品（第二批"中华老字号"，2010）

大咸德调味品有限公司，始于清咸丰六年（1856年），具有150多年酿造历史。公司地处世界珍禽朱鹮栖息地、珍稀黑米原产地——陕西洋县，大咸德凭借百年传承技艺和特产丰饶的优势资源，形成了以有机黑米原料为主要特色的调味品美食文化。黑米醋获农高会"后稷奖"、酿造醋获"陕西省名牌产品"。"五彩米醋""黑米醋""纯粮醋"获中国有机食品认证。目前，大咸德"有机醋""酿造醋""馋嘴酱""酱油""料酒""豆腐乳""姜汁""麻辣油"八个系列畅销省内外。

5. 潼冠酱菜（第二批"中华老字号"，2010）

潼关酱菜创始于清康熙年间，至今已有近四百年历史，在悠悠的历史长河中，逐步形成了自己独有的地方特殊风味，不但色泽红黄鲜润，晶莹透亮，而且味道酥脆香甜，向来有"十里放香"之称。其味咸中稍甜，不但气味芬芳，而且营养丰富，对促进食欲、壮健身体有很大裨益，曾参加1915年在巴拿马举办的世界名特产品博览会。

潼关县酱菜食品厂具有生产正宗酱菜50年历史，是目前潼关唯一上规模生产酱菜的厂家，生产"潼冠牌"酱菜。目前营业面积8000平方米，员工30人，2010年实现产值200万元、销售额120万元，主要产品有连皮酱笋、八宝小菜、鸳鸯包瓜、甜面酱、酱甘露、酱苤蓝、真空软包装系列等30多个品种。

渭南市潼关县潼关酱菜厂于2003年被陕西省商业联合会认定为"陕西中华老字号"，后被商务部认定为"中华老字号"（图5-2-1）。

6. 城古酒（第二批"中华老字号"，2010）

城固位于汉中盆地中部，气候温润、资源丰富、水质甘洌，是酿造美酒的理想之地，素有"酒乡小江南"的美誉。城固酿酒业历史悠久，酒文化源远流长，距今已有三千多年的历史。城固酒业公司始建于1952年，2012年10月城固酒业被陕西恒源煤电集团有限公司并购，现有技术人员60多人，其中国家级白酒评委1人，果酒评委1

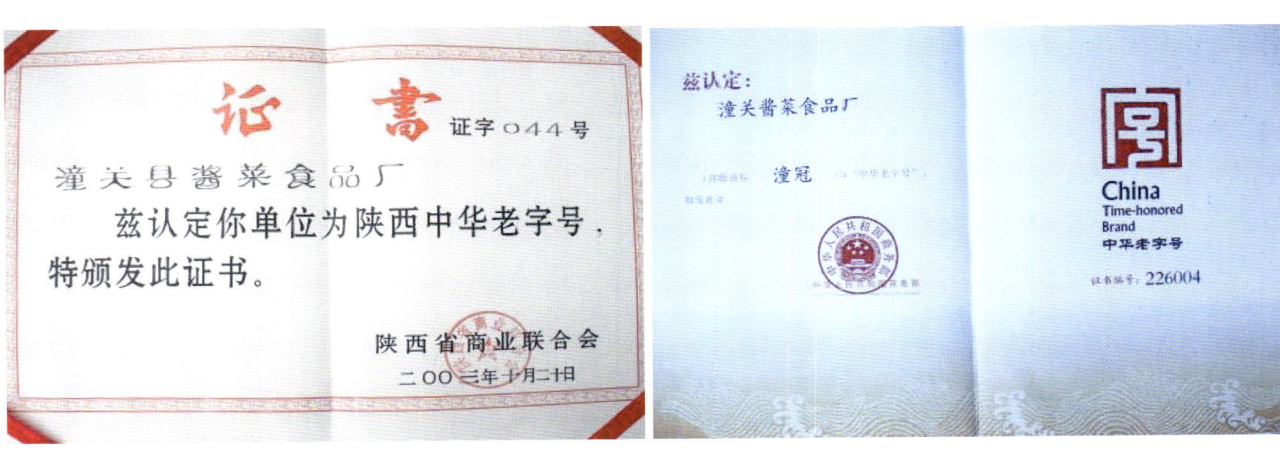

图5-2-1 老字号证书
（资料来源：潼关酱菜厂提供）

人，国家高级品酒师2人，中级品酒师6人，省级白酒评委8人，具有年产万吨基酒的生产能力。

7．秦川酒（第二批"中华老字号"，2010）

陕西秦川王酒业有限公司位于陕西省宝鸡市陈仓区周原工业园，公司的前身是在原位于虢镇的陕西省西秦酒厂的基础上经过1997、1999、2011年三次改制后成立的白酒酿造股份制有限公司。公司主导产品秦川牌系列白酒在继承传统工艺的基础上不断推陈出新，形成了产品醇香柔顺、甘润挺爽、诸味协调、回味悠长之特点，产品行销陕北、陕南及京、津、晋等地，深受广大消费者喜爱和青睐。明清时期，虢镇的酿酒业长久不衰，拥有大小烧坊十余家。民国时期，虢镇有数十家酒坊，其中以"西凤号""万享涌""同心福"等酒坊最有名气。秦川牌白酒是一种古老的历史名酒，1955年以前以中国专卖事业公司陕西省分公司印制的"西凤名酒"商标出厂，1956年由中央工商行政管理局注册的"双凤牌西凤酒"商标出厂。1966年改名注册为"双凤牌双凤大曲"和"秦川牌秦川大曲"。后因历史原因双凤大曲停售，秦川牌白酒沿用至今。秦川牌系列白酒的生产秉承传统工艺，又不断创新，形成了固定的产品特点，质量上乘，深受广大消费者的喜爱。公司占地面积13 500平方米，建筑面积5600平方米。

8．"秦洋"白酒、"谢村桥"黄酒（第二批"中华老字号"，2010）

古秦洋酒历史悠久，有文字可考的酿造历史距今已有112年。清代，白酒酿造达到了繁荣的时期。史载乾隆三十一年（1766年）洋县城乡官办和民间生产的白酒量非常大，县人以饮老窖为时尚。又据《洋县工业志》记载："白酒酿造术从道光二十八年（1848年）就有流传，民间烧坊众多，分布在谢村、马畅、槐树关、秧田、金水、新铺、磨子桥、洋州城、袁家庄等地。烧酒原料多为玉米，人工操作，土法制造小曲酒。马畅镇刘义、余全得、王永茂三家烧坊最为有名，建有相当规模的发酵池。县城"王家烧坊"从清光绪二十年（1894年）至1948年一直从事酿酒生产，年产酒约2.5吨，积累下丰富的酿造经验。新中国成立后，马畅供销社将原有三个民间烧坊合并，建立了第一个集体所有制酒坊。1956年10月1日刘超负责，建立了以白酒为主，兼顾粮食加工业务的"地方国营洋县综合厂"。1963年3月更名为"地方国营洋县酒厂"，专门生产白酒。1992年8月29日，更名为"国营陕西洋县酒厂"。期间企业由小到大，由弱变强，进行了三次大规模的技术改造，基本形成了年产5000吨酿造酒、6000吨商品酒的生产能力。

陕西秦洋长生酒业有限公司是在原陕西秦洋酒业有限责任公司与洋县长生酒业有限责任公司的基础上联合组建的集白酒、黄酒酿造销售为一体的股份制企业。2002年12月采取"剥离分离、债随资走"的形式，改制为"陕西秦洋酒业有限责任公司"。2006年8月，陕西秦洋酒业有限责任公司和洋县长生酒业有限责任公司合并组建为"陕西秦洋长生酒业有限公司"。公司现有员工988人，其中专业技术人员120人，国家级评酒委员1人，省级评酒委员6人，拥有总资产7947万元，占地面积120亩，具有年产6000吨白酒、10 000吨黄酒的生产能力。"秦洋、谢村桥、长生"牌系列产品被评为"陕西省名牌"和"中国行业名牌"产品；"秦洋"牌商标被誉为"陕西省著名商标"。"秦洋"和"谢村桥"被商务部认定为中华老字号。

5.3 规划编制及主要策略

5.3.1 总体策略

1. 加强认识，加快开展保护立法

工业遗产是一个城市的宝贵财富，对于保留城市文脉、彰显城市特色、传承工业文明、发展旅游经济、提升城市品位、推进文化创意等新型产业发展等都具有重要意义。现行文化遗产保护法规在有关工业遗产的保护方面不够明确和完善，因此，需尽快开展工业遗产保护相关法规的制定工作，使经认定具有意义的工业遗产通过法律手段得到强有力的保护。

2. 明确审批管理职责

对于已列入文物建筑或历史建筑的工业遗产建筑，应按文物建筑和历史建筑的审批程序办理；其余的工业遗产建筑因为既有保护的要求，又要允许其进行适度的改造，从促进工业遗产保护、减少审批环节、提高行政效率的角度出发，建议由规划管理部门牵头，采取多部门联合审批的方式进行。

3. 深入开展普查，建立系统完善的工业遗产建筑保护名录

工业遗产作为一种特殊的文化资源，它的价值认定、记录和研究首先在于发现，而普查是发现的基础和保证。开展全市性大规模工业遗产普查活动，目的就在于明确工业遗产的规模、数量、分布等，随后再进行有效的管理和保护。

4. 进一步深化完善工业遗产建筑的规划编制

与国家法定规划相衔接，将工业遗产保护规划纳入城市总体规划或分区规划，制定工业遗产保护专项规划，在城市设计基础上，将保护

图则与控制性详细规划相结合，增加保护规划的可操作性，确保工业遗产保护规划的要求能落到实处。

5. 创新思路，为工业遗产保护利用提供有力的规划政策支持

目前工业遗产的保护模式主要有工业博物馆、遗产保护公园、城市商业综合体、文化创意产业园等，根据历史基础、区位优势等条件确定不同的发展路径，明确用地分类，匹配建筑功能，对工业遗产建筑使用功能进行规范，并结合《城市用地分类与规划建设用地标准》明确工业遗产建筑地块的用地性质。

5.3.2 王石凹煤矿规划编制及主要策略

按照国家关于加强文化遗产保护传承工作的有关部署和要求，积极推动工业遗产保护利用，王石凹矿入选第二批国家工业遗产，通过努力打造煤矿工业遗址公园项目，为留存铜煤工业文明和煤城历史记忆，引领矿井向工业旅游行业进军，推动老矿华丽转身、涅槃重生，以及铜川矿业公司转型发展增色添彩、贡献力量。

5.3.3 陈炉古镇规划编制及主要策略

陈炉古镇先后编制了《陈炉古镇旅游发展总体规划》《陈炉文化旅游名镇建设规划》《陈炉古镇生态博物馆保护利用规划》，以景区"四堡"为核心的"二心五区"空间总体分区布局，明确了管网及道路、功能区域布局、项目建设风格、生态屏障等，绘制了古镇文化旅游发展蓝图。

5.4 保护与利用典型案例

5.4.1 凤县灵官峡景区（宝成铁路凤县灵官峡段）

原名：宝成铁路（凤县灵官峡段）

现名：凤县灵官峡景区

地址：陕西省宝鸡市凤县陕甘交界处三一六国道

占地面积：72万平方米

更新时间：2017—2018年

设计单位（宝成铁路文化体验馆）：西安灵境科技有限公司；HCD翰晟设计

宝成铁路位于陕西、甘肃和四川省境内，北起陇海铁路的陕西省宝鸡市宝鸡车站，向南穿越秦岭到达四川省成都市（依次经过陕西凤县，甘肃两当、徽县，陕西略阳、宁强，四川广元、剑阁、江油、绵阳、广汉、德阳、新都等县/市境），与成渝、成昆铁路接轨。于1952年在成都端动工，1954年宝鸡端开工，1956年建成通车，全线采用蒸汽机车牵引，1958年正式运营并开始电气化改造，1975年全线完成电气化改造，成为中国首条电气化铁路（图5-4-1）。全长668.2千米，16次跨越嘉陵江，共有隧道304座，延长84千米，大、中、小桥1001座，延长28千米。宝成铁路在修建过程中创造了多个中国"第一"，于2018年入选首批中国工业遗产保护名录，是国家Ⅰ级客货干线铁路，它的建设拉开了中国铁路现代化建设的序幕，是人类历史上难以想象的壮举。

1. 历史沿革

据《陕西省志》[①]与《四川省志》[②]记载，宝

[①] 陕西省地方志编纂委员会. 中华人民共和国地方志丛书：陕西省志·铁路志[M]. 西安：三秦出版社，1993.
[②] 四川省地方志编纂委员会. 四川省志·交通志（下）[M]. 成都：四川科学技术出版社，1995.

图5-4-1 宝成铁路1956年建成通车
(资料来源：《人民画报》1956年第八期)

成铁路历史沿革大致如下：

1913年，北京政府拟在平汉铁路（北平—汉口）以西筑南北干线，接通黄河上游与长江上游的铁路交通，倡议修建大同至成都铁路，即同成铁路。

1915年，开展相应地区的踏勘工作。

1916年，开展西安—昭化段比较线的踏勘工作。

1920年，西绕天水再过秦岭的方案被提出，后以工程浩大而作罢。

1936年，中华民国政府指派陇海铁路西段工程局勘测，并对过秦岭线路作航测比选，拟在宝鸡凤州间越过秦岭，并对宝鸡到东河桥进行实测，后因过岭工程艰巨而再次搁置。

1939年，中华民国政府在决定修建陇海铁路宝鸡—天水段的同时，派队勘测天水—徽县段线路，发现以此线越秦岭远较从宝鸡凤州间越秦岭容易，因此将"宝成铁路"改为"天成铁路"。

1940年，天成铁路工程局成立，预算投资国内工款折合银元约13亿元，国外料款以及购置机车车辆等行车设备约9000万美元，计划线路全长755千米。

1945年，再次对此线路的走向作比选定测。

1950年，开始线路的勘测设计，由天成铁路第一、第二测量总队负责，以略阳为界，分南北两段进行，后改为西南铁路设计分局与西北铁路设计分局分工负责设计。

1953年春，将宝鸡—略阳段线路与天水—略阳段线路进行比较，发现货物经宝鸡、天水再到略阳，比宝鸡到略阳运程长153千米，且宝鸡以东进出川货物占全部运量的三分之二，因此，决定采用宝鸡—略阳方案；同年7月，初步设计完成；同年12月1日，铁道部将"天成铁路"正式更名为"宝成铁路"（图5-4-2）。

1954年，铁路第一勘测设计院开展宝鸡—凤县段铁路（以下简称"宝凤段"）电气化设计。

1955年4月，宝凤段铁路电气化设计送苏联交通部代为鉴定。

1956年7月，宝成铁路建成通车。

1957年，改由铁路第三勘测设计院和铁路电务设计事务所设计。

1958年元旦，宝成铁路正式通车，全线采用蒸汽机车牵引，在成都车站举行了宝成铁路全线通车典礼，出席盛典的有国务院副总理贺龙、聂荣臻，国务院各部委负责人滕代远（图5-4-3）、黄克诚、王维舟、杨献珍、傅钟、武竞天、钟子云、李济寰、李寿轩，陕西省省长赵寿山，四川省省长李大章，甘肃省副省长黄正清，川、陕、

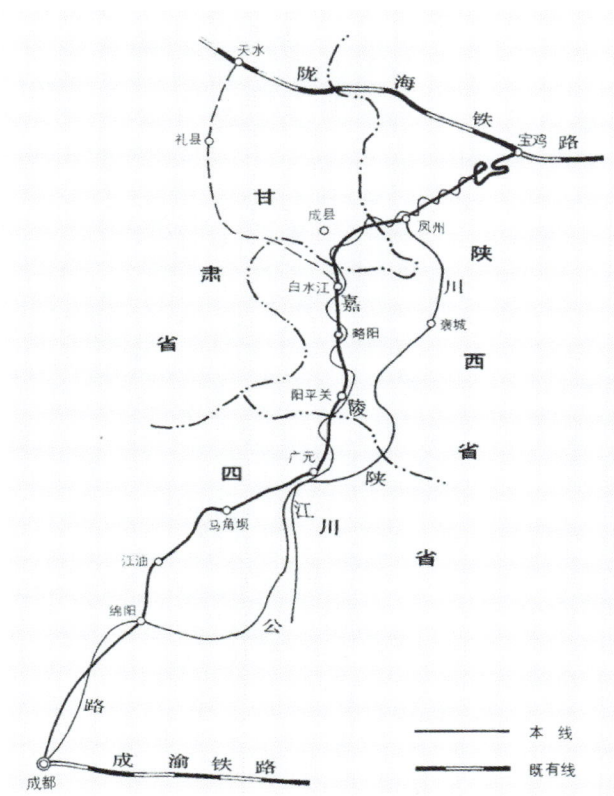

图5-4-2 宝成铁路示意图（1956年）

（资料来源：《新编陕西省志·铁路志》）

图5-4-3 1958年1月1日铁道部部长滕代远在宝成铁路全线通车典礼上讲话

（资料来源：《陕西省志·铁路志》）

图5-4-4 电力机车牵引的列车行驶在秦岭山中

（资料来源：《陕西省志·铁路志》）

甘3省代表团成员以及缅甸副总理吴觉迎及其率领的友好经济考察团全体成员等；同年3月，宝凤段电气化第二次送苏联交通部代为鉴定。

1961年8月，宝凤段的电气化工程完成。

20世纪60年代中期，西南地区"三线"建设全面展开，入川物资急剧增长，宝成线运输能力严重不足，堵塞情况日趋严重，为迅速解决运能与运量增长的矛盾，保证"三线"建设，国家决定宝成线实施全线电气化改造。

1968年，凤州—成都段（终点在成都东站）开工，全长583千米；

1975年6月全线电气化竣工（图5-4-4），历时6年半，其间受"文化大革命"干扰，工期较预定拖延5年。

2. 遗存状况

宝成铁路于2018年入选首批中国工业遗产保护名录，拥有丰富的工业遗产，现存的主要遗存包括秦岭展线、铁路桥隧、车站以及电力机车设备等。其中，展线群与隧道群是宝成铁路工业遗产的重要标志性景观。

（1）秦岭展线

铁路展线是特定历史时期由于铁路建设技术制约下形成的特殊景观。这是因为展线通常在山岭地带，由于地面自然纵坡常大于道路设计容许的最大纵坡，加上工程地质条件限制，需要顺应地形，采用适当延伸线路长度沿山坡逐渐盘绕而上以到达路线终点的线路布局方式。这种减缓纵坡，是延长起、终点间路线长度的设计定线。随着铁路技术的飞速发展，展线已经被隧道和桥梁所取代，因而被《中国国家地理》杂志称为"即将消失的铁路景观"。

秦岭展线主要由观音山展线、杨家湾展线、青石崖展线、秦岭隧道以及几十座短隧道组成；是宝成铁路翻越千年"蜀道难"的关键工程（卡脖子工程）、1949年后的首个大型展线工程、世界上仍在运营的著名铁路展线工程；其观音山展线部分是至今为止中国铁路干线坡度之最（千分之三十三）（图5-4-5）。

观音山展线是秦岭展线中最为著名的一段，观音山爆破创造了中国铁路修建史上第一次成功大爆破。其附近有中国古代关中四关之一的大散关，据陈寿《三国志》中"（建兴六年）春，亮复出散关，围陈仓，曹真拒之"的记载，陆游《书愤·其一》"楼船夜雪瓜洲渡，铁马秋风大散关"的描述，可见此处地形之复杂（图5-4-6）。秦岭主峰海拔1399米，与宝鸡高度差680

图5-4-5　秦岭展线示意图
（资料来源：《中国国家地理》2014年第03期）

米，由于坡度太大，当时机械施工能力有限，为克服地势高差，铁路过杨家湾站后就以三个马蹄形和一个螺旋形（"8"字形）的迂回展线上升，线路高度相差达817米，经2364多米长的秦岭大隧道穿过秦岭垭口，即进入嘉陵江流域并到达秦岭站；越过秦岭后，线路即用千分之十二的下坡道沿嘉陵江而下至四川省广元，秦岭至略阳间先后十四次跨过嘉陵江。在秦岭主峰有7个隧道口坐落在同一个山梁上，隧道重隧道，铁路重铁路，山回路转。

在观音山车站，可看到层叠三层的火车线路。火车上坡时，需要三辆电力机车前拉后推方可驶上秦岭站；下坡时，火车一路刹车，火花四起，蔚为壮观。

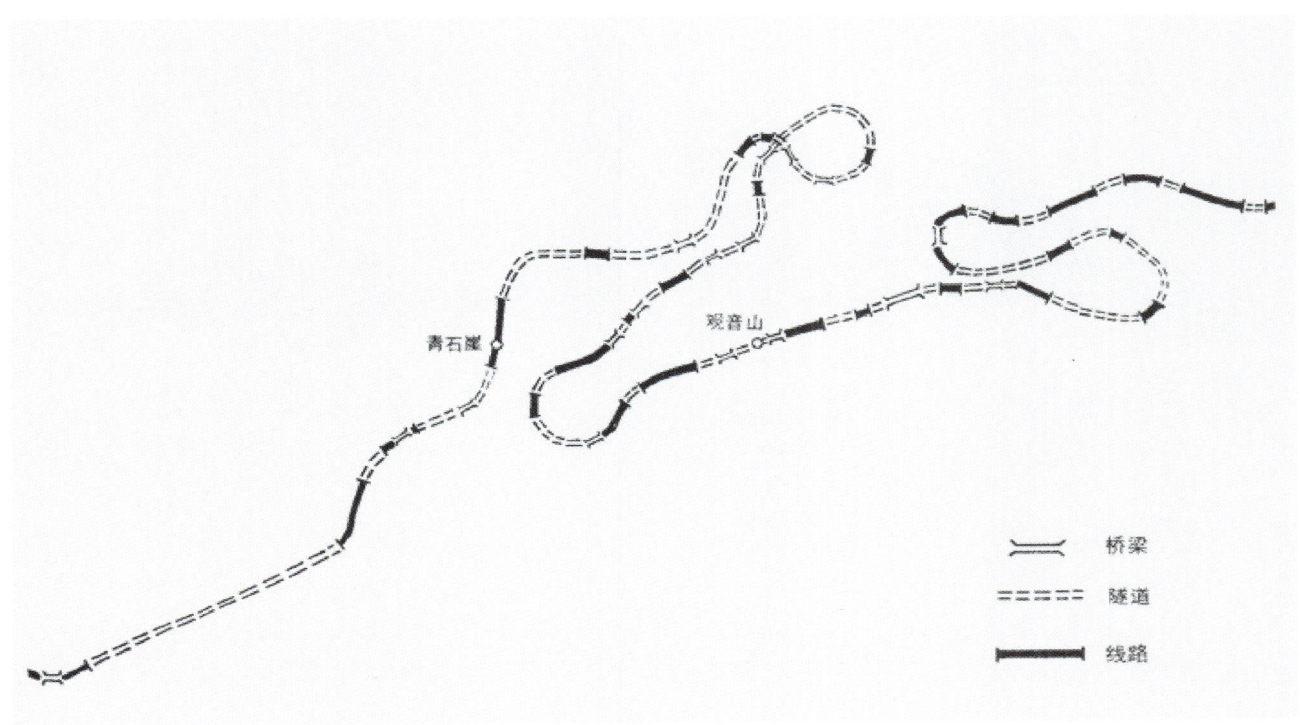

图5-4-6 观音山展线示意图（1956年）
（资料来源：《陕西省志·铁路志》）

（2）铁路桥隧

为了翻越秦岭层峦叠嶂的山脉，宝成铁路建设了许多铁路桥与隧道工程，诞生了许多纪录，其中，桥隧总长约占线路长度的17%，是宝成铁路工业遗产非常重要的一部分。

陕西境内以松树坡桥最能体现当时的建造技艺。松树坡桥全长121.4米，为2～38米实腹石拱桥，建成于1956年，位于宝鸡市境内，为20世纪50年代全路跨度最大、最高的石拱桥（图5-4-7）。

（3）车站

宝成铁路在陕西、甘肃、四川沿途均拥有数量众多的车站，作为宝成铁路火车停靠的必要空间，车站是不可替代的工业遗产。陕西境内以秦岭站与松树坡站最具代表性。

①秦岭站

秦岭站是宝成铁路海拔最高的车站，始建于1954年（图5-4-8）。由于观音山展线的坡度大，列车在这一区段需加挂补机运行，故宝成线上所有客货列车都必须停靠秦岭站和宝鸡东站。上行

图5-4-7 宝成铁路最大跨度的石拱桥——松树坡大桥
（资料来源：《陕西省志·铁路志》）

图5-4-8 秦岭站
（资料来源：搜狐网https://www.sohu.com/a/126157712_620265）

图5-4-9 "棚洞车站"——松树坡站
（资料来源：《陕西省志·铁路志》）

客运列车在秦岭站加挂补机，行至宝鸡东站摘下；下行列车在宝鸡东站加挂补机，行至秦岭站摘下。因此，秦岭站是宝成铁路上一个十分特殊和重要的车站。

②松树坡站

受制于建设的历史条件，松树坡站为"棚洞车站"，该站位于陕西省汉中市镇巴县巴山镇松树村，距襄阳站486千米、重庆站413千米、万源站33千米，隶属西安铁路局安康车务段管辖，为四等小站（图5-4-9）。随着襄渝线复线的开通，列车不再停靠此站。

（4）电力机车

电力机车是宝成铁路工业设备遗产的重要代表。宝成铁路建成后，曾在一段时期内使用过蒸汽机车。1975年，宝成线电气化后，成都铁路分局配属国产韶山型电力机车58台。1988年，为适应宝成线运输发展的需要，又配属大功率的韶山3型电力机车17台，1989年增至59台。

韶山型电力机车是我国第一代电力机车，因最初在毛主席故乡即韶山地区附近的株洲联合湘潭电机厂一起研制生产的，故名"韶山"。韶山型机车是从新中国成立初期到高铁时代这几十年发展阶段中电力机车的领头羊兼主力军。据中国中车集团相关资料介绍，韶山Ⅰ型电力机车是我国第一代交直流传动电力机车。株洲电力机车厂与湘潭电机厂于1958年成功研制出6Y10001号引燃管电力机车。该机车为客、货两用型，最大速度90千米/时，持续功率3780千瓦。1966年6Y1-004号机车采用大功率硅半导体整流器成功地取代了引燃管，1968年8月综合了改进后的整流装置、牵引电动机和加装了电阻制动的韶山1008号机车落成，命名为韶山Ⅰ型电力机车，开创了韶山系列干线电力机车的历史。1971年对韶山1061号机车和1976年对韶山1131号机车分别进行了第二次和第三次重大改进；1980年，韶山1221号机车开始投入批量生产（图5-4-10）。

3．工业遗产价值

（1）历史价值

修建宝成铁路，是中国"一五"计划中的项目，是苏联援建的156项重点工程之一，动用了当时中国五分之四的财力物力，是新中国第一条工程艰巨的铁路，是我国铁路建设史上的壮举，是

图5-4-10　韶山SS1、SS3、SS4、SS6、SS7、SS9型电力机车
（资料来源：中国中车官网 https://www.crrcgc.cc/g5126/s13958/t264063.aspx）

沟通西北与西南地区的首条山岳铁路，改变了中国历史上"蜀道难"的局面。

宝成铁路电气化建设的完成，拉开了中国铁路现代化建设的序幕，为中国成为继俄罗斯、德国、日本等国之后第九个拥有一万公里电气化铁路的国家奠定了基础，在中国乃至世界铁路建设史中具有不可替代的历史地位与价值。

（2）经济价值

宝成铁路主要承担西南、西北两大地区间的物资交流，是全国铁路网的骨架，对于沿线工农业经济的发展起了不小的作用。后期，宝成铁路相继修建了广元至巴中、德阳至汉旺、广汉至岳家山、青白江至都江堰4条支线，促进了附近地区矿藏资源、旅游资源和农业资源等的开发。时至今日，虽然西城高铁已经开通，但宝成铁路作为沟通西南地区的铁路运输命脉，仍然承担着许多重要的经济和社会职能，与西城高铁相辅相成，继续运转，拥有非常重要的经济价值。

（3）科学价值

宝成铁路的建设创造了多个中国铁路建设史上的"第一"，如中国第一条电气化铁路，应用了中国第一代电力机车，建设了当时跨度最大的石拱铁路桥等。同时，宝成铁路也是一条仍然处在正常运行状态的工业遗产"活化石"，为研究、发掘和传承工业遗产提供了良好的基础条件，在工程科学上具有很高的价值。

4．保护与更新

凤县灵官峡，位于凤县双石铺镇草店村，丹霞地貌区，是嘉陵江上的第一道峡谷（图5-4-11），拥有优越的生态环境与地理位置，见证了宝成铁路穿越秦岭的光辉历史，标志着中国电气化铁路建设的开端。

图5-4-11　灵官峡景区风景

1981年7月，因遭遇特大洪水，宝成铁路灵官峡段铁路改线，9个隧洞被废弃。2017年末，经过对宝成铁路历史价值的深入研究，凤县政府决定利用已废弃的铁路隧洞与铁轨等遗迹，以当代设计语言与过去铁路历史进行对话，再现当年宝成铁路建设的热烈场景，将原灵官峡生态景区更新为以"铁路精神"为内核的文化主题生态旅游景区（图5-4-12）。其中，利用铁路隧洞改造的宝成铁路文化体验馆与再利用轨道遗迹设计的观光小火车项目为景区内宝成铁路遗迹的核心更新设计空间。

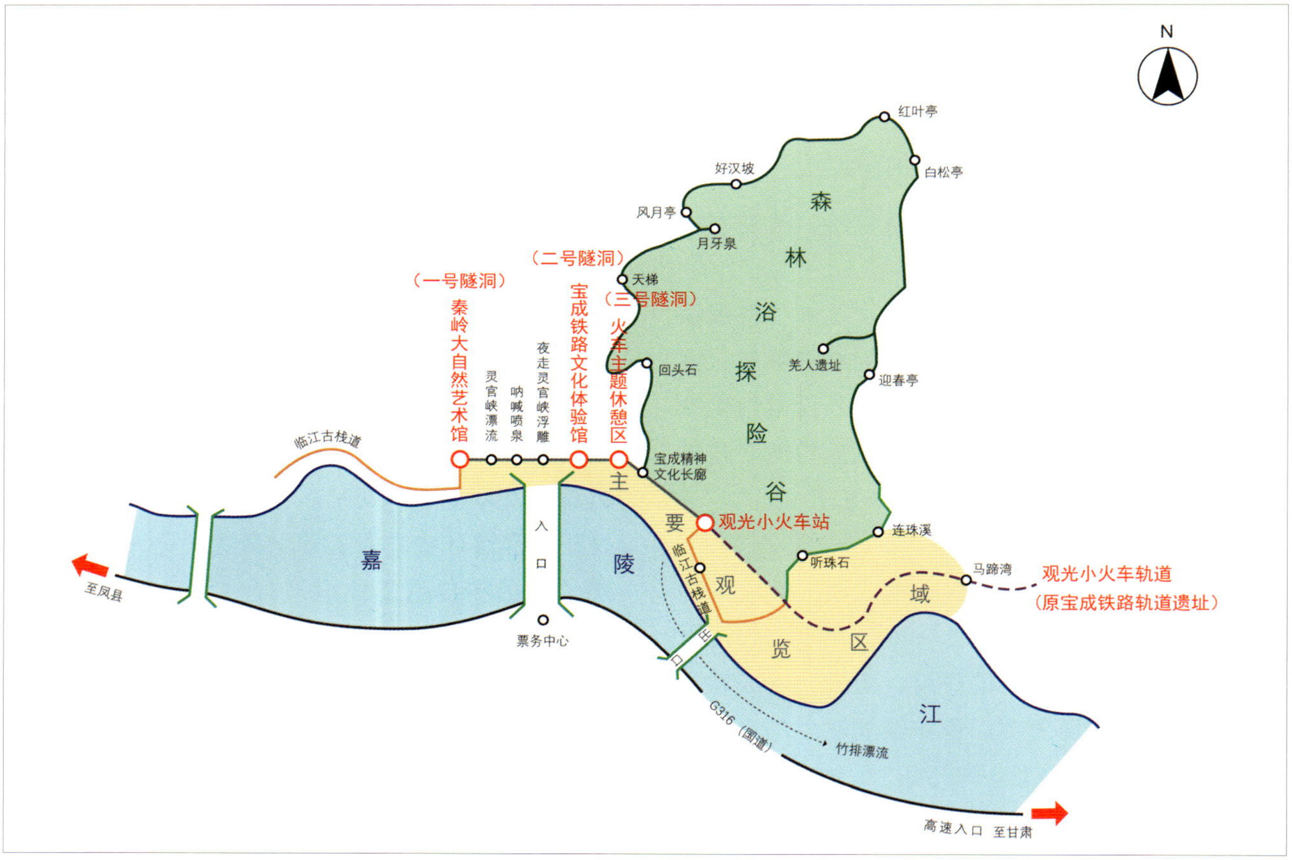

图5-4-12　灵官峡景区导览图

（资料来源：作者根据景区导览图资料改绘）

图5-4-13　秦岭大自然艺术馆

（1）改造策略

针对景区内废弃的1—3号宝成铁路隧洞，植入艺术展览、互动体验与观光休憩等功能更新设计，改造成秦岭大自然艺术馆（1号隧洞）、宝成铁路文化体验馆（2号隧洞）与火车主题休憩区（3号隧洞）。

①秦岭大自然艺术馆（1号隧洞）

秦岭大自然艺术馆利用已废弃的宝成铁路隧洞作为艺术展览空间，馆内陈列奇石艺术品400余件，具有丰富的自然生态意韵（图5-4-13）。

②宝成铁路文化体验馆（2号隧洞）

宝成铁路文化体验馆建成于2017年6月17日，全长450米，占地面积约2500平方米，以著名作家杜鹏程先生的《夜走灵官峡》（当年在宝成铁路修建工地灵官峡段的见闻）为设计背景，对废弃的宝成铁路隧洞内部进行改造设计，置入五个主题展区——序厅、夜走灵官峡体验区、宝成铁路精神体验区、铁道科普区、尾厅（表5-4-1），运用主题场景全面再现宝成铁路建设的艰苦历程和壮观场景，弘扬铁路文化与工人艰苦奋斗、甘于奉献、无坚不摧的精神。

铁路隧洞为体验馆提供了特殊的、具有强烈导向性的单向展览空间，自然营造出深邃、静谧的观览氛围，配合声光电等互动技术与层层递进的观览场景，引导游客深度、沉浸体验。

表5-4-1　宝成铁路文化体验馆概况

序号	展区名称	展区长度/米	设计方法	实景照片
1	序厅	43	分为形象区与场景区。形象区：隧洞左侧设置铁路意向构筑与右侧《灵官赋》浮雕、火车零件拼接的凤凰造型相互映衬，展现灵官峡与宝成铁路紧密相连的历史；场景区：搭建半实景车站，结合影像投影，还原凤州车站场景，将游客带入极具年代记忆感的环境氛围中	形象区　场景区

续上表

序号	展区名称	展区长度/米	设计方法	实景照片
2	夜走灵官峡体验区	155	分为时空隧道、灵官雪夜行、成渝一家住所、天堑通途与宝成精神永放光辉5个场景。主要利用音效，墙面与地面投影，结合隧洞强烈的导向性，引导游客穿越到当年的情景中；利用壁画、人物蜡像与老旧物件等，在隧洞左侧再现当年工人的生产生活场景	灵官雪夜行场景　天堑通途场景
3	宝成铁路精神体验区	135	分为宝成铁路建设背景与发展历程、激战灵官峡、宝成铁路通车典礼、年代故事展区、宝成铁路全线概况5个场景。运用大幅照片灯箱展示宝成铁路的建设背景与发展历程；运用壁画与人物蜡像还原工人们克服险峻山势、打通灵官峡天堑的场景与宝成铁路通车典礼的场景；运用特制影片、照片窗口的方式展示了一列由宝鸡开往成都的火车及车上的人物和故事	宝成铁路建设发展历程　激战灵官峡场景　年代故事场景
4	铁道科普区	112	分为宝成铁路建设技术、中国铁路发展史与世界铁路发展史3个场景。通过照片与珍贵旧物展柜来展示修建宝成铁路过程中攻克的各项技术难题，展示中国和世界铁路发展的时代背景、建设成就、铁路部体制变化、未来发展规划等	宝成铁路建设技术展示　中国铁路发展史展示
5	尾厅	20.5	通过富有设计感的构筑物、图文展板、艺术墙、触摸屏等方式再忆灵官峡，展现对宝成铁路以及灵官峡景区的总结与未来展望	灵官峡未来展望

③火车主题休憩区（3号隧洞）

火车主题休憩区为景区的综合游客服务中心，将宝成铁路遗留的隧洞与周边开敞空间组合设计，形成铁路工人团建中心、站台餐厅以及火车主题特色住宿区（图5-4-14）。

（2）再利用策略

再利用景区内废弃的宝成铁路4—7号铁路隧洞与轨道遗迹，植入观光体验等功能，在灵官峡景区生态观光区内打造观光小火车体验项目。其火车模仿中国

图5-4-14　火车主题休憩区

第一辆蒸汽机车研发而成，一次性可容纳36～80人，从还原的"灵官峡站台"出发，穿过宝成铁路遗存的隧洞，在经过修复的轨道遗迹上缓慢行驶，全程3千米，顺嘉陵江而下，风景绝美（图5-4-15）。

5.4.2 大华·1935（大华纱厂）

原名：大华纱厂
现名：大华·1935、大华工业遗产博物馆
地址：陕西省西安市新城区太华南路251号
占地面积：140亩
更新时间：2011—2013年
设计单位：中国建筑设计院本土设计研究中心

大华纱厂位于西安城墙外东北方向，南面紧邻陇海铁路，西与唐大明宫国家遗址公园遥相呼应（图5-4-16）。厂区内主要遗存有南苑、纺织车间、厂房、锅炉房等。2014年6月，被陕西省人民政府公布为第六批省文物保护单位，2018年1月，入选第一批"中国工业遗产保护名录"。

图5-4-15 轨道观光小火车

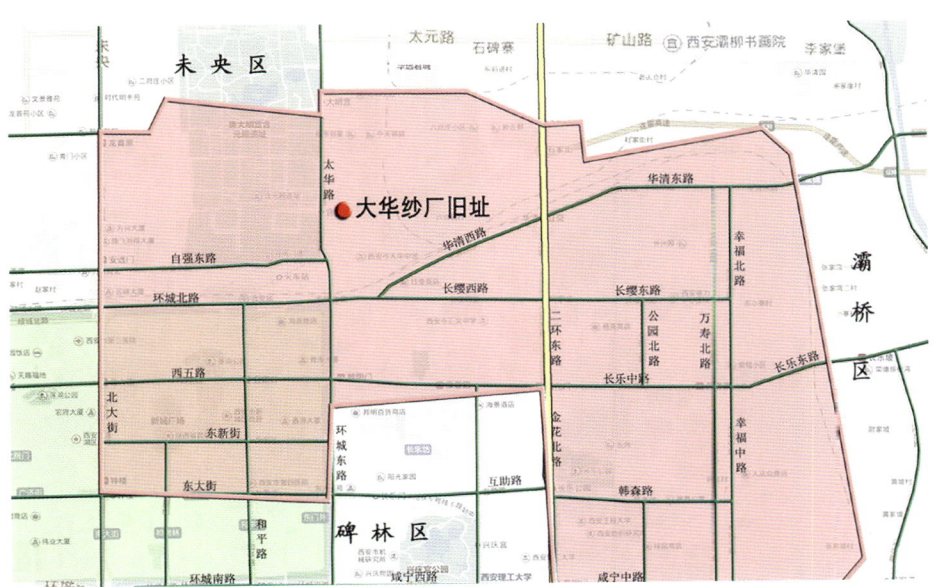

图5-4-16 大华纱厂区位图

1. 历史沿革[①]

1934年，大华纱厂始建，时任石家庄大兴纱厂厂长的石凤翔到达西安，几经周折终于在西安火车站附近选定厂址，在陕西省政府主席邵力子和西安绥靖公署主任杨虎城的支持下，多方斡旋，购地123亩。

1935年，开始着手建厂，以钢铁为主要材料修建厂房，省时省料，便于维修，年底土建竣工，厂名"大兴二厂"。当时，西安还没有工业用电，因此该厂从河北石家庄迁来1台美式威斯登豪斯1000千瓦透平发电机及配套设备。

1936年7月，正式投产，职工760人，规模为12 000锭纱机、320台布机。当年即盈利20万元，当时西安工商业不发达，大兴二厂是当时陕西乃至西北地区建立最早最大的机器纺织企业，在石凤翔的建议下，预备将生产规模扩大到纱机30 000锭、布机800台的水平。由于投资太大，董事会当即决定由裕华增资100万元，再由大兴、裕华两公司董事投资50万元，组成新的董事会，并取二公司名称各一字合为"大华"，将大兴二厂更名为"长安大华纱厂"。

1938年起，民国政府在后方实行花纱布战时军事制，大华纱厂每月生产3万余军需用布，占生产总量的70%～80%，也因此成为日军飞机轰炸重点目标之一。

1939年10月11日，日军出动12架飞机空袭西安，在大华纱厂投下炸弹及燃烧弹50余枚，以致棉花烧去25 000担，炸毁工厂饭厅2栋，其他房屋住宅60余间，工人死伤40余名，损失约折合法币1347万元。

1941年5月6日，大华再次遭受敌机轰炸，厂内外共落炸弹20余枚，炸毁拆包机1部，燃烧棉花2500余千克，炸毁工人食堂1栋。12月2日，敌机又至，在厂内投燃烧弹4枚，击中棉花仓库，烧毁棉花1465包，损失计百万余元。

1945年8月15日，抗战胜利后，国民政府忙于接手纱厂，不再对后方实施花纱布战时管制，从11月起，各纺织企业开始恢复自由生产，大华纱厂也重整旗鼓。

1949年5月20日，西安解放。6月27日，大华纱厂全场举行复工庆典大会，时任中国人民解放军西安市军事管制委员会主任的贺龙将军也专程到场祝贺。大华的发展翻开了崭新的一页，当时大华纱厂共有职工3047人，纱锭32 896枚、布机800台。

1954年经社会主义改造之后，大华纱厂转为国有，成为西安重要的工业基础和骨干企业，并向新建的纺织企业输送了大量的技术和人才，为新中国成立后的西北工业作出了巨大贡献。

1966年，大华纱厂更名为"国营陕西第十一棉纺织厂"。

1986年末，职工4949人，纱锭56 424枚、布机1112台。

20世纪80年代，大华纱厂开始亏损。

2008年10月，因经营不善而申请政策性破产。

2014年，大华纱厂旧址被列为"陕西省第六批省文物保护单位"；同年10月，大华·1935改造完成，正式开业。

[①] 国营陕西第十一棉纺织厂志编纂委员会. 陕棉十一厂志 1936—1986[Z]. 内部资料, 1989.

2. 遗存状况

（1）总平面布局

大华纱厂经历八十余年的发展建设，在早期规划分区的基础上有所变化。厂区北部为生活区，设有职工宿舍和家眷工房；南侧为生产区，按照纺织生产工艺，划分独立的纱厂、布厂；东南角设有电厂、机厂的动力区；东侧设有棉花栈房，靠近铁路运输线。经改造后，厂区虽有更新，但基本沿用上述功能布局（图5-4-17）。

图5-4-17　大华纱厂1952年厂区总平面图
（资料来源：西安市档案馆）

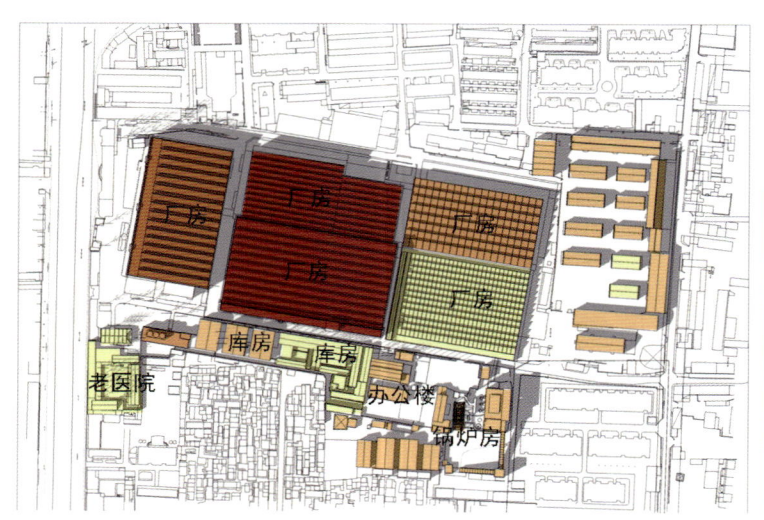

图5-4-18　大华纱厂建筑年代图

（2）建筑物遗存概况

经长期建设，大华纱厂现存工业遗产建筑包括厂房、南门、南苑、布厂、花栈、医疗室、基料库、二道门、门房、传达室、邮局等，各个建筑建成年代有所不同（图5-4-18）。其中以南苑、纺织车间、3号仓库、4号仓库、东一仓库以及锅炉房、烟囱、煤渣池等构筑物最具代表性。

①南苑

南苑为单层排架结构建筑，位于厂前区南侧，在整个厂区的西南角，面朝一路之隔的工厂厂房，背后则紧邻当时的医院和职工宿舍。它是大华纱厂民国时期最早建设的建筑之一，当时是作为办公和接待用的独立于其他办公室的一栋小楼，是大华纱厂创办人石凤翔曾经办公的地方，具有较高的历史价值（图5-4-19）。

图5-4-19　南苑外观

②纺织车间

大华纱厂纺织车间是西北现存最早、规模最大、最具有代表性的单体钢结构工业建筑。纺织车间建于1935年，由上海象新公司包建，主要建筑材料全部从日本订购，仅砖、木、水泥等采用国产材料。车间屋架南北跨度6米，共8间，总宽度48米；东西间距4米，共28间，总长度112米，总建筑面积5000平方米，采用三角形钢屋架、钢柱支撑，结构节点采用螺钉锚固（图5-4-20）。

图5-4-20 纺织车间钢屋架

③3号、4号仓库

3号、4号仓库是单层排架结构建筑，是建于民国时期的花栈，位于大华纱厂厂区东侧仓库区内（图5-4-21、图5-4-22）。仓库为木结构，内部采用木制人字梁（图5-4-23），外部雕刻有山花。

④东一仓库

东一仓库为单层排架结构建筑，位于大华纱厂厂区东侧仓库区内（图5-4-24）。该仓库建于20世纪

图5-4-21 3号仓库

图5-4-22 4号仓库

图5-4-23 3号仓库内部屋架

图5-4-24 东一仓库外观

图5-4-25 东一仓库内部梁架

70年代，内部结构采用钢架人字梁（图5-4-25）。

（3）构筑物遗存概况

大华纱厂中遗存的构筑物主要包括各种管线、水池、煤渣池、锅炉房、烟囱等，锅炉房建于20世纪80年代，通高3层，附属建筑3至4层（图5-4-26）。

3．保护与更新

在大华纱厂旧址的保护与更新过程中，设计者最大程度地将原有20世纪30—90年代不同时期的建筑与现代城市功能相结合，保留原有的锯齿

堆煤场

煤渣池和烟囱

水池

锅炉房

图5-4-26 厂内遗存构筑物

形采光窗屋顶、钢三角结构厂房等特色，融入时尚设计元素和现代新型材料，实现建筑、景观及周边环境的完美融合。

（1）保留策略

设计者提出了"尽可能地保留厂区中的历史印迹，并将它们作为重要的元素贯穿在整个的改造设计中"的原则。在保护改造中，它们不仅仅会成为城市的地标，同时也给予新的城市空间以独特的场所氛围。

（2）改造策略

在保护改造设计中，针对不同时期的建筑采用了不同的保护改造设计策略和方法。

对于厂区中1930年代的厂房和建筑，主要采用"谨慎的加法"策略，即以对原有建筑的清理和修缮为主（图5-4-27、图5-4-28、图5-4-29），适当增加少量的新建筑、连廊、小品及构筑物，

图5-4-27　大华·1935主入口

图5-4-28　改造后的大华博物馆外观

图5-4-29　改造后的大华博物馆室内

图5-4-30 改造后的公共绿地、水池

图5-4-31 改造后的室外公共空间

以满足餐饮、休闲、文化等新的使用功能。

针对厂区后来陆续修建的带锯齿形天窗的各生产车间的改造，则主要采用"积极的减法"策略，即结合城市街区所需的空间和尺度要求，根据需要拆除一部分空间狭小的生产辅房及生产通道，以产生新的街道和步行系统；同时适当调整原有建筑格局，打开部分结构，以形成新的内部商业街道和具有城市特征的公共空间节点。

（3）再生策略

对城市地块封闭边界的消除并在此基础上创造更多元的公共空间，让城市变得便于人们穿行其中并展现出更多、更丰富的使用可能（图5-4-30、图5-4-31）；让人们可以在当下感受到过去，并在新的城市生活中更加敏感地体验到城市变迁过程中所蕴含的记忆和诗意。

大华纱厂，作为西安20世纪工业遗产的典型代表，记载着城市工业发展历程，对其开展以工业博物馆为内容的保护与再利用，不仅有效地保护了重要历史建筑，而且可以充分挖掘地段潜力，提升区域的经济实力。大华纺织厂的再利用为城市工业地段的更新提供了良好的发展模式，为西安20世纪工业遗产的保护积累了实践经验。

5.4.3 西安建筑科技大学华清学院、老钢厂文化创意产业园区（陕西钢铁厂）

原名：陕西钢铁厂

现名：西安建筑科技大学华清学院、老钢厂文化创意产业园区

地址：陕西省西安市幸福南路109号

占地面积：约50亩

更新时间：2002—2016年

开发单位：西安新城区政府牵头，华清房地产商与西安世界之窗产业园联合开发

陕西钢铁厂（以下简称"陕钢厂"）旧厂区位于陕西省西安市东郊，城市二环与三环路之间，其东侧为东方机械厂，西侧临幸福路，北侧为西安卫星测控中心和建材构件厂，南侧为东方机械厂的南出口，地理位置优越，总占地面积约50亩，保存的原有建筑面积约1.5万平方米（图5-4-32）。

原陕西钢铁厂是全国冶金行业的特钢重点生产企业之一，是我国著名的十大钢铁厂之一，也是陕西省的龙头企业。陕钢厂自1958年建成以来发展迅速，为我国钢铁业的发展作出了重要贡献：在二十世纪八九十年代，为国庆阅兵式上空飞过的战斗机提供了弹仓发射器使用的弹簧钢；

陕钢厂和西安交大研制的高速工具钢，获得国家级奖项；轴承钢、高速工具钢、铆钉钢，都是陕钢厂最有名的几大品种。

20世纪90年代末，陕西钢铁厂遇到了严重的经营问题，资不抵债；并于2001年倒闭。2002年，陕钢厂旧厂区被西安建大科教产业公司收购。之后，西安建大科教产业公司对陕钢厂北区进行了改造及再利用，而南区的工业建筑被拆除，建成华清学府城居住小区。

1. 历史沿革

新中国成立之初，为了配合重工业在全国的地理布局，中央决定在陕西省西安市创建一座钢铁厂。从1958年起，中央从上海、东北、武汉等地调集冶金方面的专家和骨干来到西安，创建了当时的西安钢铁厂。

1962年1月，党中央召开扩大的中央工作会议（史称"七千人大会"），总结了"大跃进"以来的经验教训。在钢铁工业调整、整顿的大背景下，尚在建设中的西安钢铁厂于同年4月全面停产下马。

1965年7月，大连钢铁厂与原西安钢铁厂成功合并为陕西钢铁厂，并开始重新生产，当时它曾被列为中国十大特种钢生产基地之一。

1970年6月8日，周恩来总理在北京饭店接见全国重点钢铁企业座谈会代表时，专门接见了参加会议的五二厂副厂长毕可征同志。周总理对钢铁厂的关心促使了厂内掀起了一轮技术改造高潮。

1979年9月，第二轧钢车间建成投产，标志着陕钢二期补建工程结束。至此，一个比较完整的特钢生产体系初步形成。

1982年，陕钢选派管理人员到首钢学习"上缴利润递增包干"的改革经验，并率先在炼钢和

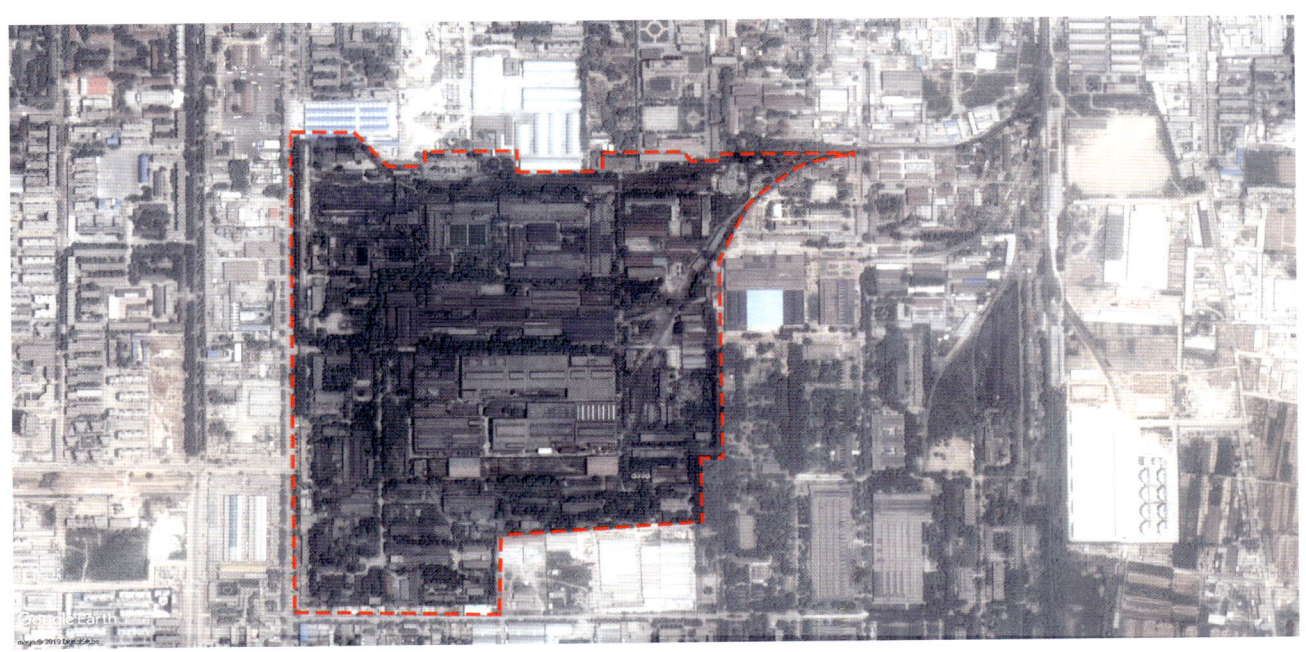

图5-4-32　2002年陕西钢铁厂卫星图
（卫星图来源：百度地图）

钢丝两个车间搞经济责任承包制试点。1983年在全厂全面推行经济责任承包制,一个"包"字激活了企业,陕钢厂开始步入良性循环轨道。

20世纪90年代末,由于钢铁产业的大的波动,陕钢厂的产业调整不当,设备陈旧,能耗增高,原材料依靠外地运入,交通运输成本增高,市场优势降低,企业退休职工越来越多,导致企业负担的养老金越来越多,虽经过数次改革,但终究失败,于1999年停产。

2001年,陕钢厂经营遇到了严重的问题,陕西省政府批准陕钢厂破产。陕钢厂倒闭,轧钢车间的老厂房改造成酒店。

2002年,陕钢厂被西安建大科教产业公司收购。之后,西安建大科教产业公司对陕钢厂的厂区进行了改造和再利用。

2. 遗存状况

1)总平面布局

陕钢厂旧厂区内建筑布置紧凑,其中生产区占地1234亩,生活区占地936亩,整个工厂的建筑面积达到54.96万平方米。其主要功能厂房主要分布在钢铁厂中部,四周分散布置辅助功能的建筑,如办公楼、宿舍楼等(图5-4-33)。

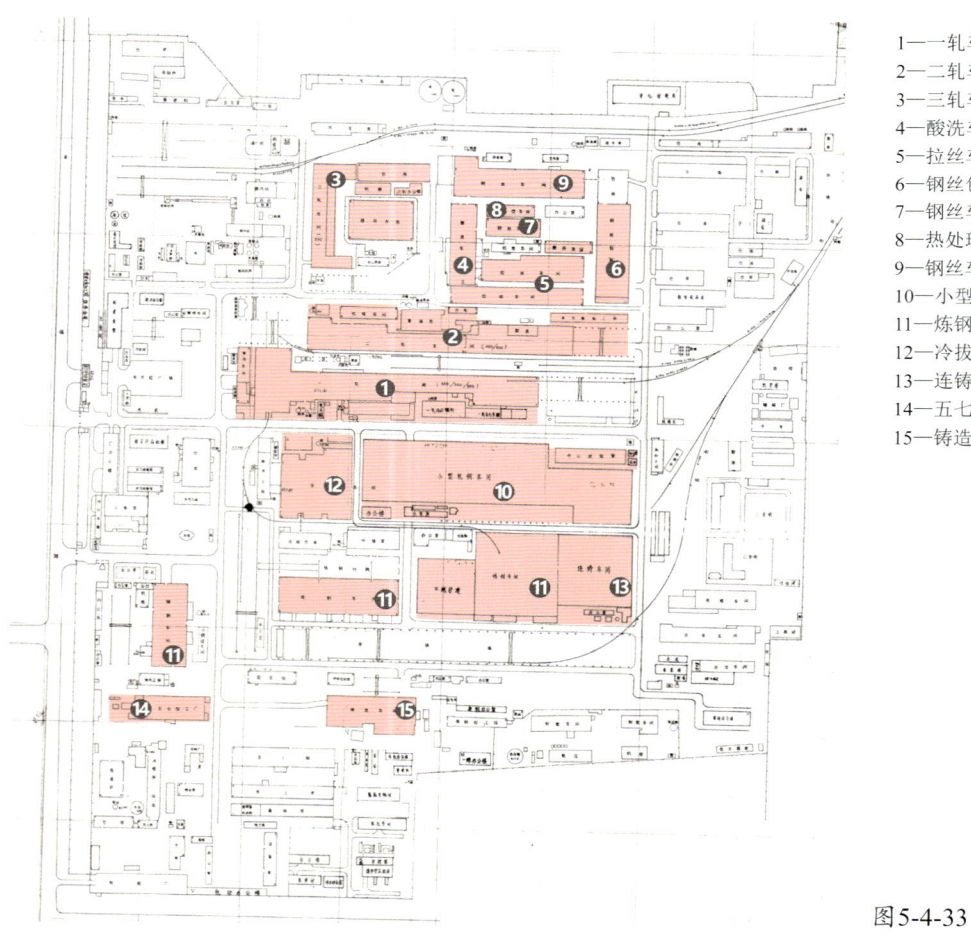

1—一轧车间;
2—二轧车间;
3—三轧车间;
4—酸洗车间;
5—拉丝车间;
6—钢丝包装间;
7—钢丝车间;
8—热处理车间;
9—钢丝车间;
10—小型轧钢车间;
11—炼钢车间;
12—冷拔车间;
13—连铸车间;
14—五七加工厂;
15—铸造车间

图5-4-33 原陕钢厂总平面图

2）建构筑物遗存概况

（1）轧钢车间（一轧）

该车间为混凝土排架结构，建筑整体结构保存完整，只有部分构筑物破损，目前改造为华清学院的一号教学楼，只是将其水平划分为两层，垂直划分为适合教学使用的空间，并进行了外立面改造（图5-4-34）。

（2）轧钢车间（二轧）

该车间为混凝土排架结构，建筑整体结构保存完整，部分墙体破损，目前改造为华清学院的二号教学楼。厂房建筑水平划分为两层，垂直划分为适合教学使用的空间，并进行了外立面改造（图5-4-35）。

图5-4-34 一号教学楼

图5-4-35 二号教学楼

（3）酸洗车间

该车间建筑为木质屋架结构，建筑整体结构保存完整，部分墙体破损，现如今改造为华清学院的图书馆，厂房内水平划分为两层，垂直划分为适合自习、阅览、置放图书和配套办公室使用的空间（图5-4-36）。

（4）钢丝车间

该车间有敦实的中柱以及巨大原木屋架，部分存在钢质屋架结构。建筑整体结构完整，部分墙体破损。目前改造为西安市城市记忆博物馆（图5-4-37）。

图5-4-36　图书馆

图5-4-37　西安市城市记忆博物馆

（5）拉丝车间

该车间属于木质屋架结构，部分存在钢质屋架结构，建筑整体结构完整。现将厂房改造为创意工作室，将内部分隔成一个个较私密性的办公空间，在入口增设具有标识性的造型，东侧增建具有厂房结构特色的灰空间（图5-4-38）。

（6）钢丝包装间

该厂房是钢质屋架结构，建筑整体结构完整，现改造为钢厂印迹博物馆和定制式办公庭院，改造内容包括将厂房内部分隔成一个个较私密的办公空间，并在屋顶处开了采光天窗，增加内部采光，在西侧临景观一侧增加沿厂区内部中心景观的室外连廊（图5-4-39）。

图5-4-38　创意工作室

图5-4-39　钢厂印迹博物馆

（a）退火罐和天车吊钩　　　　（b）车锅及车锅架子　　　　（c）卧轴距台平面磨床　　　　（d）齿轮
（陕西钢铁厂钢丝车间热处理）　（陕西钢铁厂钢丝车间连续炉）　（陕西钢铁厂机修厂）　　　（陕西钢铁厂轧机上使用的）

图5-4-40　原钢铁厂遗存设备
（资料来源：钢铁厂印记博物馆提供）

3）设备遗存概况

（1）博物馆展品

在钢铁厂印迹博物馆里仍存放着少量原陕钢厂设备，包括退火罐和天车吊钩、车锅及车锅架子、卧轴距台平面磨床等，向人们展现了当时的生产痕迹（图5-4-40）。

（2）酸碱槽

这两个大石槽是经酸（碱）洗后的钢丝进行第一道水洗的容器，这里盛的水酸（碱）性很强，温度高，一般容器无法承受，把整块石料掏空做出来的大石槽可以满足这种特殊的需求。该酸碱槽是保存较好的原陕钢厂遗留物（图5-4-41）。

图5-4-41　原陕钢厂酸碱槽

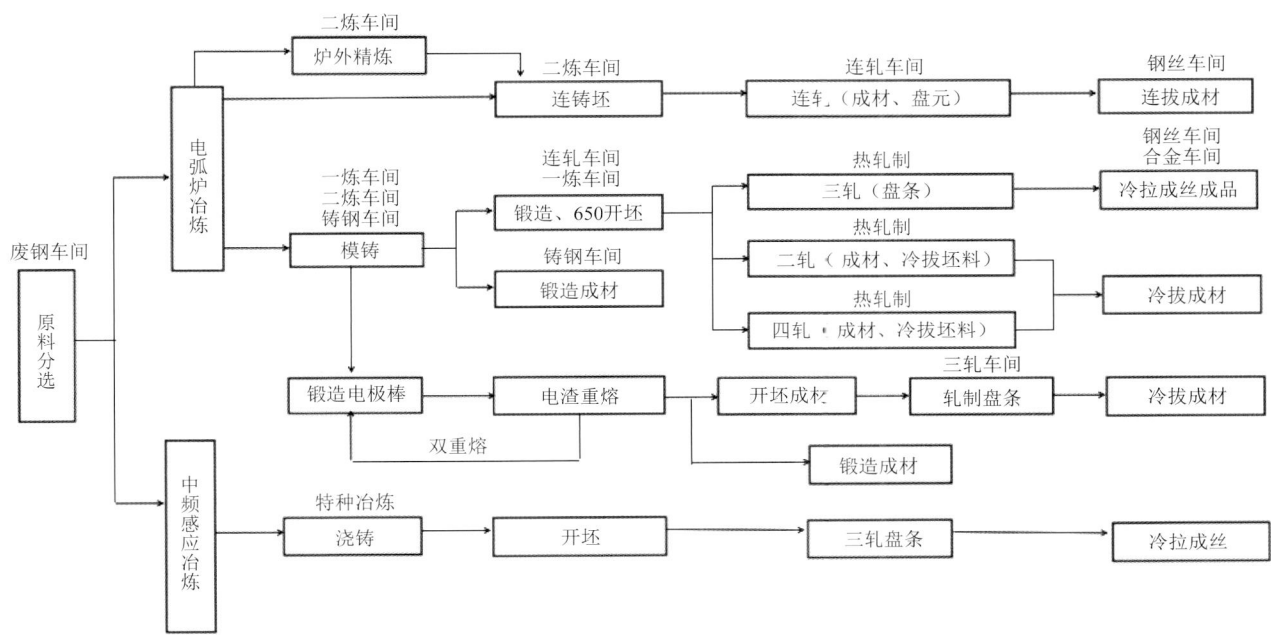

图5-4-42 原陕钢厂生产工艺流程
（资料来源：根据钢铁厂印迹博物馆提供的资料改绘）

4）非物质遗产

（1）陕钢厂生产工艺流程

陕钢厂发展时期的炼钢模式分为电弧炉冶炼和中频感应冶炼，以采用电弧炉钢厂炼钢的短流程工艺为主。电弧炉炼钢的原料主要是废钢铁和直接还原铁，这种炼钢方式生产出来的依旧是钢坯和钢锭，最终还需通过轧钢机轧制成最终的产品。在电弧炉短流程炼钢方式中，成品钢的生产环节仅包括炼钢和轧钢，并不需要炼铁这一步骤，以这种炼钢模式生产的称作电弧炉钢厂。主要的步骤如图5-4-42所示。

（2）历史记忆

陕钢厂自建厂以来有15种产品获得过国家和冶金部优质产品奖，链条用钢丝被评为国家银质奖，为国家建设和国防事业作出了重要贡献。在几十年创业征程的不同阶段，陕钢人艰苦创业、艰苦奋斗，用"有条件上，没有条件创造条件也要上"的精神推动着企业的生产经营和管理不断发展，产业工人的这种精神和优良传统，应当得到继承并发扬光大。

园区将7号、2号楼改造为博物馆，分别是钢铁厂印迹博物馆、西安市城市记忆博物馆，里面摆放了很多陕钢厂遗留照片、设备以及荣誉证书，供人们回忆或了解钢铁厂的过去（图5-4-43，图5-4-44，图5-4-45）。

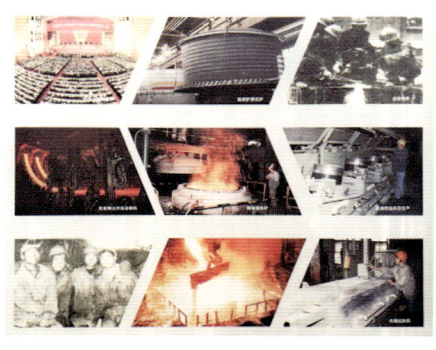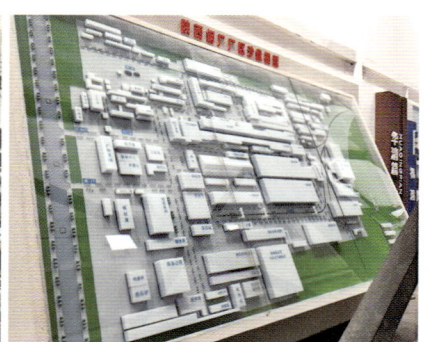

图5-4-43　原陕钢厂的老照片及模型
（资料来源：钢铁厂印迹博物馆提供）

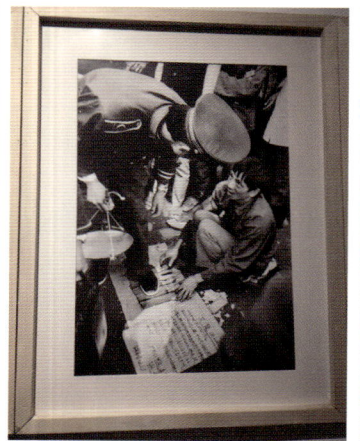

图5-4-44　原陕钢厂遗留的生活物件
（资料来源：西安市城市记忆博物馆提供）

图5-4-45　原陕钢厂获得的荣誉
（资料来源：钢铁厂印迹博物馆提供）

(3）相关文献

1988年，内部出版"冶金工业部军工史丛书"（三十八）《陕西钢厂冶金军工史（1965—1985）》（图5-4-46）。

2007年，基于原陕钢厂遗存的厂房更新改造，《工业建筑》刊登了一篇名为《转换之际》的文章，从文化和建筑学角度思考改造本体及性质转换的意义与价值问题。（樊淳飞，许东明，杨晓梅，2007年）

2014年，原陕钢厂遗存建筑成功进行改造再利用后，其改造措施及节能环保材料和设备的应用方式被广泛学习，并形成了一篇《陕西钢铁厂工业遗产改造利用的具体措施研究》学术论文在《华中建筑》期刊上发表。（王铁铭，黄文华，2014年）

3．保护与更新

1）保护与更新策略

2002年，陕钢厂被西安建大科教产业公司收购。现如今陕钢厂旧厂区已转变为依托西安建筑科技大学华清学院的人文基础与创新环境的城市新街区。同时为了合理利用土地、厂房、设备等资源，妥善安置部分陕钢厂职工，西安建大科教产业公司在原陕钢厂旧厂区的土地上展开了恢复发展的建设工作①，该建设区域包括教学区（华清学院教学区）及产业区（老钢厂文化创意产业园）（图5-4-47）。

（1）华清学院是经过教育部批准，2004年由西安建大科教产业公司联合社会力量以新机制、新模式在原陕钢厂北区创建的一所独立本科院校。利用原旧工业建筑约30万平方米，自建建

图5-4-46　原陕钢厂冶金军工史
（资料来源：钢铁厂印迹博物馆提供）

筑约20万平方米，改造和新建建筑50余个。其中学院的3栋教学楼、学生餐厅、实验楼、综合服务楼、图书馆、教研楼和大学生活动中心等均由原有厂房或指挥室改造而成。

（2）老钢厂设计创意产业园在原有厂区基础上，对陕钢厂进行重新定义和设计改造。整个园区将当代艺术、建筑空间、文化产业、历史文化及城市生活有机融合，以"SOHO式艺术群落"与"Loft式生活方式"为主题，集创意办公、创意集市、信息交流、产业研发、自主创业为一体，是继上海红坊、北京798之后，西北首家以设计创意为主题的文创园区。

---

① 王铁铭，黄文华．陕西钢铁厂工业遗产改造利用的具体措施研究 [J]．华中建筑，2014，32（09）：55-58．

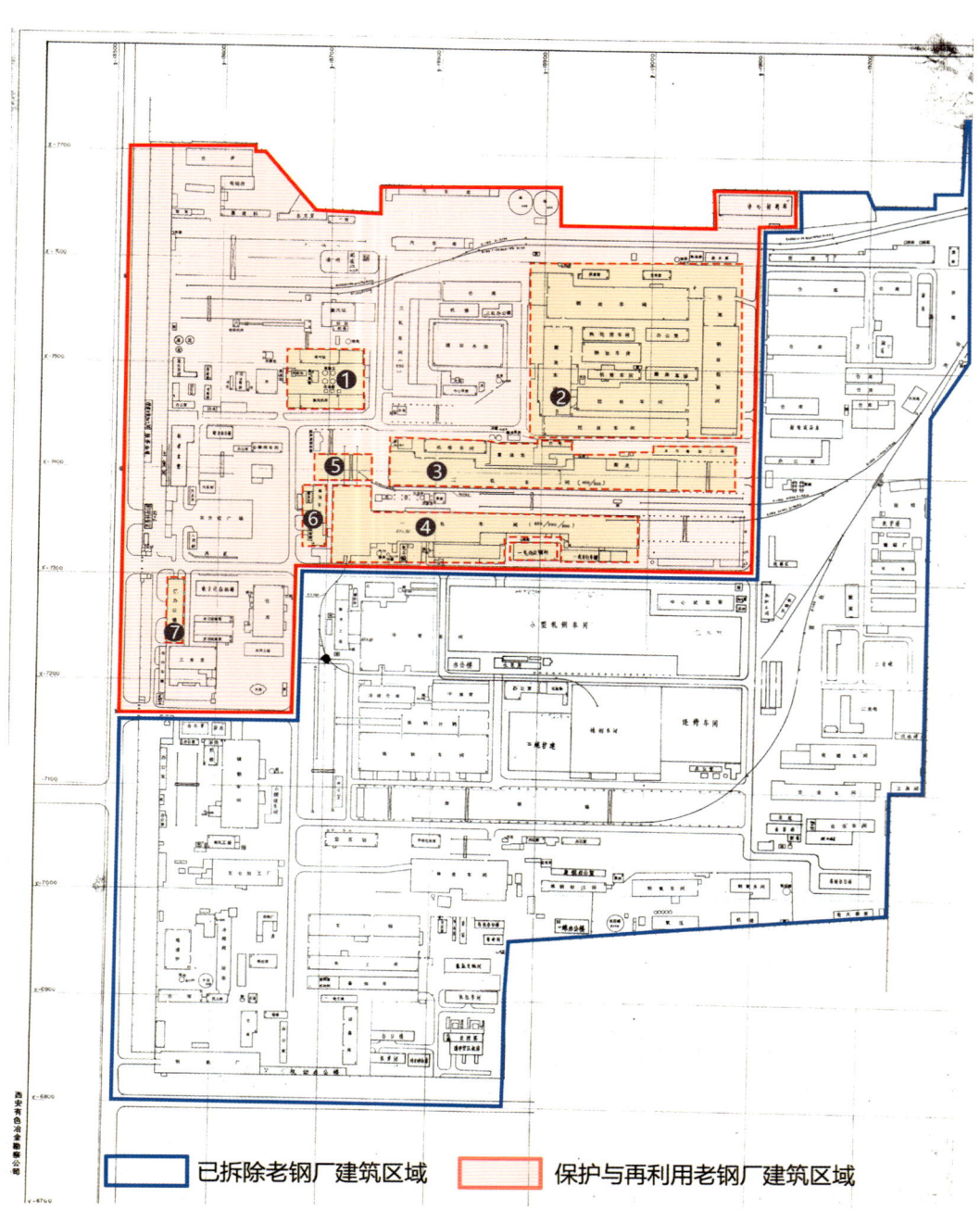

1—陕钢煤气发生站改造为学生食堂；
2—酸洗车间+拉丝车间+钢丝车间+钢丝包装间+附属仓库改造为创意产业园；
3—二轧车间改造为二号教学楼；
4—一轧车间改造为一号教学楼；
5—机修车间厂房改造为学生活动中心；
6—一轧车间西段加热炉附跨改造为图书馆；
7—办公楼改造为6号学生公寓

图5-4-47　钢铁厂拆除、保护与再利用区域示意图

2）华清学院教学区部分建筑改造策略

（1）分区规划

因原来运输煤炭和钢材的需要，陕钢厂旧厂区的道路和转弯半径的设计尺度较大，承载能力也较强，故道路现存质量较高。在对陕钢厂工业遗存进行再生利用设计时，充分利用了原状路网，并以此为基础结合大学校园功能需求，对厂区进行了功能区的划分，主要分为教学区、运动区、综合服务区、住宿区。

西安建大华清学院的规划设计对原有的一轧车间、二轧车间进行了改建、加建、拆建等一系列的措施（图5-4-48）。将建筑体量与空间容量较大的一轧车间及二轧车间改造为承担主要教学功能的教学楼；将体量适中的煤气站及煤场规划为综合服务区和运动区；将原有简易建筑进行拆除，新建学生公寓。

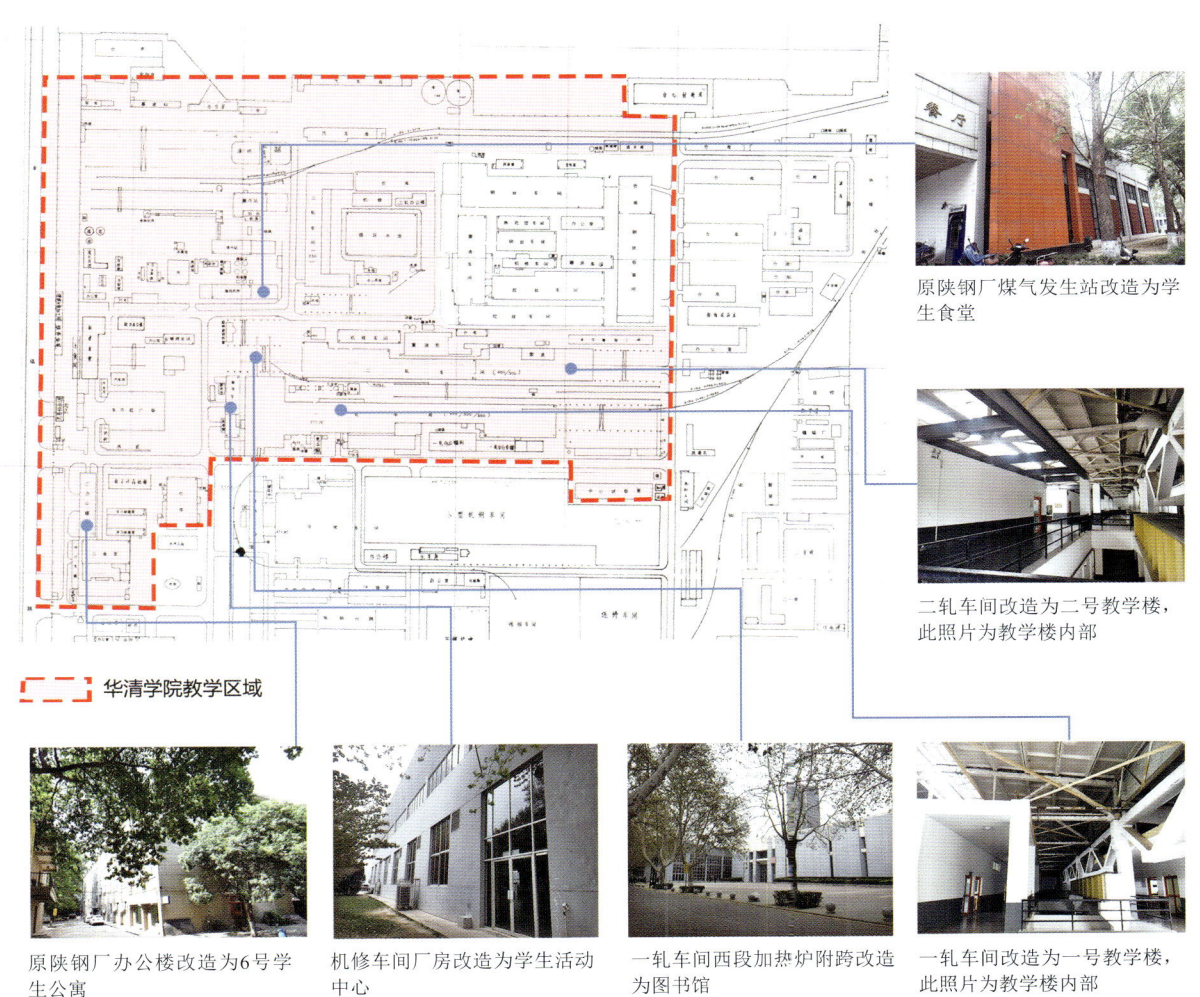

图5-4-48 华清学院教学区改造现状

图5-4-49　改造后华清学院教学区域主入口

（2）景观改造

①主入口的考虑

在华清学院的整体规划设计中，将部分破损严重的厂房车间进行拆除，拆除后的空地全部进行绿化，为学生和老师提供一个绿意盎然的休憩空间（图5-4-49）。

②构筑物小品

原陕钢厂的构筑物如水塔、储料池、烟囱等成为改造的重点对象。针对原第二轧机车间的情况，其露天跨紧邻学生食堂，在改造设计中，拆除了原来的移动式大梁，保留原来的牛腿柱子。在两个牛腿柱子之间制作不锈钢宣传栏，并对原来的牛腿梁进行喷砂处理，使柱子既有质感，又能很好地和不锈钢宣传栏融为一体（图5-4-50）。

③原树木保留

厂区内树木经过50多年的生长，高大成林。西安建大科教产业公司在兴建华清学院时，对原来的绝大部分树木进行了原地保留（图5-4-51），并对部分占用新设计路网的树木进行了移植。

④机械设备的重新利用

陕钢厂的东部库房内存放着报废的大型轧机的齿轮件，设计师和艺术家们拆除已经破败不堪的库房，将轧机的齿轮件移动至入口草坪西边，将其设计成为一件后现代主义的雕塑。例如，原陕钢厂煤气制造站的两个大型的排气扇，经过建大艺术学院雕塑师的重新设计，成为两架大风车式的雕塑作品（图5-4-52）[①]。

图5-4-50　改造后华清学院教学区域构筑物

图5-4-51　改造后华清学院教学区域树木

---

① 王铁铭，黄文华. 陕西钢铁厂工业遗产改造利用的具体措施研究 [J]. 华中建筑，2014，32（9）：55-58.

图5-4-52 改造后华清学院教学区域雕塑作品

（3）建筑再利用

华清学院教学区中的老厂房主要由两部分构成：一类是办公建筑，多为3～4层，混凝土结构，开间和进深在4～6米，空间规整；另一类是大量原钢厂厂房，如小型连轧等建筑。它们的建筑质量较好，结构稳固，空间跨度较大，可利用性强。原陕钢厂遗存建筑改造和再利用方式主要分为原状利用和改造利用两种。原状利用的对象是办公类建筑，改造利用的对象是核心的厂房建筑（表5-4-2）。

表5-4-2 华清学院教学区域内建筑再利用一览表

序号	建筑名称	原功能	建筑结构	改造前建筑保存状况	改造前照片	改造后功能	改造内容	改造后照片
1	轧钢车间（一轧）	轧钢	混凝土排架结构	建筑整体结构保存完整，部分构筑物破损		一号教学楼	水平划分为两层，垂直划分为适合教学使用的空间，外立面改造	
2	轧钢车间（二轧）	轧钢	混凝土排架结构	建筑整体结构保存完整，部分墙体破损		二号教学楼	水平划分为两层，垂直划分为适合教学使用的空间，外立面改造	

续上表

序号	建筑名称	原功能	建筑结构	改造前建筑保存状况	改造前照片	改造后功能	改造内容	改造后照片
3	酸洗车间	酸洗	木质屋架结构	建筑整体结构保存完整，部分墙体破损		图书馆	水平划分为两层，垂直划分为适合自习、阅览、置放图书和配套办公使用的空间	
4	机修车间	机修	—	—	—	大学生活动中心	未作水平和垂直向的空间划分，东侧置舞台，满足群体活动的大空间需求	
5	1977年为鼓风房，后改为轧钢车间（三轧）	轧钢	—	—	—	学生食堂	水平划分为3层，垂直方向形成具有3层通高的中庭空间，在外围和中庭组织内部通行	
6	办公楼	办公	—	—	—	6号公寓	原状保留为学生公寓	
7	一轧生活间	公寓	—	—	—	专家公寓	外立面改造	
8	办公楼	办公	—	—	—	艺术学院办公楼	外立面改造	

资料来源：作者根据李薇《西安城市工业遗存再生利用研究》资料绘制

3）老钢厂文化创意产业园部分建筑改造策略

老钢厂文化创意产业园区保留了原陕钢厂的六座巨大厂房，东南两面各排两幢，其余两面各一幢，外围四合中部形成空场。空场以内，又有四幢长屋（南北各一幢，西部有二幢），将空场二次缩合，长屋都是东西长向排列（图5-4-53），且都是木顶斜坡形式，能以亲近宜人的尺度隔离掉外围厂房的超人尺度；如今遗存的建筑总占地面积50亩，共有12栋建筑，总建筑面积4.5万平方米。老钢厂文化创意产业园区自运营以来，已签约企业110余家，吸引就业人员1200余名，其中入驻设计类21家，文创类28家，互联网科技类8家，引领西安市文化创意产业创新发展。

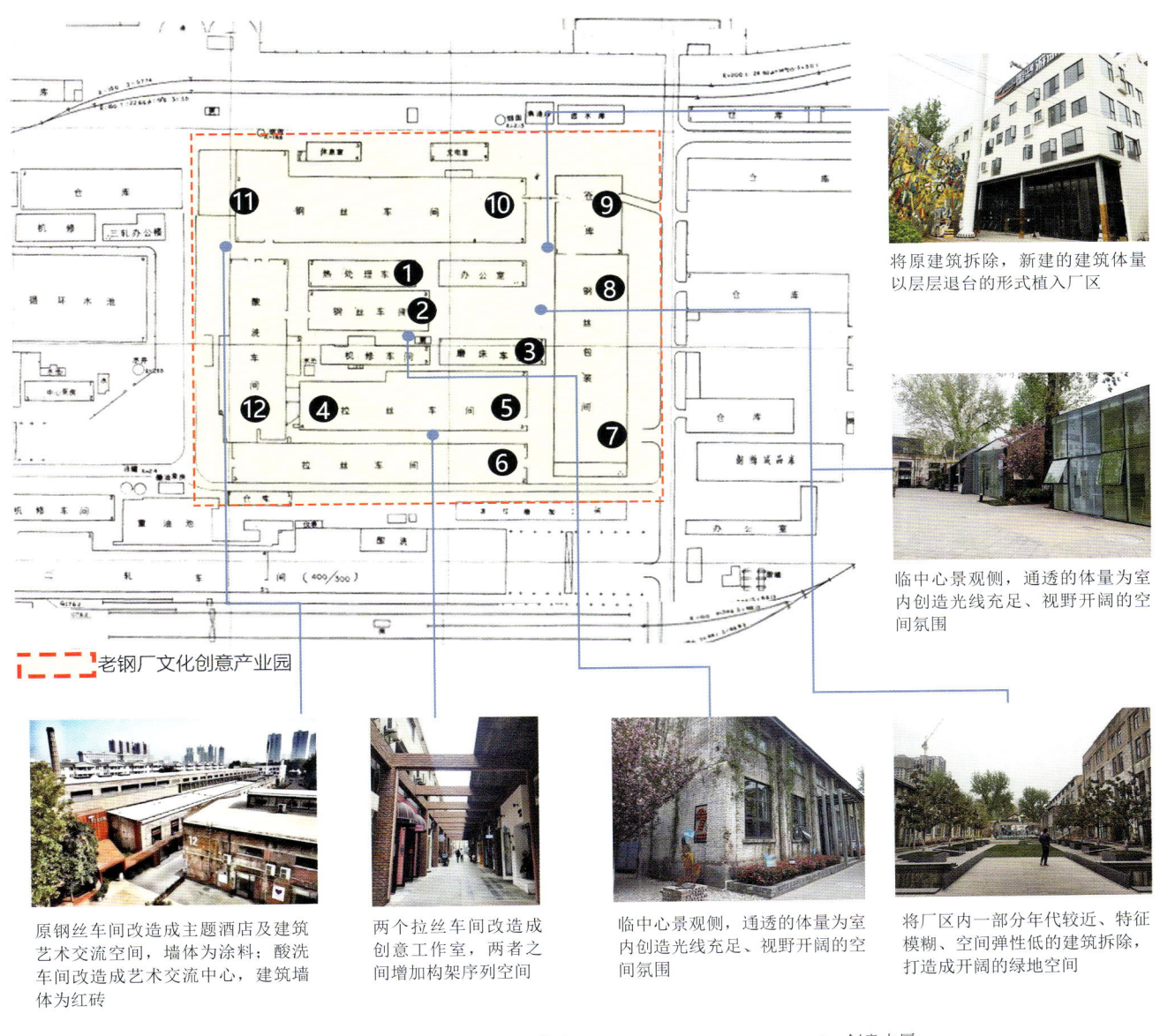

图5-4-53 老钢厂文化创意产业园改造现状

（1）道路规划

园区西侧和南侧临现校园道路，东侧现为校园内道路；在入口区设置入口广场，一方面作为入口景观节点，另一方面方便人流疏散；北侧增加车辆入口，增强园区的可达性；园区内步行空间具有特点且主题鲜明、空间尺度适宜；在园区南侧校园内已有地下车库，可以用于园区的地下停车（图5-4-54）。

（2）景观规划

在园区的入口和中心区域充分利用原有基地环境，再加以重新整理改造，借用园林的手法组织出了丰富的室外环境（图5-4-55）。

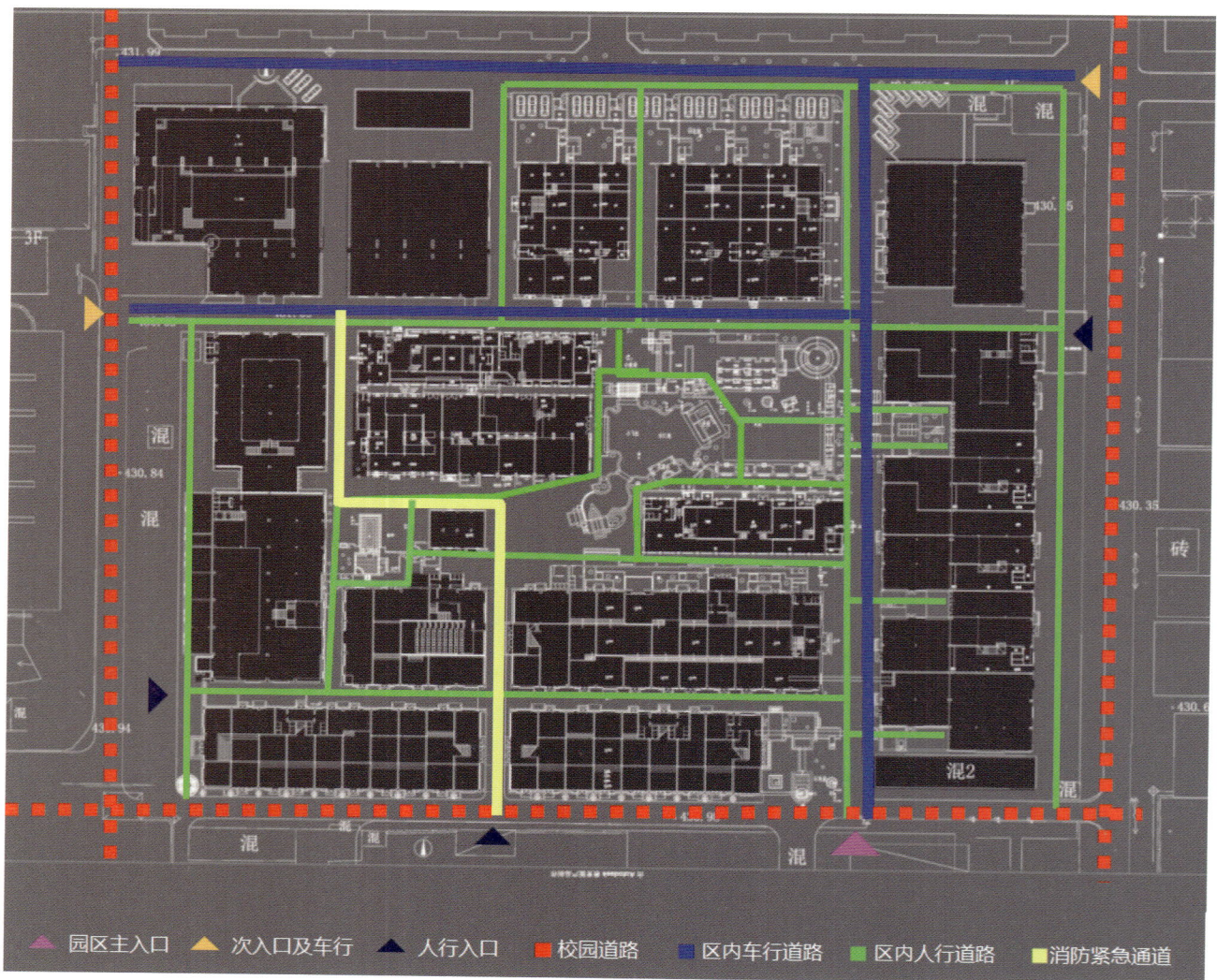

图5-4-54　钢铁厂文化创意产业园道路规划
（资料来源：西安土木石建筑设计事务所杨期力提供）

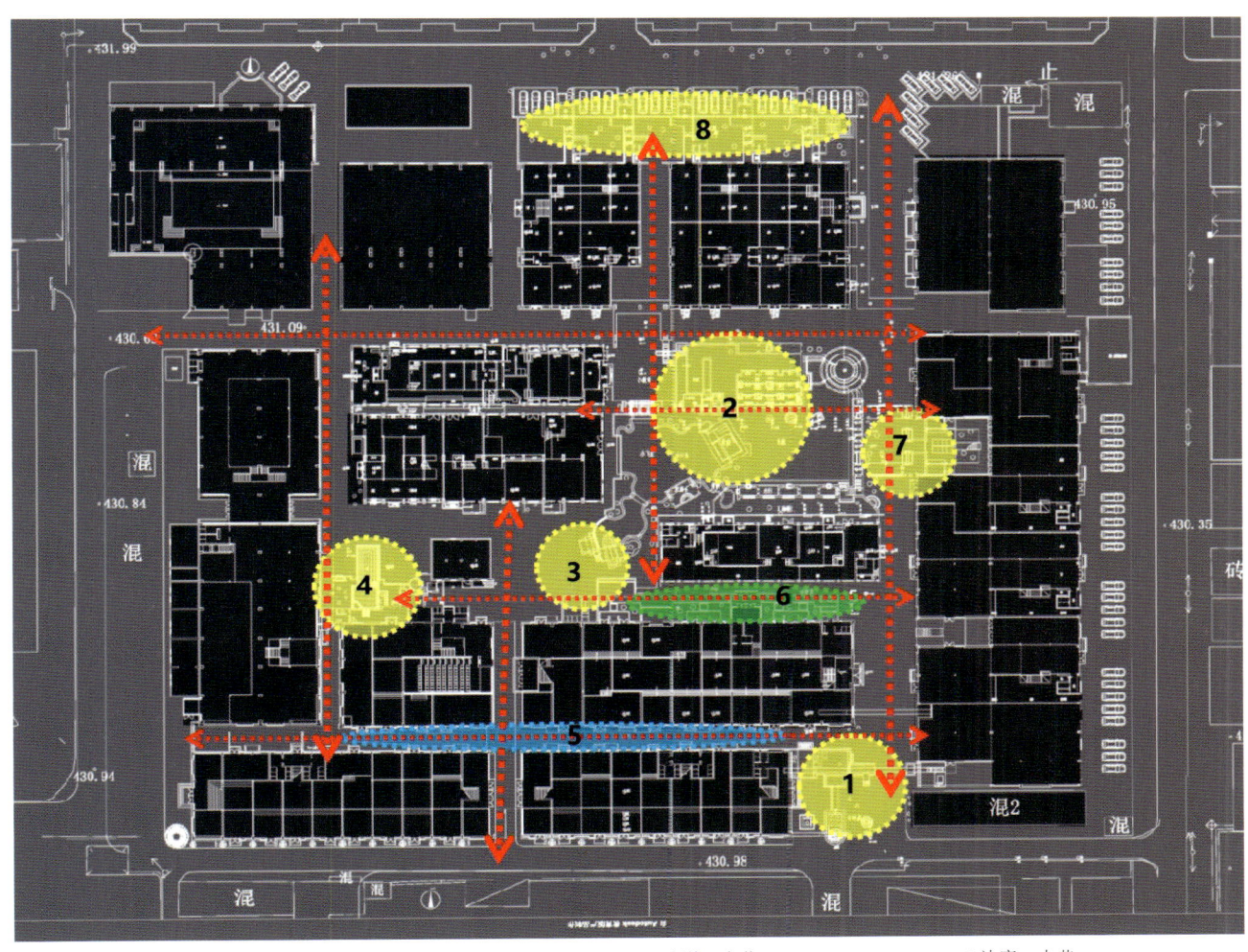

1. 入口—石树庭；
2. 中庭—青庭；
3. 水池—冶江池；
4. 边庭—红庭；
5. 巷道—水巷；
6. 巷道—扶壁里；
7. 边庭—水巷；
8. 边庭—入户花园

图5-4-55 钢铁厂文化创意产业园景观规划
（资料来源：西安土木石建筑设计事务所杨期力提供）

（3）建筑再利用

老钢厂文化创意产业园区的老厂房改造遵循资源利用最优化的原则，根据厂房的现状空间作出合理化的功能置换。陕钢厂原有生产时期的建筑都被重新以编号命名，并填筑新的商业功能。原钢丝生产车间变为商业和展示功能的1#楼；油回火炉拔丝车间改造为2#楼博物馆；磨床车间改造为创意小企业区的3#楼；原拔丝车间、新设备车间成为零售商业为主的功能区以及中小企业的4#、5#、6#楼办公区；原成品库和包装车间改造为中小企业办公区以及小型的展览区，楼号为7#、8#楼；原先的热处理车间变为企业办公区和酒店区的10#楼和11#楼；酸洗车间改造成12#楼的零售区和展览区。

众多大体量的工业建筑使地块成为片区的景观中心和标志区，在具体的改造设计上，通过凸显原有厂房的结构构件来强化空间标志性，并通过加建、拆除和添加墙体等方法，在厂房之间形成变化丰富的灰空间，穿插在其中的连廊为立体化的交往提供了空间场所。建筑本身采用轻盈、光洁的玻璃、钢材等材质，与原来的混凝土墙面形成对比（表5-4-3）。

表5-4-3　老钢厂文化创意产业园内建筑再利用一览表

序号	建筑名称	改造前厂房结构	改造前建筑保存状况	改造前照片	改造后功能	改造内容	改造后厂房结构	改造后照片
1	1#楼（热处理厂）	方截木屋架厂房	建筑整体结构较完整；部分墙体严重破损；部分构筑物严重破损		定制办公	顶部使用采光窗，为内部空间带来光线和空气		
2	2#楼（钢丝车间）	该厂房有敦实的中柱以及巨大原木屋架；部分存在钢质屋架结构	建筑整体结构完整；部分墙体破损		西安市城市记忆博物馆	利用通透的玻璃材质在临中心景观侧增加通透的体量		
3	3#楼（磨床车间）	该厂房为砖木结构	建筑整体结构完整；部分墙体破损		特色商业	利用通透的玻璃材质在临中心景观侧增加通透的体量		
4	4#、5#楼（拉丝车间）	该厂房属于木质屋架结构；部分存在钢质屋架结构	建筑整体结构完整		森科设计院；创意主题工作室	未作水平和垂直向的空间划分，东侧置舞台，满足群体活动的大空间需求		

续上表

序号	建筑名称	改造前厂房结构	改造前建筑保存状况	改造前照片	改造后功能	改造内容	改造后厂房结构	改造后照片
5	6#楼（拉丝车间）	该厂房属于木质屋架结构；部分存在钢质屋架结构	建筑整体结构完整	—	创意主题工作室	将厂房内部分隔成较私密性的办公空间，在入口增设具有标识性的造型，东侧增建具有厂房结构特色的灰空间		
6	7#、8#楼（钢丝包装间）	该厂房为钢质屋架结构	建筑整体结构完整		钢厂印迹博物馆；定制式办公庭院	将厂房内部分隔成较私密性的办公空间；在屋顶处开采光天窗，增加内部采光；西侧临景观处增加沿厂区内部中心景观的室外连廊		
7	9#楼	—	—	—	创意大厦	新建建筑	—	
8	10#、11#楼（钢丝车间）	该厂房有敦实的中柱以及巨大原木屋架；部分存在钢质屋架结构。	建筑整体结构完整；部分墙体破损	—	建筑与艺术交流中心；左右客主题酒店	利用原构架和玻璃材料形成分隔空间及引导空间；厂房北侧外新增加体量及其错落形成的庭院空间		

续上表

序号	建筑名称	改造前厂房结构	改造前建筑保存状况	改造前照片	改造后功能	改造内容	改造后厂房结构	改造后照片
9	12#楼（酸洗车间）	该厂房为混凝土排架结构	建筑整体结构完整；部分墙体破损；部分构筑物破损		钢铁厂艺术中心	保留原厂房结构并暴露出来，内部水平分成两层；临景观一侧立面有大片玻璃及通透的观景连廊		

资料来源：作者根据西安土木石建筑设计事务所杨期力提供的资料整理

原各厂房交通独立，首层以上水平层次缺乏交流，通过建筑改造，各层增加连廊与楼梯，将不同人流区分，并引导、方便人流到达园区公共空间，人流在每个水平层能联系在一起，将单体建筑串联成整体。改造后的厂房建筑增设户外阳台，提供观景和享受自然的更多机会。从平面图（图5-4-56）可以看出，根据新功能的置入，厂房内部空间也随新功能的要求加建了一套新的结构体系，重新进行空间划分。

4. 工业遗产价值

（1）历史价值

陕钢厂曾经代表了陕西工业发展的最高水平，是我国著名的十大钢材企业之一，对城市的发展作出了巨大贡献。可以从陕钢厂旧厂区历史中挖掘到当时社会政治、文化、经济、教育、市民生活状况以及城市发展情况，有着深厚的历史文化价值。

（2）科学价值

陕钢厂旧厂区内的建筑修建于20世纪60年代完成，深受苏联修建作风影响，修建体量大，空间跨度大，红砖外墙具有明显的产业修建特性。建筑师运用了钢结构、木结构、混凝土排架结构等来满足厂房的层高和面积要求。总的来说，陕钢厂现存工业遗产的建筑风格、厂房规划布局、建筑材料、建筑结构等方面对于工业建筑发展演变有重要科学见证价值。

5.4.4 贾平凹文学馆（西安建筑科技大学印刷厂）

原名：西安建筑科技大学印刷厂

现名：贾平凹文学艺术馆

地址：西安市碑林区雁塔路西安建筑科技大学校园内

总建筑面积：2000平方米

更新时间：2006年

设计单位：西安建筑科技大学

贾平凹先生是有广泛世界影响的中国当代著名作家和艺术家，担任西安建筑科技大学文学院名誉院长。2006年，为了展示作家的成长过程和创作经历，展示作家的文学成就和创作生活，并为文学爱好者提供一个学习文学、交流经验的场所，学校决定为其建立"贾平凹文学艺术馆"。艺术馆选址于西安建筑科技大学雁塔校区校园

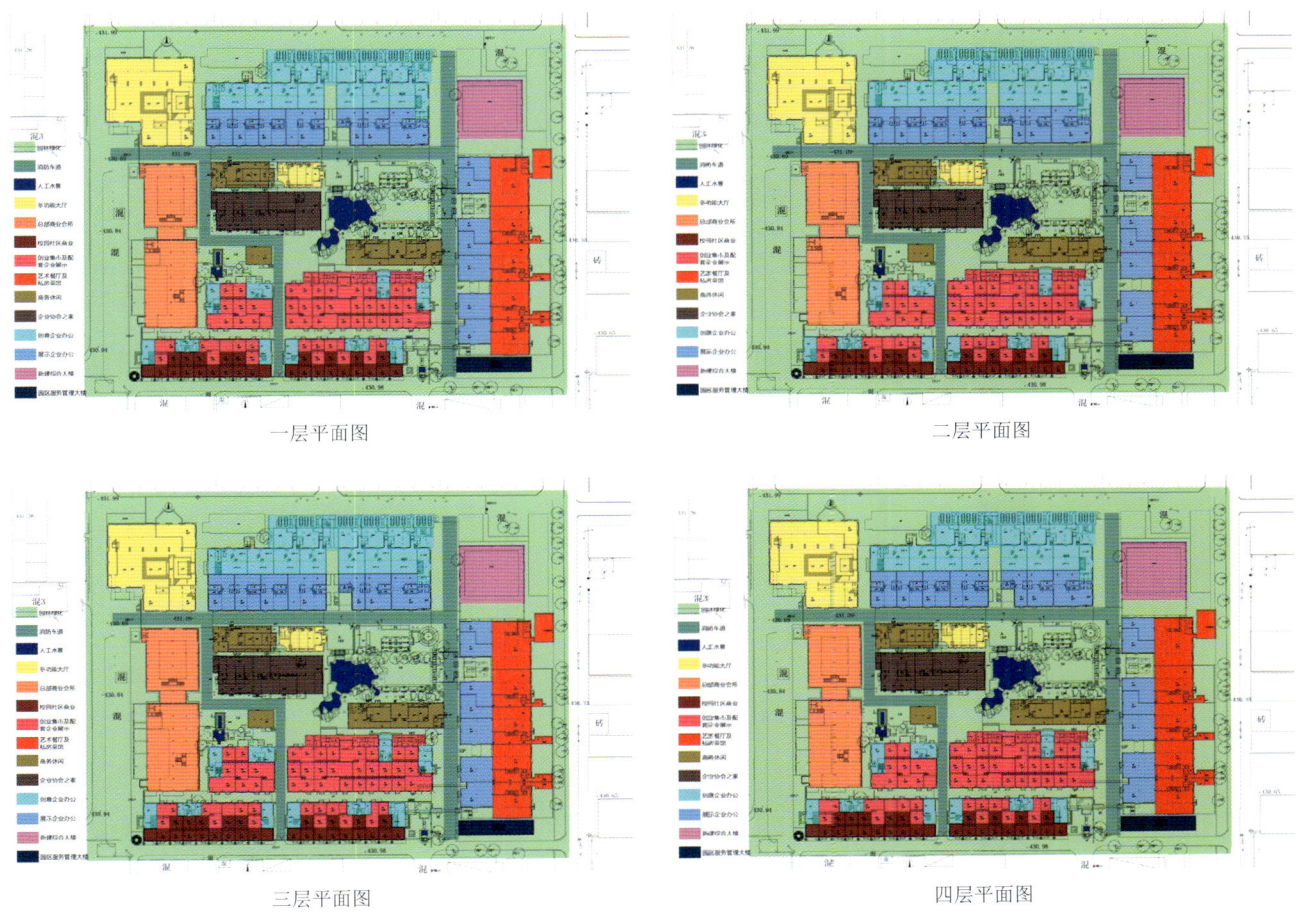

图5-4-56 钢铁厂文化创意产业园建筑各层平面图
(资料来源：西安土木石建筑设计事务所杨期力提供)

内，对原校印刷厂建筑进行改造再利用，原建筑为砖混结构，上下两层，局部3层，总建筑面积约为2000平方米。

1. 历史沿革

学校总体规划主要由上海华东建筑设计院主持设计，初期规划布局主要受苏联莫斯科大学布局模式的影响，采用"周边式布局""棋盘式环形道路""条块分割"以及"入口空间要宏大"等规划设计手法，并结合了中国传统的空间序列组合而成。印刷厂原建筑位于校园历史轴线一侧（图5-4-57，图5-4-58）。

西安建筑科技大学印刷厂原建筑始建于1974年，由校工农兵学员自行设计建造。

20世纪80年代，学校在印刷厂对面建设了学校宾馆。

20世纪90年代，学校拆除行政楼东侧大礼堂及印刷厂一部分，建设了1栋高层住宅楼、1栋多层住宅楼和1栋设计院办公楼。

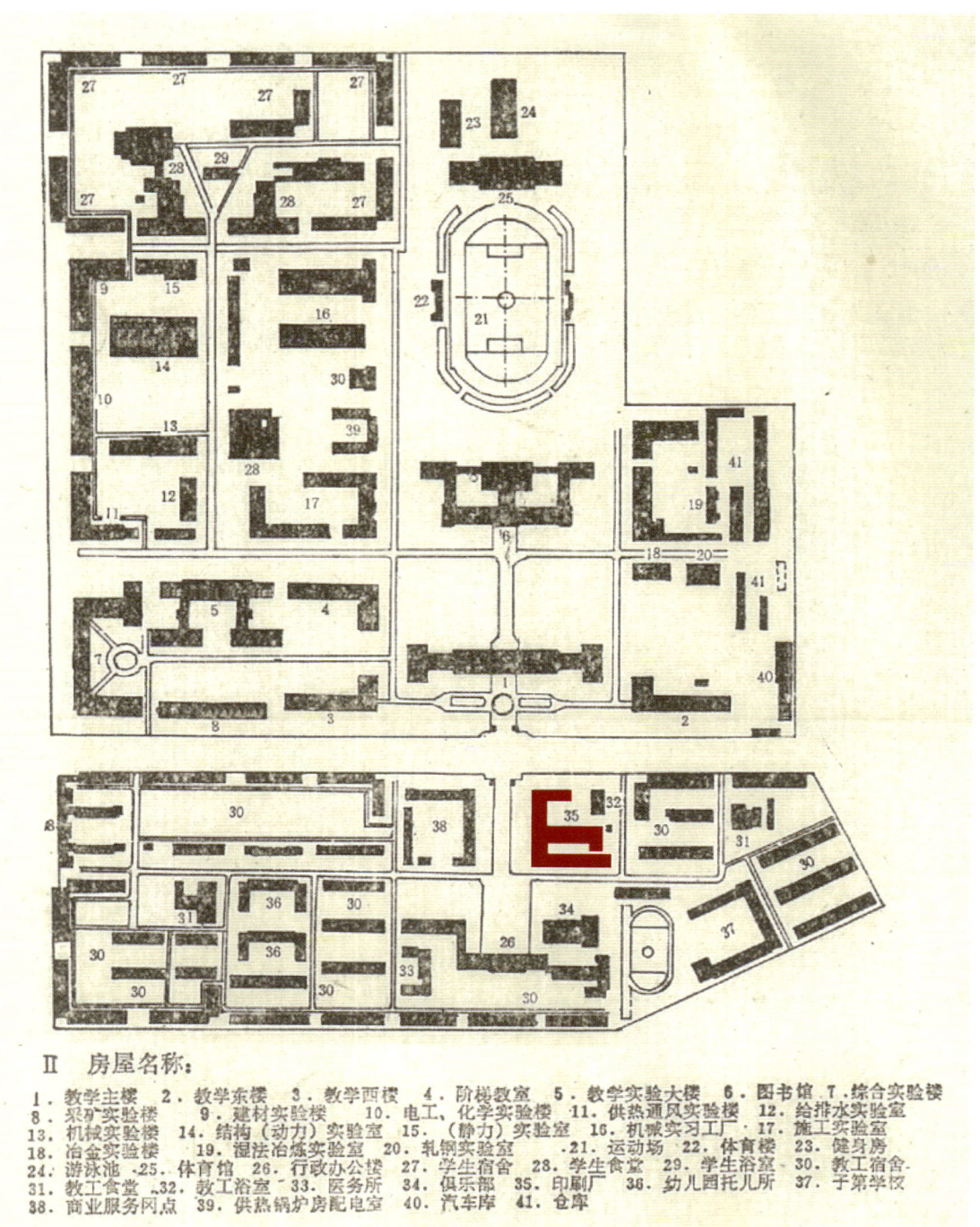

图5-4-57　20世纪70年代西安建筑科技大学总平面图
（资料来源：西安建筑科技大学档案馆提供）

图5-4-58　20世纪70年代学校建筑鸟瞰图
（资料来源：西安建筑科技大学档案馆提供）

图5-4-59　改造前建筑外景
（资料来源：西安刘克成工作室提供）

2000年以后，学校拆除并重建出现结构问题的行政楼，印刷厂老建筑作为行政办公临时使用，故未被拆除，成为学校唯一留存的20世纪70年代的建筑。

2．遗存状况

印刷厂老厂房结构主体为砖混，局部框架，与砖外墙壁柱混合，平面呈"L"形。建筑主体两层、局部三层，维护结构为清水砖墙，外刷灰色涂料（图5-4-59），内部最大空间是建筑首层的印刷车间。

老印刷厂一层是印刷车间及库房，空间较大，层高约3.9米，该层大空间大多与室外直接相连并互相独立。二层主要是办公及辅助功能空间，分隔较多，空间较小，通过走廊来串联两侧的空间，二层层高约3.3米（图5-4-60）。印刷厂局部三层层高3.0米。建筑局部框架结构或砖混结构为3.6米或其倍数（7.2米）的模数。

该建筑对外出入口有六个，三个位于"L"形长臂东侧，其余三个出入口分别位于建筑西北角、东北角和东南角，靠近校园道路布置。内部垂直交通只通过两部楼梯实现，分别位于"L"形短臂东部和长臂南部（图5-4-61）。建筑表皮采用清水砖墙，外刷灰色涂料，其开窗大体规律，部分过梁、圈梁等作露明处理，呈现砖混结构建筑基本特色。由于其后期曾用作办公空间，门窗设施更换为普通的铝合金门窗。

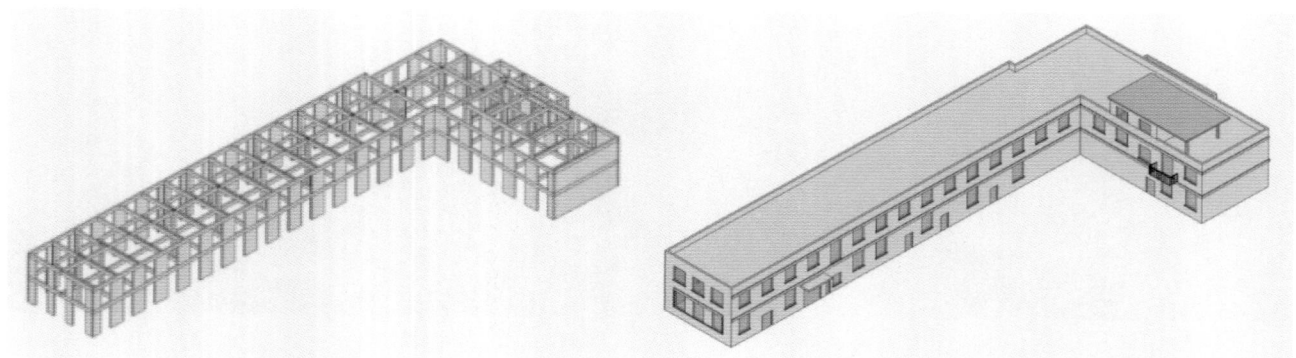

图5-4-60　校印刷厂模型图

（资料来源：董婧.旧工业建筑改造为博物馆案例解析[D].西安建筑科技大学，2014.）

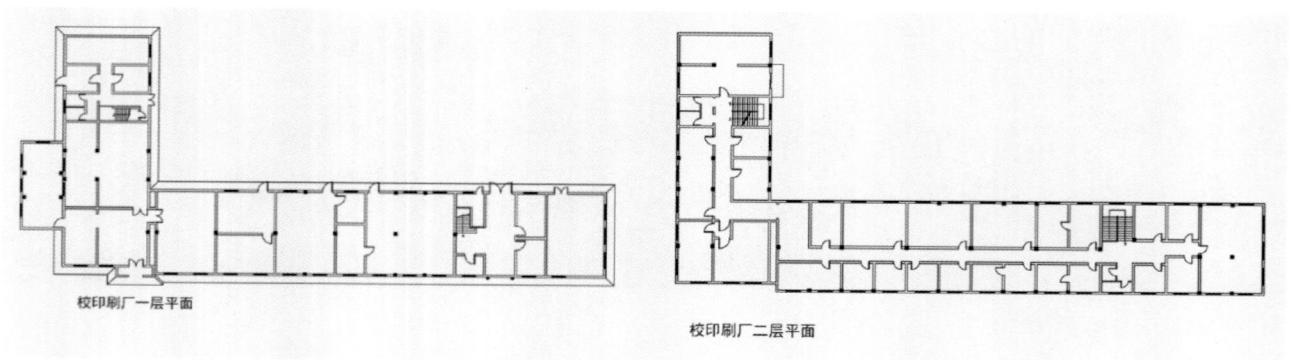

图5-4-61　校印刷厂平面图

（资料来源：董婧.旧工业建筑改造为博物馆案例解析[D].西安建筑科技大学，2014.）

3．保护与更新

1）保留策略

（1）留存历史记忆：原印刷厂建筑是西安建筑科技大学校园内仅存唯一的1970年代建筑，是"文革"期间的建设年代、校园历史记忆的承载与见证。从建设时序上看，自20世纪50年代建校时期的老教学楼，到2000年以后建设的逸夫楼、工科楼等，印刷厂建筑维系着一条连续的历史链，代表着20世纪70年代的学校历史与真实，具有深厚的历史文化价值。

（2）体现历史风貌：保留原有的清水砖灰色涂料外墙、规律简单的开窗，再加上外露的砖混结构，维持"文革"时期印刷厂粗糙简陋的整体形象，体现了"文革"时期工业建筑特色。

2）遗产利用

（1）建筑结构保护与保留

经建筑结构检测，原有内框架结构受力性能较好，故基本予以保留，经加固后承担新的使用功能与空间划分（图5-4-62）。

（2）建筑表皮保护与保留

保留老建筑砖墙外刷灰色涂料、立面比例与门窗构图，凸显粗糙简陋的质感，延续"文革"时期的特殊建设风格（图5-4-63）。

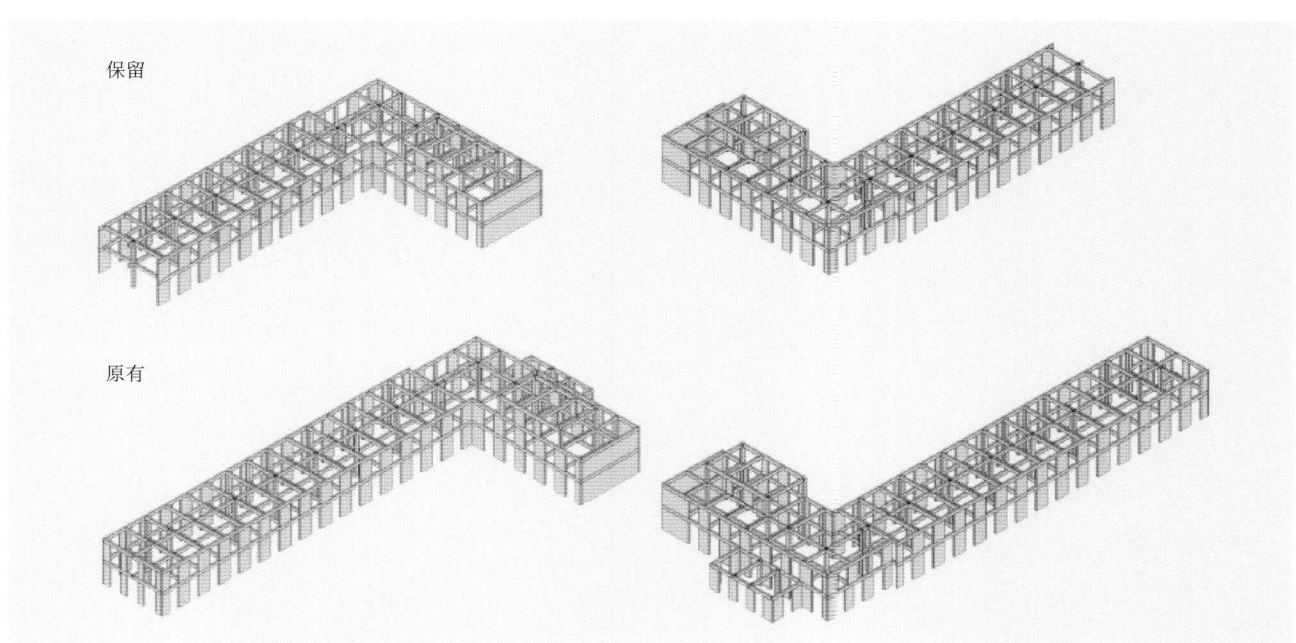

图5-4-62　贾平凹文学艺术馆结构保留状况

（资料来源：董婧.旧工业建筑改造为博物馆案例解析[D].西安建筑科技大学，2014.）

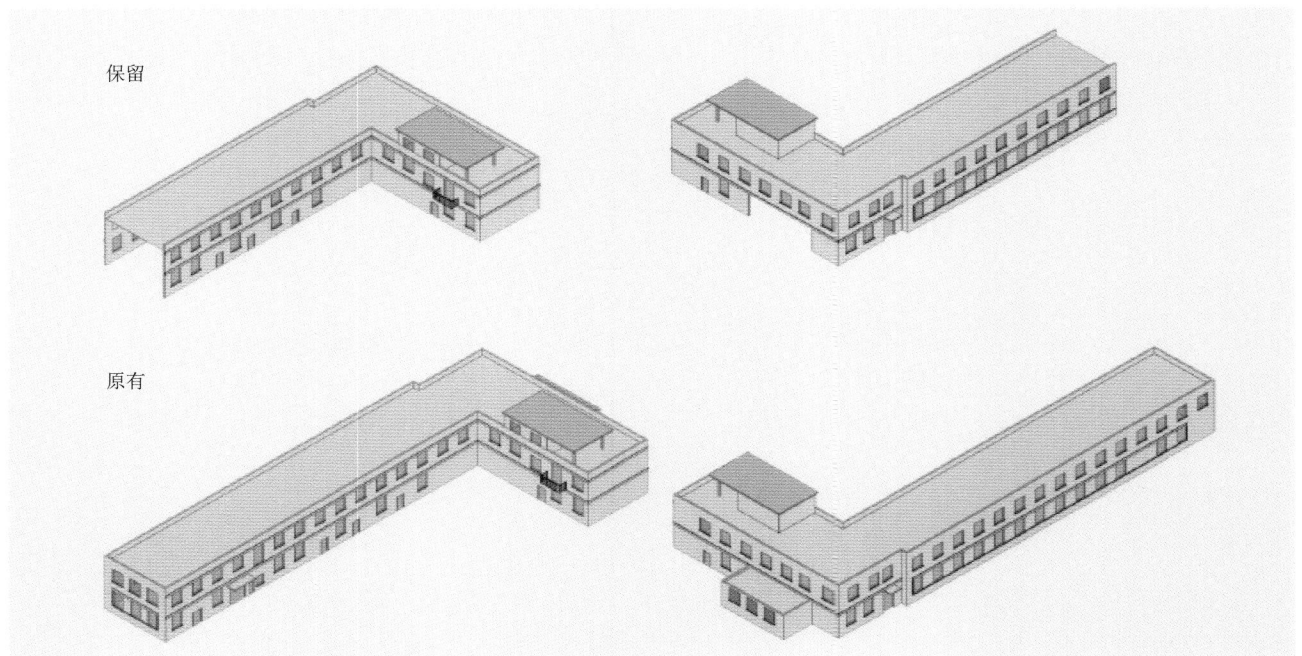

图5-4-63　贾平凹文学艺术馆表皮保留状况

（资料来源：董婧.旧工业建筑改造为博物馆案例解析[D].西安建筑科技大学，2014.）

（3）建筑空间保护与保留

原有空间尺度小，但基本符合艺术馆展陈的需求。建筑空间以保护、保留为主，同时一些设施如楼梯等也得以继续利用。

3）更新设计

基于上述策略与方法，建筑主体部分只缩短了"L"形长臂与拆除北侧单层附属体量，建筑内部墙体由于功能改变与流线重组，也进行了部分墙体与结构的局部拆除。设计尽量保留建筑的原来状况和面貌，维持原建筑的主要特征不变，彰显建筑及环境的原有特质，依据功能需要仅进行适当的调整，将新添加部分控制到最少（图5-4-64，图5-4-65）。

而建筑扩建部分的材料与形体均与原有部分

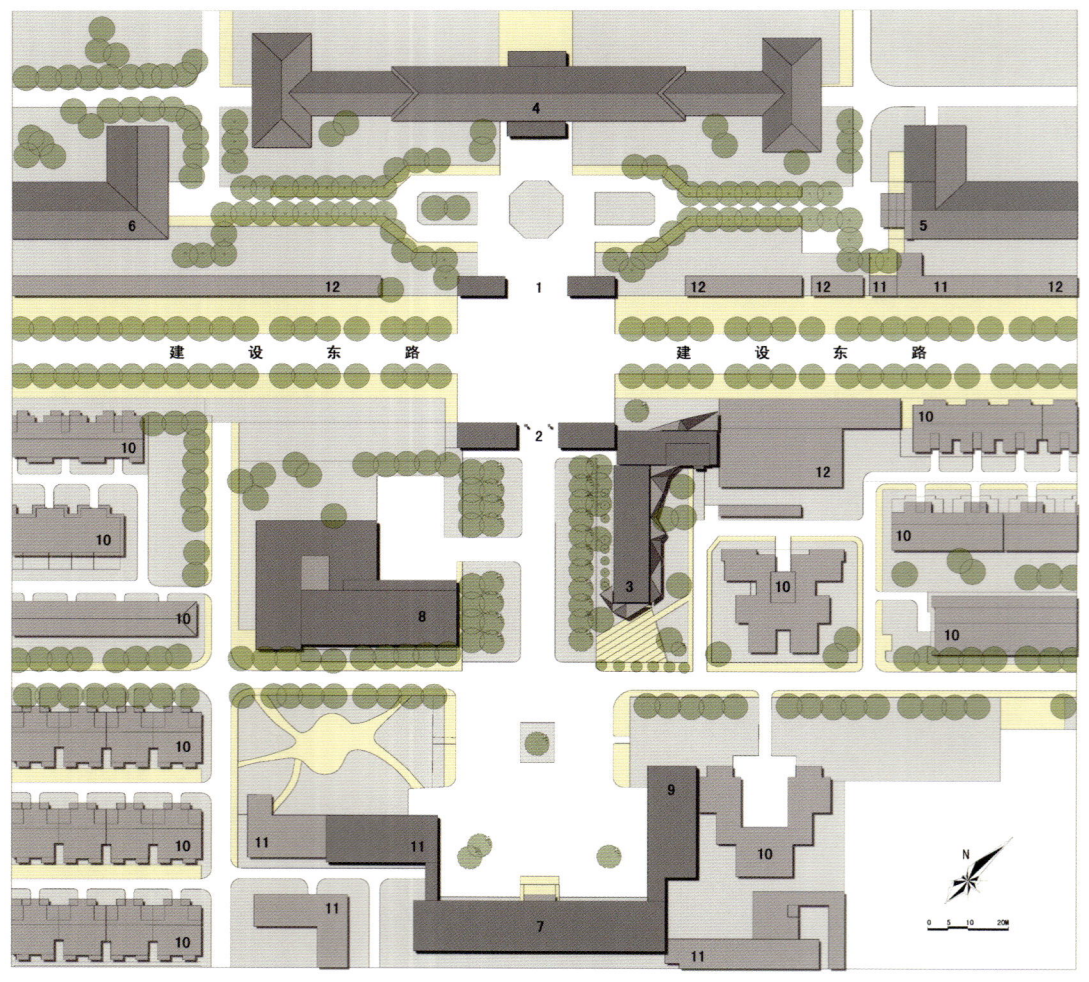

总平面图
1 西安建筑科技大学北入口
2 西安建筑科技大学南入口
3 贾平凹文学艺术馆
4 教学主楼（1950年代建）
5 教学东楼（1950年代建）
6 教学西楼（1950年代建）
7 行政楼（1960年代建，2005年重建）
8 学校宾馆（1980年代建，2006年改造）
9 设计院办公楼（1990年代建）
10 住宅
11 办公
12 商店

图5-4-64 印刷厂改造后（贾平凹文学艺术馆）的总平面图
（资料来源：西安刘克成工作室提供）

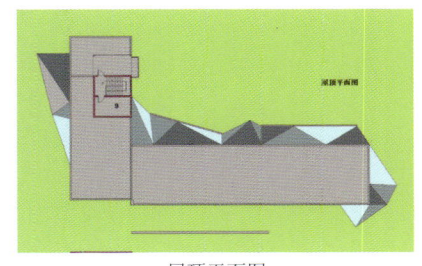 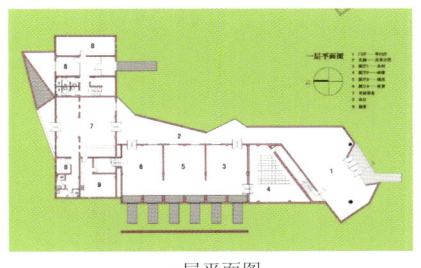

屋顶平面图　　　　　　　　　二层平面图　　　　　　　　　一层平面图

图5-4-65　贾平凹文学艺术馆平面图
（资料来源：西安刘克成工作室提供）

图5-4-66　贾平凹文学艺术馆展厅环境
（资料来源：西安刘克成工作室提供）

差异较大，新加入玻璃、钢架和混凝土三种新材料，依据光影变化，统一到同一形式逻辑（图5-4-66）。钢架分主框架、次框架和装饰性框架三层，以不同角度和密度形成新老元素的融合。钢筋混凝土墙采用作为建筑废料的竹条进行模板浇注，形成粗糙而又富于肌理的表面。在密度上与清水砖墙和谐，在文化上造成一种与陕西农村普遍使用的"干打垒"墙体类似的效果。

再者就是对建筑的色彩进行控制，整个建筑沿用原建筑深灰色基底，地面也采用深色地砖，让细节融于背景之中，降低施工工艺粗糙所造成的影响力，重点突出光影的变化（图5-4-67）。

图5-4-67　贾平凹文学艺术馆外立面
（资料来源：西安刘克成工作室提供）

（1）空间与结构设计

贾平凹文学艺术馆利用原有空间布局与尺度差异，依据空间尺度设计展陈，同时对原空间进行局部拆减与增设划分，以调整尺度与流线（图5-4-68）。原有承重墙仍作为主要结构，仅在适当位置去除部分墙体以获取较大空间，同时适度增加结构加固构件。

（2）表皮再设计

贾平凹文学艺术馆沿用具有"文革"时期风格的旧表皮，包括青砖材质、混凝土过梁及门窗。新表皮建设主要体现在门窗构件更换处、对外设施入口处及扩建体"光廊"位置（图5-4-69）。艺术馆建筑东侧附加的线形的光廊是整个建筑的亮点。作为冥想空间，其两端分别连接门厅和文学沙龙。从早晨6：00到下午6：00，光廊内都有阳光，当人们身处光廊之中，可以看到天窗上光栅形成了像彩条似的光影（图5-4-70）。

贾平凹文学艺术馆得到了社会各界的好评，特别是得到了贾平凹先生的认可，成为校园建筑的一个新亮点，它的设计也达到了最初的目标：

其一，在不改变老建筑基本原貌的情况下，将其保留下来，使得学校的历史得到延续；

其二，设计赋予这个其貌不扬的建筑一种文学的诗性和灵魂，让参观者获得文学的启迪；

其三，文学艺术馆的形象与贾平凹先生内敛、含蓄的品性相一致。

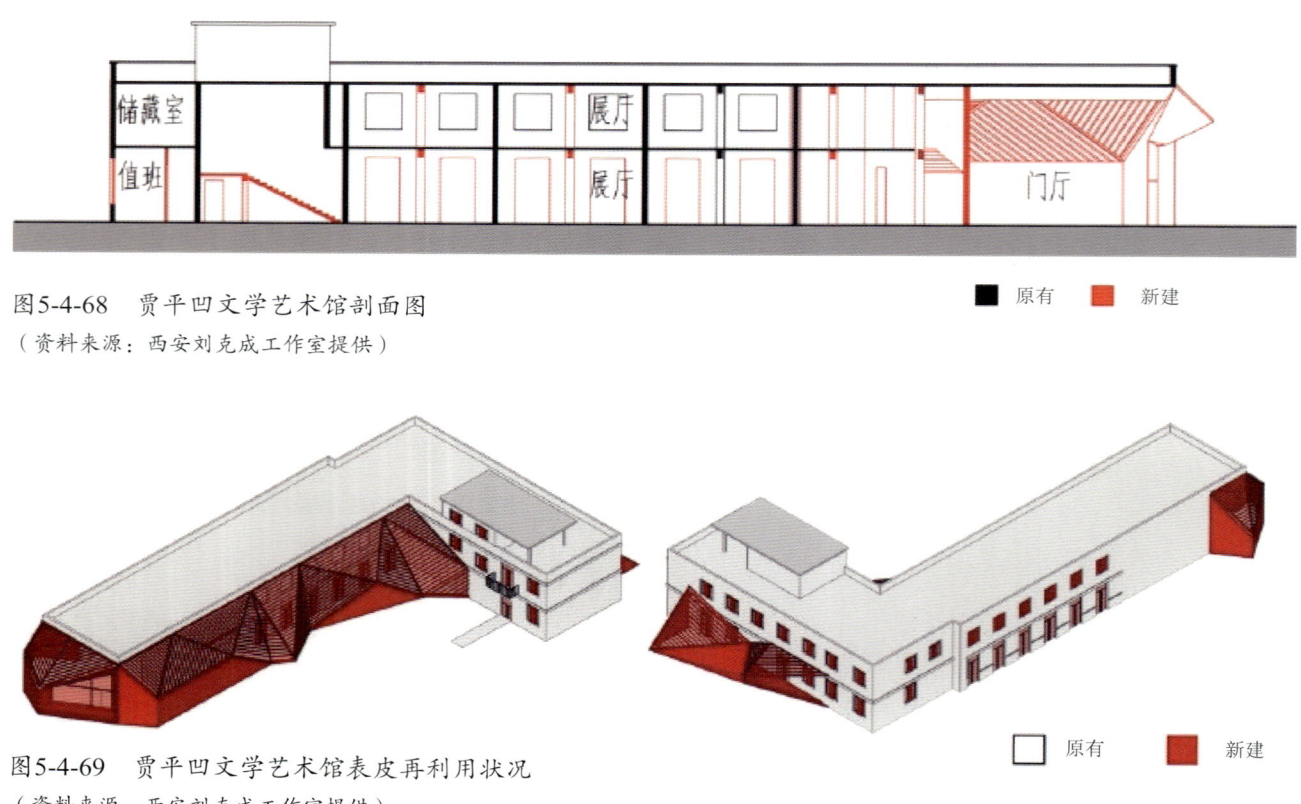

图5-4-68　贾平凹文学艺术馆剖面图
（资料来源：西安刘克成工作室提供）

图5-4-69　贾平凹文学艺术馆表皮再利用状况
（资料来源：西安刘克成工作室提供）

田家炳艺术楼原为西安交通大学机械厂锻造车间，为当时机械系学生锻工实习的实习工厂，同时作为学交校办工厂，是机械模具加工生产的生产车间。2007年由香港田家炳基金会捐资改造，作为西安交通大学艺术系师生教学、研究、设计、创作的基地。目前已被西安交通大学和教育部认定为纪念性保留建筑体。

1. 历史沿革

田家炳艺术楼始建于20世纪50年代，原为西安交通大学机械厂锻造车间，是交通大学西迁最早的建筑之一。机械厂锻造车间位于西安交通大学梧桐西道西侧，与早期校园至高点腾飞塔位于同一东西轴线上（图5-4-71）。

2007年，由香港田家炳基金会捐资150万港元，西安交通大学予以经费配套，依照修旧如旧

图5-4-70　贾平凹文化艺术馆光廊光影设计图
（资料来源：西安刘克成工作室提供）

5.4.5 田家炳艺术楼（西安交通大学机械厂锻造车间）

原名：西安交通大学机械厂锻造车间

现名：田家炳艺术楼

地址：西安市咸宁西路28号西安交通大学校园内

占地面积：1200平方米

更新时间：2007年9月

设计单位：西安交通大学建筑设计室

图5-4-71　田家炳艺术楼在西安交通大学中的区位

的原则，将老厂房加以改造，建成田家炳艺术楼（图5-4-72、图5-4-73），作为西安交通大学艺术系师生教学、研究、设计、创作的基地。

2. 遗存状况

（1）建筑遗存

西安交通大学机械厂锻造车间厂房占地1200平方米，厂房高10.8米，长36米，宽15米。厂房承重砖墙每隔4~6米间距设置壁柱（图5-4-74）。厂房内设有震动较大的吊车、锻锤等设备，采用排架结构承重，外墙只起围护作用。柱网尺寸比较固定，柱距均为6米。为保障充足的采光和通风，厂房内建造了大面积的侧窗；为了保证外墙在风

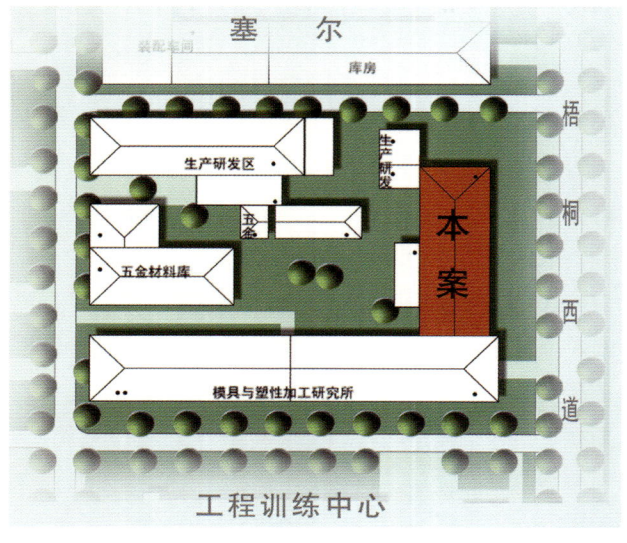

图5-4-72 西安交通大学机械厂锻造车间改造前建筑布局

（资料来源：西安交通大学建筑设计室提供）

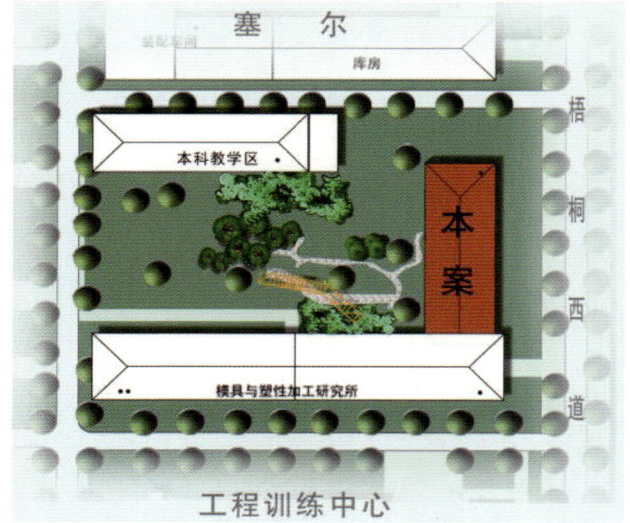

图5-4-73 西安交通大学机械厂锻造车间改造后建筑布局

（资料来源：西安交通大学建筑设计室提供）

图5-4-74 西安交通大学机械厂锻造车间厂房改造前状况

（资料来源：西安交通大学蒋维乐提供）

图5-4-75　锻造工具
（资料来源：西安交通大学蒋维乐提供）

图5-4-76　田家炳艺术楼保存的气锤
（资料来源：西安交通大学蒋维乐提供）

荷载和起重运输设备等的作用下具有足够的刚度和稳定性，厂房外墙采取相应的加强措施，如在承重砖墙上设有壁柱，在承重砖墙与排架柱结构之间有妥善的连接。

（2）设备遗存

厂房内的行车以及部分锻造工具被保留下来（图5-4-75、图5-4-76），行车原本为锻造厂内托吊锻造铸件的工业设备。

3. 保护与更新

建筑是学校历史最为直观的体现。西安交通大学机械厂锻造车间虽墙体斑驳、外形陈旧、功能过时，但仍然基础稳定、结构稳固。因此对其更新改造本着保存"原真性"的理念，让整体空间布局在满足使用功能的前提下，尽可能保存历史信息。停滞的行车、轨道，也被看成是历史遗留的文化景观与工业文明的见证，被当作一种饱含技术之美的工业活动的结果与符号移置于恰当位置，以求得新旧整体空间造型的统一与建筑文化的延续。灵活的建筑空间和结构被改造为教学空间，老空间、新功能，激发了学生对校园文化的热爱。

（1）设计理念

以西安交通大学中轴线建筑（腾飞塔、钱学森图书馆、教学主楼）的阶梯式建筑空间关系为设计出发点，处理好锻造车间厂房的空间关系，使其内部呈现出向上挺拔的视觉感受。在整体内外立面的处理上，尽量保持老厂房的原貌；细部处理着重保持并强化原有的工业艺术风格。既做到体现历史名校的风格，又保持旧厂房原真性的设计理念（图5-4-77、图5-4-78）。

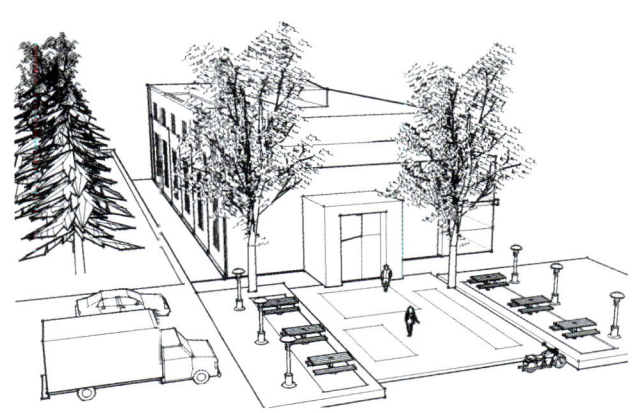
图5-4-77　田家炳艺术楼初步创意鸟瞰图
（资料来源：西安交通大学蒋维乐提供）

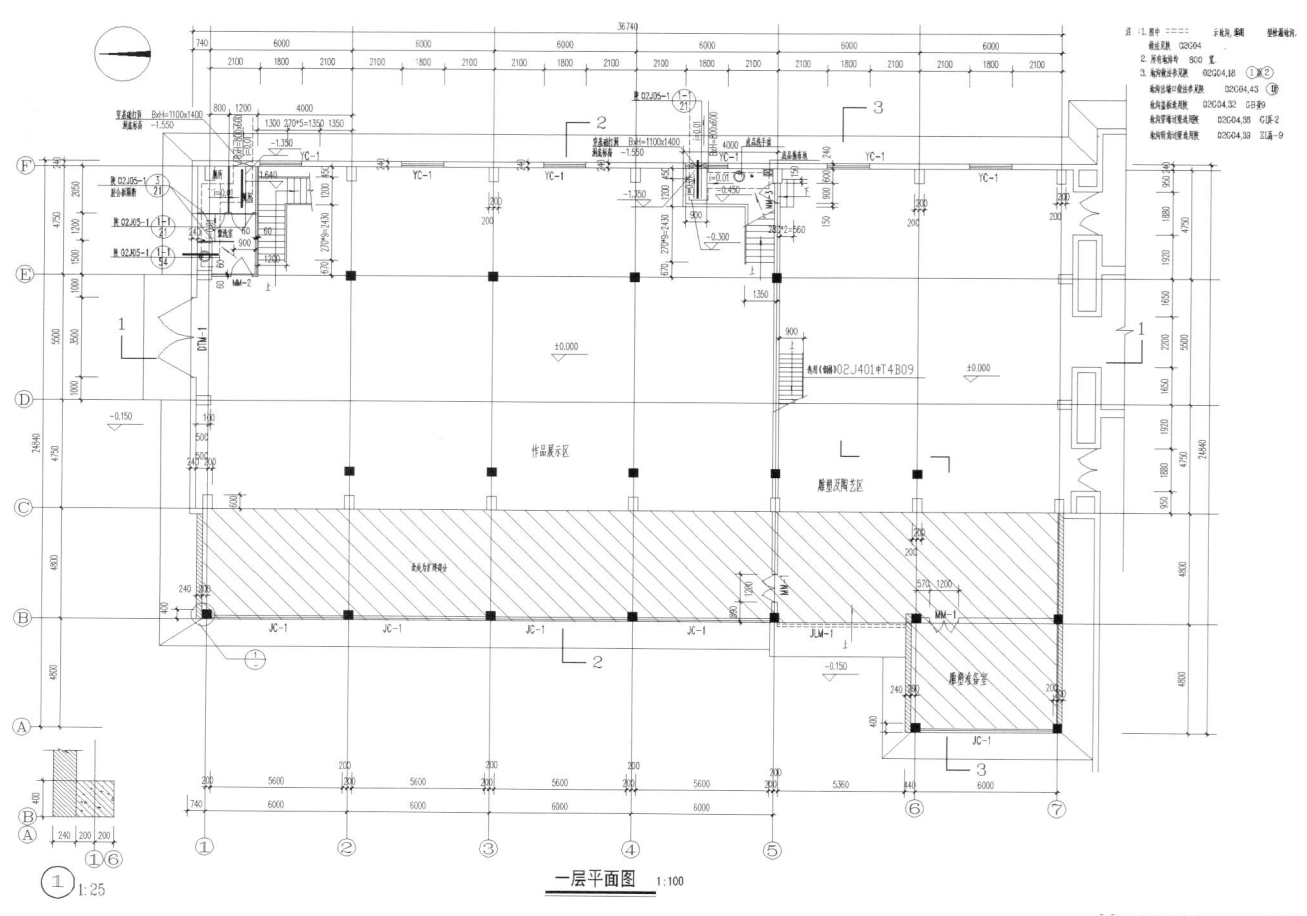

图5-4-78 田家炳艺术楼一层平面图
（资料来源：西安交通大学建筑设计室提供）

空间划分整体规划，呈递增向上的阶梯式布局，厂房被分为三层，所占用整体空间的比例为7：3：1。一层为整体流通，二层分为大小两个天井，三层为南边两跨的回形部分。

2）改造再利用方案

（1）内部空间的改造再利用设计

因锻造车间厂房原空间特征为大型单一空间，在长度及高度上有较大的尺度，空间形式为比较单一的立方体（图5-4-79）。为满足使用要求，将原单层厂房内增建为三层，重新划分厂房内部纵向空间。同时，运用形象墙以及玻璃幕的设计手法分隔厂房内部横向空间，形成南边两跨、北边四跨的新布局。这样进行空间划分的主要目的有以下两点：

①学科分布合理化：因雕塑及陶艺类学科具有实体创作的要求，其教学环境和研究创作环境需相对独立和封闭，且有较高大的工作研究空间及相对自我的内外流通路线。所以在位置安排和

空间划分上，将与主入口相对应、且比较安静私密的厂房南部两跨划作雕塑与陶艺的教学及研究创作区。而北边四跨则留给以非实体创作为主的油画、环艺设计、平面设计的教学及研究创作区。

②厂房应用合理化：保存厂房内的行车，用于雕塑专业进行大型雕塑创作时调整和变更雕塑位置。在南边部分增加新的斜撑拱结构，解决三层东半边的承重问题，丰富厂房的内部空间，改变其呆板、生硬的格局，强调老厂房原有的高耸与挺阔（图5-4-80）。同时，在三层的室内中庭部分增加了东西向的天桥，提升空间趣味性，加强空间流动性，增强消防疏散安全性。

（2）立面设计

厂房西面的外墙经过多年风化侵蚀，已经倾斜，且墙面有明显的裂缝，因此拆除原有外墙，重新构筑新的建筑

图5-4-79 原厂房空间布局：单一的立方体
（资料来源：西安交通大学蒋维乐提供）

图5-4-80 改造后的布局
（资料来源：西安交通大学建筑设计室提供）

图5-4-81　田家炳艺术楼中心入口空间

立面，在原有建筑结构基础上将厂房范围向关系密切的后院空间扩展。拆除原有西面墙体，向西延伸4.5米进行抗震加固。

一进入厂房映入眼帘的便是通顶的形象墙（图5-4-81），它高耸直立，象征着天与地，连接着室内与室外，把室外的阳光洒入室内，驱散室内的冰冷。通顶形象墙的出现，延续了旧厂房高大、刚性和工业化的特征。

通顶砖墙在材料上的选择有两个要点：一是用陕西民间极具代表性的陈炉镇耐火砖。在颜色上，陈炉镇耐火砖所特有的暖红色及其色系中其他颜色与老厂房本身所特有的青灰色砖墙在视觉上形成鲜明的对比，并使人感觉到其特有的质朴感。而在肌理上，由于陈炉是我国古代四大瓷镇之一，年代非常久远，其烧砖的材料取自当地特有的土质（含大量瓷渣），因此烧制的耐火砖材质肌理极为丰富，与艺术中心的建筑性质较吻合。二是用厂房本身西边危墙所拆卸下的老砖。在颜色上，老砖的应用使整个空间的色系非常整体与融合。且在保持厂房原真性上体现得非常突出，而在通顶砖墙上用锈迹斑斑的铁板写下"此墙为老厂房原西边危墙拆卸老砖搭建而成"，则使得通顶砖墙的出现意义重大。因为它既满足功能上对它的要求，同时更是老厂房的一种保护、一种展示。

3）功能划分

田家炳艺术楼主要用于雕塑、陶艺、环境设计、平面设计、油画等专业的教学与研究，根据各个专业的专业性，其各层功能划分如下（图5-4-82）：

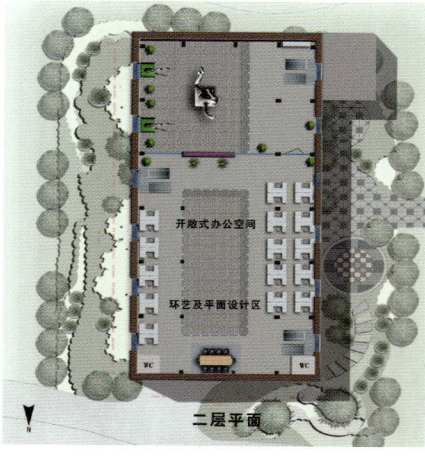

图5-4-82　分层平面图

（资料来源：西安交通大学建筑设计室提供）

图5-4-83　田家炳艺术楼展示空间
（资料来源：西安交通大学蒋维乐提供）

一层主要包括开敞式的展示区（图5-4-83）与雕塑及陶艺专业创作研究室，前者是利于学生沟通、交流的互动空间，后者则为雕塑专业研究创作的独立空间。

二层主要是环境设计及平面设计专业创作研究室（图5-4-84），在空间上以开敞式办公空间出现，符合设计类专业需要团队合作和大量交流的特点。

三层是油画专业创作研究室、学生画室和教师办公室，屋顶天窗带来的充足自然光线保证了绘画的光线需求，空间则被划分为半封闭空间。

图5-4-84　田家炳艺术楼师生创作空间
（资料来源：西安交通大学蒋维乐提供）

4. 工业遗产价值

（1）历史价值

西安交通大学机械厂锻造车间曾经代表了西北地区高校校办工厂的典型模式，对高校发展、校办企业发展作出了巨大贡献。可以从该厂的历史中发掘出当时西部地区高校在产学研一体过程中的发展情况，具有重要的历史文化价值。

（2）科学价值

西安交通大学机械厂锻造车间高度和承受的荷载均较大，故采用承重砖墙。柱网规则，有利于内部空间的布局。厂房在高度范围内不受楼层限制，外墙面开窗灵活。承重的砖墙设有壁柱，并与排架柱之间形成了良好的结构连接，在建筑结构、建筑材料等方向，具有重要的科学见证价值。

5.4.6 电影圈子·西影电影产业集聚区（西安电影制片厂）

原名：西安电影制片厂

现名：电影圈子·西影电影产业集聚区

地址：西安市雁塔区西影路508号

占地面积：9.88万平方米

更新时间：2017—2020年（一期）

设计单位：上海水石建筑规划设计股份有限公司

西安电影制片厂（以下简称"西影厂"），位于西安市南郊西影路，始建于1958年，是国家在西北地区重点布局的唯一一个电影制片厂。从新中国成立初期的"西安电影制片厂"到"西影股份公司"再到"西部影视集团"，该厂见证了中国电影历史风雨沧桑的六十载。如今西影厂改制为西部电影集团，是中国六大电影集团之一，是国家电影产业布局的四大集团之一。在全国电影制片单位中，西影第一个在国际A级电影节获得最高奖项，获国际奖项数量位居全国第一，影片出口量全国第一。总共获得国内外奖项300多项，出口影片80多部，占中国大陆出口的所有电影总量的1/4之多。代表影片有《霸王别姬》《老井》《红高粱》《图雅的婚事》《美丽的大脚》《我的一九一九》《大话西游》系列等。

1. 历史沿革

新中国成立初期，为缓解国营电影厂故事类别单一的问题，1953年12月24日中央作出《关于加强电影制片工作的决定》，提出"争取在三、五年内修建新的制片厂，以便能有计划地生产彩色故事片"。在这一决策精神下，西北、中南、西南等电影制片厂基地的建设开始提上议事日程，并决定西北电影基地建在西安市，计划于1956年着手筹建工作。

1955年9月29日，国家建设委员会下达建设（孔）字第96号文件，正式批准建设西安电影制片厂，1956年4月28日，为贯彻"百花齐放，百家争鸣"的方针，创造社会主义民族新电影，电影局在北京西单舍饭寺召开电影制片厂厂长会议，拟定了《关于改造电影制片厂工作若干问题的报告》，其中第七条为"关于今后制片厂的基本建设方针……重点建设北京电影制片厂和尽可能争取建设地方厂（如广州厂、西安厂）的方针"。同月，陕西省文化局成立西安电影制片厂筹建处[①]。

1958年5月1日，西影厂的基建工程正式开始。同年6月，经过西影第三次筹建会议的决定，

---

① 文源. 西影电影产业历史发展及现状[D]. 西安：西北大学，2008.

图5-4-85 建厂初期的西影厂
（资料来源：http://www.sn.xinhuanet.com/2018-10/16/1123567990_15396844227631n.jpg）

确定西影厂按照"一面建设、一面生产"的行动方针适应全国电影工作跃进会议后的新形势。同年8月，西影厂厂房还未完全竣工，但为适应形势，在西影厂大席棚下召开会议，由陕西省文化局局长鱼讯代表省委和省政府宣布西安电影制片厂正式成立。

1960年5月，西影厂基本完成设计方案的全部基建任务，一大两小座摄影棚在国内已达到当时的先进水平，同时还包括洗印车间、技术大楼、制景车间、布景仓库等，西影厂以崭新的面貌踏上征程（图5-4-85）。

1960—1966年，继"大跃进"和"反右倾"运动之后，国内又刮起"共产风"，加上自然灾害和中苏关系恶化的影响，使得中国经济建设步入三年的困难时期，西影厂的拍摄题材、创作思想、作品产量均受到较大的影响。1966年下旬，受到"文化大革命"的影响，全厂工作和生产全部停止。

1966—1976年，西影厂经历了十年动乱的磨难和复苏。在1966—1970年五年时间内处于全面停产状态，1971年开始陆续恢复生产。

1977—1983年，是西影厂的转折期。成功走出十年动乱的废墟后，在声势浩大的经济改革以及思想解放运动的大背景下，由于重视电影艺术的探索，国家出台多项激励政策，西影厂走上了艺术与效益双丰收的良性循环道路，为之后的发展奠定基础。1979—1982年累计实现利润1498万元，实现影片与效益双赢的目标。1976年以后，在故事片创作上引人注目，《生活的颤音》《第十个弹孔》《西安事变》《没有航标的河流》《默默的小理河》《人生》《野山》7部影片在中外获各类奖16次。[①]

---

① 文源. 西影电影产业历史发展及现状[D]. 西安：西北大学，2008.

1984—1992年，是西影厂的鼎盛时期。在《中共中央关于经济体制改革的决定》的指引下，1984年12月，西影厂成立改革委员会，率先实行厂长责任制，政企分开，实行企业化管理，文艺创作方面在大干创新的同时，不忘电影的社会意义，并且不拘一格的用人机制，使得西影厂成为中国电影"第五代"导演的摇篮。

1993—2000年，西影厂经历了市场经济下的转型，提出"四、三、二制"的改革方针，并且大力发展多种经营，但由于各种原因，经营结果并不尽如人意。

2000年，西影厂联合上海西城实业有限公司、西安天会信息有限责任公司等8家企业组建了中国电影界首个股份制生产企业——西影股份有限公司，"西安电影制片厂"也从一个单纯的国有企业成为资本多元化的集团。随着西影股份公司成立后，通过数年的市场运作，建立了现代企业制度，成为西部电影集团影视生产的主力军。随着西影厂的迅猛发展，由于厂区建设一直保留着建厂初期的格局，使得西影厂存在着现状空间不能满足信息化智能化影视产业发展的问题。在城市突飞猛进发展的同时，西邻大雁塔——大唐不夜城唐文化景区、南接大唐芙蓉园——曲江池生态文化景区、东连青龙寺文化旅游景区的西影厂，作为新城中的旧区积淀了浑厚的历史底色，等待着绽放新时代的光彩。

随着国家、省、市对坚定文化自信、推动文化繁荣、鼓励利用国家工业遗产资源建设工业文化产业园区的政策支持，在西安区域结构转型和城市高质量发展的背景下，2017年，西影股份有限公司启动"电影圈子·西影电影产业集聚区"更新改造项目，由上海水石建筑规划设计股份有限公司完成更新改造设计。

2020年，电影圈子·西影电影产业集聚区一期更新改造已经完成，预计2022年将完成二期改造工作。

2．遗存状况

（1）厂区整体格局

西影厂区占地约9.88万平方米，主入口位于厂区北侧，厂内建筑以低层、多层建筑为主。厂区入口处为厂办创作楼，中轴线由北向南依次分布1、2、3号摄影棚、置景车间、洗印车间、特技摄影棚，中轴线的东侧为电影培训学校，包括教学楼、读书馆等建筑，西侧为电影剪辑办公楼及配套设施用房（图5-4-86）。

（2）建筑遗存

经过历年建设，西影厂仍遗留着建厂各个时期的建筑，现有五栋建筑作为建筑遗存被保留下来（表5-4-4），分别是厂办创作楼（现为电影多媒体演示中心B座，图5-4-87），1、2、3号摄影棚（图5-4-88），置景车间（图5-4-89），洗印车间（图5-4-90），读书馆（现为影视数码制作中心），特技摄影棚。遗存建筑结构主要为砖混结构，由于建筑使用功能的差异性，1、2、3号摄影棚为钢桁架结构。

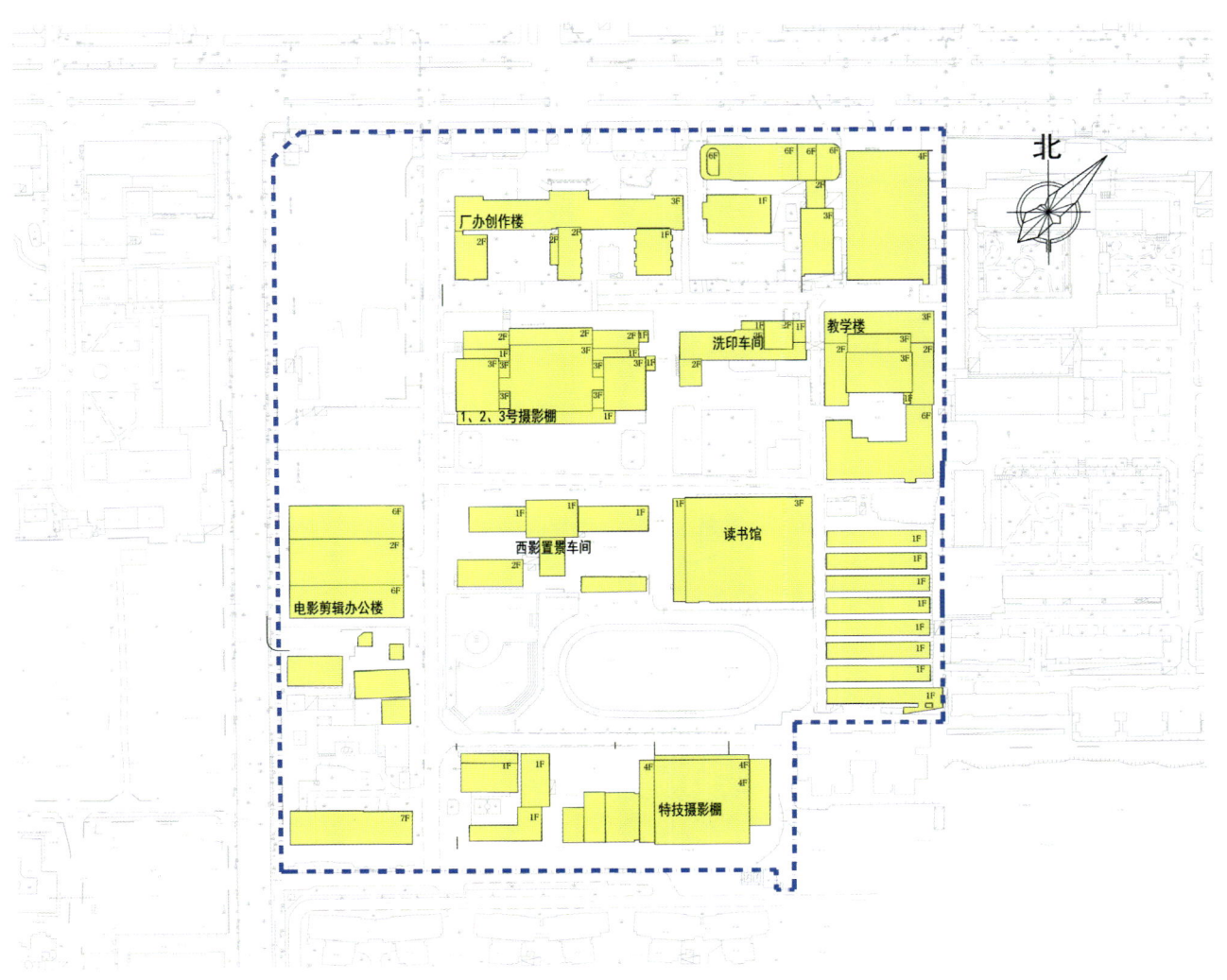

图5-4-86 西安电影制片厂厂区总平面图

表5-4-4 西安电影制片厂主要建筑物遗存统计表

序号	建筑名称	建成时间	建筑结构	层数	建筑面积/㎡	改造前建筑保存情况
1	厂办创作楼	20世纪60年代	砖混结构	3层	6176	良好
2	1、2、3号摄影棚	20世纪60年代	钢桁架结构	3层	8885	良好
3	洗印车间	20世纪60年代	砖混结构	1层	3779	良好
4	读书馆	20世纪60年代	砖混结构	3层	8749	良好
5	置景车间	20世纪60年代	砖混结构	2层	748	良好
6	特技摄影棚	20世纪60年代	砖混结构	2层	1949	良好

图5-4-87　厂办创作楼

图5-4-88　1、2、3号摄影棚

图5-4-89　洗印车间

图5-4-90　置景车间

3．非物质遗产

1）西影厂大事件

作为西安电影制片厂的延续和发展，西部电影集团于1956年筹建，并于1958年正式成立。现已进入中国六大电影集团之列，同时也是四大国家电影产业布局之一。在成立伊始，就贡献了众多优秀故事影片。短短不到二十年的时间内，获得了国内外诸多电影奖项十余项，在电影创作方面的佳作有《西安事变》《野山》《生活的颤音》等。

2）西影厂获奖项目

在西影厂半个多世纪的发展历程中，数百部佳片获得了国内外包括美国奥斯卡金像奖、柏林国际电影节金熊奖、威尼斯电影节金狮奖、法国戛纳电影节金棕榈奖、美国电影电视金球奖在内的多个全球电影行业内最高荣誉。1986年，由吴天明导演执导的电影《老井》获日本东京电影节最佳故事片金麒麟奖，铺就了西影厂优秀佳片斩获国内外各类奖项的辉煌之路。获得最高殊荣的中国大陆电影中，多数都出自西影厂。至今柏林电影节金熊奖的大陆获奖影片所有三部，加拿大蒙特利尔国际电影节大奖的大陆获奖影片所有三部，威尼斯国际电影节金狮奖八部获奖影片中的四部，法国戛纳电影节金棕榈奖六部获奖影片中的三部，均出自西安电影制片厂。

3）西影厂有影响力的人物

在西影厂这片沃土中，培育和成长出了许多优秀的知名导演、剧作家、编剧、摄影、美术、音乐人以及演员，为中国电影事业的发展和腾飞作出了巨大的贡献，他们当中许多人现在依旧活跃在电影一线，在国内国际影坛均享有极高的声誉和影响力。

（1）电影导演

西影曾经代表了华语电影的最高成就。在西影蓬勃发展的几十年当中，从这里先后走出了钟纪明、孙敬、郭阳庭、林丰、吴村、姜应宗、东方、刘宝德、刘斌、于连起、成荫、田炜、谢飞、吴天明、滕文骥、姚守岗、颜学恕、张子恩、艾水、李云东、金音、黄健中、张艺谋、陈凯歌、顾长卫、黄建新、何平、田壮壮、吴子牛、王新生、李少红、严浩、侯咏、冯小宁、周晓文、姜文、杨亚洲、刘惠宁、张汉杰、周友朝、孙周、叶大鹰、何志铭、王全安、芦苇、张建东、丁黑、阿甘、陆川、贾樟柯、柴子轩、宁浩、金铁木、李杨、付晓健、张扬、金琛、施润玖、张元、盟京辉、安战军、章明、杨树鹏、马晓等好几代近百位享誉国内外的著名电影导演，他们在这里辛勤劳作、叱咤风云。

（2）影视剧作家

长期给西影贡献作品的作家中陕西军团和西部作家很多，主要有：杜鹏程、李若冰、朱鸿、京夫、乔盛、雷涛、赵熙、张贤亮、莫伸、鹤坪、和谷、商子雍、雷抒雁、毛锜、雷涛、王蓬、叶广芩、白阿莹、冯积岐、朱鸿伸、李国平、李康美、冷梦、红柯、张虹、高建群、阎安、王芳闻、王愚、王仲生、文兰、刘成章、刘建军、李星、李凤杰、杨韦昕、赵熙、畅广元、曹谷溪、程海、雷进前、王观胜、杨乐生、杨焕亭、韩霁虹、红柯、张虹、李康美、常智奇、吴克敬、方英文、周艳芬、马建勋、黄建国、马玉琛、邰科祥、姚逸仙、王观胜、马珂、秦泉安、王晓渭、胡宗锋、李浩、杨达复、李西建、张雨金、孔保尔、邢德朝、王琪、孙卫卫、杨广虎、王延平、崔彦、石少利、田冲、小舞、陈武涛、袁博、秦豫、杨麟、西毒何殇、叠水、李异、亡蛹、非击、王彦明、子村、黑河、秦客、胡桑、兰逸尘换、无痕、海云（张志海）、高璨、陈奕博、张悉妮、艾蒿（李小军）、红雪子（张斌）、师永涛、张紧上房、羊一（蔡陆洋）、秦客（王刚）、木子（李明）、李寻欢等数百位老中青作家。

此外还有柳青、路遥、陈忠实、贾平凹、莫言、陈源斌、苏童、余华、韩雪红、萧云儒、周明、叶广芩、高建群、京夫、刘恒、李若冰、赵熙、莫伸、商子雍、红柯、雷抒雁、吴宓、屈涛、刘成章、孙见喜、张贤亮、延艺云、丛维熙、蒋子龙、叶蔚林、谭谈、钟阿城、郑义、冯骥才、张锐、张敏、王宝成、杨争光、王朔、孙毅安、李唯、竹子、李岩希、王凉等作家。

郑重、张子良、刘恒、芦苇、杨争光、莫伸、孙毅安、王宝成、竹子、张敏、李岩希、月城等电影编剧，在这里奋笔驰骋、纵横千言。

（3）电影摄影

韩忠良、王志雄、曹金山、凌宣、陈万才、

朱鼎玉、刘昌煦、米家庆、顾长卫、赵海夫、王新生、马德林、侯咏、智磊、吕乐、赵非、杨轮、吕更新、王晓明、赵镭、赵跃林等几代电影摄影师在这里追光如影、聚焦人生。

（4）电影美术

胡强生、张晓辉、王非、霍廷霄、艾农、卢广才、钱运选、刘兴厚、杨钢、李行震、曹久平、程明章、王炎林等几代电影美术师在这里浓墨点染、丹青写意。

（5）电影音乐

许友夫、李耀东、魏瑞祥、赵季平、陶龙、程池等几代电影音乐作曲家在这里谱写了辉煌壮丽的乐章。

（6）电影演员

王丹凤、冯喆、韩涛、周文彬、许还山、斯琴高娃、孙飞虎、刘晓庆、陈冲、王学圻、陈道明、陶泽如、潘虹、高明、郑大年、智一桐、娜仁花、周里京、陈学刚、韩炳杰、姜文、李保田、巩俐、达式常、冯巩、张路、牛振华、雷恪生、白灵、申军谊、宁静、刘佩琦、吕丽萍、孙海英、张丰毅、蒋雯丽、葛优、倪萍、姜武、王啸晓、倪大宏、陈小艺、李琦、何赛飞、李雪健、瞿颖、郭达、李云娟、孙淳、尤勇、廖学秋、张世、李琳、傅彪、石国庆、刘威、王姬、高发、陈述、张铁林、戴春荣、刘江、章子怡、赵薇、蒋宝英、余男、周杰、张延、侯勇、张嘉译、范冰冰、张涵予、李冰冰、王志飞、吴刚、王学兵、闫妮、袁泉、夏雨、刘乃艺、董洁、段奕宏、张雨绮、张静初、郭涛、姚晨、刘晓虎、苗圃、王茜华、成泰燊、白冰、富大龙、景甜、凌潇肃、孙菲菲、喻恩泰、马伊琍、文章、傅淼、姚鲁、王宝强、海清、佟大为、高圆圆、陈坤、刘烨、魏敏芝、窦骁、周冬雨、付辛博、吕星辰等好几代数百位中国大陆老中青一线电影演员、影视明星，有些演员甚至已经到国际影坛发展，可见西影的国际影响力和声誉。

4. 保护与更新

（1）整体思路及理念

西影厂的改造更新注重"保护与发展""局部与整体"的思路，以工业遗产全面评估为基础，保护西影的空间肌理、建筑形态、场所精神；运用触媒理论，完成功能更新、空间更新、文化更新，并从"项目—片区—城市"多层次综合分析改造项目的触媒连锁反应，结合区域环境和内部特征实现其生态、功能、经济上的复兴，展现电影文化和现代文明。

西影厂区遵循"无伤痕开发"的保护利用理念，保护西影的文脉，挖掘西影60余年积累的深厚影视文化积淀，传承精益求精的电影工匠精神，保留厂办创作楼、摄影棚、洗印车间、置景车间等工业遗产建筑空间和风貌，并植入新的功能，将厂办创作楼改造为电影多媒体演示中心，将读书馆改造为影视数码制作中心，并新建多媒体演示中心、西影国际影城、西影培训中心等新建筑（图5-4-91），构建一个开放共享、共生共融的影视产业生态圈。

（2）改造方法

西影厂在整个厂区保护利用中运用电影建筑学的理念，盘活西影文化，丰富了西安工业旅游产业链条。在对该厂旧建筑修护和场景营造中运用电影建筑学，实现了历史情境、建筑遗产的精确还原，完整保存了1958年的历史格局，保留了一代西影人的电影文化记忆，盘活了西影60多年的文化艺术积淀和品牌资源，丰富了西安工业旅

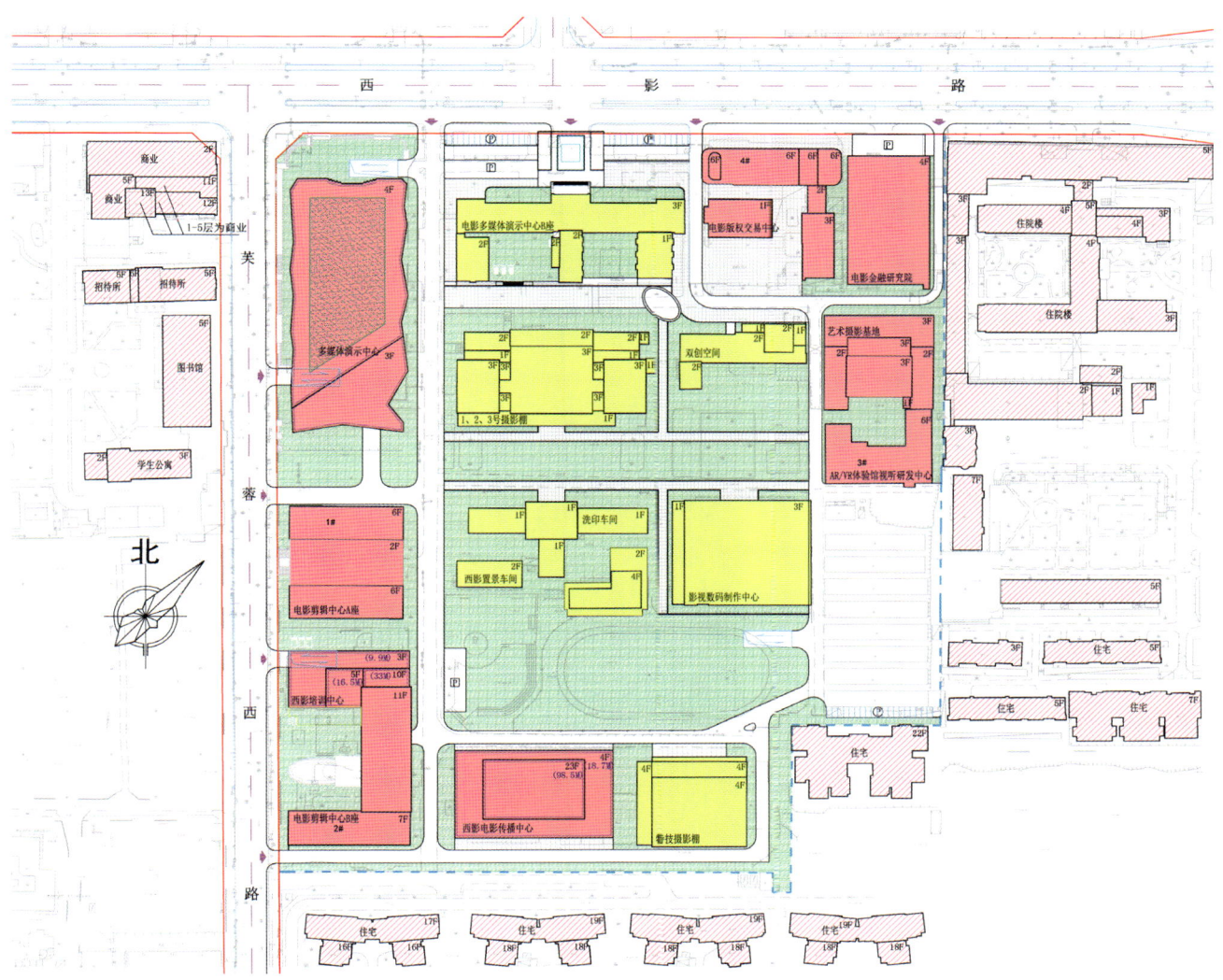

图5-4-91 西安电影制片厂规划总平面图

游内涵,是对工业遗存的传承与激活。再利用中通过打造参与式电影文化开放街区(图5-4-92),让电影工业艺术走进群众生活,通过展示电影技术、电影艺术的时代变化,营造体现时代芳华的新兴城市活力区域,实现了老百姓对曾经略感神秘的影视文化的感知体验,让历史文脉在城市更新中得以延续,满足人民日益增长的精神文化生活需求。

(3)功能更新策略

发挥地标作用,创造多元文化片区。将场地规划设计成集电影制作、创意产业园、城市公园为一体的城市多元混合区,以全新的形式继承

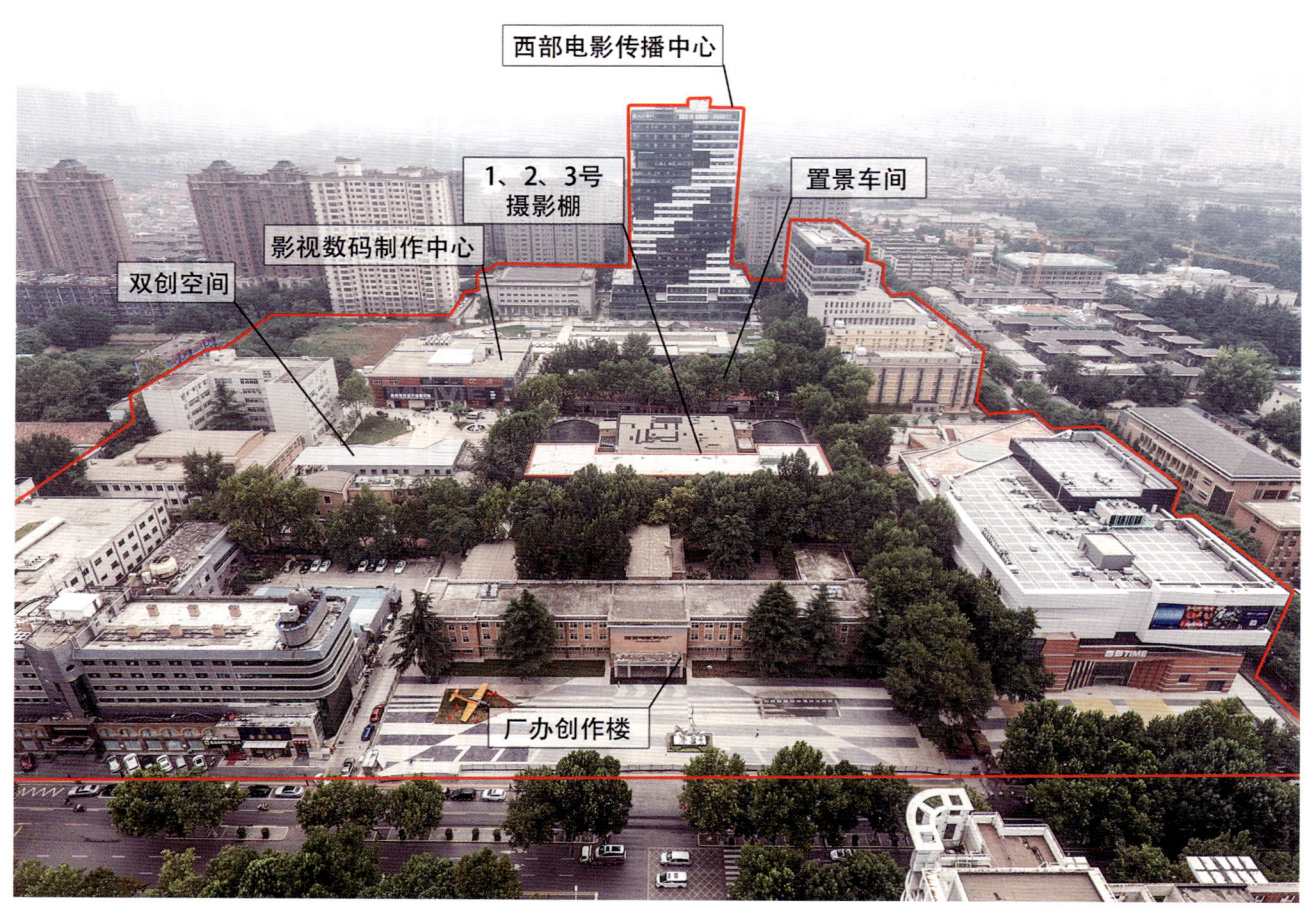

图5-4-92　西安电影制片厂改造后鸟瞰照片1

和发扬西影厂原有的地标作用。打造高科技片场区、影视娱乐体验区、影视工业旅游和影视制作体验四大功能区块。保留1、2、3号摄影棚，作为电影音乐基地及与曲江音乐厅共建打造原创音乐基地使用，保留原有的电影多媒体演示中心，作为容纳电影制作教育展示、道具展示、各年代古董放映机展示的电影博物馆。

改造过程中新建一座多媒体演示中心，用于西影院线及电影衍生品展示；新建一座西影培训中心，用于电影编、导、演、摄、录、美行业职业培训；新建一座西影传播中心，用于聚集陕西影视产业上中下游企业，形成从剧本编撰、影视投资、拍摄、审片到宣发的产业全流程生态圈；规划一座电影原创中心，用途为以大众创业、万众创新为出发点面向全国进行社会原创剧本，为剧本交易打造行业平台。

（4）空间更新策略

梳理开敞空间，形成空间联系，提升整体品质，实现人车分流，提高车流可达性。保证停车便捷，配置足够的地上、地下停车场地。完善道路体系，规划连续不间断的步行游览路径。以环形景观轴贯穿整个场地，连接景观大小节点。营造多样空间，景观节点陈列与西影厂电影记忆相关的小品。拆除1#建筑和4#建筑超过18米限高部分，满足大雁塔—青龙寺通视走廊限高要求。打造优美天际线，强化地块的中心地标作用，构建空间层次感（图5-4-93）。

（5）文化更新策略

寻找核心价值和文化记忆，塑造主题明确的影视空间环境，与大雁塔等周边历史文化要素相得益彰，延伸区域文化内涵，激发经济活力。实现对文化的感知体验，实现由观众向影视剧主角的转换体验，促进小成本影视剧制作的发展，让曾经略显神秘的电影文化走进群众生活，丰富老百姓的文化生活。在建筑改造方面提取电影等时代元素，展现凝固时间的艺术。开放空间的塑造上，体现西影光辉精神的同时，打造适应当代生活方式的城市人文景观和公共开放空间，营造

图5-4-93　西安电影制片厂改造后鸟瞰照片2

（资料来源：http://p8.itc.cn/images01/20200925/5731d40ccd2d49bbbcf210130fe7e0aa.jpeg）

体现时代芳华的开放街区式文化创意公园。环境营造方面，弘扬西影文化，通过举办展览、策划活动、设置小品、夜景展示等方法，展现大院情节，体现工业创意街区的艺术设计，营造电影主题的空间氛围（图5-4-94～图5-4-97）。

5．工业遗产价值

西安电影制片厂是国家在西北地区重点布局的唯一一个电影制片厂，是我国第一个在国际A级电影节获得最高奖项、获国际奖项数量位居全国第一、影片出口量全国第一的全国电影制片单位。也是新中国成立初期党中央对国家电影总体发展决策的重要落实地，结束了我国西北地区不能摄制故事片的历史。从"西安电影制片厂"到"西影股份公司"再到"西部影视集团"，西影厂的存在见证了中国电影历史风雨沧桑的六十载，在国内外电影历史上创造了卓越的成就，具有极高的历史、社会、文化、科技等方面价值。

图5-4-94　厂区入口改造

图5-4-95　置景车间、洗印车间改造

图5-4-96　读书馆改造

图5-4-97　1、2、3号摄影棚改造

5.4.7 西安半坡国际艺术区（国营西北第一印染厂）

原名：西北第一印染厂

现名：西安半坡国际艺术区

地址：西安市灞桥区纺织城西街238号

占地面积：9.7万平方米

更新时间：2012年

设计单位：陕西经邦文化发展有限公司

国营西北第一印染厂（以下简称"西北一印"），位于西安市东郊纺织城北部，始建于1958年，是"一五"期间苏联援助的156个重点项目之一，曾是中国最大、最集中的印染企业，是当时西北地区印染行业内第一家也是唯一的一家全能印染企业，为国家经济建设作出过重大贡献，产品远销世界各地，曾被荣称为"亚州一流"的大型印染企业。20世纪90年代以后，随着国家产业结构的调整，市场出现大逆转，西北一印连年亏损，并于1997年全面停产。2008年之后，政府全面实施振兴纺织城片区的发展战略，逐步推进片区的改造工作，利用现有厂房资源，开拓新的领域，打造西安自己的艺术园区。

1. 历史沿革

1949年，国家将陕西省列为全国重点发展的纺织工业基地之一，并由苏联援建。经过多次勘测，确定在西安市东郊郭家滩建设棉纺织厂。

1955年10月，国家计划委员会批准筹建国营西北第一印染厂。同年11月，由纺织工业部所属纺织工业设计院设计，西北一印年产纯棉狭幅（77～90厘米）漂（白）、色、花布1.2亿米。在统购统销年代，在全国人民平均年分布票15.2尺[①]

图5-4-98　车间内景旧照

（资料来源：http://img.mp.itc.cn/upload/20170620/d1ade98473c540b5a3b3b626d9728886_th.jpg）

图5-4-99　厂房外观旧照

（资料来源：http://s6.sinaimg.cn/bmiddle/519da8bax64a9caf8adb5）

的情况下，一印可为近4000万人解决穿衣问题。

1960年7月，西北一印正式投入生产（图5-4-98、图5-4-99），该厂是在苏联专家西皮良柯夫的帮助下，我国自己设计、自行建设，主要用国产54型印染设备的第一个大型印染厂，是当时西北地区唯一的全能印染厂，有"东亚第一大厂"之美誉。

1989年，西北一印厂年产印染布7173万米，其中涤棉混纺和纯化纤布3745万米。出口交货

---

① 尺，非法定计量单位，1尺=33.33厘米。

图5-4-100　西北一印产品展示
（资料来源：西北第一印染厂提供）

2728万米，外贸收购总值8967万元。其出口数在陕西印染行业中居首位。

1958—1990年，纺织行业在计划经济时代成为陕西省创汇第一大行业，生活配套齐全，带动附近农村欣欣向荣的发展，在这片土地上曾诞生出工业文明的辉煌传奇，整片纺织城区域曾是西安最繁华的区域之一，也被称为西安的"小香港"。直到1997年，西北一印共生产各种印染布约40亿米（图5-4-100），实现工业产值约50亿元，上缴利润税金和折旧基金3.5亿元。

1997年，西北一印全部停产。

1998年下半年，政府部门决定由总部在北京的中国华诚集团兼并重组三、四、六厂和西北一印及陕棉十一厂，并组建陕西唐华集团公司。

2001年3月陕西唐华一印有限责任公司成立。但这样的"兼并"，并未让厂区"蝶变"重生，2007年该厂依然没落，由于西部纺织业的衰落以及高新技术产业的发展，与纺织业休戚相关的纺织工业基地，在时代变迁中，终于完成了它的历史使命。保留了苏联建筑风格的上万平方米厂区被闲置。

2007—2012年，西安的艺术家来到纺织城已经破产的唐华一印厂，被简洁高大的厂房建筑吸引，并与该厂以低廉的租金签约，随后聚集了众多的艺术家和艺术机构。至此，历史上的唐华一印的生产车间变成了纺织城艺术车间。唐华一印厂制定了边积累、边改造、边租赁的滚动式的发展策略，拓宽和加固了厂房的中央通道，翻修厂房、环厂路，改造了供水、供电等系统。随着艺术文化氛围日渐浓厚，吸引了大批慕名而来的市民和游客。昔日的破败工业厂区也因此摇身一变，成为了人气高涨的文化艺术区。

2012年，陕西经邦文化发展有限公司与西安市灞桥区政府联手开发半坡国际艺术区项目，"纺织城艺术区"更名为"半坡国际艺术区"。项目保留并改造核心区主厂区，并对周边原有建筑物加以改造或新建，拟将艺术区打造为西北规模最大、功能最全面、最具影响力的文化艺术基地。

目前，西北第一印染厂的更新改造基本完成，艺术区入驻的部分企业中，以餐饮、教育培训、室内设计企业为主，受到2020年疫情影响，经营状况虽略有起色，但与艺术区的主题关联度较弱，和原先的定位相去甚远。

2．遗存状况

（1）厂区整体格局

西北第一印染厂占地面积约9.7万平方米（图5-4-101），主入口位于厂区东侧，紧邻纺西路，南侧为原西北第三棉纺织厂，西侧紧邻纺织城铁路专用线。厂区以低、多层工业建筑为主，其中入口为厂前区，为多栋低层办公类建筑，中部为印染厂房，为低层大跨度厂房，西侧为铁路专用线、库房及站台等低层建筑。

（2）建、构筑物遗存

西北一印厂区内保留了1栋印染厂房、5栋办公用房、2栋仓库用房及周边设备用房（表5-4-5）。印染厂房为锯齿形，是主体钢桁架结构的工厂车间用房（图5-4-102）。办公用房为砖混结

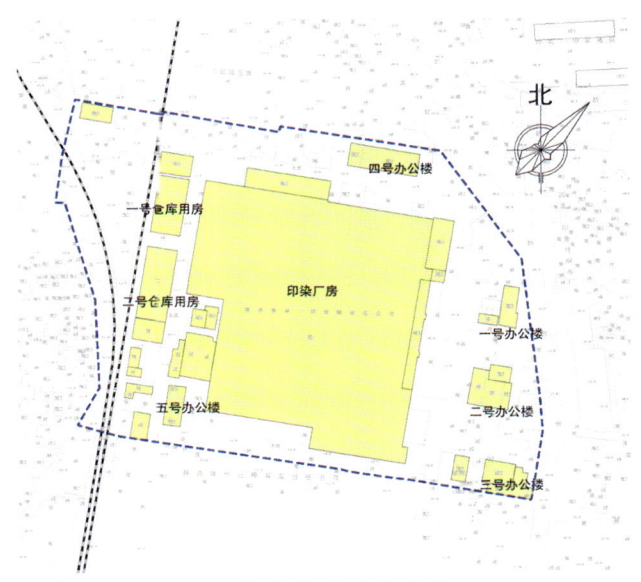

图5-4-101　西北一印生产区总平面图

构，苏式建筑风格（图5-4-103）。仓库用房及周边设备用房为砖混结构。厂区内还保留了两条铁路专用线（图5-4-104）。

表5-4-5　西北第一印染厂主要建筑物遗存统计表

序号	建筑名称	建成时间	建筑结构	层数	建筑面积/m²	改造前建筑保存情况
1	印染厂房	20世纪50年代	钢桁架结构	主体1层，局部3层	47 268	良好
2	一号办公用房	20世纪50年代	砖混结构	3层	1443	良好
3	二号办公用房	20世纪50年代	砖混结构	主体1层，局部2层	1299	良好
4	三号办公用房	20世纪50年代	砖混结构	2层	1584	良好
5	四号办公用房	20世纪50年代	砖混结构	主体4层，局部5层	4475	良好
6	五号办公用房	20世纪50年代	砖混结构	主体5层，局部6层	2432	良好
7	一号仓库用房	20世纪50年代	砖混结构	主体1层，局部3层	2488	良好
8	二号仓库用房	20世纪50年代	砖混结构	1层	1903	良好

 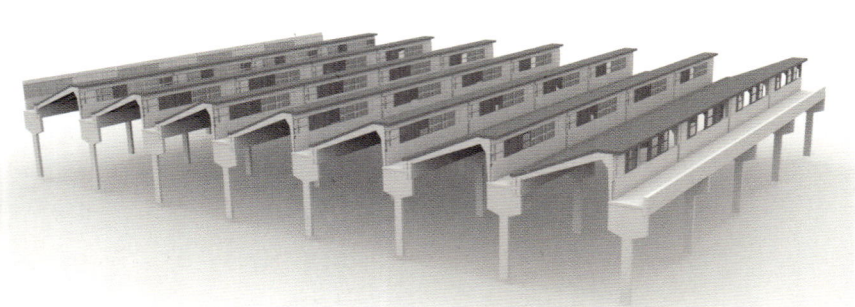

图5-4-102　印染厂房照片与结构模型

图5-4-103　办公用房　　　　　　　　　图5-4-104　保留铁路专用线

（3）设备遗存

西北一印厂区保留燃煤机车、老式印染机等设备遗存（图5-4-105、图5-4-106），成为20世纪60年代经济发展、时代进步和社会文明的标志，代表一个时代的生产力发展水平，并强化了工业遗产设备遗存的保护。通过设备的展示，增加厂区的场景感，唤醒人们的共情感，留存工业遗产记忆。

3．非物质遗产

（1）纺织产业文化

西安纺织城是我国五大纺织老工业基地，是孕育出我国纺织产业类文化的重要基地之一。经历过几十年的发展，西安纺织城是我国保持最为

图5-4-105　燃煤机车

图5-4-106　老式印染机

完整的纺织老工业区，蕴含着丰富宝贵的纺织文化，成为我国纺织产业类文化的重要代表。即一种吃苦耐劳的劳动文化；一种崇尚美，引领社会时尚的生活文化；一种共和国纺织业的创始、创新、创造的产业文化。

（2）企业精神

西安纺织城的企业精神、文化、理念具有极高的民族信念感和使命感。伴随着西安纺织城的发展历程，纺织城的文化已经在人们心中留下深刻的烙印。在鼎盛时期被本地居民亲切地称作"小香港"，这是人们对纺织城工人辛勤劳动的认可。同时在纺织工业基地涌现出一大批劳动模范，带领该区域乃至西安的体力劳动者向前进。同时居住在该区域的居民已经适应了纺织城老工业区的生活方式，在社会快速发展的现在，原住民对工业区辉煌历史的怀念、不舍的情怀，对西安纺织城再次蓬勃发展的美好愿景，成为纺织城社会文化的重要组成部分。

4. 保护与更新

1）纺织城整体工业遗产利用规划

2007年10月，西安市正式提出全面振兴纺织城地区的战略性任务，并委托西安建大城市规划设计研究院和西安市城市规划设计研究院共同完成《西安市纺织城地区振兴发展规划专项研究》的编制工作。规划提出，以4个纺织厂和1个印染厂为主体的纺织城片区，在城市发展中将形成"以纺织业与商贸物流、文化创意产业为支撑，居住环境良好、文化特色突出，并与浐灞生态区共同构建城市东部新区，保护利用工业遗产，打造丝路与纺织文化主题，建设大型商贸物流中心及文化创意园区"[①]。在城市空间发展中，现有纺织城核心区工业用地将被逐步置换调整为商贸及文化等公共设施类用地，发展丝路商贸中心、文化创意等产业，利用交通区位优势，建立集仓储、运输、代理、配送、批发、交易、信息、金融、办公、配套服务于一体的物流园区（图5-4-107）。

图5-4-107　纺织城地区功能布局规划

[①] 西安市城市规划设计研究院. 西安市灞桥区纺织城分区规划（2008—2020）[R]. 2008.

图5-4-108　西安半坡国际艺术区更新平面图
（资料来源：西安建大城市规划设计研究院）

图5-4-109　入口空间

2）西北一印工业遗产的更新改造

（1）改造目标

西安半坡国际艺术区遵循"保护性利用为主、改造和整理为辅"的思路，采用少量补充新建的原则，大面积、高标准进行绿化、景观、水景、雕塑、浮雕建设，打造一个集历史文脉、当代艺术、文化产业、建筑空间、休闲生活于一体的综合艺术园区，形成西安市最重要的艺术家创作基地和公众参与艺术、享受艺术的中心场所。艺术区内以主流艺术为主，兼容并蓄其他艺术形式，是艺术家创作、展示、交流、销售的平台，更是人民大众享受艺术、休闲消费的场所。

（2）改造方式

保留并改造主厂区，对周边建筑物加以针对性改造或新建，保留办公楼、生产车间、仓库等老建筑原汁原味厂房结构，对工业遗产加以利用，以老厂区物质空间为载体，改造成颇具现代艺术气息的休闲文化创意产业园，打造成市民艺术、休闲度过周末好时光的综合性时尚地标（图5-4-108、图5-4-109）。

其空间规划设计保留工业遗产，突出工业质感。工业质感是环境基调和大背景，突出工业质感的核心是保护西北一印的核心建、构筑物和典型空间特征。厂区内很多建筑保存完好，灰色的砖墙、简洁实用的混凝土框架、穿插的管道、粗犷的污水处理厂景观，都是原纺织工厂的真实写照。更新时对这些特征进行了保护与强调，如在主厂房入口处增加金属感极强的几何感檐口、将原生态的竹木改造为内部建筑的表皮，充分体现了现代感（图5-4-110，图5-4-111）。

图5-4-110　主厂房的入口改造

（3）注重精神与文化复兴，打造艺术地标

通过对工业建筑的再利用，构建新长安文化艺术的全面集结地，成为陕西省美术家协会、西安中国画院等文化机构，以及众多独立艺术家的创作、展览、学术研讨交流等活动的场所。将城市文化艺术的生长空间，从小作坊走向规模化集结，从自发运动走向自觉的系统化运营，从单打独斗走向宏大格局，重构个体创作与社会经济结构之间新的关系。

其运营植入了剧场、油画、雕塑、陶艺、摄影、行为艺术、茶室、健身中心等与片区已有功能互补的产业类型（图5-4-113），已举办多场艺术活动，形成具有一定规模的文化创意产业。

（4）加强乌托邦与现实握手，构建文化产业基地

打造文化艺术创作与输出基地，通过对现

图5-4-111 厂房内部商铺的立面改造

除了对主厂房和附属建筑的改造外，还通过环境雕塑、小品、涂鸦等手法，在工业质感背景环境中塑造景观亮点，起到画龙点睛的作用（图5-4-112）。

图5-4-112 丰富的涂鸦给旧厂房和环境增加了时尚气息

剧场　　　　　　　　　艺墅　　　　　　　　　茶室

图5-4-113　多样化的新功能植入

有空间的利用，实现以多元产业之间的聚合、衔接、互动，形成产业链效应，实现先锋意识与传统情调的共存，实验色彩与社会责任的并重，精神追求与经济筹划的双赢，艺术家与大众的互识互动。从而推动城市文化创意产业跨越时代新里程。建设区域文化的重要阵地，对区域发展产生重要的促进作用。

（5）工业遗产与旅游结合，打造热点旅游目的地

对文化艺术、创意建筑、历史气息有机结合，缔造西安市观光旅游的全新热点。体现厚重砖墙、林立管道、斑驳肌理所构筑的工业文明时代沧桑韵味，与现代创意建筑的国际色彩相互融合，打造一道城市独有的风景线。同时辅以主题酒吧、特色酒店及休闲餐饮等功能区块，营造游览、观光的便利性与愉悦感，使艺术区成为铭记城市印象的流连忘返之地。

5．工业遗产价值

（1）历史价值

西北一印为20世纪50年代由苏联援建，是中国西北地区最大、最集中的纺织工业基地，也是当时中国最大的印染厂，代表着当时中国纺织行业的水平，创造了辉煌的历史，见证了新中国成立之初纺织业的兴衰与发展，蕴含着宝贵的历史价值和文化信息，必须对其进行保护。西北国棉三厂、四厂、五厂、六厂和西北第一印染厂共同构成了生产纺织印染产品的"纺织城"，标志着纺织工业从小规模发展迈向大规模国营经济模式发展的转变，具有中国纺织工业国营化集团化发展的开创性，也奠定了西安近现代工业发展的基础格局，影响了城市发展方向和城市布局，曾在西安经济发展、经营管理、解决就业的社会贡献度上均具有极高的地位。西北第一印染厂作为纺织城中唯一的以印染为主的厂区，有着不同于其他纺织厂的自身特色，是老纺织城产业链中的重要环节，对完整展示老纺织城的风貌有重要意义。

（2）建筑价值

西北一印与纺织城各厂均建于20世纪50年代，是苏联援建项目，在相同的建设背景下，与该地区乃至国内棉纺、印染厂共用一份图纸，其相似的平面布局、建筑形式和结构具有典型的时代特征，对研究该时期纺织厂建筑设计具有重要的科学见证价值。

同时，其建设工程合理地引进并应用当时苏联的先进技术，与西北国棉三厂、四厂、五厂、六厂共同形成规模巨大的苏式建筑群，较好地保留了老工业基地的传统风貌。其工业建构筑物、苏式住宅、街道场所、工业环境等彰显着时代的特征，很好地延续了建筑初期工业生产所衍生的美学价值表现，在建筑空间、生产工作、生活气息等方面无不展示着老工业区的美学价值特质。

（3）科技价值

纺织城内每个纺织类企业都属于全能型工厂，都有一套完整的工艺流程以及相应的生产设备。例如西北一印的梳棉、烧毛、丝光、染色、印花流程，虽然由于产业结构调整出现行业不景气，一些生产工艺和设备被淘汰，但它们作为工业发展的见证，代表了一定时期的生产力发展水平，也需要得到完整的记载和保存（图5-4-114）。

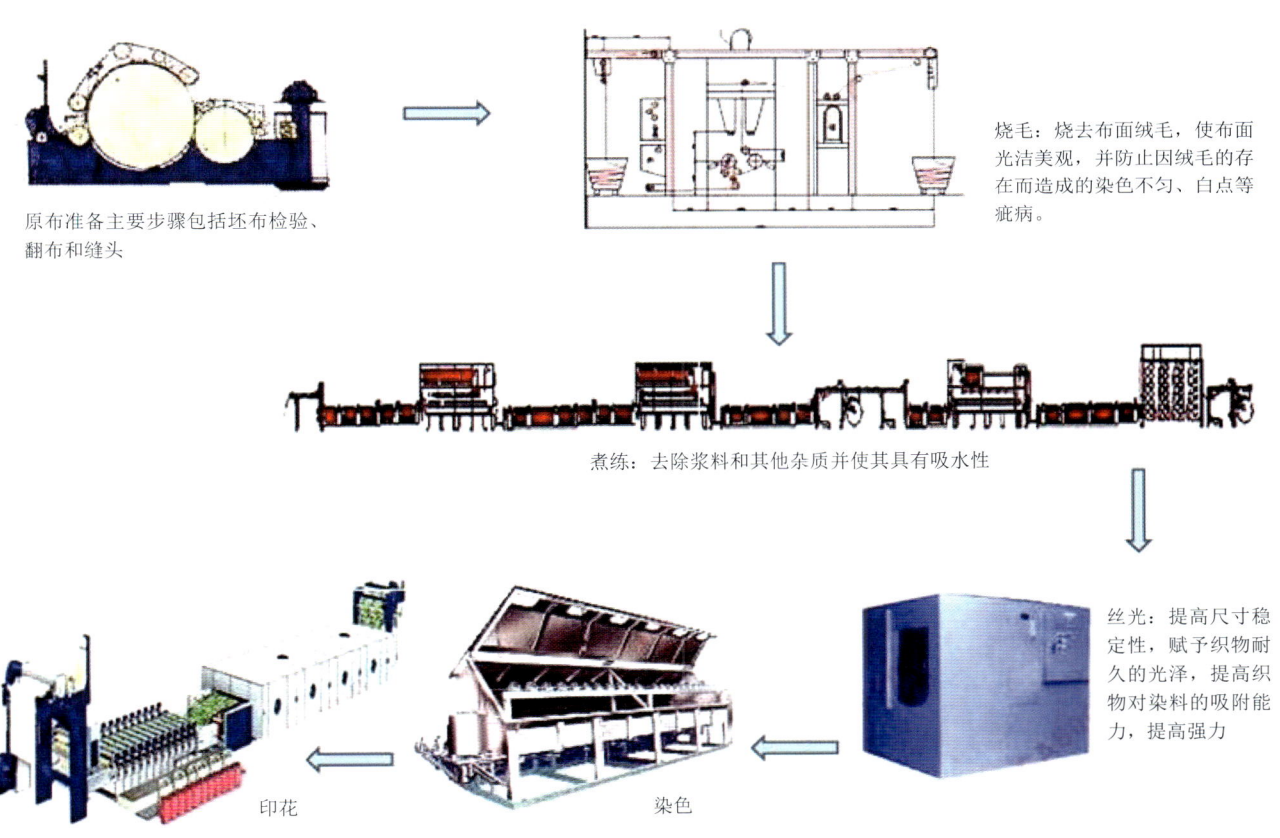

图5-4-114　西北第一印染厂印染工艺流程
（资料来源：西安市城市规划设计研究院提供）

附录 I
国家工业遗产管理暂行办法[①]

第一条 为推动工业遗产保护利用，发展工业文化，根据中共中央办公厅、国务院办公厅《关于实施中华优秀传统文化传承发展工程的意见》、国务院办公厅《关于推进城区老工业区搬迁改造的指导意见》，以及工业和信息化部、财政部《关于推进工业文化发展的指导意见》，制定本办法。

第二条 开展国家工业遗产保护利用及相关管理工作，适用本办法。

第三条 本办法所称国家工业遗产，是指在中国工业长期发展进程中形成的，具有较高的历史价值、科技价值、社会价值和艺术价值，经工业和信息化部认定的工业遗存。

国家工业遗产核心物项是指代表国家工业遗产主要特征的物质遗存和非物质遗存。物质遗存包括作坊、车间、厂房、管理和科研场所、矿区等生产储运设施，以及与之相关的生活设施和生产工具、机器设备、产品、档案等；非物质遗存包括生产工艺知识、管理制度、企业文化。

第四条 开展国家工业遗产保护利用管理工作，应当发挥遗产所有权人的主体作用，坚持政府引导、社会参与、保护优先、合理利用、动态传承、可持续发展的原则。

第五条 工业和信息化部负责国家工业遗产认定等管理工作，指导地方和企业开展工业遗产保护利用工作。

省级工业和信息化主管部门、中央企业公司总部负责组织本行政区域内或本企业国家工业遗产的申报、推荐工作，协助工业和信息化部对国家工业遗产保护利用工作进行监督管理。

第六条 鼓励和支持公民、法人和社会机构通过科研、科普、教育、捐赠、公益活动、设立基金等多种方式参与国家工业遗产保护利用工作。

第七条 申请国家工业遗产，需工业特色鲜明，并具备以下条件：

（1）在中国历史或行业历史上有标志性意义，见证了本行业在世界或中国的发端、对中国历史或世界历史有重要影响、与中国社会变革或重要历史事件及人物密切相关；

（2）工业生产技术重大变革具有代表性，反映某行业、地域或某个历史时期的技术创新、技术突破，对后续科技发展产生重要影响；

（3）具备丰富的工业文化内涵，对当时社会经济和文化发展有较强的影响力，反映了同时期社会风貌，在社会公众中拥有广泛认同；

[①] 工业和信息化部. 工业和信息化部关于印发《国家工业遗产管理暂行办法》的通知 [EB/OL]. [2018-11-5]. http://www.gov.cn/zhengce/zhengceku/2018-12/31/content-5442697.htm.

（4）其规划、设计、工程代表特定历史时期或地域的风貌特色，对工业美学产生重要影响；

（5）具备良好的保护和利用工作基础。

第八条 由遗产所有权人提出申请，经所在地县级或市级人民政府同意，通过省级工业和信息化主管部门初审后报工业和信息化部；中央企业直接向公司总部提出申请，由公司总部初审后报工业和信息化部。

遗产项目涉及多个所有权人的，应协商一致后联合提出申请。

第九条 遗产所有权人应当按要求提交书面申请，同时提交以下文件、材料(复印件)：

（1）遗产产权证明；

（2）图片、图纸、档案、影像资料；

（3）管理制度和措施；

（4）保护与利用规划；

（5）其他可以证明遗产价值的文件、材料。

上述材料内容均不得涉及国家秘密。

第十条 工业和信息化部组织专家对申请项目进行评审和现场核查，经审查合格并公示后，公布国家工业遗产名单并授牌。

第十一条 国家工业遗产所有权人应当在遗产区域内醒目位置设立标志，内容包括遗产的名称、标识、认定机构名称、认定时间和相关说明。国家工业遗产标识由工业和信息化部发布。

第十二条 国家工业遗产所有权人应当在遗产区域内设立相应的展陈设施，宣传遗产重要价值、保护理念、历史人文、科技工艺、景观风貌和品牌内涵等。

第十三条 鼓励各地方人民政府和省级工业和信息化主管部门将国家工业遗产的保护利用工作纳入相关规划，通过专项资金(基金)等方式支持国家工业遗产的保护利用。

第十四条 国家工业遗产所有权人应当设置专门部门或由专人监测遗产的保存状况，划定保护范围，采取有效保护措施，保持遗产格局、结构、样式和风貌特征，确保核心物项不被破坏。

遗产格局、结构、样式和风貌特征出现较大改变的应当及时恢复，核心物项如有损毁的应当及时修复。有关情况应在30个工作日内通过省级工业和信息化主管部门或有关中央企业公司总部向工业和信息化部报告。

第十五条 国家工业遗产所有权人应当建立完备的遗产档案，记录国家工业遗产的核心物项保护、遗存收集、维护修缮、发展利用、资助支持等情况，收藏相关资料并存档。

工业和信息化部负责建立和完善国家工业遗产档案数据库，国家工业遗产所有权人应当予以配合。

第十六条 国家工业遗产的核心物项调整按原申请程序提出。

第十七条 国家工业遗产所有权人应当按照工业和信息化部的要求，向省级工业和信息化主管部门或有关中央企业公司总部提交遗产保护利用工作年度报告，内容包括当年工作总结、下一年的工作计划、国家工业遗产权属变更和规划调整情况等。

第十八条 国家工业遗产的利用，应当符合遗产保护与利用规划要求，充分听取社会公众的意见，科学决策，保持整体风貌，传承工业文化。

第十九条 加强对国家工业遗产的宣传报道和传播推广，综合利用互联网、大数据、云计算等高科技手段，开展工业文艺作品创作、展览、科普和爱国主义教育等活动，弘扬工匠精神、劳模精神和企业家精神，促进工业文化繁荣发展。

第二十条　支持有条件的地区和企业依托国家工业遗产建设工业博物馆，发掘整理各类遗存，完善工业博物馆的收藏、保护、研究、展示和教育功能。

第二十一条　支持利用国家工业遗产资源，开发具有生产流程体验、历史人文与科普教育、特色产品推广等功能的工业旅游项目，完善基础设施和配套服务，打造具有地域和行业特色的工业旅游线路。

第二十二条　鼓励利用国家工业遗产资源，建设工业文化产业园区、特色小镇(街区)、创新创业基地等，培育工业设计、工艺美术、工业创意等业态。

第二十三条　鼓励强化工业遗产保护利用学术研究，加强工业遗产资源调查，开展专业培训及国内外交流合作，培育支持专业服务机构发展，提升工业遗产保护利用水平和能力，扩大社会影响。

第二十四条　工业和信息化部对国家工业遗产保护利用工作进行指导和监督。省级工业和信息化主管部门、有关中央企业公司总部应根据工业和信息化部要求，组织开展本行政区域内或本企业的国家工业遗产保护情况的检查和评估工作，向工业和信息化部及时报告检查、评估发现的问题。

第二十五条　鼓励社会公众对国家工业遗产保护利用工作进行监督，公众发现国家工业遗产保护利用不符合本办法规定的，可向工业和信息化部反映。

第二十六条　国家工业遗产核心物项损毁并无法修复，不再符合认定条件的，由工业和信息化部将其从国家工业遗产名单中移除，遗产所有权人及有关方面不得继续使用"国家工业遗产"字样和相关标志、标识。

附录 II
西安市工业企业旧厂区改造利用实施办法

西安市人民政府于2019年3月12日出台了《西安市工业企业旧厂区改造利用实施办法》[①]。

第一章 总 则

第一条 为加快西安市工业企业旧厂区改造利用步伐，引导和鼓励工业企业按照城市规划有序搬迁和退出，进一步优化工业产业布局，提升企业竞争力，改善城区环境，优化城市功能，促进全市经济社会健康协调发展，制定本办法。

第二条 工业企业旧厂区改造利用是指对城市规划范围内的老旧工业企业，按照城市总体规划进行改造提升，或者对原厂址、厂房进行开发利用的过程。

第三条 旧厂区改造利用按照"政府引导，企业自愿，规划引领，市场运作，先易后难"的原则实施。

第四条 旧厂区改造利用应严格执行城市规划、土地管理、环境保护、文物保护、劳动保护、劳动安全、工业卫生、消防、节水、节能、绿化等有关规定。

第五条 本办法适用于西安市工业企业搬迁改造、退二转三、建设总部经济和改造提升。

第二章 组织机构

第六条 成立由分管副市长任组长的市工业企业旧厂区改造工作领导小组，领导小组成员由工信、发改、财政、人社、资源规划、税务等相关部门以及相关区县政府、开发区管委会主要领导担任。领导小组主要负责全市工业企业旧厂区改造利用工作的组织实施，研究制定鼓励工业企业旧厂区改造利用政策，统筹安排旧厂区改造项目建设计划、城区搬迁企业新建厂区用地指标，协调解决旧厂区改造中的重大问题。领导小组下设办公室，办公室设在市工信局。领导小组办公室（以下简称"市旧厂区改造办"）主要负责制定下达年度旧厂区改造指导性计划，督促计划的落实，指导协调各区县政府、开发区管委会、工业主管部门实施旧厂区改造工作，负责市工业企业旧厂区改造工作领导小组的日常性工作。

第七条 各区县政府、开发区管委会、市级工业主管部门是本辖区、本部门旧厂区改造工作的责任主体，负责本辖区、本部门内旧厂区改造项目的实施和管理工作。

第八条 各区县政府、开发区管委会、市级

[①] 西安市工业和信息化局. 西安市工业企业旧厂区改造利用实施办法 [OL]. http://gxj.xa.gov.cn/xxgk/zcfg/dfzc/5dbcf5d4f99d6553e14cf39e.html

工业主管部门应成立旧厂区改造工作机构，指定专门部门牵头负责本辖区、本单位的旧厂区改造工作，加强组织领导，加大工作力度，全力推动本辖区、本部门的旧厂区改造工作。

第三章 改造利用方式

第九条 根据西安市治污减霾和城市发展要求，城市建成区内的老旧工业企业，按照搬迁改造、退二转三、总部建设和改造提升四类进行改造利用。

搬迁改造。对处于城市建成区内、产品有市场、技术和装备较为先进的老旧工业企业，在尊重企业、自愿搬迁的原则下，结合西安市城市总体规划修改(2018)修编用地性质意见，引导企业搬迁到西安市工业园区。对于城区内高能耗、重污染，不符合土地利用规划、城市规划、国民经济规划、生态环境规划和安全生产条件的老旧工业企业，实施政府主导性搬迁，即限期搬离城市建成区。对于城区内其他老旧工业企业，实行政府引导性搬迁。

退二转三。对处于城市建成区内、产品无市场、技术和装备落后的老旧工业企业，实施"腾笼换鸟"退出工业生产，按照城市规划发展商贸、住宅、文化创意、工业遗产、工业旅游等服务业。

总部建设。对符合规划导向，地处适合发展总部经济和生产性服务业区域的老旧工业企业，允许企业在原址建设，从事技术研发、工程设计、行政管理、财务结算、营销贸易、售后服务等总部经济业态。

改造提升。对处于城市建成区内，符合规划要求、技术工艺先进、符合产业导向、产品附加值高、生产过程污染较少、具有核心技术的老旧工业企业，引导企业进行厂容厂貌、生产过程、污染物治理的技术改造，通过改造改善厂容厂貌，提高工艺技术水平，减少污染物排放，增强企业核心竞争力。

第十条 搬迁企业以及退二转三企业无力发展三产服务业的，原厂址土地原则上应交由政府统一收储。

第十一条 纳入优秀近现代建筑和文物保护单位的旧厂区，其改造利用方式应征得资源规划部门和文物部门同意。对于具有工业遗产价值的老旧厂房，应当遵循科学规划、分类管理、有效保护、合理利用的原则。原则上不应改变原有建筑容积率、建筑密度以及外轮廓线；对于具有文化价值的危旧厂房，鼓励进行保护性修缮和利用；对于可明显展示城市工业发展轨迹的标志性工业设施要予以科学保护，合理利用。

附录 Ⅲ

陕西工业遗产调研案例一览表

附表1　西安市工业遗产调研案例一览表

序号	名称	地址	始建年代	保存或改造利用状况	航拍或照片	简介	遗产身份
1	平民工厂（原名长安纺织工厂）	西安市碑林区东木头市	1921	已拆除	—	陈勋臣在东木头市创办长安纺织工厂，采用河北高阳武安织布机。后迁北关火神庙，改名平民工厂	
2	集成铁工厂	西安市莲湖香米园55号	1933	已拆除		厂长长希仲，集资3万元，生产造纸机、缝纫机、各种工作机	
3	西安利秦工艺社机器漂染厂	西安市莲湖区西门外环城西路南段	1934	已拆除	—	西安利秦工艺社机器漂染厂在东关长乐坊开工生产，这是由安最早的机器漂染厂，由武汉内迁入陕及由山西人投资兴办的	
4	西安第一自来水厂	西安市莲湖区西大街218号	1936	完整		第一水厂坐落于西门外环城西路南段，1936年陕西省建设厅所筹建的"西京自来水厂"旧址。1951年8月由西安市建设局自来水工程处在此重建，1952年10月11日正式投产。1953年1月成立"西安市自来水厂"，占地83.827亩	
5	德记工厂	西安市莲湖区西大街218号	1937	已拆除		合资。资本1000元，有车床2部，钻床1部。厂长霍澄如，职工40人。年生产各种机器278部，车床2部，农工器具约10部	

续上表

序号	名称	地址	始建年代	保存或改造利用状况	航拍或照片	简介	遗产身份
6	四京机器修造厂	西安新城区炭市街	1937	已拆除		集资60万元。厂长赵近仁。职工240人。动力设备有10匹、20匹、30匹马力柴油机4部，车、铣、刨、钻、镗床63台。各种工作机7部，汽车活塞6000只，汽车零件58000只，齿轮180个	
7	大华·1935（原大华纱厂）	西安市新城区大华南路251号	1935	完整，已被保护再利用		1931年九·一八事变后，石家庄大兴纺织厂部分迁到西安，称为长安大兴纺织厂，1936年更名为长安大华纺织厂，1934年的长安大华纺织厂，也是以前的陕西第十一棉纺织，是西北地区最早最大的机器纺织企业。现在的大华·1935保留着车间、机器模型	第三次全国文物普查"百大新发现"之一；大华纺织厂保护利用项目
8	3511厂	西安市雁塔区昆明路3号	1949	完整		3511厂位于西安市雁塔区昆明路3号，最初为原国民党联勤总部军需局织布厂，1949年5月30日更名为西北军区后勤部棉织厂。1965年7月，更名为中国人民解放军第3511工厂，是全军第一家为出口创汇的企业。	
9	西北机器厂（今西北机器有限公司）	西安市长安区创汇路25号	1940	完整		西北机器有限公司由原西北机器厂（国营第七〇九厂）整体改制而成，是我国电子行业研发、制造专用设备的大型骨干企业。位于西安市高新技术开发区，拥有西安科研开发和蔡家坡加工制造"两个基地"，公司占地面积74万平方米	
10	西安第二发电厂（今灞桥热电厂）	西安市灞桥区电厂东路	1951	完整		1951年5月开始筹建，后改名为灞桥热电厂，是我国"一五"时期156项重点工程之一，先后经过五期扩建，目前在役机组有5机7炉，总装机容量24.9万千瓦，为目前陕西省最大的热力生产基地和西安市东部地区重要的电源支撑点	"156项重点工程"项目；1949年后西北地区第一座现代化火力发电厂

续上表

序号	名称	地址	始建年代	保存或改造利用状况	航拍或照片	简介	遗产身份
11	西安市水泥制管厂	西安市新城区东元西路	1951	完整		西安市水泥制管厂，其历史可以追溯到20世纪50年代。基于对历史和人居的尊重，保留苏式大礼堂、火车头、铁轨、600棵原生大树等历史遗存，通过现代景观再设计，打造西安首座工业情景住区	建材工业遗产转型为住区
12	西安油漆制造厂（今西安经建油漆股份有限公司）	西安市莲湖区土门街道团结北路2号	1952	完整		西安油漆制造厂在2005年根据西安市政府企业改制政策改为股份制企业。公司是西北地区最早的制漆行业重点单位，也是中国涂料行业重点单位，是国家高新技术企业	
13	东方机械厂（今西北工业集团）	西安市新城区韩森寨街道幸福南路1号	1953	完整		西安东方机械厂（844厂）是中国兵器工业总公司所属的大型引信专业和战术导弹厂，也是"一五"期间苏联援建的156项重点工程之一。厂区位于西安市东郊的156项重点工程之一。厂区位于西安市东郊南端，占地面积近135万平方米。从选址建厂到基本投产，都是在苏联专家的直接指导帮助下进行的。因此工厂内的建筑具有明显的苏联风格	"156项重点工程"项目
14	华山机械厂（今西北工业集团）	西安市新城区幸福中路146号	1953	完整		西安华山机械厂始建于1953年的第一个五年计划时期，是中华人民共和国与苏联合营的156重点项目之一，是西安"军工城"的代表，该厂研制生产的军用产品多次填充国内空白	"156项重点工程"项目
15	西安昆仑（集团）公司（今昆仑工业集团有限责任公司）	西安市新城区幸福北路67号	1953	完整		是国家第一个五年计划期间建设的156个重点项目之一，隶属于中国兵器装备集团公司。占地面积70多万平方米，其中建筑面积39万平方米，拥有各类设备2700多台（套）	"156项重点工程"项目

续上表

序号	名称	地址	始建年代	保存或改造利用状况	航拍或照片	简介	遗产身份
16	西安黄河机器制造厂（今陕西黄河集团有限公司）	西安市新城区幸福北路21号	1953	完整		陕西黄河集团有限公司是国家"一五"期间156项重点工程之一，于1953年筹建，1958年建成投产。根据国家工业布局安排，黄河是国家唯一家从仿制苏联雷达生产企业。建厂初期，企业从仿制苏联雷达产品开始，发展到今天的军民结合的大型军工电子企业。国营黄河机器制造厂是"一五"期间国家156项重点工程之一。目前的黄河厂拥有职工4000余人，其中各类工程技术人员600多人	"156项重点工程"项目；我国第一个自动跟踪精密炮瞄雷达工厂
17	西安西北光电仪器厂（今西安北方光电有限公司）	西安市长乐中路35号	1953	完整		西安西北光电仪器厂是国家"一五"期间156个重点建设项目之一，是中国兵器工业总公司所属的国家大型Ⅰ类企业。1953年筹建，1957年建成投产，现已成为以电子技术为基础，具有光、机、电设计和生产能力的综合型、军民结合型光电仪器	"156项重点工程"项目；1949后建成投产的第一个现代化的大型国防光学仪器厂
18	国营西北第三棉纺织厂（今陕西唐华三棉有限责任公司）	西安市灞桥区纺织城西街198号	1953	完整		国营西北第三棉纺织厂是建于1953年的大型国有企业，是中国500家最大纺织企业之一，是陕西省的税利大户，创汇大户和纺织工业骨干企业。具有当今世界一流的气流纺、剑杆织机等精良的技术装备、喷气织机、自动络筒机。三厂是第一个落户渭灞之滨的纺织厂	"一五"计划时期国家计划安排的限额以上重点建设单位
19	西安电力电容器厂	西安市莲湖区桃园路北口10号	1953	完整		西安电力电容器厂是我国第一个五年计划同兴建的156项重点工程之一。工厂于1953年开始筹建，1956年动工兴建，1958年7月1日建成开投入生产。西安电力电容器厂的建成投产，标志着我国电力电容器制造业进入了一个独立自主发展的新阶段。迄今为止，西安电力电容器厂一直是我国电力电容器制造业的中心，产品检测和生产的中心，是最大的综合性的电力电容器生产厂	"156项重点工程"项目；我国电力电容器制造的骨干企业

续上表

序号	名称	地址	始建年代	保存或改造利用状况	航拍或照片	简介	遗产身份
20	西安秦川机械厂	西安市新城区幸福中路27号	1954	完整		西安秦川机械厂是中国兵器工业总公司下属的大型一类常规兵器制造企业,是国家第一个五年计划期间156个重点建设项目之一,企业代号"843"。公司是国内最早研制中空玻、发炮机、注塑机产品的企业。成功研制国内首台SCJ230塑料中空成型机,获得国家科技进步二等奖。成功研制的国内首台SCJC500×6多层共挤中空成型机、木塑成型生产线设备,填补了国内空白,代表国内塑机产品及环保新材料的最高水平和发展方向	"156项重点工程"项目;我国精密机床制造行业的龙头企业
21	西安仪表厂	西安市莲湖区大庆路229号	1954	完整		西安仪表厂(集团)于1954年6月11日开始筹建,1956年4月正式定名为"西安仪表厂",1960年4月建成投产,工厂为东德专家设计。20世纪90年代以后,西安仪表厂逐渐被陕西鼓风机集团收购合并。该厂占地面积33.9万平方米,厂区建筑面积28.4万平方米	"一五"计划时期在陕重点项目;我国第一个大型工业自动化仪表装置制造企业
22	国营西北第四棉纺织厂(今西安四棉纺织有限责任公司)	西安市灞桥区东郊纺织城纺织西街168号	1954	已拆除		国营西北第四棉纺织厂,始建于1951年,系第一个五年计划中国家重点建设的156家企业之一。公司位于陕西省西安市东郊纺织城,东依灞河,西邻半坡母系氏族遗址,与在建中的东三环路接壤,北望浐河,经济开发区,南与交大思源学院相望,占地面积78.9万平方米	"一五"计划时期国家计划安排的限额以上重点建设单位
23	西安惠安化工厂(今西安北方惠安化学工业有限公司)	西安市鄠邑区余下镇	1954	完整		西安北方惠安化学工业有限公司隶属中国兵器工业集团公司,是国家"一五"期间建设的156项重点项目之一,属国家重点保军企业。惠安公司是中国兵器工业集团国家级科研生产骨干企业,承担着多项国家级科研生产任务	"156项重点工程"项目

387

续上表

序号	名称	地址	始建年代	保存或改造利用状况	航拍照片	简介	遗产身份
24	户县热电厂	西安市鄠邑区团结西路109号	1954	完整		户县热电厂是国民经济第一个五年计划期间，第一批由国家投资兴建的156项重点建设工程项目之一。1954年1月开始筹建，1957年11月30日第一期工程建成投产，在西部大开发和西电东送中做出新的贡献。2008年，随着国家"上大压小"计划的实施，户县热电厂正式进入关停破产	"156项重点工程"项目；陕西省第一座高温高压热电厂
25	西安开关整流器厂（今西安西电高压开关有限责任公司）	西安市莲湖区大庆路509号	1954	完整		西安开关整流器厂始建于1955年。1965年6月，西安开关整流器厂分出西安整流器厂和西安电工铸造厂，并随之更名为西安高压开关厂；是我国第一个五年计划期间国家156项重点工程之一，经过五十多年的发展，已成为我国高压、超高压及特高压开关设备的研发和生产基地	"156项重点工程"项目；我国高压开关行业的大型骨干企业
26	国营庆华电器制造厂（今西安北方庆华电器集团有限公司）	西安市灞桥区向阳中路西段附近	1955	完整		国营庆华电器制造厂，是我国"一五"时期156个重点建设项目之一，为中国兵器工业集团公司大型火工品制造企业，担负着兵器工业集团公司系统70%以上的火攻品生产任务。1955年动工，1958年建成投产，2001年整体改制为西安北方庆华电器（集团）有限责任公司	"156项重点工程"项目；亚洲第一大火工品厂
27	西安远东公司（今中国航空工业第一集团公司西安远东公司）	西安市大庆路750号	1955	完整		西安远东公司，原名西安机械厂，代号113厂，曾与114厂合并为庆安公司，是第一个五年计划时期我国苏联援建的156项重点工程之一。占地面积约6.8万平方米，主要生产航空发动机燃油附件以及冰箱压缩机等民品	"156项重点工程"项目；我国第一个航空发动机附件厂

续上表

序号	名称	地址	始建年代	保存或改造利用状况	航拍或照片	简介	遗产身份
28	庆安集团有限公司（今中航工业庆安集团有限公司）	西安市莲湖区大庆路628号	1955	完整		庆安集团有限公司（简称"庆安公司"）创建于1955年10月，是我国"一五"时期的156项重点建设项目之一；集航空机载武器装备、飞行器操纵控制系统（装置）两大专业优势为一体，是中国大型航空机载设备研制、生产企业。2007年，荣获由国务院颁发的国家科学技术进步奖特等奖	"156项重点工程"项目
29	西安航空发动机公司（中国航发西安动力控制科技有限公司）	西安市莲湖区大庆路750号	1955	完整		中国航发西安动力控制科技有限公司隶属于中国航空发动机集团公司，始建于1955年，国家156个重点建设项目之一，中国第一家航空发动机控制系统产品研制生产企业、原国防科工委批准的重点保军企业，代号国营113厂	"156项重点工程"项目
30	西安绝缘材料厂	西安市桃园路北口11号	1956	完整		西安绝缘材料厂（代号446厂），是第一个五年计划期间苏联援建我国的156项重点项目之一。1953年筹建，1956年动工建设，属国内电工绝缘材料生产大型骨干企业	"156项重点工程"项目
31	国营西北第五棉纺织厂	西安市灞桥区红旗街道纺织城西街四棉和谐小区西南	1956	完整		1954年10月1日，经西北纺织管理局批准成立"国营西北第五棉纺织厂筹建处"；12月21日纺织工业部确定建厂方案，计划总投资4168.5万元，纱锭83 072枚，织机3712台，生产中、低档纯棉产品。全部建设工程，主要由纺织工业部公司承担，与国棉厂北京三棉、石家庄三棉、郑州三棉共用一份图纸。主厂房为单层锯齿形钢筋混凝土结构，辅助车间和生活区建筑分别为混合结构和砖木结构。总建筑面积约18.9万平方米，其中生产区9.9万平方米，生活区9万平方米	"一五"计划时期国家计划安排的限额以上重点建设单位

续上表

序号	名称	地址	始建年代	保存或改造利用状况	航拍或照片	简介	遗产身份
32	西安电力机械大修厂	西安市灞桥区半坡路115号	1956	完整		现隶属中国能源建设集团有限公司，已成为具有电站辅机设备和备品备件、电厂化学水处理、线路能力及输配电设备设计与制造能力的国有中型企业。近年来，该厂推行一系列企业改革措施，先后组建了西安银河输配电设备有限公司、西安创源电源水处理工程有限责任公司和西安创源电力设备有限公司三个控股公司	
33	国营西北第六棉纺织厂	西安市灞桥区纺西街108号	1958	已拆除		1958年4月，土建项目竣工，总建筑面积15.7万平方米，其中生产性建筑5.3万平方米，非生产建筑5.4万平方米。20世纪80—90年代早期，是六厂平稳发展、不断创造佳绩的时期，棉纱市场供不应求。1998年成为陕西省唐华纺织印染集团的成员，2008年唐华集团破产	"一五"计划时期国家计划安排的限额以上重点建设单位
34	陕西钢铁厂（今西安建筑科技大学华清学院、老钢厂文化创意产业园区）	西安市新城区幸福南路109号	1958	完整		陕西炼钢厂曾是全国十大特钢企业之一，年产特钢21万吨。1999年全面停产。2002年，陕西钢铁厂被西安建大科教产业公司收购。现如今陕钢厂旧厂区已转变为依托西安建筑科技大学华清学院的人文基础与创新环境的城市新街区。同时为了合理利用土地、设备等资源，妥善安置分陕钢厂区职工，西安建大科教产业公司在原厂区的土地上展开了建筑垃圾包括教学区（西安建筑大学华清学院教学区）及产业区（老钢厂文化创意产业园）	陕西钢厂保护利用项目
35	中钢厂旧厂区	西安市莲湖区枣园路与汉城北路交汇处	1958	完整，已被保护再利用		1958年7月1日，冶金工业部决定新建西安冶金机械厂（即中钢厂），中钢厂全称是西安冶金机械有限公司，最早的全称是西安冶金机械修造厂，后改名为西安冶金机械厂。西安冶金厂是冶金工业部直属的大型骨干机械制造企业	

390

续上表

序号	名称	地址	始建年代	保存或改造利用状况	航拍或照片	简介	遗产身份
36	国营红旗机械厂（今中国航发西安航空发动机有限公司）	西安市未央区红旗路与渭滨路交叉路口西侧	1958	完整		国营红旗机械厂（又称西安航空发动机公司），是中国航空工业总公司所属大型企业。在1958年8月1日已停建的原853厂基础上破土兴建，现为隶属于中国航空发动机集团有限公司的国家大型航空发动机制造企业之一	"156项重点工程"项目
37	红旗厂铁路专用线（今中国航发西安航空发动机有限公司铁路专用线）	西安市华清东路与康复路交汇口至未央区红旗厂厂区	1958	部分		西安航空发动机（集团）有限公司（简称西航公司，原红旗厂），隶属于中国航空发动机集团有限公司，为国有大型军工企业，承担国家大中型军民用航空发动机、大型舰船用燃气轮机动力装置、航天发动机等生产和研制任务。西航公司铁路专用线用于该公司军品科研生产所需特种油料的运输，是国家大型军工企业配套的重点战略运输线	"156项重点工程"项目配套工程
38	西安市第一污水处理厂	西安市莲湖区大兴西路19号	1958	完整		西安市第一污水处理厂原名西安市污水处理厂，始建于1956年，是"一五"期间苏联援建西安市时的附属工程。它是西安市最早的一座城市污水处理厂，是新中国成立初期国内首批建设的几座城市污水处理厂之一	新中国成立后第一批污水处理厂
39	阎良航天基地（今西安阎良国家航空高技术产业基地）	西安市阎良区西飞大道一号	1958	完整		阎良是我国唯一、亚洲最大的集飞机设计研究、生产制造、试飞鉴定和科研教学为一体的重要航空工业基地。1958年3月20日，国家计划委员会正式批准172厂在陕西阎良复建。1958年5月、172厂破土动工。1966年建成投产。2004年8月，国家发改委复批设立国内首个国家级航空高技术产业基地——西安阎良国家航空高技术产业基地。2010年6月，国务院批准西安航空基地升级为国家级陕西航空经济技术开发区，成为我国唯一以航空为特色的国家级经济技术开发区	

391

续上表

序号	名称	地址	始建年代	保存或改造利用状况	航拍或照片	简介	遗产身份
40	西安电影制片厂	西安市雁塔区西影路508号	1958	完整，已被保护再利用		西影厂是国家在西北地区重点布局的唯一一个电影制片厂，是新中国成立初期党中央对新中国电影总体发展决策的重要落实地，结束了我国西北地区不能摄制故事片的历史，见证了中国电影历史风雨沧桑的六十载。如今西安电影制片厂改制为西部电影集团，已经为中国六大电影集团之一，是国家电影产业布局的四大集团之一。在全国电影制片单位中，西影劳一个在国际A级电影节获得最高奖项，获国际奖项数量居全国第一，影片出口量全国第一，2017—2020年开展整体改造，保留工业遗产建筑6栋，利用情况良好	国家在西北地区重点布局的唯一一个电影制片厂
41	西安东风仪表厂	西安市雁塔区电子城街道东仪路3号	1959	完整		西安东风仪表厂是我国鱼雷研制生产的主要基地。工厂以电子、精密机械加工为主，是机电一体化技术密集型的鱼类及其调试设备大型专业生产厂，属大型一类企业。它在巩固国防及海军现代化建设中发挥着重要作用，现属中国船舶工业总公司	"156项重点工程"项目
42	西安油脂联合化工厂（后称西安日用化学工业公司，今西安南风日化有限公司）	西安市雁塔区鱼化寨街道	1959	部分		山丹丹洗衣粉曾是西安日用化学工业公司的国家名优产品，也是国家最早保护企业中西安唯一的品牌企业。现如今经营范围包括洗衣粉、肥皂、香皂、甘油、AES制造及包装材料制造、小区物业管理、自有房屋租赁	国家最早公布的125家商标重点保护企业
43	西安交通大学机械厂锻造车间（今田家炳创意艺术中心）	西安市碑林区咸宁西路28号西安交通大学兴庆校区内	20世纪50年代	完整，已被保护再利用		始建于20世纪50年代，原为西安交通大学机械厂锻造车间，是交通大学西迁最早的建筑之一，颇具文物价值。2007年，由香港田家炳基金会捐资150万港元，西交大子以经费配套，依照修旧如旧之原则，将老厂房加以改造，建成此中心大楼，作为学校艺术系师生教学、研究、设计、创作的基地	大学锻造车间转型为艺术中心

续上表

序号	名称	地址	始建年代	保存或改造利用状况	航拍或照片	简介	遗产身份
44	西安铜网厂	西安市长安区马王街道张海坡	中苏冷战时期	完整		西安铜网厂原为东北重型企业，中苏冷战时期与相邻的毛纺厂整厂迁移到张海坡。20世纪90年代后，厂子效益日下，产品滞销，工人下岗	东北企业西迁
45	国营西北第一印染厂（今半坡国际艺术区）	西安市灞桥区纺织城西街238号	1960	完整，已被保护再利用		国营西北第一印染厂是国家计划委员会1955年批准筹建，1960年正式投入生产的大型全能印染企业，是在苏联专家西皮良柯夫的帮助下，自己设计、自行建设，主要用国产54型印染设备的第一个全能印染厂，是当时西北地区唯一的全能印染厂，被誉为"东亚第一大厂"。厂区的建设标志着纺织工业从小规模发展到大规模国营经济模式发展的转变，具有中国纺织工业国营化发展的开创性。2008年之后，政府全面实施振兴纺织城片区的发展战略，逐步推进片区的改造工作，利用现状厂房资源，开拓新的领域，打造西安自己的艺术园区	"156项重点工程"项目；"一五"计划时期国家计划安排的限额以上重点建设单位；陕西省第六批文物保护单位
46	永红染织社（今西安印染厂）	西安市新城区尚爱路20号	1962	已拆除		1962年，5月1日，永红染织社成立，该社是西安印染厂前身。厂区已拆除	
47	西安风雷仪表厂	西安市长安区子午街道办西水寨村	1965	完整		该厂的前身是于1960年8月在上海手表厂成立的"608"车间（军工保密车间），在1961年就试制出了航空钟脉冲计数器样品，经轻工业部批准试制后小批量生产，填补了国内空白，并为1964年10月16日国内第一颗原子弹爆炸准确地指示了爆炸时间。1966年11月，"608"车间内迁陕西西安，继续承担航空、雷达配套军工任务	

393

续上表

序号	名称	地址	始建年代	保存或改造利用状况	航拍或照片	简介	遗产身份
48	西安煤矿仪表厂	西安市新城区建强路	1966	部分		该厂建于1966年，占地3.4万平方米，建筑面积1.8万平方米。主要产品有各种自救器、环境监测系统、光学、数学式甲烷检测器等、一氧化碳、二氧化碳、硫化氢检测管、各种井下传感器等20多种产品	
49	国营第一钟表机械厂	西安市雁塔区丈八东路103号	1967	完整		1967年3月由国家经贸委和轻工部联合建厂，是我国唯一的高精度钟表机械专业生产大厂，主要生产钟表机械系列产品及烟草机械产品。1986年纳入三线搬迁企业，1993年从原厂址西安县长安县大乙宫镇，搬迁至西安市张湾东路	全国轻机行业的重点企业
50	西安蝴蝶手表厂	西安市长安区子午街道办局连村甲字1号	1968	完整		始建于1968年，厂名为国营红旗手表厂，1972年手表产品投产，"延安"。1987年3月，"延安"牌手表的品牌是厂"更名为"西安手表厂"，生产的"蝴蝶"牌手表，停止了"延安"牌手表的生产，转为生产各种蝴蝶手表，品牌有"玉兰"、"蝴蝶"牌等	陕西著名钟表工业遗产
51	陕西鼓风机厂（今陕西鼓风机有限公司）	陕西省西安市临潼区代王街办陕鼓路18号	1968	部分		陕西鼓风机（集团）有限公司始建于1968年，1975年建成投产。1996年由陕西鼓风机厂改制为陕西鼓风机（集团）有限公司。集团公司下属配件制造公司、低速风机厂、华清机械厂、骊山风机厂、风机安装公司	
52	国营262厂	西安市雁塔区小寨东路108号	1969	部分		始建于1969年，是中国核工业总公司下属大型仪器仪表企业。创立初期为全国核燃料生产等国防任务提供配套辐射防护监测仪表，为我国第一座核电站——秦山核电站生产过辐射监测仪表系统，也完成了我国第一座出口商业核电站辐射监测系统的研制	

394

续上表

序号	名称	地址	始建年代	保存或改造利用状况	航拍或照片	简介	遗产身份
53	西安市硅酸盐制品厂（今西安市瑞力硅酸盐制品公司）	西安市灞桥区新筑路	1969	部分		今西安市瑞力硅酸盐制品公司，目前处于废弃状态	
54	中国人民解放军3546工厂	西安市电子城高家堡村内	1971	已拆除		中共红卫区（莲湖区）首次代表大会召开，成立中共红卫区委员会。随后，各区（县）的中共区（县）委先后成立。1978年，首家涤纶纤维生产车间在三五四六厂建成投产	
55	西安建筑科技大学印刷车间（今西安建筑科技大学贾平凹文学艺术馆）	西安市碑林区建设东路西安建筑科技大学南院内	1974	部分，已被保护再利用		贾平凹先生是具有广泛世界影响的中国当代著名作家和艺术家，担任西安建筑科技大学文学院名誉院长。2006年，为了展示作家的成长过程和创作经历，并为文学爱好者提供一个学习文学、交流经验的场所，"贾平凹文学艺术馆"艺术学校决定选址于西安建筑科技大学雁塔校区校园内，对原校印刷厂建筑进行改造再利用，原建筑为砖混结构，上下两层，局部3层，总建筑面积约为2000平方米	大学印刷厂车间转型为艺术家艺术馆
56	陕西秦丰棉织厂	西安市鄠邑区余下镇中心街57号	1978	部分		主要生产化纤围巾、民用棉线、绳	

续上表

序号	名称	地址	始建年代	保存或改造利用状况	航拍或照片	简介	遗产身份
57	西安市岩棉涂料厂	西安市未央区太华北路龙钢大道	1979	已拆除	—	是1979年由国家建材总局投资兴建的全国最早的保温材料专业生产厂家，属国有控股的保温材料股份制企业。参与起草修订GB/T 11835—2007《绝热用岩棉、矿渣棉及其制品》新国标用岩棉、矿渣棉及专业生产岩棉制品、复合硅酸盐制品、玻璃棉制品有二十多年历史，是全国绝热隔音材料协会理事单位	
58	马腾空粮库	西安市雁塔区灞桥柳路	20世纪70年代初	完整		为了贯彻落实毛泽东主席"深挖洞、广积粮、备战备荒为人民"的指示精神，凭借土源沟壑，挖山打洞而建的一个大型地下粮库，属军、市人防和兰州军区的重点人防工程，距今已有40余年的发展历史，现已逐渐成为一个以粮食购销为主的大型粮食仓储企业。地下仓储规模属亚洲乃至世界地区之首，现有地下仓48栋，房式仓1栋，储藏量9.8万吨	亚洲最大地下粮仓
59	陇海铁路（西安段）	经过西安市临潼区、灞桥区、新城区、莲湖区、未央区	1932年	完整		陇海铁路始建于1904年，是中国境内一条连接甘肃省兰州市与江苏省连云港市的国铁I级客货共线铁路；线路呈东西走向，串联中国西北、华中和华东地区，为中国三横五纵干线铁路网的一横。潼关至西安段开工建设于1930年，1932年，1935年竣工。1935年，潼关至西安段开工建设，1936年竣工。西安至宝鸡段开工建设，2005年，2007年，西安至宝鸡段进行了3次提速改造	中国三横五纵干线铁路网的一横；第二批中国工业遗产保护名录

附表2　宝鸡市工业遗产调研案例一览表

序号	名称	地址	始建年代	保存或改造利用状况	航拍或照片	简介	遗产身份
1	宝鸡华山工程车辆有限公司（原陕西车制造厂）	宝鸡市渭滨区高新大道172号	1968	部分	—	前身为陕西汽车制造厂，1984年划归中汽总公司，成为重汽公司三大主机厂之一。2002年组建为陕汽集团有限公司。总部设在西安，宝鸡华山工程车辆有限公司是陕汽集团有限公司的控股子公司，是陕汽集团重、中型汽车整车、底盘、专用车、低速载货汽车的研发生产基地	—
2	汉德车桥有限公司（原陕西汽车制造总厂车桥厂）	岐山县蔡家坡曹家镇郑西村	1968	部分	—	前身为陕西汽车制造总厂车桥厂，宝鸡汉德车桥于2003年由潍柴动力与陕汽集团共同投资组建而成，是集研发、制造、销售为一体的大型高新技术车桥企业，是陕西汉德车桥有限公司三大生产基地之一	—
3	法士特齿轮有限公司（原陕西齿轮厂）	宝鸡市陈仓区钓渭镇	1968	部分	—	陕齿总厂在宝鸡兴建，曾研制生产出我国第一代重型汽车变速器。1984年陕西法士特齿轮有限责任公司在西安建立新的生产基地，现已是我国最大的以重型汽车变速器、汽车齿轮及其锻、铸件为主要产品的专业生产基地	—
4	北方动力有限责任公司（原国营615厂）	宝鸡市陈仓区建国路	1950	部分	—	1950年将上海汽车修理厂迁址宝鸡，更名为西北汽车修配一厂，后为国营615厂，并入人兵器工业从事坦克配件生产。1961年改为国营渭阳柴油机厂，2005年注册登记北方动力有限责任公司	—

续上表

序号	名称	地址	始建年代	保存或改造利用状况	航拍或照片	简介	遗产身份
5	陕西秦川机床工具有限责任公司（原秦川机床厂）	宝鸡市渭滨区姜谭路22号	1965	厂门前1968年铁铸毛泽东塑像，工艺复杂，材质精良，重达53吨		原秦川机床厂1965年由上海机床厂分迁至宝鸡市，2006年组建秦川机床工具有限责任公司。该公司以生产精密机床及高端数控设备和相关零部件为主，是我国机床工具生产的龙头企业	毛泽东巨型塑像录入陕西省第五批省保单位
6	宝鸡机床集团有限责任公司（原宝鸡机床厂）	宝鸡市金台区东岭路东	1966	部分	—	1966年创建宝鸡机床维修厂，发展至2007年改制组建宝鸡机床集团有限责任公司，形成以机床设计、制造为主的机床工具企业	—
7	西北机器有限责任公司（原西北机器厂）	岐山县蔡家坡镇解放路001号	1940	部分	—	前身为西北机器厂，以生产纺织机械和加工机床为主，后开展电子工业设备的仿制与研发。2008年改制为西北机器有限责任公司，转至西安，成为生产各种电子专业设备的骨干企业	—
8	西北有色地质机械厂（原西北冶金地质修配厂）	宝鸡市陈仓区虢镇街道建国路1号	1959	部分	—	前身为西北冶金地质修配厂，曾改为陕西省冶金地质勘探公司修造厂。主要经营地质钻机及配件、纺织机械及配件、机械设备配件	—
9	宝鸡轴承厂	宝鸡市金台区宝平路9号	1967	部分	—	以生产轴承和弹簧系列产品为主，适用于农机、电力、铁路等行业的配套和维修。2003年与宝鸡机床厂组建宝鸡忠诚精密零件制造有限公司	—

续上表

序号	名称	地址	始建年代	保存或改造利用状况	航拍或照片	简介	遗产身份
10	宝石机械有限责任公司（原石油机械厂）	宝鸡市金台区东风路2号	1937	部分	—	石油机械厂创建于1937年，是我国建厂最早、规模最大的石油机械系统，1953年划归石油机械厂，2002年改制成立宝鸡石油机械有限公司	我国建厂最早、规模最大的石油钻采装备制造企业
11	石油钢管有限责任公司（原石油钢管厂）	宝鸡市渭滨区姜谭路10号	1958	部分	—	石油钢管厂创建于1958年。2002年改制成立宝鸡石油钢管有限责任公司，是我国规模最大，品种最全的石油管道制造企业	"156项重点工程"项目
12	陕西群力电工有限责任公司（原国营792厂，群力无线电器材厂）	宝鸡市陈仓区群力路1号	1958	1#、2#、4#厂房、工具车间仍为典型建厂之初苏联援建时期建筑风格，现均为在用厂房	—	156项重点工程补充的55其中之一，是改制后的陕西群力电工有限责任公司，2005年改制为陕西群力电工有限责任公司，是继电器产品和汽车电子及零部件的生产厂家	"156项重点工程"补充项目；我国首个研发、生产控制继电器的专业制造企业
13	陕西长岭电气有限责任公司（原长岭机器厂）	宝鸡市渭滨区清姜路15号	1957	部分	—	前身为长岭机器厂，是"一五"期间军工电子的核心项目重点企业之一，是生产军工电气电工产品企业。重组后的陕西长岭电气有限责任公司以军工产品、家用电器产品和纺织机电产品及光伏产业为主导发展方向	"156项重点工程"项目
14	陕西烽火通信集团有限公司（原国营769厂）	宝鸡市渭滨区清姜路72号	1956	部分	—	前身国营769厂以生产通信电台和相关电子元件为主，曾改名为宝鸡无线电厂、烽火机械厂，2001年改制为陕西烽火通信集团有限公司，成为国家通信装备及电声器材料的科研生产企业	—
15	陕西凌云电器集团公司（原国营765厂）	宝鸡市渭滨区川陕路1号	1960	部分	—	前身765厂专门从事军用航空电台、接收器等产品生产。经过保军转民、军民结合的发展转变，改制为陕西凌云电器集团公司，航海导航、航空、电子设备和民用电子设备的生产企业	—

续上表

序号	名称	地址	始建年代	保存或改造利用状况	航拍或照片	简介	遗产身份
16	宝光集团有限责任公司（原国营4401厂、宝光电工总厂）	宝鸡市渭滨区宝光路53号	1970	部分	—	前身4401厂为三线军工企业，以生产发射管、离子管为主。1985年生产灭弧室并成为该产品的定点和骨干企业。直至改制成立宝光集团，成为生产电真空器件和真空开关设备的现代化企业集团	—
17	宝鸡北方照明电器有限责任公司（原宝鸡灯泡厂）	宝鸡市渭滨区川陕路17号	1958	部分	—	前身宝鸡灯泡厂曾为全国三大灯泡生产企业之一，是西部最大的点光源科研生产基地。1995年改制为宝鸡北方照明电器有限公司，后因经营不善，2007年进入破产程序	—
18	陕西秦明电子有限责任公司（原秦岭晶体管厂）	宝鸡市金台区宝福路102号	1970	部分	—	前身秦岭晶体管厂，现为规模最大的压力传感器及变送器类工业电子控制的专业化生产企业	—
19	永力电器设备有限责任公司（原扶风县变压器厂）	扶风县城东关10号	1970	部分	—	原以生产小型变压器和电机修理为主，经技术改造和管理提升，改制后永力电器设备有限责任公司成为生产各类变压器、互感器等为主的专业企业	—
20	红光沟航天六院旧址（067基地）	凤县红光沟	1965	部分		根据中央关于加强战备、加强"三线"建设的决策和指示，当时国防部第五研究院选定了凤县作为液体火箭发动机三线研制基地，这里就是中国航天科技集团有限公司第六研究院（简称"航天六院"）的旧址——067基地，是我国飞行器、运载火箭等导航设备的科研生产基地。主要包括067基地指挥部、7103厂、11所、165所等单位。该基地于1993年整体迁出凤县至西安，后改制成航天六院	第三批国家工业遗产；陕西省国防教育基地；三线建设时期唯一航天液体动力研制基地

续上表

序号	名称	地址	始建年代	保存或改造利用状况	航拍或照片	简介	遗产身份
21	陕西宝成航空仪表有限责任公司（原国营212厂、宝成仪表厂）	宝鸡市渭滨区清姜路70号	1955	部分	—	前身为国营212厂，是国家"一五"期间156项重点工程中的航空工业13个项目之一，是集技术开发、研制、生产、服务于一体的军民结合型企业，国内机载设备骨干企业。2002年重组成立陕西宝成航空仪表有限责任公司，公司产品覆盖了航空、航天、兵器、船舶等行业	"156项重点工程"项目
22	陕西航天导航设备有限公司（原国营7107厂）	凤县	1968	老厂区遗址包括战备防空山洞掩体等设施，闲置厂后，工厂每年投入一定维修费加固道路、桥梁及防洪水坝等	—	1968年开工建设，1970年全面建成，"三线"时期的建设项目，067基地的下属企业。7107厂是我国运载火箭系列产品导航和控制系统研制生产基地，1993年整体搬迁宝鸡市	—
23	中铁宝桥集团（原宝鸡桥梁厂）	宝鸡市渭滨区清姜路80号	1966	部分	—	前身为宝鸡桥梁厂，以生产铁路道岔、钢梁钢结构为主导产品，完成我国多座大型钢结构大桥建设。2009年成立中铁宝桥集团，成为专业制造钢桥梁、钢结构、铁路刀叉、轨道交通设备和大型起重设备的国有大型企业	—
24	中铁电气化局宝鸡电气化器材有限责任公司（原电气化器材加工厂）	宝鸡市金台区卧龙寺街道95号	保留金台分厂旧厂区	完整	—	前身为宝鸡电气化器材加工厂，以生产电气化接触网零件及城市轨道交通供电金具和系统集成产品为主的国有生产企业	—

续上表

序号	名称	地址	始建年代	保存或改造利用状况	航拍或照片	简介	遗产身份
25	中铁宝工有限责任公司（原宝鸡工程机械厂）	宝鸡市金台区宝福路118号	1955	部分机器仍在使用中	—	前身是铁道部宝鸡工程机械厂，现为中铁宝桥集团全资子公司，是铁路机道车辆、电气化作业车、大型养路机械等的重要生产基地	—
26	宝鸡叉车制造公司（原宝鸡合力叉车厂）	宝鸡市金台区大庆路10号	1938—1965	部分	—	下辖宝鸡叉车厂、三厂、五厂三家企业。其中由大连内迁成立的宝鸡铲车厂，是我国首家叉车生产的专业企业。2001年改制为安徽合力股份有限公司宝鸡合力叉车厂。宝鸡叉车制造公司成为中国西部叉车制造工业的重要基地	—
27	宝鸡发电厂	凤翔县长青工业园	1958	部分	—	建成后为中国第一条电气化铁路提供动力，在此基础上，发展建设国电宝鸡发电、宝鸡二电有限责任公司（凤翔县），为宝鸡地区供电、供热主力企业	—
28	宝鸡铁塔制造有限公司（原宝鸡铁塔厂）	宝鸡市渭滨区姜谭路1号	1969	部分	—	前身为宝鸡螺丝厂，后称宝鸡铁塔厂，为能源集团下属铁塔及其配件和变电构件生产企业	—
29	陕西银河远东电缆有限公司（原宝鸡车辆修造厂、宝鸡电力设备厂）	宝鸡市金台区新华路5号	1966	部分	—	前身为水利水电部西北列车电站基地，后更名为宝鸡车辆修造厂、检修生产企业，电力设备。主要是列车电站安装、2003年后陆续建设高压交联电缆项目和钢芯铝绞线生产线	—

续上表

序号	名称	地址	始建年代	保存或改造利用状况	航拍或照片	简介	遗产身份
30	陕西红旗民爆集团股份有限公司（原陕西红旗化工厂）	凤翔县姚家沟镇政府西200米	1965	部分保留建厂初期的生产车间	 	前身为省属军工企业陕西红旗化工厂，主要生产工业炸药。2009年改制后成为西北产能最大的民爆企业	—
31	陕西宝氮化工集团有限公司（原宝鸡氮肥厂）	宝鸡市渭滨区谭福路1号	1968	部分	—	前身宝鸡氮肥厂是我国自行设计、制造、安装的第一个碳法流程中型合成氨厂。2009年改制后陕西宝氮化工集团，成为多产品化肥生产企业	我国自行设计、制造、安装的第一个碳法流程中型合成氨厂
32	宝钛集团（原国营902厂、宝鸡有色金属加工厂）	宝鸡市渭滨区钛城路	1965	保留大量80年代时期生产用房和较完整的生活区及附属设施	   	前身宝鸡有色金属加工厂是我国第一个初具规模的稀有金属材料加工科研、生产基地。改制后成立的宝钛集团是国内最大的以钛和钛合金为主的稀有金属生产基地	我国第一个初具规模的稀有金属材料加工科研、生产基地
33	陕铜有限责任公司（原国营9901厂、胜利机械厂）	扶风县城关镇贾家坡扶小路	1965	原厂房为14孔依山而凿的窑洞，现保存完好	—	前身胜利机械厂为三线建设项目，省属军工企业。2001年改制成立陕铜有限责任公司，主导产品为铜熔炼及铜型材加工	我国第一个初具规模的稀有金属材料加工科研、生产基地

403

续上表

序号	名称	地址	始建年代	保存或改造利用状况	航拍或照片	简介	遗产身份
34	宝鸡九州纺织有限责任公司（原陕西第九棉纺厂）	岐山县蔡家坡镇人民中路	1940	保留锅炉车间等部分生产建筑		前身雍和实业公司抗战时期内迁选址于蔡家坡镇战时建厂。新中国成立后多次进行改扩建和技改提升工程，2007年组建宝鸡九州纺织有限责任公司，企业逐步进入生产恢复期	—
35	宝鸡大荣纺织有限责任公司（原陕西棉十二厂、申新纱厂）	宝鸡市金台区新风巷8号	1940	保留建厂初期间的窑洞车间、薄壳车间、申新办公楼和乐农别墅四座文物建筑		前身申新纱厂是支援西北抗战的生产一线企业。新中国成立后实行公私合营，申新纱厂改名新秦纺织厂，后改为国营陕棉十二厂，是西部地区的重要纺织企业。2009年经过重组改成大荣纺织有限责任公司，现为市属国有控股企业	国内现存最完整的抗战工业遗址；第一批国家工业遗产；全国重点文物保护单位

续上表

序号	名称	地址	始建年代	保存或改造利用状况	航拍或照片	简介	遗产身份
36	陕西西凤酒股份有限公司（西凤酒厂）	凤翔县柳林镇	1956	部分生产车间和老酒海库保存完好		原西凤酒厂建成至今，已经成为西北地区规模最大的国家名酒制造基地。1993年，晋升为国家大型一档企业；1999年，成立"陕西西凤酒股份有限公司"；2008年，更名为"陕西西凤酒集团股份有限公司"	陕西省第七批文物保护单位；陕西省第一批非物质文化遗产
37	陕西省太白酒业有限责任公司（原太白酒厂）	眉县金渠镇	1956	部分	—	前身太白酒厂于1956年公私合营建厂，2006年改制成立陕西省太白酒业有限责任公司，历经几十年发展，成为白酒行业的知名企业	—
38	青岛啤酒宝鸡有限责任公司（原宝鸡啤酒）	宝鸡市陈仓区西虢大道	1956	部分	—	前身宝鸡酒精厂，后改制设为青岛啤酒宝鸡有限公司。2003年改制设为青岛啤酒宝鸡有限公司，成为重要的啤酒生产基地	—
39	陕西中烟工业有限责任公司（原宝鸡卷烟厂）	宝鸡市宝烟路与金台大道交汇处	1949	部分厂房原厂址改造为城市文化艺术中心		前身宝鸡卷烟厂是西北地区的重要烟草生产企业。2008年安行易地技改，年生产能力得到更大幅度提高	—
40	宝鸡辰济药业公司（原宝鸡制药厂）	宝鸡市金台区宝平路1号	1958	部分	—	前身宝鸡制药，是中药制剂的专业生产企业，1997年改制成立宝鸡辰济药业公司，成为陕西省重点中成药生产企业	—

续上表

序号	名称	地址	始建年代	保存或改造利用状况	航拍或照片	简介	遗产身份
41	宝鸡忠诚制药机械有限责任公司（原宝鸡制药机械厂）	宝鸡市渭滨区川陕路21号	1970	部分	—	前身为宝鸡化工机械厂从玻璃厂分出，后更名为制药机械厂。2010年重组为宝鸡忠诚制药机械有限责任公司，主要生产医用输液的制水设备及颗粒机、糖衣机等制药机械	—
42	宝成铁路（宝鸡段）	自金台区出发，经过渭滨区、凤县	1954年宝鸡段开工	完整		宝成铁路北起陇海铁路的陕西省宝鸡市，向南穿越秦岭等越到四川省成都市，与成渝、成昆铁路接轨。在陕西境内经过宝鸡市凤县，汉中市略阳县和宁强县。于1952年在成都端动工，1954年宝鸡端开工，1956年正式运营并开始电气化改造，1975年全线完成电气化改造，成为中国首条电气化铁路。全长668.2千米，16次跨越嘉陵江，共有隧道304座，桥1001座。它的建设拉开了中国铁路现代化建设的序幕	中国首条电气化铁路；第一批中国工业遗产保护名录
43	宝成铁路（凤县灵官峡段）	宝鸡市凤县双石铺镇草店村灵官峡	1954年宝鸡段开工	完整，已被保护再利用		凤县灵官峡是嘉陵江上的第一道峡谷。1981年7月，因遭遇特大洪水，宝成铁路灵官峡段铁路改线，9个隧洞被废弃。2017年末，经过对宝成铁路历史价值的铁路深入研究，凤县政府决定对已废弃的铁路隧洞与铁轨等遗迹，将原灵官峡生态景区更新为以"铁路精神"为内核的文化主题生态旅游景区	—
44	陇海铁路（宝鸡段）	经过宝鸡市扶风县、岐山县、陈仓区、金台区、渭滨区	1935年西安至宝鸡段开工	完整	—	1935年，西安至宝鸡段开工建设，1936年竣工。1939年宝鸡至天水段开工建设，1945年竣工。1956年，陇海铁路郑州至宝鸡段进行复线改造，1970年完成。2003年、2005年、2007年，西安至宝鸡段进行了3次提速改造	中国三横五纵干线铁路网的一横；第二批中国工业遗产保护名录

附表3 咸阳市工业遗产调研案例一览表

序号	名称	地址	始建年代	保存或改造利用状况	航拍或照片	简介	遗产身份
1	国营陕西第八棉纺织厂	咸阳市渭城区人民路32号	1940	部分		1940年，湖北省纱布局与中国银行咸阳分行签订联营合约，联合组成临时纺织工厂，厂名为"湖北省纱布局咸阳纺织"（简称"咸阳纱厂"），由中中国银行西安分行代管，1943年由雍兴公司代管。1949年，湖北省纱布局咸阳纺织厂更名为西北第一纺织厂。随后又先后更名为西北纺织建设公司第一人民纺织厂、国营西北第三棉纺织厂、陕西第一棉纺织厂。1967年改名为国营陕西第八棉纺织厂	咸阳最早的纺织企业
2	国营西北第一棉纺织厂	咸阳市秦都区人民东路41号	1951	部分		1951年筹建咸阳棉纺织厂，后更名为国营西北第一棉纺织厂（简称"国棉一厂"）。该厂是由中国国内同期建设的四个棉纺织企业之一，自己施工的国内自行设计、自制设备，其设备和生产能力在陕西和西北均为最大。走出过举国闻名的劳动模范赵梦桃，也走出了中华人民共和国第一位工人出身的国务院女副总理吴桂贤	新中国成立后西北地区和陕西省建设的第一个现代化纺织企业
3	陕西第一毛纺织厂	咸阳市渭城区七厂十字西南	1958	已拆除	—	包括毛条、精梳、粗纺在内的毛纺织企业。经过近30年时间，发展成为拥有精梳、粗梳两大系列，纺织染全能的现代化综合性毛纺织企业，是陕西省和全国纺织工业大型骨干企业之一	新中国成立后在陕西省建设的第一个现代化纺织、染全能型企业
4	嘉川纺织印染有限公司（原国营陕西第二印染厂、咸阳印染厂）	咸阳市人民中路26号	1964	部分		1964年筹建陕西咸阳印染厂，1989年该厂经上级批准，与香港环建投资有限公司组成合资企业，名为嘉川纺织印染有限公司	

续上表

序号	名称	地址	始建年代	保存或改造利用状况	航拍或照片	简介	遗产身份
5	咸阳染整厂（原3530厂）	咸阳市渭城区长陵路20号附近	1951	部分	—	1951年5月10日，西北第一野战军后勤部军需印染厂于西安建成投产。1965年迁至咸阳，改名3530厂，属解放军总后勤部管理。1980年代后，由于军需任务减少，扩大了民用产品	
6	西北二棉集团责任公司（原西北第二棉纺织厂）	咸阳市人民西路37号	1952	已拆除	—	1996年5月改制为西北二棉有限责任公司，2002年组建西北二棉集团，更名为西北二棉集团有限公司	
7	咸阳华润纺织有限公司（原西北第七棉纺织厂）	咸阳市秦都区人民中路33号	1958	已拆除	—	属国家大型棉纺织骨干企业，1995年改制为国有独资西北天王兴业集团有限公司。2004年，华润纺织（集团）有限公司重组陕西天王兴业集团有限公司，成立咸阳华润纺织有限公司	
8	咸阳帆布厂	咸阳市渭城区中山街221号	1966	部分		咸阳市专业经营轻帆布、平布的纺织企业	
9	武功县棉织厂	武功县普集镇人民路	1971	部分	—	1971年2月，武功县棉织厂筹建，1972年12月投产	
10	三原县棉织厂	三原县南关街14号	1970	已拆除	—	1970年5月，三原县棉织厂组建，1973年5月投产	
11	陕西柴油机重工有限公司（原陕西柴油机厂）	兴平市金城路西段与陕柴6街坊交叉路口	1955	部分		前身陕西柴油机厂，现隶属中国船舶集团有限公司（CSSC），是国家生产中速大马力柴油机的定点厂，海军多型舰艇主动力科研基地和主要供应商	"156项重点工程"项目；我国兴建的第一个大功率中速船用柴油机厂

续上表

序号	名称	地址	始建年代	保存或改造利用状况	航拍或照片	简介	遗产身份
12	陕西省建筑工程机械厂	兴平市槐西里路南	1963	部分	—	建工部第一工业设备安装公司配件加工厂。1981年改为陕西省建筑工程机械厂	
13	郑州铁路局兴平养路机械厂	兴平市西环路南段	1965	部分	—	由铁道部投资兴建，定点生产养路机械和轨道车辆的专业工厂。内设锻铸、机械加工，组装3个车间，主要生产轨道平车、轻轨车、液压捣固机、轨道调整器、方枕器、罐车等	
14	铁道部第一工程机械大修厂	三原县南关	1974	部分	—	铁道部第一工程局在三原建成机械修理厂，主要从事各种机械修理配件的加工和建筑起重设备的制造	
15	陕西省柴油机厂	三原县西关外	1966	部分	—	隶属于陕西省机械工业厅，是国家机电部在西北地区定点生产柴油机的重点骨干企业。主要产品为柴油机组、柴油发电机组、拖内配件、石油钻头等	
16	咸阳机床厂	咸阳市渭城区文汇路12号	1950	部分	—	是咸阳机器制造学校的校办工厂，同时又是机械工业部工具磨床定点生产企业，现已发展成为中国工具磨床的研制和生产基地，是国家二级计量单位	
17	陕西宏远航空锻造有限责任公司（原红原锻造厂）	三原县嵯峨镇（2号信箱）	1965	部分		是中国航空工业第一集团公司所属大型锻铸专业化企业。兴建40多年来，为中国航空、航天、兵器、石化、交通、电力等行业的发展做出了重要贡献。1985年美国波音公司正式与该厂签订了生产合同，确认该厂作为波音公司定点锻件合作厂	三线建设项目
18	咸阳深井泵厂（原咸阳市水利机械厂）	咸阳市秦都区人民路30号	1958	部分	—	生产机井设备——水泵、电动机、变压器、启动机、柴油机等，为专项纺织配套生产	

409

续上表

序号	名称	地址	始建年代	保存或改造利用状况	航拍或照片	简介	遗产身份
19	咸阳铸字机械厂	咸阳市秦都区人民中路20号	1970	部分	—	是国家机械工业部重点企业。原为上海铸字机械厂，1970年由上海迁至咸阳，更名为咸阳铸字机械厂	
20	咸阳压缩机厂	咸阳市渭城区金旭路东段	1970	部分	—	该厂是"三线"建设时期国家第一机械工业部决定新建的重点企业，工程由沈阳空压机厂包建。曾被第一机械工业部军工局列为军工专用机械配件定点生产厂家	"三线"建设项目
21	陕西纺织器材厂	咸阳市民生西路43号	1965	完整	—	1958年开始筹建，曾经历停建、再建、缓建和扩建。至1971年基本建成。先后更名为陕西纺织器材厂、国营咸阳纺织机械厂，填补了西北地区纺织机械生产空白	填补了西北地区纺织机械生产空白
22	西北医疗设备厂	三原县池阳街2号	1966	部分	—	生产医用X光机、救护车两大系列产品。全国医疗器械三大骨干企业之一，是专业从事口腔医疗设备研发、生产制造、销售的高新技术企业	全国医疗器械三大骨干企业之一
23	陕西省医疗仪器厂	三原县池阳街112号	1970	部分	—	国家医药管理局重点企业，由卫生部、国家医药管理局投资，主要生产体温计、手术床、牙科椅	
24	长城电工机械厂	咸阳市窑店	1969	部分	—	由沈阳电工机械厂、沈阳电工铸造厂、沈阳电工修理齿轮厂、备件厂内迁筹建而成。原属第一机械工业部双重领导和陕西省机械工业厅双重领导，1984年划归西安电力机械制造公司	全国四大电工专用设备制造厂之一
25	陕西航空电气有限责任公司（原秦岭电气公司，115厂）	兴平市西城区金城路中段	1957	部分		前身国营115厂（秦岭电工厂，秦岭电气有限责任公司），隶属于中航工业机电系统有限公司，中国航空工业集团公司成员单位。公司占地面积165万平方米	"156项重点工程"项目；我国航空电源系统和航空发动机点火系统的科研中心和生产基地

续上表

序号	名称	地址	始建年代	保存或改造利用状况	航拍或照片	简介	遗产身份
26	华兴航空机轮公司	兴平市金城路中段与华兴一路交叉口	1957	部分	—	是中国航空工业总公司所属大型企业,是我国航空机轮及刹车附件的研制、发展基地和骨干生产企业,国家航空机轮、轮胎等产品进出口检测及安装中心,国家轿车制动系统零部件的定点生产厂	"156项重点工程"项目;国家500家最大交通运输设备制造企业之一
27	陕西咸阳石油钢管钢绳厂	咸阳市秦都区玉泉西路	1958	部分		1958年石油部决定在原西北器材供应处所属咸阳转运库基础上,筹建石油部钢管加工厂。1961年,将天津钢绳加工厂迁到咸阳,与该厂合并,建立石油工业部钢管钢绳加工厂	
28	彩虹电子集团公司（原陕西彩色显像管总厂）	咸阳市秦都区彩虹一路	1979	部分	—	是国家"六五"和"七五"期间重点引进建设和扩建的项目,国家电子行业特大型企业。1991年开为国家一级企业,目前是我国国产化程度最高的彩色显像管生产厂家	国家唯一从生产荧光粉、荫罩、玻壳和其他零部件到彩色显像管总装配的综合性企业
29	陕西银河远东电缆有限公司（原宝鸡车辆修造厂、宝鸡电力设备厂）	宝鸡市金台区新华路5号	1966	部分	—	建成投产于1965年,其中607厂是80年代经国务院国防工业办公室和电子工业部批准,从铜川市富家沟整体搬迁并入华星无线电器材厂。是国家电子工业部的直属企业之一,后改属陕西省电子工业局管理	国家最大的三个综合性电子元器件专业生产厂之一
30	陕西兴化集团公司（原兴平化肥厂）	兴平市东城区兴咸路	1965	部分		前身兴平化肥厂是以硝酸铵为主导产品,生产硝酸铵、合成氨的重点企业。建厂初期隶属国家化工部,后下放到陕西省	我国1960年代第一个以重油气化生产合成氨的厂家
31	西北橡胶厂	咸阳市西华路1号	1965	部分	—	国家骨干大型橡胶制品加工企业,产品长期服务于航空航天、兵工事业和钢铁、石油、化工、船舶、铁路、公路、水利、机械制造、印染等各个行业	

续上表

序号	名称	地址	始建年代	保存或改造利用状况	航拍或照片	简介	遗产身份
32	陕西华特新材料股份有限公司（原陕西省玻璃纤维厂）	兴平市槐里西路	1966	部分		1965年建工部决定将天津市第二玻璃厂迁陕，组建咸阳玻璃纤维厂，隶属国家建材局	西北地区唯一的玻璃纤维企业
33	渭河热电厂	咸阳市渭城区正阳街道	1966	部分		装机容量10万千瓦时，是关中较大的火电厂之一。1990年发电量达7.14亿千瓦时，投运后直接并入陕西电网	
34	南庄水电站	杨凌区南庄村	1952	部分	—	1952年由渭惠渠管理局投资兴建，1961年投入运行，年发电量最高可达280万千瓦时，70年代后期由宝鸡峡管理局接管	
35	绛山水电站	永寿县常宁镇北屋村	1968	部分	—	1968年兴建滚水坝，将泾河拦断，利用落差设水轮发电机组发电。1977年建成发电，是境内最大的水力发电站	
36	枣渠水电厂	彬县新堡子乡断泾村	1969	部分	—	在彬县原水北石油厂旧址筹建，架成水北至彬县6千伏线路，向4县城供电。1986年筹建装机容量6000千瓦的二号发电机组，1989年建成后并入关中电网	
37	新庄水电站	泾阳县中张镇新庄村	1978	部分	—	建成投产后并入咸阳电网	
38	朝阳水电站	长武县相公镇胡家河	1969	部分		1980年彬县变电站与朝阳水电站间的35千伏彬-朝线建成，实现了并网运行	
39	礼泉宝鸡峡史德水电站	礼泉县史德镇	1937—1971	完整		由近代水利大师李仪祉先生1937年主持修建的渭惠渠灌区、1958年修建的宝鸡峡引渭灌区合并而成，灌溉着宝鸡、杨凌、咸阳、西安4市（区）的14个县（市、区）97个乡镇的近300万亩农田	服务陕西省目前最大的灌区，位居全国十大灌区之一

续上表

序号	名称	地址	始建年代	保存或改造利用状况	航拍或照片	简介	遗产身份
40	彬县百子沟煤矿	彬县百子沟	1958	已拆除	—	前身是民国时期的民生煤矿，是市、县重点企业。老矿井现已废弃不用，使用新矿井继续生产	
41	旬邑百子煤矿	旬邑县百子村	1956	已拆除	—	前身是民国时期的民生煤矿，是市、县重点企业。老矿井现已废弃不用，使用新矿井继续生产	
42	咸阳造纸厂	咸阳市秦都区人民西路49号	1958	部分	—	陕西省投资筹建关中造纸厂，1962年建成投产	
43	兴平造纸厂	兴平市东环路与县门街东路交汇口	1966	部分	—	1966年筹建，1970年投产。由咸阳专员公署投资200万元，建成日产5吨文化用纸生产线，开始工厂的生产历程	
44	金醇古酒业有限公司（原长武县酒厂）	长武县醇古街	1956	部分		新中国成立后，将长武县内各私私营酒厂公私合营，转为国营酒厂。1975年扩建、完善生产设施，扩大生产能力。1998年改制为现今的陕西金醇古酒业有限责任公司	
45	陇海铁路（咸阳宝鸡段）	经过咸阳市秦都区、兴平市、武功县、杨凌区	1935年西安至宝鸡段开工	完整	—	1935年，西安至宝鸡段开工建设，1936年宝鸡开工建设，1939年宝鸡至天水段开工建设，1945年竣工。1956年，陇海铁路郑州至宝鸡段进行复线改造，1970年完成。2003年、2005年、2007年，西安至宝鸡段进行了3次提速改造	中国三横五纵干线铁路网的一横；第一批中国工业遗产保护名录

附表4　铜川市工业遗产调研案例一览表

序号	名称	地址	始建年代	保存或改造利用状况	航拍或照片	简介	遗产身份
1	铜川市纺织厂	铜川市王益区黄堡镇	1980	部分	—	占地113亩，总建筑面积5.5万平方米，生产棉纱、棉布和针刺地毯	—
2	铜川市陈炉陶瓷厂	铜川市东南15公里	1958	部分		陈炉陶瓷厂依托于历史悠久、文化内涵深厚，烧瓷1400余年的陈炉古镇，创建于1958年8月，是中型集体企业。总厂下设9个独立法人企业，经营体系集生产日用陶瓷器、美术瓷、民间工艺瓷、各种规格的炉材炉具及陶瓷泥料、釉料、煤炭为一体	全国重点文物保护单位；中国耀州窑唯一正宗的复制厂家，最大生产基地
3	铜川市灯泡厂	铜川市黄堡新宜南路21号	1970	部分		是轻工部重点生产电光源产品的国有企业	—
4	西北耐火材料厂	铜川市耀州区董家河镇	1966	部分	—	是西北地区最大的综合型耐火材料生产企业。总占地面积40.7万平方米，总建筑面积13.8万平方米	西北地区最大的耐火材料厂
5	铜川铝厂	铜川市北关雷家沟	1969	部分		陕西唯一集铝冶炼、深加工、铝电联产为一体的国家大型有色金属工业企业	2000年国家国债环保节能项目
6	铜川市矿务局煤矿机械厂	铜川市红旗街	1954	部分		始建于1954年，原隶属于铜川矿务局。公司经2010年改制重组后，划归陕煤化集团下属单位西安重工装备制造集团有限公司管理。2014年新厂区竣工投入试生产，新老区分离	—
7	陕西铜川煤矿建设公司	铜川市宜园路	1957	部分	—	承担房屋建筑、矿山、机电设备安装等工程施工，为陕西省建筑行业骨干施工企业之一	—

续上表

序号	名称	地址	始建年代	保存或改造利用状况	航拍或照片	简介	遗产身份
8	铜川矿务局（同官煤矿）	铜川市王益区青年路街道办事处五一社区	20世纪30年代	部分		同官煤矿是抗日战争时期陕西省第一个官办煤矿，该煤矿成立后至1944年，原煤年产量达17.9万吨。1955年在此成立了铜川矿务局，成为当时陕西省最大的煤矿。1956年2月陕西煤业化工集团公司成立后，为陕西煤业化工集团公司下属的国有大型煤炭骨干企业	陕西省第一个官办煤矿；民国时期陕西省最大的煤矿
9	玉华煤矿（焦坪煤矿）	铜川市印台区	1961	部分		玉华煤矿，原名焦坪煤矿，前身是成立于1935年的同官煤矿下属的12家私有煤矿，1956年实行公私合营，成立焦坪新华煤矿；1958年正式交于铜川矿务局管理，改为国营企业。下属永红、平硐、露天、前卫焦坪煤矿井田4处，储量有限，到1990年只剩下一处露天矿。1980年代，将玉华煤矿并作为其接续矿井进行设计、施工，现隶属于陕西煤化集团公司铜川矿业公司	铜川矿务局建立最早、规模最大的煤矿；国家"八五"重点建设项目
10	东坡煤矿	铜川市印台区广阳镇高楼河乡东坡村	1970	部分		东坡煤矿于1970年简易投产，设计年产45万吨；1984年至1988年改扩建，产能90万吨；2004年，核定年产105万吨。主要生产焦瘦煤，发热量为4800～5200大卡。在国家去产能政策出台后，矿井于2016年关闭完工	—
11	鸭口煤矿	铜川市印台区广阳镇	1958	部分		《平凡的世界》创作地和生活体验地，2014年停产，现成为旅游观光地，建有路遥文化展览馆	—

续上表

序号	名称	地址	始建年代	保存或改造利用状况	航拍或照片	简介	遗产身份
12	王石凹煤矿工业遗址公园（王石凹煤矿）	铜川市东郊的鳌背山下	1961	部分保存，已被改造再利用，功能已变更		国家"一五"期间156项重点工程建设项目之一，由苏联列宁格勒设计院和西安煤矿设计院共同设计，有"共和国长子"的美誉。曾为陕西省乃至西北地区工业发展和经济繁荣策作出了重要贡献。其保留的苏式建筑、采煤设备、主副井提升设备等核心物项，折射出我国煤炭工业的整体风貌，具有煤炭行业的典型性和稀有性	"156项重点工程"项目；第二批国家工业遗产
13	金华山煤矿	铜川市东郊23千米处	1958	部分		金华山煤矿东西分别与徐家沟、王石凹煤矿毗邻。始建于1958年7月，1963年11月建成投产。设计生产能力45万吨/年。后经1977—1987年改扩建，2009—2010年机械化升级改造，2012年核定年生产能力150万吨，井田面积23.2平方公里，可采储量9442.5万吨。2016年根据国务院去产能政策矿井实施关闭	全国煤炭工业文明煤矿
14	下石节煤矿	铜川市耀州区瑶曲镇下石节村	1969	部分		下石节煤矿属于焦坪矿区，井田长4千米，倾斜宽约3.3千米，含煤面积13.2平方千米，可采储量1.27亿吨，原设计服务年限101年。主采侏罗纪4-2#煤层，2009年中央并四条井筒均布置在井田中央，采用中央并四式通风。矿井设计两个水平，采用"交叉双U形"巷道布置，采用走向长壁综采放顶煤一次采全高的采煤方法	铜川矿务局两大自然矿区之一；国家大型重点煤矿
15	徐家沟煤矿	铜川市广阳镇鸭口村	1966	部分		徐家沟煤矿是陕西煤业股份有限公司铜川矿业公司的全资子公司，井田东与鸭口矿矿井接壤，西与金华山煤矿毗邻。矿井于1966年3月建成投产。2007年实施了政策性破产，2009年成立了徐家沟煤矿有限责任公司，完成了企业破产重组改制。2015年矿井关闭回收	国有重点煤矿

续上表

序号	名称	地址	始建年代	保存或改造利用状况	航拍或照片	简介	遗产身份
16	陈家山煤矿	铜川市耀州区庙湾镇走马村	1979	部分		陈家山煤矿属于焦坪矿区，由西安煤矿设计院设计。矿井分两期工程建设，分别于1979年6月和1982年12月分两期工程建成投产。矿井核定生产能力260万吨，井田走向5.5千米，倾斜长3.7千米，面积20.4平方千米，可采储量1.5亿多吨，服务年限77年	铜川矿务局两大自然矿区之一
17	铜川第一煤矿（史家河矿）	铜川市王益乡灰堆坡后沟	1956	部分		1990年6月矿井报废，2000年煤矿破产。一些老建筑目前已经被拆除	—
18	桃园煤矿	铜川市铁路南站（原宜古村火车站）东侧	1956	部分		矿井由西安煤矿设计院设计，矿井于1956年5月30日由西安煤矿基本建设局铜川工程公司承担建设，1959年9月30日建成投产。矿井探明储量5061.2万吨，含煤面积43.6平方千米，埋藏深度55~485米，主采10号煤层，煤层厚度0.7~2.5米。为低沼气矿井	
19	耀县水泥厂	铜川市耀州区约土大道	1956	部分		耀县水泥厂是国家"一五"期间156项重点项目之一，由前苏联和原民主德国援建，是1949年后建设的第一批大型水泥企业，号称"亚洲一号"	"156项重点工程"项目；陕西省首家上市的建材企业
20	新川水泥厂	铜川市王益区新川路	1951	部分		1955年9月建成投产，曾经西省建材业的支柱产业，为陕西城市建设做出了巨大的贡献	当时西北地区最大水泥生产厂家之一

附表5　渭南市工业遗产调研案例一览表

序号	名称	地址	始建年代	保存或改造利用状况	航拍或照片	简介	遗产身份
1	莲花寺石渣厂	渭南市华州区莲花寺镇310国道北240米	1952	部分	—	1930年代初，陇海铁路陕西段修建，需用大量铺路石渣，西安钰记铺路公司就在此设立了石料站，生产铺路石渣。1950年该石料站被收归国有，并发展为连花寺石渣厂。为解决运输问题，1951年又在此建连花寺火车站。该厂主要经营公路建设所需石渣、桥梁建设所需石渣	
2	陕西化肥厂	渭南市华州区瓜坡镇310国道西200米	1967	部分		国有企业。1992年3月，利用日本政府贷款在渭南经济开发区兴建，定名为陕西省渭河化肥厂。生产区占地面积75万平方米，总投资33.8亿元	
3	金堆城钼业集团（金堆城钼矿）	渭南市华州区金堆镇镇政府旁500米	1958	完整		金钼集团是国有大型企业，隶属陕西省有色金属控股集团有限责任公司。其前身是筹建于1958年的"金堆城钼矿"，是由陕西省647地质普查队地质员赵亨学等人，于1955年在秦岭中勘探发现的世界大型钼矿床，并作为国家重点项目于"二五"计划之初开工建设	国家重点项目；中国钼行业之首、亚洲第一
4	潼关酱菜厂	渭南市潼关县城关镇北环路67号	1956	部分		明清时期，潼关酱笋均为皇帝贡品。1916年，潼关县连皮酱笋在巴拿马万国博览会上荣获世界名特产品银质奖。潼关酱菜厂是1956年由解放前十几家私人酱园合营成立的国营酱菜食品加工厂，是目前潼关唯一规模化生产酱菜的厂家	被商务部认定为中华老字号企业

续上表

序号	名称	地址	始建年代	保存或改造利用状况	航拍或照片	简介	遗产身份
5	红星乳业	渭南市富平县城关镇望湖路52号	1978	部分		该企业为一家专业生产羊乳制品的民营企业，曾被评为陕西省"农业产业化重点龙头企业"	
6	白水杜康酒厂	渭南市白水县杜康镇中段凤莲超市西南90米	1976	完整		杜康是我国酿酒行业的发明者和创始人，白水县是杜康酒发源地、杜康的生卒地。陕西白水杜康酒厂是老作坊基础上，继承、发展、延续，于1975年元月，遵照周总理"复兴杜康，为国争光"的指示，在原古作坊基础上建设而成，属地方国有企业。多次荣获全国、全省各类奖项	中华老字号；杜康庙、杜康墓遗址为陕西省重点文物保护单位；杜康酒艺被录入陕西省第一批非物质文化遗产名录
7	澄县香烟厂	渭南市澄城县城关镇南大街588号	1976	部分		国有企业，原名"澄城雪茄烟厂"，1983年列为国家定点企业，隶属中国烟草公司陕西省公司。2010年中烟公司重新修建厂房	
8	渭南染化厂	渭南市前进路北段28号	1970	已拆除		该企业是一个以生产染料及染料中间体为主的化工企业。主要产品有硫化、分散、活性、酸性4大类染料以及苯酚、大苏打、磷肥等18种产品。其中的双倍硫化青在国际市场享有崇高声誉，被外商誉为"中国黑"	
9	华山半导体材料厂（741厂）	渭南市华州区武隆山脚下	1968	部分	—	20世纪60—70年代所建老厂址位于武隆山脚下，占地15.5万平方米。根据三线企业调迁政策，迁至西安高新技术开发区	"三线"建设项目；国家"六五"规划的三大半导体硅材料专业科研生产基地之一

续上表

序号	名称	地址	始建年代	保存或改造利用状况	航拍或照片	简介	遗产身份
10	蒲城水泥厂（尧柏水泥）	渭南市蒲城县罕井镇山东村	1961	完整		前身为原蒲城县罕井水泥厂，公司为中国建材500强企业排名前50强，下属13个子公司，为西部水泥行业中的领军企业之一	
11	韩城矿务局	渭南市韩城市金塔中路与黄河大街交叉口	1970	部分	—	韩城矿区位于陕西省渭北煤田东北段，煤炭储量丰富，总面积为1115.7平方千米，煤炭总储量103亿吨，可采储量26.8亿吨。现有3矿4井，总设计年生产能力780万吨。韩城矿务局下辖18个二级公司和控股公司，其中有5座大中型煤矿	全国煤炭百强企业
12	蒲白矿务局	渭南市蒲城县罕井镇大庆街中段	1959	部分		蒲白矿区位于陕西省渭北煤田中部，地跨蒲城、白水两县。现辖有两个矿区：蒲白矿区（老矿区）和黄陵新区（新矿区）。1982年，蒲白矿务局水泥厂在原机立窑的基础上建成Φ2.5×42m中空窑，成为渭南第一家回转窑水泥生产企业	
13	秦岭电厂	渭南市华阴县罗敷镇310国道旁	1968	部分		首台机组于1968年筹建，分三期工程建设完成。一期工程安装两台上海电气集团生产的汽轮发电机组，分别于1972年和1974年建成投产；二、三期工程安装四台东方电气集团生产的200MW汽轮发电机组，1978年全部建设完成。后与华能集团合并，现名"华能陕西秦岭（秦华）发电有限公司"	当时西北地区第一座、全国第四座百万千瓦级火力发电厂
14	韩城一电（韩城发电厂）	渭南市韩城市金城区竹园村	1973	部分		该厂是陕西省电力公司直属企业之一，于1973年开工建设，1977年第一台机组发电，1979年机组全部并网发电	

420

续上表

序号	名称	地址	始建年代	保存或改造利用状况	航拍或照片	简介	遗产身份
15	黄河工程机械厂	渭南市华阴县孟塬路南50米	1968	完整	—	该厂为1968年10月由国家第一机械工业部于华阴县华山脚下筹建，1973年建成投产，占地58.8万平方米，建筑面积18.8万平方米	"三线"建设项目；国内第一个推土机专业生产厂家
16	渭南通用机械厂	渭南市解放路	1958	已拆除	—	该厂始建于1958年5月，时为地方国营渭南县通用机械厂。1964年，表属渭南地区农机公司，更名为渭南地区通用机械厂	
17	红岭机械厂（国营4193厂，75号信箱）	华县柳枝镇火车站	1972	部分		1972年建设原址在华县柳枝镇火车站，1982年迁入华县城区新秦南路，毗邻秦岭山脉。厂占地18万平方米，建筑面积6.6万平方米	
18	西北林业机械厂		1966	完整		西北林业机械厂始建于1966年，1976年竣工投产，工厂设计任务由林业部林产工业设计院承担。从西向东依次为铸造车间、锻造车间、热处理车间、模具车间、机加车间、机修车间、装配车间、电镀车间等。工厂设计以隐蔽为重，厂房都不算大，办公地方设计成四合院平房，从飞机上朝下看，状似居民区。2012年，该厂宣告依法破产	"三线"建设项目
19	陕西纺织机械厂	渭南朝阳大街	1965	部分		国有企业，原名国营渭南纺织机械厂，是我国主要纺织专用电机和储纬器的生产基地	
20	陕西印刷机械厂（北人印刷机械）	渭南朝阳大街	1967	老厂区已拆除		国有企业，原名渭南印刷机器厂。1968年动工修建；1971年建成投产；1972年开始生产第一批印刷机械：DQ202对开切纸机。1998年改制为陕西黄工印机厂；2002年成为北人印刷机械股份有限公司控股子公司。现厂区位于陕西省渭南市高新区东风大街	多项印刷制造技术填补国内空白

续上表

序号	名称	地址	始建年代	保存或改造利用状况	航拍或照片	简介	遗产身份
21	陕西压延设备厂	渭南市富平县庄里镇北新街19号	1966	完整		国有企业，于1966年由国家第一机械工业部筹建，1974年建成投产，是以生产精密板带轧机和处理成套设备为主的重型机器制造厂	"三线"建设项目；我国重型机械制造行业的骨干企业
22	秦牛锅炉厂	渭南市渭华路11号	1956	部分		又名陕西省秦牛（集团）股份有限公司，集体所有制企业。前身为1956年兴建的渭南县城关镇自行车修配社。1972年更名为渭南县车辆修配厂。1988年，更名为渭南市秦牛锅炉厂	
23	筑路机械厂（交二局）	渭南市华州区	1959	已拆除	—	西安筑路机械厂始建于1959年，其前身"交通部西安筑路机械厂"是交通部的直属骨干企业。负责道路路面机械产品的研发和制造。我国第一套强制间歇式沥青混合料搅拌设备，第一台沥青混合料摊铺机，第一台稳定土拌合机等都在这里诞生	
24	大荔国棉十三厂	大荔县东新街11号	1958	已拆除	—	1960年改名为地方国营大荔纺织印染厂。1962年续建后，隶属陕西省纺织工业管理局。1966年改名为陕西第十三棉纺织厂	
25	大荔许庄纺织厂	大荔县许庄镇六师街道1号	1970	已拆除	—	国有企业。1970年筹建；1976年移交渭南地区管理，改名为渭南地区许庄纺织；1984年，更名为陕西许庄纺织；1991年，改名为国营陕西光华棉纺织厂	

续上表

序号	名称	地址	始建年代	保存或改造利用状况	航拍或照片	简介	遗产身份
26	东桐峪金矿厂（大锚潼峪）	潼关县桐峪镇	1972	部分		1972年2月，境内首家金矿由渭南地区投资兴建，定名潼关金矿；1975年，潼关县等建县办金矿，后隶属陕西省辖，更名陕西省东桐峪金矿	
27	蒲城长短波授时中心	蒲城县城西北西山唐尧宗景陵附近金帜山上	1967	完整		蒲授时中心始建于1967年，于1970年建成竣工。经周恩来总理亲自批准代号为"326"。建成后由中国科学院进行管理，命名为"西北授时台"。该授时台的研制建设，凝聚了20世纪60年代我国许多科研院所科学家的智慧和劳动，是当时中国科技发展水平的缩影	新中国成立后建设的第一个国家授时台：第五批陕西省文物保单位；第三批国家工业遗产
28	陇海铁路（渭南段）	经过渭南市潼关县、华阴市、临渭区、华州区	1930年，灵宝至潼关段开工	完整		1930年，灵宝至潼关段开工建设。1932年，潼关至西安段开工建设，1935年竣工	中国三横五纵干线铁路网的一横；第二批中国工业遗产保护名录

附表6 延安市工业遗产调研案例一览表

序号	名称	地址	始建年代	保存或改造利用状况	航拍或照片	简介	遗产身份
1	延长石油厂	延长县七里村采油厂区域	1905	部分		延长石油厂是中国陆上石油工业的发祥地和开拓者，现已发展为陕西延长石油（集团）有限责任公司。2007成功跨入国家千万吨级大油田。2017年排名全国第五大油田。延长石油厂入选国家工业遗产保护名录，其遗产核心项目共有七项，均在延长县七里村采油厂区域，包括：延一井、七里村炼油厂、七一井和七三井、延深探一井、延长石油厂工人何延年的窑洞和苏联专家招待所	第二批国家工业遗产；全国重点文物保护单位；中国陆上第一口油井、第一个油田；陕西省第一个生产高标号汽油的炼油厂
2	延安汽车工业总公司	延安市马家湾光华路	1956	完整		延安汽车工业总公司原系"延安运输公司汽车管理厂"，习称"大修厂"。位于延安市马家湾，占地面积18.4万平方米。该厂具有汽车改装厂和抽油机两个下属分厂，四个生产车间。现有大部分厂房均为闲置状态，企业处于改制中。延安汽车工业总公司是20世纪80年代延安市汽车修配企业，厂内的改装、制造加工设备保存完整，部分制造加工设备仍保留	
3	延安卷烟厂	延安市宝塔区兰家坪	1970	兰家坪旧厂区已拆除		延安卷烟厂旧厂区位于延安市宝塔区兰家坪，先后经过三次搬迁，两次技术改造，现兰家坪旧厂区已拆除。延安卷烟厂是延安市的骨干企业和财政收入的重要支柱，"延安"牌卷烟被评定为陕西省名牌产品。2008年，厂区再次整体搬迁至姚店经济技术开发区	延安市骨干企业

续上表

序号	名称	地址	始建年代	保存或改造利用状况	航拍或照片	简介	遗产身份
4	延安石油机械厂	延安市杜甫川	1967	完整		延安石油机械厂于1967年筹建，1972年5月份投产。是首都援建的地直农机企业。1990年底，全厂占地面积10.3万平方米，其中生产车间占地面积1.3万平方米。2003年以来每年净增产值1500万元，利税积累5315万元，实现工业总产值达一亿元以上。2018年进行企业改制	首都援建的地直农机企业
5	延安氮肥厂（东风化肥厂）	延安市东22公里外的姚店镇	1970	完整		延安氮肥厂原名东风化肥厂，占地面积120亩。1970年破土动工，1975年6月建成试车。延安氮肥厂是延安地区生产化肥的主要厂家。1992年，该厂固定资产原值899.59万元，净值598.91万元，1992年11月，延安行政公署专员办公会议决定该厂关停	
6	延安钢厂	延安市姚店镇张张尔村	1970	完整		延安钢厂隶属延安地区冶金机械工业局，县级建制。始建于1970年，1971年投产，占地22.3万平方米。2005年延安钢厂全面停止钢材生产。延安钢厂是延安地区唯一的一个冶炼钢铁企业。企业产品曾创省级、市级优秀。现大部分厂区为闲置状态，部分厂房被租赁	延安地区唯一的冶炼钢铁企业
7	宝塔区水泥厂	延安市东郊，距城17公里李渠拐卯	1970	部分		宝塔区水泥厂是由国家建材部和地方投资188万元，在首都水泥厂的帮助下从1970年5月开始筹建，经过两年时间于1972年10月建成年产7000吨的水泥厂。到1990年该厂占地2800平方米，建筑面积5560平方米。该厂于2002年关停	

425

续上表

序号	名称	地址	始建年代	保存或改造利用状况	航拍或照片	简介	遗产身份
8	安塞县水泥厂	安塞县沿河湾乡	1970	部分		该厂位于安塞县沿河湾乡。1970年开始筹建，经过一年施工到1971年正式投产，为县属全民所有制企业。到1990年底，全厂占地1万平方米。固定资产原值84万元，净值172万元。1998年实行股份制改造，改制为安塞县泰凤建材股份公司	
9	甘泉美水酒厂	甘泉县城关镇	1975	部分		该厂始建于1975年（之前是一家集体糖厂转产），企业占地34亩，1997年12月，陕西省人民政府授予延安市美水酒厂生产的"隋唐玉液"为陕西省"名牌产品"。2003年，政府引导企业着手制定改制方案	陕西省重点白酒酿造企业
10	富县牛武水泥厂	富县牛武镇阳畔村	1970	部分		水泥厂始建于1970年，是由北京市琉璃河水泥厂（首都水泥厂）投入人力、物力和120万元资金援助兴建的。设计能力年产400#硅酸盐水泥二万吨，水泥厂占地78亩，固定资产987万元，经一次技术改造更新后可生产500#硅酸水泥。多年来曾为富县经济建设和资源开发做出了巨大贡献。后由于经营亏损且债务逐年上升，最终因资不抵债，被迫于1996年停产	
11	富县发电厂	富县曹村	1977	完整		1977年6月，位于富县曹村的水电站建成投运，水头12米，引水流量3立方米/秒，装机容量2×125千瓦，并网输电，输电线路17千伏，安装变压器4台，容量1075千伏安	

426

续上表

序号	名称	地址	始建年代	保存或改造利用状况	航拍或照片	简介	遗产身份
12	黄陵县店头煤矿（店头煤矿芋子渠井口）	黄陵县店头镇芋子渠	1963	部分		黄陵县店头煤矿始建于1963年，1967年10月建成投产。斜井开拓，矿井生产能力5万吨/年，井田面积2.5平方千米，到1995年矿井储量已尽，开始回采煤柱，1997年矿井停产闭坑。县上将南川一号后期风井口划归店头煤矿开采	
13	茶坊陕甘宁边区机器厂（旧址）	安塞区沿河湾镇茶坊村	1938—1947	部分土窑洞和石砌机房		1938年3月，兵工厂迁至杏子河川的茶坊村（今属安塞区），正式改名为陕甘宁边区机器厂。厂内分设机器制造部和枪械修理部。机器制造部为边区各军用和民用的公营工厂，先后制造出一批车床、铣床、刨床和钻床、砂轮机等。并且为边区一些民用公营工厂提供了通用和专用设备400余部。同时，为扩大本厂生产能力，成功地制造了六角车床、八呎元车、螺旋压力机和弹簧锤等机器	第七批陕西省重点文物保护单位
14	陕甘宁边区农具厂（旧址）	宝塔区枣园镇温家沟村	1939—1946	仅留部分土窑洞，多为群众占用		农具厂筹建于1938年9月，1939年2月，开始在温家沟（今属延安市英园镇）建造厂房，并装配机器，收购原料。同年7月初投入正式生产。这时，原延安工人学校的铁工部也并入该厂。7月份，农具厂铸铁锋507只，10月份月产量已增至铸大锋6149只，小锋933只，镰刀301把，锄头16把。当月还为中央印刷厂修理印刷机2台。厂内分设木工、机工、车床和翻砂4个股。到1939年底，全厂有职工37人，有化铁炉1座，打铁炉1座，沙箱300副，车床2台，钻床2台等设备。1940年春，该厂还试制成功了陕北第一部水车，为农业丰收创造了条件	第七批陕西省重点文物保护单位

续上表

序号	名称	地址	始建年代	保存或改造利用状况	航拍或照片	简介	遗产身份
15	石咀驿陕甘宁边区被服厂（旧址）	延安市宝塔区河庄坪镇石咀驿村	1945—1947	部分	—	—	第七批陕西省重点文物保护单位
16	石咀驿陕甘宁边区丰足火柴厂（旧址）	延安市宝塔区河庄坪镇石咀驿村	1945—1947	部分	—	1944年3月，在延安北郊的狄青年村成立了陕甘宁边区火柴，属于八路军公营企业，全厂20多人。1945年初，火柴厂迁至石咀驿村。火柴厂为中共七大生产了献礼火柴。1946年，火柴厂迁到延安东川的拐峁村。1947年，火柴厂迁住在砖窑西梁村生产。此后多次搬迁，1949年，陕甘宁边区火柴厂交延安行署，更名延安丰足火柴厂	第七批陕西省重点文物保护单位
17	刘河湾红军兵工厂（旧址）	延安市吴起县洛源街道办刘河湾村	1936	部分	—	1936年5月，中央红军在吴旗县洛源乡刘河湾村设兵工厂。1937年1月迁至延安。遗址现存土窑洞9孔，石砌岗楼一座	第七批陕西省重点文物保护单位
18	十里铺兵工厂（旧址）	子长县栾家坪乡十里铺村	1943—1947	部分		1935年11月，中央机关进驻瓦窑堡后，在原西北红军兵工厂旧址上组建中央红军兵工厂。兵工厂下设翻砂、烘炉、机械、木工、制图、子弹、完成等生产部门。生产项目有枪械修理、复装子弹、制造手榴弹等。中央红军兵工厂旧址位于长县栾家坪乡十里铺村，坐北向南，四合院布局，院内有南北相向2排旧石窑，每排窑洞各6孔。窑洞均进深8米，宽3.2米，高4米。院子南北宽22米，东西长36米，整个院落占地面积420平方米	第七批陕西省重点文物保护单位

续上表

序号	名称	地址	始建年代	保存或改造利用状况	航拍或照片	简介	遗产身份
19	冯家岔中央印刷厂（旧址）	子长县史家畔乡冯家岔村	1947	部分		1946年11月，中央印刷厂开始在冯家岔筹建战时印刷厂。1947年初，总厂迁住冯家岔。同年3月14日，中央印刷厂留守清凉山的同志在印刷完《解放日报》第2118号后，撤离延安。3月16日开始，《解放日报》改为四开两版，在冯家岔印出版。3月27日，中央印刷厂印完了最后一期《解放日报》（第2130号）。中央印刷厂旧址坐北向南，共有上下两排19孔砖窑，上排7孔窑洞，下排窑洞12孔窑洞。上排窑洞的院子是下排窑洞的硷畔。下排窑洞的院子已被该村淤泥坝淤积。当年，工作人员住在上排7孔窑洞，下排12孔窑洞是生产工作区。整个旧址占地面积864平方米	第七批陕西省重点文物保护单位
20	魏家岔中央印刷厂（旧址）	延安市子长县杨家园则镇魏家岔村	1947	部分	—	—	第七批陕西省重点文物保护单位

附表7 榆林市工业遗产调研案例一览表

序号	名称	地址	始建年代	保存或改造利用状况	航拍或照片	简介	遗产身份
1	榆林毛织厂	榆林市贾盘石下巷13号	1949	部分		榆林毛织厂是市内粗纺织业的主要厂家，其前身为榆林职业学校实习工厂。1949年6月，人民政府管管职业学校实习工厂后，将该校实习工厂改为毛革厂。1950年5月，将毛革厂的毛纺织机等设备搬迁至榆林修造厂（即原驻军修械所），合并称为榆林毛织厂，有职工123人，隶属陕北实业公司	
2	清涧丝绸厂	榆林市清涧县河西南路国税局家属院附近	1958	部分		清涧丝绸厂是县内唯一一家国营丝绸企业。1958年7月，陕西省纺织工业厅批准建厂计划，当年破土始建，1960年1月竣工。全厂占地34.5亩，厂房建筑面积5616平方米。以生产白厂丝为主，原料主要来源于清涧及榆林、延安、安康等地区	
3	"三盛长"碱坊	神木县城西南50公里的高家堡古城	1940	部分		民国时期，高家堡商人刘大荣、杭万礼、寇端生于1940年在红碱淖畔马莲河村，合资兴办"三盛长"碱坊。他们注重产品质量，销路畅通，生意兴隆。1949年，人民政府与三盛长碱坊协商，将其改为公私合营陕北榆神碱厂，直属榆林专区，并将原神木官碱局财产合并其内。1956年转为地方国营企业，下放神木县，改名神木碱厂	
4	榆林市农机修造厂	榆林市新建北路	1958	已拆除	—	1956年，榆林城一些铁匠、铜匠组建成铁业一社、二社和铸造合作组。1958年6月，又在现厂址（新建北路）联合成立农机修造合作厂，时有职工230人，主要生产铁制小农具。1959年由集体转为国营，称榆林县机械厂	

续上表

序号	名称	地址	始建年代	保存或改造利用状况	航拍或照片	简介	遗产身份
15	横山县响水水电站	横山县响水镇响水村	1977	完整		响水发电站是引水式电站，1977年建成。装机容量为3600千瓦，年发电量在1100万度左右。所发的电主要用35千伏输电线送至樊楼河和石码砚两个变电站，然后以10千伏配电线输出。保证樊河煤矿和县城及沿线乡镇村的生产生活用电。1979年11月，该站并入天桥电网	
16	榆林金刚寺砖瓦厂	榆林市榆阳区金刚寺村	1956	已拆除	—	榆林金刚寺砖瓦厂建于1956年，时称县公私合营金刚寺砖瓦厂，后改为酿酒厂	
17	菁云煤矿	榆林市榆阳区菁云乡菁云山	1959	已拆除	—	菁云煤矿于1959年开建，1962年投产。1988年在该矿井西另开新井投产，时井上建筑面积3950平方米，职工234人。1989年产值79万元，居本市国有煤矿之首	
18	神木县平板玻璃厂	神木县城南	1956	部分		神木县平板玻璃厂建于1956年，1961年停办；1970年重新建厂，占地4.8万平方米。建筑面积2.5万平方米。1990年，固定资产原值1574万元，净值1011万元，职工638名	
19	八路军一二〇师兵工厂牛沟修械厂（旧址）	佳县店镇牛沟村	1940	完整		1940年5月6日，晋绥军区后勤部在陕西省佳县劫牛沟设立修械厂。生产步枪、机枪、掷弹筒、五零炮弹。后以牛沟修械厂为中心，重新调整、扩建和新建了四个兵工厂。第一兵工厂即牛沟兵工厂；第二兵工厂为佳县螅镇李家坪村的炸弹厂；第三兵工厂即佳县螅镇招贤镇；第四兵工厂即驻佳县山西临县的化学厂。1947年3月，佳县境内的兵工厂全部搬迁至山西省境内。目前仅留第一兵工厂旧址保存基本完好	

附 录

433

附表8　汉中市工业遗产调研案例一览表

序号	名称	地址	始建年代	保存或改造利用状况	航拍或照片	简介	遗产身份
1	汉川机床厂	汉中市汉台区任任河东店的半路	1966	完整		汉川机床厂始建于1966年，由北京第二机床厂内迁来汉，是国家"三线"建设时期布局的骨干企业，是国家大型精密卧式镗床和高精度坐标镗床的重要生产基地。2006年3月，正式组建成立了汉川机床集团有限公司	"三线"建设时期重点企业
2	宁强八一铜矿厂	汉中宁强县燕子砭镇	1968	完整		宁强县八一铜矿厂1968年由解放军某部队兴建，是"三线"时期陕西省典型的代表。1970年正式投产，主营矿山采掘、选矿。1975年部队将企业移交，属军工业厅主管	"三线"建设时期重点企业
3	陕西航空硬质合金工具公司	汉中勉县武侯北路	1969	完整		陕西航空硬质合金工具公司是"三线"时期的代表企业之一。1969年，专业化工厂开始筹建；1982年，更名为航空硬质合金工具厂。2008年，更名为陕西航空硬质合金工具公司，隶属中国航空工业集团公司	"三线"建设时期重点企业；国内唯一一家集硬质合金等粉末冶金、硬质合金刀具、精密量具的科研、生产、贸易为一体的国有大型企业
4	宁强火柴厂	宁强县汉源镇羌洲路北段	1911	完整		前身为宁羌州保惠火柴股份有限公司，于清宣统三年（1911年）建成投产，共集资2.4万两白银，计240股，是陕西省最早的股份制企业之一。现在厂房占地面积约8671平方米，是1988年该厂迁到汉源镇时所建	开创西北火柴业的先河

续上表

序号	名称	地址	始建年代	保存或改造利用状况	航拍或照片	简介	遗产身份
5	陕西略阳磷肥厂	陕西省汉中市略阳县横现河镇	1969	完整		陕西略阳磷肥厂建于"三线"建设时期，生产区占地面积约6.55万平方米，生活区5万余平方米，宝成铁路、略康公路纵横其间，交通便利。先后被省政府授予"省级先进企业""经济明星企业""化肥制造最佳工业企业"，被化学工业部评为"全国百家化肥红旗单位"等	"三线"建设时期重点企业
6	陕西飞机制造公司	陕西省汉中市	1969	完整		中航工业陕西飞机制造公司现有总资产52亿元，占地面积300多万平方米，职工近万人，业务涉及飞机制造、大型工艺装备制造、建筑安装、交通运输、商贸服务等多个领域	1969年我国唯一一家研制、生产大中型军民用运输机的大型国有军工企业
7	长空精密机械厂	汉中市南郑县南海区牟家坝水井沟	1969	部分		1969年，长空公司在陕西汉中南郑县南海区牟家坝水井沟建厂，当时厂名为国营长空机械厂，隶属第三机械工业部航空企业。1990年，整体搬迁至陕西汉中南郑县大河坎。1985年更名为国营长空精密机械制造公司，隶属中航工业集团	"三线"建设时期重点企业
8	陕南石棉矿厂	汉中市宁强县大安镇	1951	完整		1951年在大安白杨林筹建陕西省大安石棉矿，即今陕南石棉矿，先后隶属陕西省国家建材部和陕西省建材工业局，汉中地区主管。是国内八大石棉矿之一，2007年底，陕西省政府批准破产	国内八大石棉矿之一
9	汉中东方仪器厂	汉中市南郑县鄢滩乡公社至脊沟	1970	完整		东方仪器厂作为陕西一个有代表性的"三线"军工企业，为我国军事工业和当地的经济发展作出了突出的贡献。该厂老厂区的机器设备基本上不存在，该厂区保留着时代的建筑形制及风格特征	"三线"建设时期重点企业

435

续上表

序号	名称	地址	始建年代	保存或改造利用状况	航拍或照片	简介	遗产身份
10	汉中镇巴煤矿	汉中市镇巴县盐场镇	1970	完整		镇巴矿区是陕西省"三线"建设时期的代表之一。陕西省镇巴煤矿前身是陕西省镇巴煤矿建设指挥部,是和蒲白、澄合、韩城矿务局同时筹建,为陕西省新建的四大煤炭基地之一	"三线"建设时期重点企业
11	城固酒业有限公司	汉中市城固县博望镇谢家井村	1952	部分		陕西省城固酒业有限公司,其前身是陕西省城固酒厂。始建于1952年,名称为"国营陕西省工业厅城固酒厂",隶属于陕西省工业厅。该酒厂于1980年迁至谢家井原省水泥厂旧址,1991年5月更名为"陕西省城固酒厂"	"中华老字号"企业
12	略阳钢铁厂	汉中市略阳县城关大沟口	1958	完整		略阳钢铁厂始建于"大跃进"的1958年,是我省较早建成的钢铁厂之一。钢铁厂1969年炼铁投产,结束了陕西省不产铁的历史	陕西钢铁工业摇篮
13	洋县黄酒厂	汉中市洋县谢村镇	1956	完整		地方国营洋县黄酒厂旧址筹建于1956年3月,最初与清康熙七年(1668年)创建的李记魁顺居黄酒酒坊合并,合并后归洋县谢村食堂集体管理,1975年10月转为洋县谢村供销社黄酒厂,1980年在供销社黄酒厂的基础上成立地方国营洋县黄酒厂	"中华老字号"企业
14	洋县大咸德调味品有限公司	汉中市洋县南环路68号	1856	完整		洋县大咸德调味品有限公司旧址建于清咸丰六年(1856年),历史悠久,但现厂址建于20世纪70年代初,现存建筑物多为20世纪70—90年代所建	"中华老字号"企业

续上表

序号	名称	地址	始建年代	保存或改造利用状况	航拍或照片	简介	遗产身份
15	陕西省三粮液酒业有限公司	汉中市勉阳镇联盟村朱家营	1954	完整		陕西省三粮液酒业有限公司始建于1954年，为陕西省内较早从事白酒酿造行业的企业。1971年分设成立勉县酒厂，因所酿白酒原料主要为大米、小麦和高粱，故起"三粮液"之名，并沿用至今。1978年起用"三粮液"作为产品名称。原厂址位于勉阳镇联盟村朱家营，现已迁至汉中市勉县武侯镇	陕西省内较早从事白酒酿造行业的企业
16	汉中橡胶总厂	汉中市汉台区铺镇	1956	完整		汉中橡胶总厂成立于1956年，由铺镇街上几家个体工商户在合作化运动推动下，组成了南郑县制鞋皮革生产合作社。1993年更名为陕西省汉中橡胶总厂，该名沿用至今。现隶属汉台区轻工业总会主管领导	填补了汉中地区半胶鞋生产的空白
17	汉中无线电厂	汉中市汉台区北大街31号	1960	部分		汉中无线电厂始建于1960年7月。该厂因已停产多年（2004年停产），机器设备早被处理，目前没有任何设备。该厂有一栋综合楼为1979年建造的四层综合楼，现已出租为商铺	—
18	汉中水泥厂	汉中市汉台区西郊许家田坝	1958	部分		汉中市水泥厂是一个生产水泥的国有企业，建于20世纪50年代末，即1958年筹建，1960年正式投产。由于该厂大规模扩建，多数老旧的建筑物都被拆除，目前仅存有少数地面建筑物，包括俱乐部、招待所、食堂和车库等老建筑	—
19	汉江钢铁厂（陕西汉中钢铁有限公司）	勉县定军乡	1971	部分		汉江钢铁厂是国家"四五"期间重点计划项目，1969年筹建。1972年动工建设杨家坝铁矿，并陆续动工建设破口驿选矿厂。"八五"期间，原国家冶金部和陕西省政府联合确定将汉江钢铁厂建成陕西省百万吨联合钢铁生产基地，列为二十项兴陕项目之一	国家"四五"期间重点计划项目；"三线"建设时期重点企业

续上表

序号	名称	地址	始建年代	保存或改造利用状况	航拍或照片	简介	遗产身份
20	汉中钢铁厂	勉县贾旗寨	1958	部分		1958年，在汉中勉县贾旗寨筹建炼铁厂，1959年12月开始产出。2000年因国家冶金产业政策调整，关停汉中钢铁厂。陕西省汉中钢铁厂破产。该企业为原冶金部五十七个地方骨干企业之一，市属唯一大型国有冶金企业	市属唯一大型国有冶金企业
21	汉中煤矿（旧址）	汉中市勉县白云寺	1937	部分		1937年由当地资本家发起筹建勉县民生煤矿。1938年8月动工，1940年开始产煤。2007年10月，省政府发文，将汉中关闭煤矿"名单。该矿曾是汉中地区第一批主要的能源供应地之一，为陕西省2007年第一批关闭煤矿"列存留有职工青砖楼、长瓦房及1970年代建筑的单身职工楼、砖拱家属楼等	—
22	城固油脂厂	汉中市城固县	1966	部分		1966年由地方政府投资，成立国营城固县油脂加工厂。1986年再次进行技术改造，购进当时最先进的GPR-2000型流水线成套设备。1996年通过股份制改造，成立陕西省城固县泰华油脂有限责任公司。2004年整体拍卖，为民营企业。存留有部分20世纪70—80年代的建筑	—
23	汉中南化有限公司（南郑县氮肥厂）	汉中市南郑区回龙寺村委附近	1967	部分		南郑县氮肥厂始建于1967年7月，1970年7月正式投产。2000年1月债转股改制为国有投股股份汉中南化有限公司。2005年6月改制为民营公司。存留的老建筑物很少	—
24	南郑高家岭陶瓷厂	汉中市南郑区汉通路东200米	1955	部分		始建于明、清，成立南郑县第一家工业企业公私合营。1955年1955年高家岭陶瓷厂。1979年更名为南郑县高家岭陶瓷厂；2006年企业改制为民营陶瓷社。早期的1、2、3号窑已废弃，4号窑厂房基本完整	"中华老字号"企业

438

续上表

序号	名称	地址	始建年代	保存或改造利用状况	航拍或照片	简介	遗产身份
25	洋县酒厂（陕西秦洋长生酒业有限公司）	汉中市洋县酒厂巷	1956	部分		前身系"地方国营洋县粮油加工厂"，创建于1956年12月。1963年3月更名为"地方国营洋县酒厂"，专门生产白酒。1992年8月，更名为"国营陕西洋县酒厂"。2006年8月改制为股份制企业。保存有1956年所建的麸曲发酵车间，其余均为1980年代建筑及设备	"中华传统名优产品"企业
26	留坝张良庙花木手杖公司	汉中市留坝县紫柏路258号	1972	部分		1972年留坝县政府在庙台子集体企业"留坝县张良庙手杖厂"。现存的建筑物基本上都是20世纪70—80年代所建，仍保留有一些1970—1980年代的机器设备	
27	勉汉电厂	汉中市天汉西路3号	1961	完整		由汉中电厂发展而来，陕西继西京电厂后所建的第二座电厂	陕西继西京电厂后所建的第二座电厂
28	板凳垭水电站	勉县新街子镇杨家湾村	1963	完整		板凳垭电站于1963年开始修建，1973年4月，板凳垭水电站隶属于勉县人民政府水电局管理。该水电站固定资产达亿元，现有职工百余人	
29	汉江工具厂	汉中市汉台区宗营镇	1968	完整		1968年开工建设的"三线"企业（由东北工业重心哈尔滨第一工具厂迁来）汉江工具有限责任公司，是金属切削刀具制造大型骨干企业，也是中国大型精密复杂刀具的主要生产基地之一。公司拥有进出口自营权	"三线"建设时期重点企业

439

续上表

序号	名称	地址	始建年代	保存或改造利用状况	航拍或照片	简介	遗产身份
30	海红轴承厂	勉县黄沙镇	1969	完整		1969年在陕西勉县黄沙镇的山沟动工兴建了延绵十华里占地千余亩的海红轴承厂。工厂也跻身于中国机械工业16家骨干企业、中国轴承工业500家最大企业之列，为中国轴承工业的发展作出了一定的贡献。后来经过多次迁调，通过省国有资产管理局批准，将原址不动产妥善移交陕西八一铜矿，完成了成建制的整体搬迁	"三线"建设时期重点企业
31	略阳发电厂	略阳县城关镇何家坟	1971	完整		目前为大唐略阳发电有限责任公司，在原大唐略阳发电厂的基础上改制而成	"三线"建设时期重点企业
32	汉中啤酒厂	汉中市汉台公路新桥	1977	完整		创建于1977年3月，原名汉中县啤酒厂；1978年11月易名为现名。主要产品有12度汉中牌黄啤。该产品1986年、1987年、1988年获陕西省旅游产品优质奖，1988年获陕西省优质产品称号	—
33	813厂	汉中市南郑县圣水镇柳林沟	1969	完整		现更名为陕西汉中锌业特种材料有限公司	"三线"建设时期重点企业
34	405厂	汉中市洋县溢水镇	1969	完整		405厂的相关工程于20世纪70年代末根据国家计划调整而中止建设，是"三线"建设工程。现在为中核陕西铀浓缩有限公司，现在部分洞体作为地方仓库使用	"三线"建设时期重点企业

续上表

序号	名称	地址	始建年代	保存或改造利用状况	航拍或照片	简介	遗产身份
35	洋县引酉工程长坝引水枢纽	汉中市洋县茅坪镇长坝村	1975	完整		洋县引酉工程（又称茅坪堰），是洋县人民乃至汉中地区有史以来最大的人工水利枢纽工程之一，被誉为"陕西红旗渠"，作为当时陕西省八大水利工程之一的"洋县引酉工程"。1958年，陕西省水利厅设计院，勘测规划，提出了《胥水—酉水丘陵区水利规划报告》，但因财力物力有限而未动工。1975年，洋县将引酉工程列为县农业翻身的三大工程之一，组建引酉工程测量队，成立"洋县引酉工程指挥部"，全县调动5000名民工，编成民兵营，开始破土动工。1987年，引酉灌溉一期工程竣工验收，正式交付使用	第七批陕西省重点文物保护单位
36	宝成铁路（略阳段）	汉中市略阳县徐家坪镇大地边村	1972	完整		宝成铁路于我国第一个五年计划时期内修建，北起陕西省宝鸡市，南至四川成都，与成渝、成昆两线衔接，全长668.2公里，是沟通西北与西南的第一条铁路干线，也是略阳对外发展联系的重要运输通道	第六批陕西省重点文物保护单位

附表9 安康市工业遗产调研案例一览表

序号	名称	地址	始建年代	保存或改造利用状况	航拍或照片	简介	遗产身份
1	宽布社和窄布社	安康市汉阴县	1955	已拆除	—	1955年6月,汉阴县城个体机坊组织成立了宽布社(从业人员26人)和窄布社(从业人员24人),为本县花纱布公司加工土布。1958年,宽窄布合作社、丝织社等7个合作单位合并成立汉阴县丝棉纺织生产合作工厂。1987年末,产品新增加了床单布、花格呢等色织布,除在本省各地区销售外,还行销全国15个省、市、自治区	—
2	汉阴县丝织合作社	安康市城东花梨机村	1958	已拆除	—	1955年把个体生产者组织起来,安康县、汉阴县分别组建了丝织生产小组、生产丝织品,产量较小。1958年,相继改组为安康县棉织社,汉阴县丝织社为同时生产丝织品、棉织品,不久改社为厂	安康市第一家专门生产丝织产品的工厂
3	安康地区第一缫丝厂	安康市恒口镇	1958	已拆除	—	国家中型企业,位于安康市恒口镇。占地面积8万平方米,其中生产区占地4万平方米。始建于1958年,1960年建成投产,为西北地区最大的缫丝企业。有一支管理水平较高的干部队伍和技术过硬的职工队伍	西北地区最大的缫丝企业;陕西省首批获得出口产品检验认证的企业
4	安康地区第二缫丝厂	安康市陵园路1号	1966	部分		全厂占地面积5.73万平方米。1989年有职工1153人,拥有缫丝机5760绪/288台,固定资产原值685万元,形成年产白丝180吨的生产能力,属国有中Ⅱ型企业。该厂生产的SA"梅花"牌白丝,1981年被评为陕西省优质产品	—

续上表

序号	名称	地址	始建年代	保存或改造利用状况	航拍或照片	简介	遗产身份
5	石泉栲胶厂	石泉县城关镇向阳路东段北侧	1942	完整		石泉栲胶厂占地8万平方米,房屋建筑面积1.72万平方米,职工228人。现有固定资产382.3万元,其中工业生产用固定资产302.3万元。有设备78台(套),分为栲胶、修理、机械3个车间,机械化生产,年产栲胶2500吨,单宁酸100吨	我国第一个栲胶生产厂家
6	石泉水电厂(现石泉水电站)	汉江上游石泉县城西一公里处	1971	完整		石泉水电站是汉江上游梯级开发的第2个梯级电站,是陕西电网的主要调峰电厂。控制流域面积24 000平方米,多年平均流量372立方米/秒,设计洪水流量21 500立方米/秒。总库容为4.4亿立方米,设计灌溉面积0.4万亩,装机容量13.5万千瓦。以发电为主,兼有灌溉、防洪、渔业等综合效益	陕西省"九五"重点建设项目;"二十项兴陕项目"工程之一
7	安康水电厂(现安康水电站)	安康市汉滨区瀛湖镇	1978	完整		安康水电站是一座以发电为主,兼有航运、防洪、养殖、旅游等综合效益的大型水电枢纽工程。枢纽建筑物由混凝土折线重力坝、坝后式厂房、升压变电站、泄洪建筑物和过船设施等组成	我国十大水电站工程之一
8	安康地区水泥制管厂	安康市江北西站路三号	20世纪70年代末	已拆除	—	20世纪70年代末,地区水电局成立了安康地区水泥制品厂,生产水泥下水管、水泥电杆、水泥预制板及各种水泥预制件。80年代,满足了安康城区及周围用户对各种水泥制品的需要。继之,各县建立了一批以集体为主的水泥制品厂,乡镇企业为主的水泥制品厂	—
9	石泉云母矿	安康市石泉县	1959	已拆除	—	1959年12月,在两河土门垭和安沟建立云母矿。职工57人。1962年1月停办,累计产云母17.5吨。1971年复矿开采,因成本高产量低,次年停办,仅产云母"2.5吨,绿柱石100公斤	—

续上表

序号	名称	地址	始建年代	保存或改造利用状况	航拍或照片	简介	遗产身份
10	南江水电站	安康市镇坪县白家乡新庄村	20世纪70年代	部分		镇坪县南江水电站南至南坪村委会，北至茶店村委会，东至河道，西至平镇公路山根。包括河道、河堤、西至平镇建筑周围山体。2014年6月9日，被列为陕西省重点文物保护单位	陕西省重点文物保护单位
11	平利县电机厂	陕西省安康市平利县	1970	已拆除	—	平利县电机厂占地面积2.4万平方米，建筑面积1.2万平方米，固定产值177.7万元。生产产品主要有水轮、柴油发电机组、配电屏（柜）	—
12	陕南石棉矿	陕西省安康市平利县	1951	已拆除	—	1951年8月，西北新华石棉建筑公司派员来平利县八仙区组建石棉矿，名曰陕南石棉矿，有职工323人，设采矿点5处，建矿井46口，年产石棉10～15吨，1955年因管理不善停办。1958年3月平利县石棉矿建成投产，有职工130名，当年产石棉100吨，1959年达到233吨，1961年因资源减少而停办	—
13	岚皋县水泥厂	陕西省安康市岚皋县	1973	已拆除	—	1973年动工兴建，由财政拨款、群众投劳，建成直径约1.5米×2米的小蛋窑2个。1974年5月竣工投产。1983年5月，小蛋窑改建直径1.6米×6.5米普立窑，国家投资30万元，首次实现利润1.06万元。1984年，国家投资65万元进行二期改造，1985年试车投产	—
14	岚皋县机砖厂	陕西省安康市岚皋县	1977	部分		1971年动工兴建，因土源含沙过多，1975年8月迁建唐家梁，1977年投产。初为曲线窑，后改升降窑，陕西省《砖瓦》杂志1978年第3期刊介绍升降窑经验。1982年前，职工70人左右，年产值13万元左右。后因水泥砌块广泛利用，加之土源不足，产量减少，产值下降，成为亏损企业	—

续上表

序号	名称	地址	始建年代	保存或改造利用状况	航拍或照片	简介	遗产身份
15	旬阳县农机修造厂	陕西省安康市旬阳县	1969	已拆除	—	在中央"每个县都要有一个农机修造厂"的号召下,县上投资10万元购置设备,利用原电厂房屋,由农具厂抽调技术骨干,招收复退军人,边培训边筹备边生产,1970年5月投产。1975年工业产值21.08万元,企业扭亏为盈实现利税1.25万元,1985年全厂有职工61人,固定资产33万元	—
16	旬阳雪茄烟厂	陕西省安康市旬阳县城关镇草坪村	1976	部分		根据资源优势,1976年6月在安康旬阳县筹建地方国有卷烟厂。1978年10月改为县办大集体,并进行改造。1983年5月更名为陕西省旬阳雪茄烟厂,企业性质、隶属关系不变。1986年1月,按照专卖管理规定,企业上划为陕西省烟草公司管理。2003年12月企业被宝鸡卷烟厂兼并重组,企业更名为"宝鸡卷烟厂旬阳分厂",2009年企业又名为"陕西中烟工业公司旬阳卷烟厂",直属陕西中烟工业公司管理	安康市唯一一家国家定点卷烟生产企业
17	旬阳县制鞋厂	陕西省安康市旬阳县	1956	已拆除	—	1956年建立,1981年转向注塑鞋生产,厂址由县城正壬莱湾火车站。1982年改名为旬阳县制鞋厂。1985年新建厂房1470平方米,新增设备17台,累计建房面积2433平方米,共有生产设备41台,固定资产总值33万余元。1989年接收服装厂河街基建门市部,固定资产38.68万元,工业产值50.11万元	—

续上表

序号	名称	地址	始建年代	保存或改造利用状况	航拍或照片	简介	遗产身份
18	高桥电站	陕西省安康市紫阳县高桥镇	1958	部分	—	高桥电站位于权河中游，距高桥自然镇约500米。引权河支流西河水为动力，属引水式电站。1958年动工兴建，1959年投产。初用木质旋桨式水轮机和20千瓦发电机。1970年设备更新，采用75千瓦水轮机发电机组。1985年末固定资产原值为10万元	—
19	宁陕县机砖厂	陕西省安康市宁陕县	1971	已拆除	—	1971年兴建时，仅有一套制砖机和一座土罐砖窑，由于不具备生产条件，建厂后连年亏损，故于1983年转产峰窝煤，两年内仍难维持11名职工生活。1985年被迫撤销。该厂一切财产和职工全部并入县胶合板厂，作为胶合板厂第一分厂继续进行峰窝煤生产	—

446

附表10　商洛市工业遗产调研案例一览表

序号	名称	地址	始建年代	保存或改造利用状况	航拍或照片	简介	遗产身份
1	丹凤葡萄酒厂	商洛市丹凤县中心街26号	1911	部分		陕西丹凤葡萄酒厂始建于1911年，由意大利传教士安西曼和南阳客商华国文共同创办，是中国葡萄酒行业工业化的元老企业之一；是陕西为数不多的百年工业品牌，也是中国第一家葡萄酒出口企业，中国第一瓶干型葡萄酒的诞生地	中国最早的工业化葡萄酒企业之一
2	国营华电材料厂（704厂）	商洛市洛南县城关街道头角村（原65号信箱）	1965	部分		国营华电材料厂，前身为由第四机械工业部（电子工业部）管辖的山东化工厂，1965年搬迁到洛南后更名为"国营华电材料厂"，有职工1718人，职工来自山东、四川等全国各地。20世纪90年代中期，该厂搬迁到咸阳，随后，宣告破产	
3	国营华达无线电器材厂（853厂）	商洛市洛南县卫东镇张家村（原71号信箱）	1966	部分		国营华达无线电器材厂，1966年迁入洛南县卫东镇张家村，有职工1968人，其中工程技术人员180人，有机械设备1099台。于20世纪90年代（因政策搬迁至西安市，更名为"陕西华达科技有限公司"	"三线"建设项目
4	国营宏星无线电器材厂（4310厂）	商洛市洛南县卫东工业园区（原72号信箱）	1966	部分		国营宏星无线电器材厂，1966年迁入洛南县卫东镇袁大沟，有职工1813人，其中工程技术人员202人。1993年，迁至西安电子城	"三线"建设项目
5	国营华南无线电器材厂（895厂）	商洛市洛南县卫东镇武湖西武家村（原73号信箱）	1967	部分		国营华南无线电器材厂，1965年9月迁入卫东镇，有职工1083人，其中工程技术人员151人，厂区总面积约95.4万平方米。1993年，迁至西安电子城	"三线"建设项目

续上表

序号	名称	地址	始建年代	保存或改造利用状况	航拍或照片	简介	遗产身份
6	国营南云无线电器材厂（4320厂）	商洛市洛南县卫东镇东湖安子沟66号信箱（原66号信箱）	1966	部分		国营南云无线电器材厂，1966年7月迁入卫东镇，有职工1110人，其中工程技术人员153人。1993年，迁至西安电子城	"三线"建设项目
7	国营卫光电工厂（877厂）	商州市城南李塬村	1968	部分		国营卫光电工厂又称八七七厂、十号信箱，前身是北京718厂，后迁入商洛。建成当年拥有职工1500余人，年产硅二极管660万只，产值300万元，是当时全区境内最大企业，支持了地方经济建设，以其先进的技术和器材设备，带动了地方工业和乡镇企业的发展。1986年，国营卫光电工厂迁至西安市	"三线"建设项目
8	国营商洛纸厂	商州市侯家塬	1968	部分		1963年，国家拨款将山阳县纸厂迁至商县（现商州市），更名为商洛地区造纸厂。1969年国家投资对商洛地区造纸厂进行扩建改造，使其生产能力达到年产近千吨机制纸	
9	商洛栲胶厂	商州市北新街东段	1958	已拆除		商洛栲胶厂始建于1958年，投产于1960年，厂区占地约4.5万平方米，年生产栲胶系列产品2000多吨。20世纪60年代初曾代表林业部为朝鲜人民共和国培训栲胶生产人员。1966年产品出口至埃及、象山牌橡碗栲胶曾驰名中外。后改制组建成商洛树林化工有限责任公司，现更名为"商洛市香菊栲林公司"	

续上表

序号	名称	地址	始建年代	保存或改造利用状况	航拍或照片	简介	遗产身份
10	二龙山水电站	商州市城西北5公里处	1970	完整		始建于1970年，增效扩容改造项目2012年11月完工。二龙山水电站是商洛地区装机容量最大的小水电站，位于丹江上游，商县城西北5公里处。由西北农学院水利系教师（包括合并到该院的陕西大水利系）设计并指导施工。二龙山水电站对商洛地区电网起到了调峰、补充作用，同时，也发挥了防洪、养殖、灌溉和水土保持的综合效益	陕西省水电部门投资的重点水利基建项目之一
11	鱼岭水库枢纽工程	丹凤县老君河下游商镇鱼岭村	1970	完整	—	始建于1970年，1974年主体工程基本建成，2002年除险加固。鱼岭水库总库容1037.5万立方米，水库设施灌溉面积1.67万亩，有效灌溉面积1.21万亩，1981年和1993年相继建成两座总装机2260千瓦的坝后式电站，使水库成为以防洪为主，灌溉、发电、水产养殖等兼顾的综合利用的中型水利工程，枢纽工程主要包括主坝、副坝、溢洪道、输水洞、排沙泄洪洞和坝后电站等	
12	商洛电厂	商洛市东郊	1959	已拆除	—	商洛电厂的建成，结束了该地区无电的历史。1974年西北电力电网输入境内，商洛电厂关闭	商洛市第一座电厂
13	柞水县丝织厂	柞水县城南桃园	1975	已拆除	—	成立于1975年12月，时有62型半自动铁木机8台，工人58名，以生产呢丝绒、永红呢、花软缎、双绞被面为主。1976年产值27.64万元。1986年最高，产值为192.2万元。1985年曾被评为商洛地区先进企业。1989—1992年连年亏损，2002年倒闭。2007年，厂房被拆除	

449

续上表

序号	名称	地址	始建年代	保存或改造利用状况	航拍或照片	简介	遗产身份
14	丹凤县锑品冶炼厂	商洛市丹凤县城郊鹿池村	1976	已拆除	—	始建于1976年，位于丹凤县城东郊，为西北最大的锑冶炼企业，年生产能力600吨。2009年关闭	当时西北最大锑冶炼企业
15	柞水县大西沟银铅矿	商洛市柞水县小岭镇新华村	1975	部分	—	始建于1975年，1975—1987年以手工打眼卖高品位富矿（铅）为主。1987年10月矿厂建成投产，日处理矿石300吨。1997年因柞水县有色金属铅矿公司经营管理不善，亏损严重，西沟银铅矿之宣告破产。1998年10月改制更名为"柞水县国宝矿业开发有限责任公司"。企业现有矿山、选厂、机关后勤和西部铜四大块	
16	洛南县铁矿（陕西龙门钢铁有限责任公司木龙沟铁矿）	商洛市洛南县石坡镇条坪村	1970	部分	—	原名洛南县铁矿，隶属洛南县工业局，主要从事铁精矿生产。1997年从业人员335人，工业总产值1450万元。1998年7月被龙钢集团公司整体兼并。企业现有员工221人，下设采场，选厂两个生产车间及4科1室，年生产铁精粉10万吨	
17	商州市铅锌矿	商洛市商州区黑龙口镇中坪村	1980	部分	—	始建于1980年，国有企业，隶属商州市工业局。主要产品为铅精矿、锌精矿、硫精矿。1997年从业人员452人，工业总产值235万元。1998年企业改制后退出国有序列，名称为商州冶金矿产有限责任公司。该企业目前已完全停业	
18	商县铁厂	商洛市商州区	1970	已拆除	—	始建于1970年，年生产铁1万吨，后因经营困难而倒闭	

参考文献

[1] 张宝通，裴成荣．中国西部概览：陕西[M]．北京：民族出版社，2000．

[2] 程安东．陕西发展报告（1949—2009）[M]．西安：陕西人民出版社，2009．

[3] 周庆华．基于生态观的陕北黄土高原城镇空间形态演化[J]．城市规划汇刊，2004(04):84-87，96．

[4] 梁星彭．试论客省庄二期文化[J]．考古学报，1994(04):3-30．

[5] 司马迁．史记·封禅书[M]．北京：中华书局，2011．

[6] 刘安．淮南子·氾论训[M]．上海：上海古籍出版社，1989．

[7] 陕西省考古研究院．陕西蓝田新街遗址发掘简报[J]．考古与研究，2014（04）．

[8] 石志廉．谈谈我国古代的肖形印[J]．考古与文物，1986(04):83-86．

[9] 王佳静，刘莉，Terry Ball，等．揭示中国5000年前酿造谷芽酒的配方[J]．考古与文物，2017(06):45-53．

[10] 徐占春，王楠．近代陕西煤炭的开发利用及其影响[J]．西部商学评论，2010(001):52-62．

[11] 王炜林，孙周勇．石峁玉器的年代及相关问题[J]．考古与文物，2011(04):40-49．

[12] 《陕西年鉴》编辑部．陕西年鉴1988[M]．西安：陕西人民出版社，1988．

[13] 陕西省纺织工业总公司．陕西纺织科学技术志（上古—1990年）[M]．西安：陕西科学技术出版社．1995．

[14] 陕西省考古研究所宝鸡工作站、宝鸡市考古工作队．陕西岐山赵家台遗址试掘简报[J]．考古与文物，1994(02)：29-38．

[15] 陕西省地方志编纂委员会．陕西省志·建材工业志[M]．西安：陕西科学技术出版社．2009．

[16] 陕西省考古研究院夏商周考古研究部．陕西夏商周考古发现与研究[J]．考古与文物，2008(06):66-95．

[17] 尹盛平．扶风召陈西周建筑群基址发掘简报[J]．文物，1981(03):10-22，97．

[18] 叶舒宪．二龙戏珠原型小考——兼及龙神话发生及功能演变[J]．民族艺术，2012(002):18-30．

[19] 孔富安．中国古代制玉技术研究[D]．太原：山西大学，2007．

[20] 汪少华．中国古车舆名物考辨[M]．北京：商务印书馆．2005．

[21] 西安市地方志馆．西安今古1987[M]．西安：陕西人民出版社，1989．

[22] 禚振西，杜葆仁．铜川黄堡发现唐三彩作坊和窑炉[J]．文物，1987(3):23-31．

[23] 陕西省地方志编纂委员会．中华人民共和国地方志丛书：陕西省志·第二十三卷[M]．西安：陕西科学技术出版社，2009．

[24] 戴家璋．用科学的历史观点研究和解释纸史[J]．中国造纸，1983(01):56，64．

[25] 刘建平，马云．清末陕西延长油矿创办始末[J]．宝鸡文理学院学报(社会科学版)，2006(06):62-64．

[26] 马晓梅．20世纪陕西能源矿产资源开发和利用研究[D]．西北大学，2006．

[27] 王永胜．定边盐湖[M]．陕内资图，2007．

[28] 谢少波．文化研究访谈录[M]．北京：中国社会科学出版社，2003．

[29] 萧家成．论中华酒文化及其民族性[J]．民族研究，1992(05):40-49．

[30] 贺黎黎．1840年以来陕西工业化演过路径分析[D]．陕西师范大学，2011．

[31] 陕西建设厅第一科统计股．陕西建设统计报告第一期（十六至十八年合刊）[R]．陕西省政府印刷局，中华民国十九年（1930年）．

[32] 谭刚．陇海铁路与陕西城镇的兴衰（1932—1945）[J]．中国经济史研究，2008(01):63-71．

[33] 陕西省统计局．陕西六十年（1949—2009）[M]．北京：中国统计出版社，2009．

[34] 孙果达．民族工业大迁徙——抗日战争时期民营工厂的内迁[M]．北京：中国文史出版社，1991．

[35] 岳珑，马云．国家经济建设重心变迁与陕西工业[J]．当代中国史研究，2002，009(002):103-112．

[36] 董志凯，吴江．新中国工业的奠基石——156项建设研究（1950—2000）[M]．广州：广东经济出版社，2004．

[37] 李映涛．20世纪陕西中等城市与区域发展研究[D]．四川大学，2003．

[38] 何郝炬，何仁仲，向嘉贵．三线建设与西部大开发[M]．北京：当代中国出版社，2003．

[39] 梁月兰，柴云，李方．陕西"三线"建设的历史回顾——访陕西省原基本建设委员会主任任钧[J]．百年潮，2009(003):61-65．

[40] 马敏，王玉德．中国西部开发的历史审视[M]．武汉：湖北人民出版社，2001．

[41] 冯宗宪．陕西省工业布局与城市发展问题初探[J]．人文杂志，1987(05):50-55，76．

[42] 李其江，张茂林，吴军明，等．明清时期匠籍制度的变革对景德镇制瓷技术发展的影响[J]．中国陶瓷工业，2012，019(005):26-28．

[43] 王秀绒，杨增强，李雪峰，等．明清商洛移民的构成及其对商洛社会的影响[J]．农业考古，2013(3):26-32．

[44] 韩强强．清代陕西农家副业的区域差异[D]．陕西师范大学，2018．

[45] 贺长龄，魏源．皇朝经世文编·卷三十七 农政[M]．长沙：岳麓书社，2004．

[46] 邹荣础．清代陕南的家庭纺织业[J]．陕西师范大学继续教育学报，2006，23(3):42-44．

[47] 侯苗丽．明清陕西植棉业的盛衰及原因探析[J]．现代商贸工业，2010，022(012):100-101．

[48] 严如煜．三省山内风土杂识[M]．北京：中华书局，1985．

[49] 张鹏翼．洋县志·卷4[M]．西安：三秦出版社，1996．

[50] 李欣宇．陕西明清刻书举要[J]．收藏，2010(07):67-71．

[51] 任云英．近代西安城市空间结构演变研究（1840—1949）[D]．陕西师范大学，2005．

[52] 宋献科．晚清陕西刻书研究[D]．陕西师范大学，2015．

[53] 中国酿酒业大全编委会. 中国酿酒业大全[M]. 北京：中国科学技术出版社，1988.

[54] 王兴亚. 清代北方五省酿酒业的发展[J]. 郑州大学学报（哲学社会科学版），2000, 33(1):14-29.

[55] 李刚. 明清时期陕西商品经济与市场网络[M]. 西安：陕西人民出版社，2006.

[56] 樊光春，等. 紫阳茶叶志[M]. 西安：三秦出版社，1997.

[57] 赵尔巽. 清史稿·食货志四[M]. 北京：中华书局，1976.

[58] 边奋勇. 明清时期陕北盐业研究[D]. 延安大学，2011.

[59] 高永生. 发展中的白水煤矿[J]. 当代矿工，2007(011):61.

[60] 姚珍珍. 基于分形地貌的陕北黄土高原城镇体系空间结构研究[D]. 西安建筑科技大学，2014.

[61] 卢坤. 秦疆治略[M]. 台北：台北成文出版社，1970.

[62] 严如煜. 三省边防备览[M]. 西安：西安交通大学出版社，2017.

[63] 包满达. 理藩院驻神木理事司员、神木同知与巡边制度[J]. 内蒙古民族大学学报（社会科学版），2015(05):28-33.

[64] 贺长龄. 皇朝经世文编·卷三十六[M]. 北京：中华书局，1992.

[65] 罗雅楠. 论清代陕西主要经济作物种植的商业化特征[J]. 新西部(理论版)，2017, 399(06):21-22.

[66] 熊群荣. 明清时期丹江流域市镇经济初探[D]. 西北大学，2005.

[67] 政协西安市委员会文史资料委员会. 西安文史资料第19辑·西京近代工业[M]. 西安：西安出版社，1993.

[68] 郑志忠. 民国时期关中地区工业发展与布局研究[D]. 陕西师范大学，2012.

[69] 郭少丹. 清末陇海铁路研究（1899—1911）[D]. 苏州大学，2015.

[70] 任云英. 近代西安城市空间结构演变研究（1840—1949）[D]. 陕西师范大学，2005.

[71] 张雨新. 民国中期陕西经济中心南移西安的历史考察[J]. 西北大学学报（哲学社会科学版），2010, 040(001):47-50

[72] 林宇. 20世纪50年代以来陕西棉纺织工业兴衰研究[D]. 西北大学，2011.

[73] 常飞. 三线建设时期陕西交通建设研究[D]. 西北大学，2015.

[74] 马晓梅. 1937—1945年陕北地区的工业发展与社会变迁[J]. 延安大学学报（社会科学版），2005(05):51-54.

[75] 《陕西年鉴》编辑部. 陕西年鉴1988[M]. 西安：陕西人民出版社，1988.

[76] 更云，孙宇. 红色峥嵘：陕甘宁边区的军事工业[J]. 轻兵器，2011(018):28-33.

[77] 国家国防科技工业局官网. 抗战时期的陕甘宁边区军事工业[OL]. 2015. http://www.sastind.gov.cn/n152/n6112264/n6112286/n6121889/c6122407/content.html

[78] 姬乃军. 延安革命旧址[M]. 北京：文物出版社，1992.

[79] 刘韵秋. 白手起家——记第三五九旅大光纺织厂[J]. 百年潮，2016(5):73-76.

[80] 严艳. 陕甘宁边区经济发展与产业布局研究（1937—1950）[D]. 陕西师范大学，2005.

[81] 康小怀，刘力. 初探抗战时期陕甘宁边区煤炭开采业[J]. 延安大学学报（社会科学版），2015, 37(5):28-33.

[82] 康小怀，赵耀宏. 抗日战争时期陕甘宁边区的造纸业[J]. 中共党史研究，2017，007:108-115.

[83] 王海军. 抗战时期陕甘宁边区"红色图书"的印刷与发行[J]. 党史研究与教学，2012(2):68-78.

[84] 李平安. 陕西经济大事记（1949—1985）[M]. 西安：三秦出版社，1987.

[85] 中共陕西省委党史研究室编. 陕西第一个五年计划与重点工程[M]. 西安：陕西人民出版社，2002.

[86] 孙燕京，岳珑. 论二十世纪六、七十年代"三线"建设与陕西工业[J]. 西北大学学报（哲学社会科学版），2005(02):36-41.

[87] 马新蕊. 陕西"三线建设"述评[D]. 西北工业大学，2003.

[88] 中共陕西省委党史研究室. 陕西的三线建设[M]. 西安：陕西人民出版社，2015.

[89] 西安市地方志编纂委员会. 西安市志·第3卷[M]. 西安：西安出版社，2006.

[90] 陈子平. 从档案里看陕西三线建设[J]. 陕西档案，2017(03):18-20.

[91] 西北国棉二厂志编纂领导小组. 西北国棉二厂志[M]. 西安：三秦出版社，1988.

[92] 周庆华，雷会霞，陈晓键. 探索城市旧工业区改造的和谐之路——西安纺织城改造规划研究[J]. 城市规划，2009(3):67.

[93] TICCIH. Nizhny Tagil Charter for the Industrial Heritage（《塔吉尔宪章》）[S]，2003.

[94] 东方机械厂厂志编纂委员会. 东方机械厂厂志[Z]，内部资料，2003.

[95] 华山机械厂厂史编纂委员会. 华山机械厂厂志[Z]，内部资料，2000.

[96] 秦建国. 从陕西重型机器厂寻求脱困的实践看国企改革冗员的分流安置[J]. 陕西发展和改革，2009(1):46-47.

[97] 宋学固. 1958-1983陕西重型机械厂厂史[Z]. 《当代中国的重型矿山机械工业》编辑委员会（内部资料），1987.

[98] 刘满元. 陕西压延设备厂技术创新过程管理研究[D]. 西安理工大学，2005.

[99] 迟佐森，李俊，徐元鑫，张根才，常胜建，李文彪. 西安电力电容器厂厂志（1953—1985）[M]. 西安电力电容厂厂志总编辑室．1988.

[100] 延安市地方志编纂委员会. 延安地区志[M]. 西安出版社，2000:320-330.

[101] 萧尹. 陕西省政协文史资料委员会，陕西第十二棉纺厂编. 宝鸡申新纺织厂史[M]. 西安：陕西人民出版社，1992.

[102] 陕西唐华四棉有限责任公司，唐华四棉志[Z]. 内部发行，2006.

[103] 五环（集团）实业有限责任公司，五环集团志[Z]. 内部发行，2007.

[104] 青木信夫，徐苏斌，张蕾，等. 中国工业建筑遗产[M]. 北京：清华大学出版社，2013.

[105] 石泉县地方志编纂委员会. 石泉县志[M]. 西安：陕西人民出版社，2018.

[106] 韩彦慧. 定边天然盐湖群[OL]. 定边之窗，http://www.zgdb.gov.cn/gm/2093.htm.

[107] 西凤酒厂志编纂委员会. 西凤酒厂志[Z]. 内部发行，1993.

[108] 石泉县地方志编纂委员会. 石泉县志[M]. 西安：陕西人民出版社，2018.

[109] 马腾空粮库办公室. 科技档案(JJ.4.1-7). 马腾空粮库[A]. 1989(10).

[110] 仇国斌. 地下仓安全储粮技术[J]. 西部粮油科技, 2002(04):56-58.

[111] 中华人民共和国工业和信息化部. 国家工业遗产管理暂行办法[OL]. http://www.miit.gov.cn/n1146295/n1652858/n1652930/n3757016/c6498928/content.html

[112] 西安市工业和信息化局. 西安市工业企业旧厂区改造利用实施办法[OL]. http://gxj.xa.gov.cn/xxgk/zcfg/dfzc/5dbcf5d4f99d6553e14cf39e.html

[113] 人民画报社. 人民画报[J]. 1956(8). 邯郸：人民画报社, 1946-.

[114] 陕西省地方志编纂委员会. 中华人民共和国地方志丛书：陕西省志·铁路志[M]. 西安：三秦出版社, 1993.

[115] 四川省地方志编纂委员会. 四川省志·交通志（下）[M]. 成都：四川科学技术出版社, 1995.

[116] 中国科学院地理科学与资源研究所·中国地理学会. 中国国家地理[J]. 2014(3). 南京：中国国家地理杂志社, 1950-.

[117] 国营陕西第十一棉纺织厂志编纂委员会. 陕棉十一厂志（1936—1985）[Z]. 内部资料, 1989.

[118] 王铁铭, 黄文华. 陕西钢铁厂工业遗产改造利用的具体措施研究[J]. 华中建筑, 2014, 32(09):55-58.

[119] 文源. 西影电影产业历史发展及现状[D]. 西安：西北大学, 2008.

[120] 西安市城市规划设计研究院. 西安市灞桥区纺织城分区规划（2008—2020）[R]. 2008.

后 记

陕西省作为中华文明的重要发祥地之一，各类工业源远流长。中华人民共和国成立以来，许多工业类型都在陕西这片土地上取得了辉煌的成就，逐步形成了门类齐全、技术较先进的现代化工业体系。随着社会经济结构的调整与转型，许多盛极一时的工厂转向没落。作为见证社会和城市工业文明的工业遗产，其保护与再利用理当成为这一时期的重要课题。

2017年，西安交通大学应"中国工业遗产史录"编纂委员会的邀请，统筹负责《中国工业遗产史录·陕西卷》的编写工作，组织西安市城市规划设计研究院、西安建筑科技大学、长安大学、陕西省自然资源厅历史文化遗产保护传承与空间规划重点实验室、陕西文化遗产研究院、西安科技大学、西安石油大学、陕西省文物保护研究院、陕西师范大学、西安工程大学等单位通力合作，历时3年，完成了本书的编撰。值此付梓之际，由衷感谢对本书提供支持与帮助的各个单位与各位同仁：

感谢陕西省工业和信息化厅、西安市文物局、宝鸡市工业和信息化局、咸阳市工业和信息化局、铜川市工业和信息化局、铜川市农业农村局、渭南市工业和信息化局、延安市工业和信息化局、延安市地方志编纂委员会办公室、汉中市工业和信息化局、安康市工业和信息化局、安康市住房和城乡建设局、商洛市工业和信息化局等部门相关领导与同志的大力支持。

感谢西安刘克成工作室、土木石建筑（西安）、老钢厂设计创意产业园（西安）、西安纺织城街道办、申新纱厂抗战工业遗址、陕西西凤酒股份有限责任公司（原西凤酒厂）、宝鸡大荣纺织有限责任公司（原陕棉十二厂）、红光沟航天六院旧址（067基地）、陕西秦川机床工具有限责任公司（原秦川机床厂）、宝钛集团有限责任公司（原宝鸡有色金属加工厂）、陕西中烟工业有限责任公司（原宝鸡卷烟厂）、宝鸡九州纺织有限责任公司（原陕西第九棉纺厂）、陕西柴油机重工有限责任公司（原陕西柴油机厂）、陕西航空电气有限责任公司、陕西宏远航空锻造有限责任公司（原红原锻造厂）、金醇古酒业有限责任公司（原长武县酒厂）、五环（集团）股份有限公司（原西

后 记

北国棉五厂）、陕西王石凹煤矿工业旅游开发有限公司、陈炉古镇景区管委会、耀县水泥厂、陕西延长石油有限责任公司、陕西华特新材料股份有限责任公司（原陕西省玻璃纤维厂）、石泉县工业集中区管委会、旬阳县生态工业集中区管委会、汉阴县月河工业集中区管委会、中联西北工程设计研究院有限公司、西安建筑科技大学设计研究总院等单位在实地调研与资料收集过程中给予的切实帮助。

特别感谢陕西省工信厅产业政策处宋亚朝处长，渭南市工信局王雷局长，商洛市工信局关汉杰副局长，咸阳工信局王安吉科长，安康市住建局刘鑫科长，潼关县潼冠酱菜厂顾明厂长，西粮公司马腾空储备库宋晓东主任，蒲城长短波授时台吴金利女士，宝鸡长乐塬管委会顾问冯驱先生，陕西延长石油有限责任公司高东先生，西安交通大学人文学院张伏虎教授与蒋维乐副教授，延安大学刘晓华副教授与李毅副教授，陕西文化遗产研究院王霁竹、郑建东与王倩南等为工作开展和资料整理提供的热心帮助。

感谢各校学生积极参与调研和资料整理工作，包括西安交通大学赵佳莹、张杰、李鹏扬、周怡洁、刘文婷、张宇晴、徐荧、夏玮玉、杜佳怡、郭铁，西安建筑科技大学常钰昊、韦秋培、赵炎鹏、梁欣，长安大学张辞凡、张敏、高楠、曹鹤翔、王靖楼、于博、杨佳庆，延安大学赵婷、曾江南，西安科技大学常贝贝、杨芷怡等同学。

感谢编写组11个单位25位成员的辛苦付出与全心投入，大家全面调研、筛选典型实例，辛勤撰写，几经易稿，直至最终成稿。本书的编写情况如下：西安交通大学负责全书的总体结构、统稿、排版与协调、组织、统筹等工作，以及书中西安、宝鸡、咸阳、榆林、商洛等城市的具体内容；西安市城市规划设计研究院、陕西省自然资源厅历史文化遗产保护传承与空间规划重点实验室、陕西文化遗产研究院与陕西师范大学负责完成西安的部分案例内容；西安建筑科技大学与陕西省文物保护研究院负责汉中的内容和西安的部分案例；长安大学负责铜川和渭南的具体内容；西安科技大学负责安康的具体内容；西安石油大学主要负责与相关职能部门的协调工作，辅助完成西安部分内容；西安工程大学负责延安的具体内容。大家的共同努力也促使更多人开始关注陕西工业遗产，正是本书编写的初衷。

感谢华南理工大学出版社编辑对本书提出的宝贵修改意见及对书籍出版给予的大力支持。

本书至此而结，但对陕西工业遗产的研究仍任重道远。欢迎各位专家、学者以及广大读者对本书批评指正！

编委会
2021年10月